技工教育和职业培训"十四五"规划教材

U0771621

化工制图

HUAGONG ZHITU （第三版）

主　编　薛新巧　李　平

副主编　范　辉　张俊义

肖东彩　王蓓蓓

新形态
教材

中国教育出版传媒集团

高等教育出版社·北京

内容提要

本书是技工教育和职业培训"十四五"规划教材,是在第二版的基础上根据教学需求变化和最新国家标准修订而成的。

本书分为三个模块,共12章,主要内容包括:制图基本知识与技能、投影基础、立体及其表面交线、组合体的绘制与识读、机件的表达方法、零件图与装配图简介、化工设备通用零部件、化工设备图的绘制、化工设备图的识读、工艺流程图、设备布置图和管道布置图。

为方便教学,本书配套PPT课件、微课、3D模型等数字化教学资源,其中部分资源在书中对应的知识点处以二维码形式呈现,方便学生利用移动设备(例如,智能手机)扫描学习,教师可通过封底的联系方式获取更多资源。

本书适用于职业本科、高等职业院校和成人高等学校化工类各专业的教材,也可作为相关职业工种及企业员工的岗位培训教材及工程技术人员的参考用书。

图书在版编目(CIP)数据

化工制图 / 薛新巧,李平主编. -- 3版. -- 北京:
高等教育出版社,2025.1(2025.8重印). -- ISBN 978-7-04-063348
-1

Ⅰ. TQ050.2

中国国家版本馆 CIP 数据核字第 2024A68236 号

策划编辑	班天允	**责任编辑** 程福平 班天允	**封面设计** 张文豪	**责任印制** 高忠富

出版发行	高等教育出版社	网 址	http://www.hep.edu.cn	
社 址	北京市西城区德外大街4号		http://www.hep.com.cn	
邮政编码	100120	网上订购	http://www.hepmall.com.cn	
印 刷	上海叶大印务发展有限公司		http://www.hepmall.com	
开 本	787mm×1092mm 1/16		http://www.hepmall.cn	
印 张	16.5			
字 数	391千字	版 次	2010年8月第1版	
插 页	6		2025年1月第3版	
购书热线	010-58581118	印 次	2025年8月第2次印刷	
咨询电话	400-810-0598	定 价	46.00元	

本书配套学习资源指南

本书配套微视频、动画、模型等学习资源，在书中以二维码链接形式呈现。手机扫描书中的二维码进行查看，随时随地获取学习内容，享受学习新体验。

打开书中附有二维码的页面　　　　**扫描二维码**　　　　**查看相应资源**

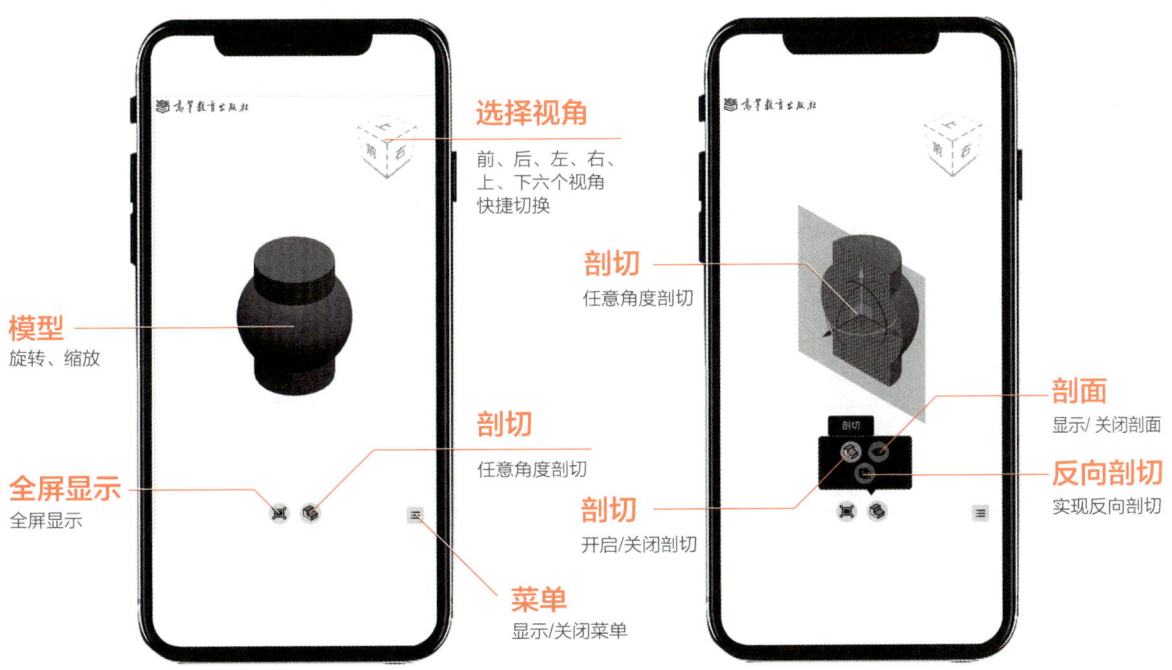

选择视角
前、后、左、右、
上、下六个视角
快捷切换

剖切
任意角度剖切

模型
旋转、缩放

剖切
任意角度剖切

剖面
显示/关闭剖面

全屏显示
全屏显示

反向剖切
实现反向剖切

剖切
开启/关闭剖切

菜单
显示/关闭菜单

多媒体资源：

- 授课用PPT课件
- 主要知识点讲解微视频
- "典型题解"微视频
- 典型习题参考答案
- 立体模型
- 典型零部件拆装动画

★ **如您有任何问题，可加入QQ群：**
工科类教学研究中心：240616551

本书二维码资源列表

页码	类型	说　　明	页码	类型	说　　明
048	模型	求作带切口圆柱的侧面投影	077	模型	圆柱切割构形
048	模型	不同位置切口侧面投影的变化	089	模型	局部视图
051	模型	半球被水平面和侧平面切割	092	模型	剖视图的形成
052	模型	不等径两圆柱正交	094	模型	画剖视图
053	模型	圆柱穿孔后相贯线的投影	095	模型	全剖视图
055	模型	利用辅助平面法求作相贯线	096	微视频	半剖视图
056	模型	同轴回转体的相贯线——圆(一)	096	模型	局部剖视图
056	模型	同轴回转体的相贯线——圆(二)	097	模型	局部剖视图
056	模型	同轴回转体的相贯线——圆(三)	098	模型	用单一剖切面剖切
057	模型	已知俯、左视图,求作主视图	099	模型	用两个相交的剖切平面剖切
060	模型	支座及其形体分析	100	模型	移出断面画法(二)
062	模型	切割型组合体的作图过程	101	模型	移出断面画法(三)
070	模型	分析反映形体特征的视图	101	模型	移出断面画法(四)
070	模型	分析反映位置特征的视图(一)	112	模型	螺栓连接
070	模型	分析反映位置特征的视图(二)	112	模型	螺柱连接
073	模型	识读过程的线、面分析	112	模型	螺钉连接
074	模型	补画支架左视图	125	模型	换热器管箱
076	模型	圆柱左右切肩变化(一)	181	微视频	固定管板式换热器
076	模型	圆柱左右切肩变化(二)	181	模型	换热器管板
			183	模型	折流板布置
			190	微视频	填料箱密封
			237	模型动画	三维配管示例

第三版 前言

　　本书是技工教育和职业培训"十四五"规划教材,是在第二版的基础上依据《教育部关于深化职业教育教学改革 全面提高人才培养质量的若干意见》,以提高学生的综合能力为目标,按照化工技术类专业培养目标和专业特点,参照最新制图相关的国家标准和《化工总控工》国家职业技能标准修订而成的。

　　本书修订仍坚持紧扣两个基本原则:一是系统的投影理论知识始终是工程素养的基础;二是使学生循序渐进地掌握制图原理和制图方法。本书倡导采用任务驱动模式进行化工专业制图课程的教学,注重典型案例分析,内容涵盖了化工技术类专业对化工制图的基本要求,力求做到编写模式新颖,知识条理井然,激发学生的学习热情,有利于学生职业素养的形成和工程实践能力的培养,符合工程教育的教学规律。此外,本书修订同时完善配套了丰富的数字化教学资源,其中部分资源以二维码的形式呈现在书中相关知识点处,方便学生利用移动设备(例如,智能手机)扫描学习,教师可通过封底的联系方式获取更多资源。

　　本书紧密结合化工生产实践需要,在内容选择上突出化工特色,强化工艺流程图、设备布置图和管道布置图的学习,注重识读能力的培养。本书适用于职业本科、高等职业院校和成人高等学校化工类各专业的教材,也可作为相关职业工种及企业员工的岗位培训教材及工程技术人员的参考用书。与本书配套使用的习题集同时出版。

　　本书建议教学时数为48~96,各模块学时数分配如下:

模　块	一	二	三
学时数	24~48	12~24	12~24

　　本书由宁夏工商职业技术学院薛新巧和宁夏大学李平担任主编,宁夏大学范辉、宁夏工商职业技术学院张俊义、银川能源学院肖东彩、宁夏职业技术学院王蓓蓓担任副主编。本书

也是宁夏高等学校一流学科建设（化学工程与技术）项目成果教材，得到了宁夏大学化学国家级实验教学示范中心、省部共建煤炭高效利用与绿色化工国家重点实验室和宁夏大学化学化工学院的大力支持，在此一并表示感谢。

限于编者水平，虽经努力，修订后的教材恐仍有缺憾和错误之处，敬请读者批评指正。

编　者

第一版
前言

本书是全国高职高专教育"十一五"规划教材。本书在编写过程中,紧扣两个基本原则:一是系统的投影理论知识始终是工程图学的基础,学生应该熟练掌握制图原理和制图方法;二是采用任务驱动模式进行化工专业制图知识的教学,每一任务(典型设备、工艺过程)按照总体介绍、具体分析、相关知识拓展的顺序讲解,通过认识对象的主要特征,总结普遍规律,增加学生的知识面和学习兴趣。

本书在编写过程中还突出了以下几点:

(1) 以"简明、精炼"作为编写宗旨,贯彻"实用为主,必须和够用为度"的教学原则;

(2) 贯彻以"识图为主"的编写思路,从整体上体现培养识图为主的教学思想,注重实物与图样、理论与实践的有机结合;

(3) 采用最新的《技术制图》《机械制图》及有关化工设备、化工工艺等的国家标准和行业标准,培养学生的职业素质和规范意识。

本书分为三个模块:模块一介绍工程制图的基础知识,包括制图基本知识与技能、投影基础、立体及其表面交线、组合体的绘制与识读、轴测图、机件的基本表达方法等;模块二介绍化工设备图样的有关知识,通过四大典型设备(贮罐、换热器、反应釜和塔)逐步介绍化工设备图样的特点、化工零部件的表达、装配图的表达方法和特点,并将常用件与标准件的画法、尺寸公差和几何公差的知识、表面粗糙度等内容融入其中;模块三介绍化工工艺图样的绘制和识读方法,包括工艺流程图、设备布置图和管道布置图等。

本书适用于高等职业技术院校的化工工艺、应用化学、制药、轻化工、食品等专业,以及化工设备维修与应用、过程装备与控制专业的少学时教学,也可作为相关工种的职业岗位培训教材。

本书建议教学时数为60～100,各模块学时分配见下表(以72学时为例,供参考)。

模　块	一	二	三
学　时　数	32	26	14

本书由宁夏大学化学化工学院李平主编，参加本教材编写工作的有：王彩英、多勇、肖东彩、吴建波等。

本书由同济大学钱可强教授主审。在本书的编写过程中，宁夏职业技术学院孙乐平、银川大学王伟、宁夏化工技师学院贾军、包头轻工职业技术学院任树棠等同志对本书的内容体系和深度广度提出了很多建设性意见。本书的编写还得到了宁夏丰友化工有限公司赵琪工程师的指导和帮助。对上述各位专家的关心和支持在此一并表示衷心感谢。

欢迎选用本教材的广大师生和读者提出宝贵意见与建议，以便下次修订时进行调整与改进。

编　者

目 录

模块一 工 程 制 图

模块二　化工设备图样

模块三　化工工艺图样

模块一

工程制图

　　根据投影原理、标准或有关规定表示的工程对象,并有必要的技术说明的"图",称为"图样"。在现代工业生产中,无论机械制造、仪器设备或建筑工程,都是根据图样进行制造和施工的,工程图样起到了比语言文字更直观、更形象的作用。设计者通过图样来表达设计意图;制造者通过图样了解设计要求,组织制造和指导生产;使用者通过图样了解机器设备的结构和性能,进行操作、维修和保养。因此,图样是传递和交流技术信息和思想的媒介和工具,是工程界通用的技术语言。高等职业教育的培养目标是应用型人才,作为生产、管理第一线的工程与技术人员,必须学会并掌握这种语言,具备识读和绘制工程图样的基本能力。

第一章　制图基本知识与技能

工程图样是现代工业生产中的重要技术资料,也是工程界交流信息的共同语言,具有严格的规范性。掌握制图基本知识与技能,是正确绘制和识读工程图样的基础。本章将着重介绍国家标准《技术制图》和《机械制图》中的有关规定,并简要介绍绘图工具的使用以及平面图形的画法。

第一节　国家标准《技术制图》和《机械制图》的有关规定

国家标准《技术制图》和《机械制图》是我国工程界重要的技术基础标准,是绘制和阅读工程图样的准则和依据。为了正确绘制和识读工程图样,必须熟悉有关标准和规定。

本节主要介绍制图标准中关于图纸幅面和格式、比例、字体和图线等规定。

一、图纸幅面和格式(GB/T 14689—2008)①

1. 图纸幅面

图纸幅面是指由图纸宽度与长度组成的图面。

为了使图纸幅面统一,便于装订和管理,符合缩微复制原件的要求,绘制技术图样时应按以下规定选用图纸幅面。

(1) 应优先采用表1-1中规定的图纸基本幅面(表中符号 B、L、e、c、a 见图1-2)。基本幅面共有 5 种,其尺寸关系如图1-1所示。

表 1-1　图纸幅面尺寸

幅面代号	$B \times L$	e	c	a
A0	841×1 189	20	10	25
A1	594×841	20	10	25
A2	420×594	20	10	25
A3	297×420	10	5	25
A4	210×297	10	5	25

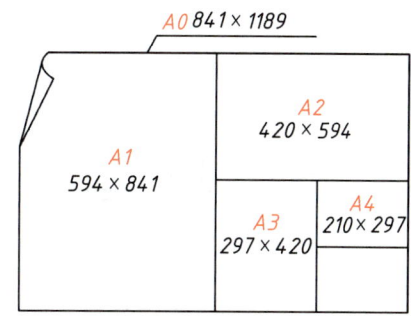

图 1-1　基本幅面的尺寸关系

---

① 我国国家标准的代号是"GB"。例如 GB/T 14689—2008,其中"GB/T"表示推荐性国标,"14689"为发布顺序号,"2008"为年号。《机械制图》标准适用于机械图样,《技术制图》标准适用于工程界各种专业技术图样。

（2）必要时允许选用加长幅面,其尺寸必须是由基本幅面的短边成整数倍增加后得出。

2. 图框格式

（1）在图纸上用细实线按照表1-1所示标准图纸幅面(B×L)绘出图纸边界线。

（2）在图纸上必须用粗实线画出限定绘图区域的图框线,其格式分为留装订边和不留装订边两种(图1-2a、b、c、d),当留装订边时,不论图纸横放或竖放,装订边均在图纸左侧。

（3）同一产品图样只能采用一种格式。

3. 看图方向和对中符号

图框右下角必须画出标题栏,标题栏中的文字方向为**看图方向**。为了使图样复制和缩微摄影时定位方便,应在各边长的中点处分别画出**对中符号**(粗实线)。如果使用预先印制的图纸,需要改变标题栏的方位时,必须将其旋转至图纸的右上角。此时,为了明确绘图与看图的方向,应在图纸的下边对中符号处画出**方向符号**,如图1-2e所示。

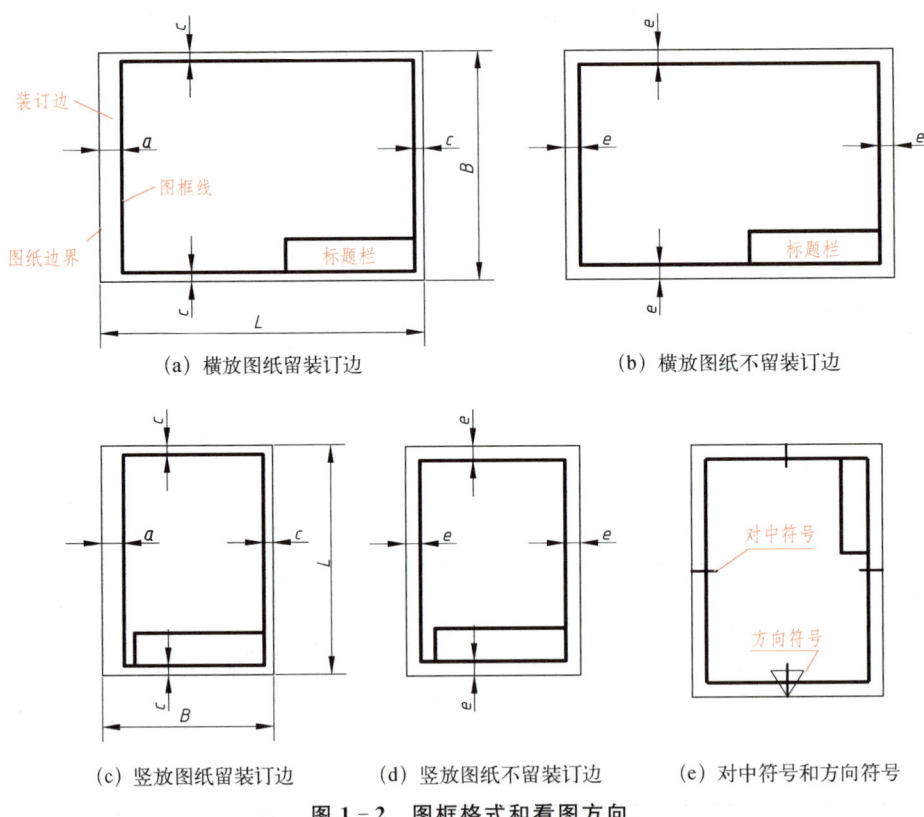

　(a) 横放图纸留装订边　　　　　　　(b) 横放图纸不留装订边

(c) 竖放图纸留装订边　　(d) 竖放图纸不留装订边　　(e) 对中符号和方向符号

图1-2　图框格式和看图方向

4. 标题栏

每张图纸上都必须绘有标题栏。国家标准(GB／T 10609.1—2008)对标题栏的内容、格式及尺寸做了统一规定,如图1-3所示。

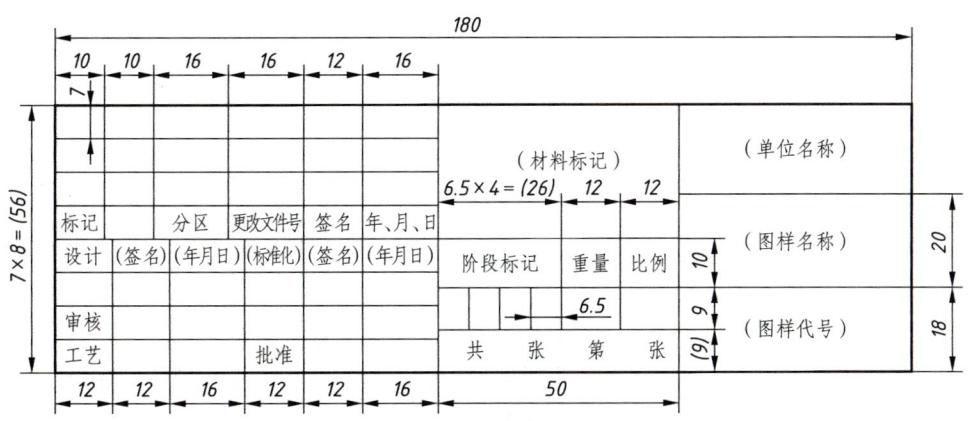

图 1-3 国家标准规定的标题栏格式

二、比例（GB/T 14690—1993）

比例是指图样中图形与其实物相应要素的线性尺寸之比。绘图时，应从表 1-2 规定的系列中选取比例。

表 1-2 比例系列（摘自 GB/T 14690—1993）

种 类	优先选择系列	允许选择系列
原值比例	1:1	
放大比例	5:1 2:1 $5\times10^n:1$ $2\times10^n:1$ $1\times10^n:1$	4:1 2.5:1 $4\times10^n:1$ $2.5\times10^n:1$
缩小比例	1:2 1:5 1:10 $1:2\times10^n$ $1:5\times10^n$ $1:1\times10^n$	1:1.5 1:2.5 1:3 1:4 1:6 $1:1.5\times10^n$ $1:2.5\times10^n$ $1:3\times10^n$ $1:4\times10^n$ $1:6\times10^n$

注：n 为正整数。

为了从图样上直接反映实物的大小，绘图时应优先采用原值比例。若机件太大或太小，可采用表 1-2 中"优先选择系列"中的缩小或放大比例绘制，但由于化工装置的大型化和复杂化，化工图样常选用"允许选择系列"中的比例绘制。选用比例的原则是有利于图形的清晰表达和图纸幅面的有效利用。必须注意，不论采用何种比例绘图，标注尺寸时，均按机件的实际尺寸大小注出，如图 1-4 所示。

三、字体（GB/T 14691—1993）

图样中书写的汉字、数字和字母，必须做到：字体工整、笔画清楚、间隔均匀、排列整齐。字体的号数即字体的高度 h，分为八种：20、14、10、7、5、3.5、2.5、1.8（单位：mm）。

汉字应写成长仿宋体，并采用国家正式公布的简化字。汉字的高度不应小于 3.5 mm，

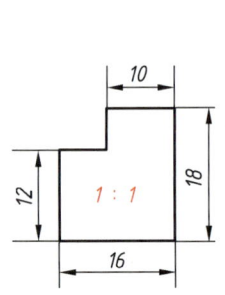
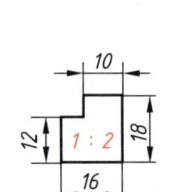
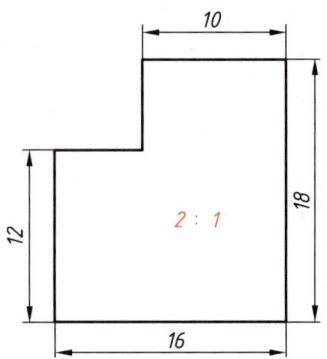

图 1-4　不同比例绘制的图形

其宽度一般为字高 h 的 $1/\sqrt{2}$ 。

　　数字和字母分为 A 型和 B 型。A 型字体的笔画宽度 d 为字高 h 的 $1/14$；B 型字体的笔画宽度 d 为字高 h 的 $1/10$。数字和字母可写成直体或斜体，斜体字字头向右倾斜，与水平基准线约成 $75°$。

　　字体示例：

汉字　10 号字

字体工整笔画清楚间隔均匀排列整齐

7 号字

横平竖直　注意起落　结构均匀　填满方格

5 号字

技术制图机械电子汽车船舶土木建筑矿山井坑港口纺织服装

3.5 号字

螺纹齿轮端子接线飞行指导驾驶舱位挖填施工引水通风闸阀坝棉麻化纤

阿拉伯数字

大写拉丁字母

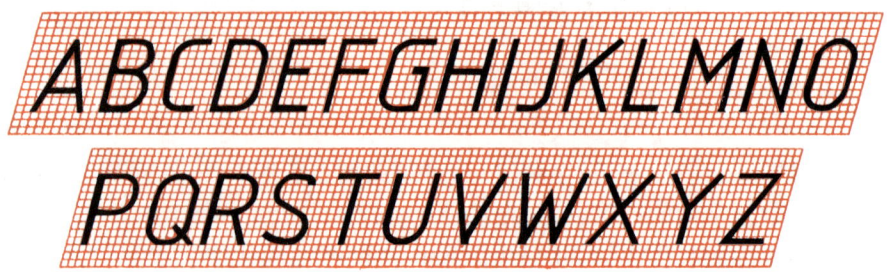

小写拉丁字母

罗马数字

四、图线（GB/T 17450—1998、GB/T 4457.4—2002）

1. 图线的型式及应用

　　绘图时应采用国家标准规定的图线型式和画法。国家标准《技术制图　图线》规定了绘制各种技术图样的 15 种基本线型。常用线型的名称、型式、宽度以及应用示例见表 1-3 和图 1-5。

表 1-3　常用线型的名称型式、宽度（摘自 GB/T 4457.4—2002）

图线名称	图线型式	图线宽度	一般应用举例
粗　实　线	——————	粗(d)	可见轮廓线
细　实　线	——————	细($d/2$)	尺寸线及尺寸界线 剖面线 重合断面的轮廓线 过渡线
细　虚　线	– – – – –	细($d/2$)	不可见轮廓线
细点画线	— · — · —	细($d/2$)	轴线 对称中心线
粗点画线	— · — · —	粗(d)	限定范围表示线
细双点画线	— ·· — ·· —	细($d/2$)	相邻辅助零件的轮廓线 轨迹线 极限位置的轮廓线 中断线
波　浪　线	∼∼∼∼∼	细($d/2$)	断裂处的边界线 视图与剖视图的分界线

续　表

图线名称	图线型式	图线宽度	一般应用举例
双 折 线	———〜〜—	细($d/2$)	同波浪线
粗 虚 线	━ ━ ━ ━ ━	粗(d)	允许表面处理的表示线

2. 图线宽度

机械图样中采用粗细两种图线宽度,它们的比例关系为 2 : 1。图线的宽度(d)应按图样的类型和尺寸大小,在下列数系中选取:0.13、0.18、0.25、0.35、0.5、0.7、1.0、1.4、2(单位:mm)。粗线宽度通常采用 $d = 0.5$ mm 或 0.7 mm。为了保证图样清晰,便于复制,图样上应尽量避免出现线宽小于 0.18 mm 的图线。

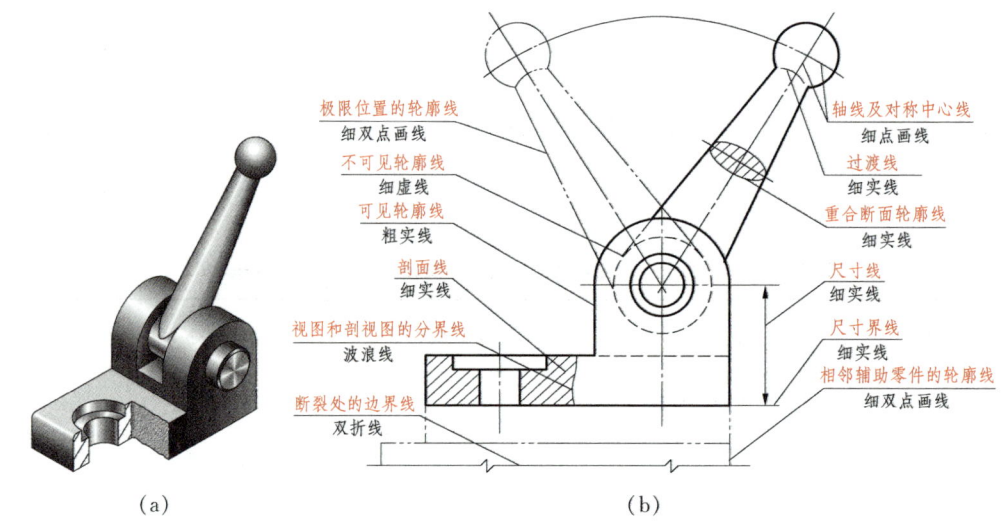

(a)　　　　　　　　　　(b)

图 1−5　图线应用示例

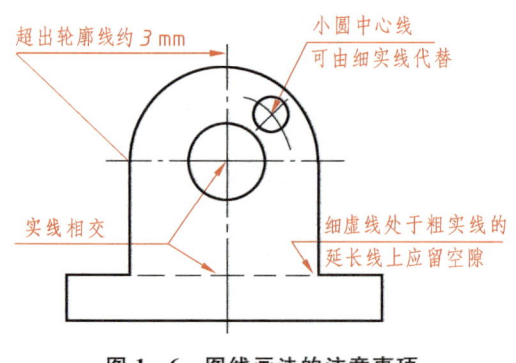

图 1−6　图线画法的注意事项

3. 注意事项(图 1−6)

(1)在同一图样中,同类图线的宽度应一致,虚线、点画线、双点画线的线段长度和间隔应大致相同。

(2)绘制圆的对称中心线时,圆心应在线段与线段的相交处,细点画线应超出圆的轮廓线约 3 mm。当所绘圆的直径较小,画点画线有困难时,细点画线可用细实线代替。

(3)细虚线、细点画线与其他图线相交时,都应以实线部分相交。当细虚线处于粗实线的延长线上时,细虚线与粗实线之间应有空隙。

第二节 尺 规 绘 图

尺规绘图是指用铅笔、丁字尺、三角板和圆规等绘图仪器来绘制图样。虽然目前工程图样已经逐步由计算机绘制,但尺规绘图仍是工程技术人员必备的基本技能,同时也是学习和巩固绘图理论知识不可忽视的训练方法,因此必须熟练掌握。

一、尺规绘图的工具和仪器用法

1. 图板和丁字尺

画图时,先将图纸用胶带纸固定在图板上,丁字尺头部紧靠图板左边,画线时铅笔垂直纸面向右倾斜约30°(图1-7a)。丁字尺上下移动到画线位置,自左向右画水平线(图1-7b)。

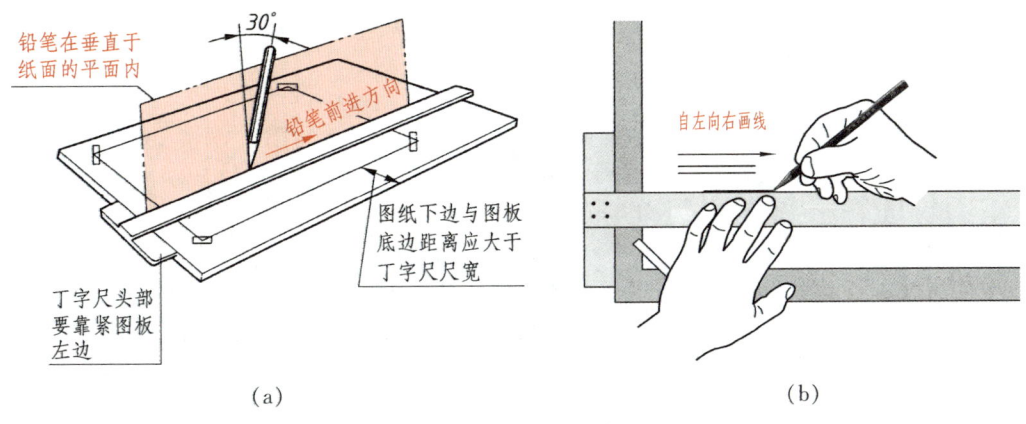

（a）   （b）

图 1-7　图板和丁字尺

2. 三角板

一副三角板由 45°和 30°(60°)两块直角三角板组成。三角板与丁字尺配合使用可画垂直线(图1-8),还可画出与水平线成 30°、45°、60°以及 75°、15°的倾斜线(图1-9)。

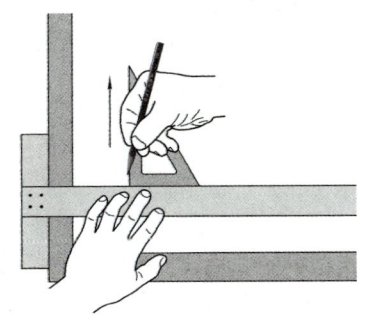

图 1-8　用三角板丁字尺画垂直线

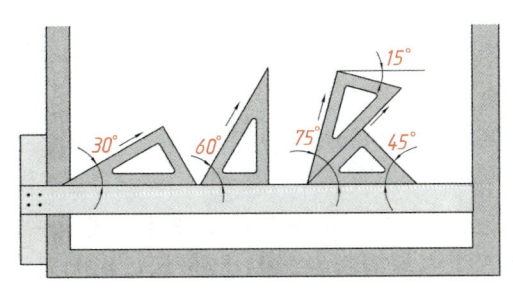

图 1-9　用三角板画常用角度斜线

两块三角板配合使用,可画任意已知直线的平行线或垂直线,如图 1–10 所示。

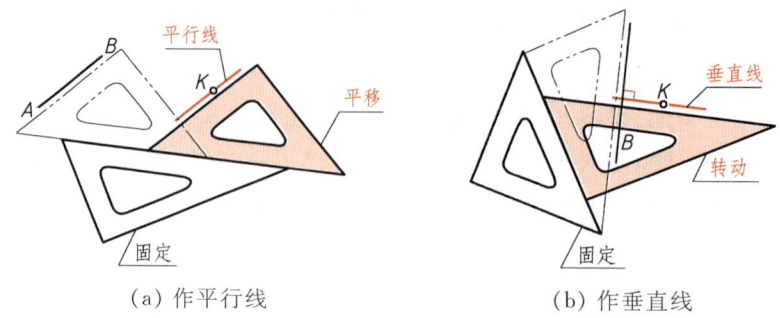

（a）作平行线　　　　　　　　　（b）作垂直线

图 1–10　两块三角板配合使用

3. 圆规和分规

（1）**圆规**　用来画圆和圆弧。画圆时,圆规的钢针和笔尖应尽量与纸面垂直,圆规的使用方法如图 1–11 所示。

（2）**分规**　用来截取线段、等分直线或圆周,以及从尺上量取尺寸的工具。分规的两个针尖并拢时应对齐,如图 1–12 所示。

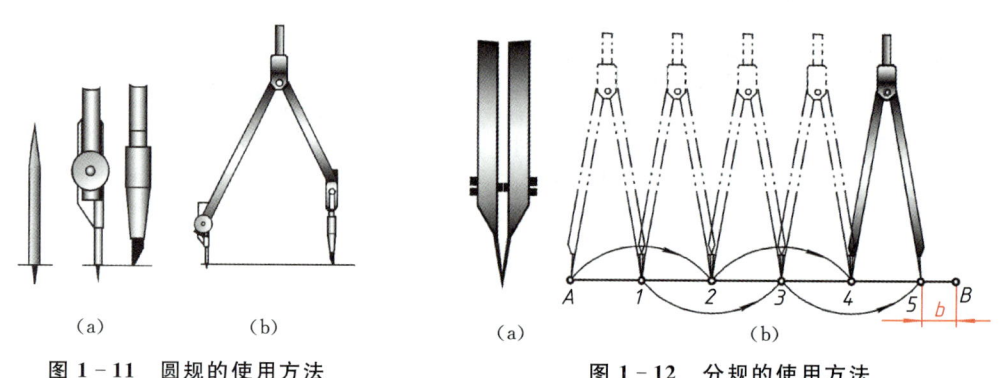

（a）　　　　　　　（b）　　　　　　　　　　　（a）　　　　　　　　（b）

图 1–11　圆规的使用方法　　　　　　　**图 1–12　分规的使用方法**

4. 铅笔

绘图铅笔用"B"和"H"代表铅芯的软硬程度。"B"表示软性铅笔,B 前面的数字越大,表示铅芯越软(黑);"H"表示硬性铅笔,H 前面的数字越大,表示铅芯越硬(淡)。"HB"表示铅芯软硬适中。画粗线常用 B 或 HB,画细线常用 H 或 2H,写字常用 HB 或 H。画底稿时建议用 2H 铅笔。画圆或圆弧时,圆规插脚中的铅芯应比画直线的铅芯软 1～2 挡。

二、几何图形画法

机件轮廓图形是由直线、圆弧和其他曲线组成的几何图形,因此,熟练掌握几何图形的正确作图方法,是提高绘图速度,保证绘图质量的基本技能之一。常见几何图形的作图方法和步骤见表 1–4。

表 1-4　常见几何图形的作图方法和步骤

圆周四、八等分	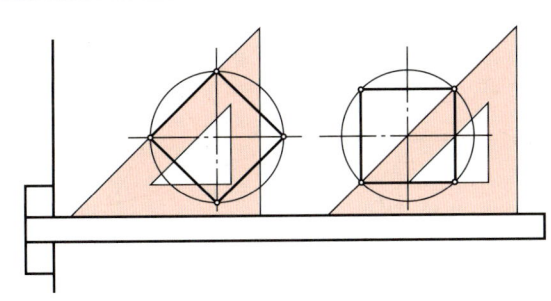 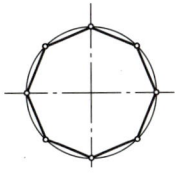 用 45°三角板和丁字尺配合作图,可直接作出圆周的四、八等分,并作四边形和八边形
圆周三、六等分	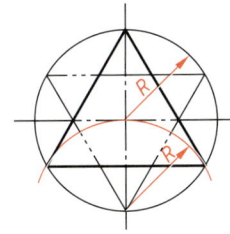 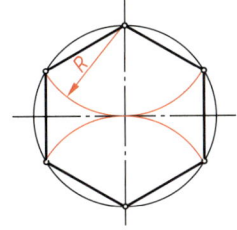 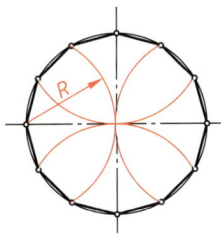 用圆规作出圆周的三、六等分,并作出三角形和六边形、十二边形。 **思考**　蜂巢的造型是由哪个多边形构成的 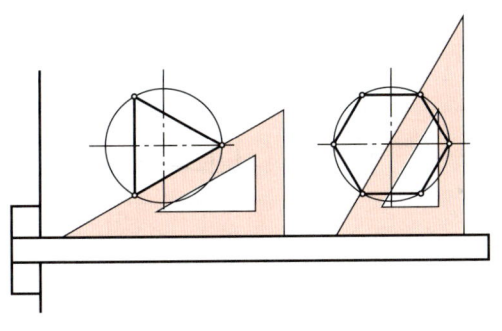 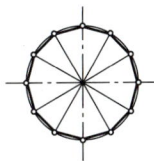 用 30°、60°三角板和丁字尺配合作出各多边形。 **思考**　仔细观察足球是由哪些多边形组合而成的
圆周五等分	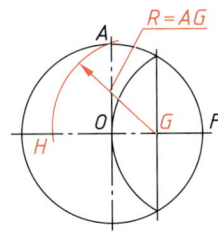 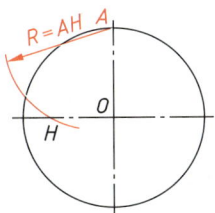 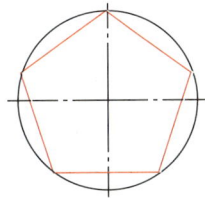 (1) 作半径 *OF* 的等分点 *G*,以 *G* 为圆心,*AG* 为半径画圆弧交水平直径线于 *H*; (2) 以 *AH* 为半径,分圆周为五等分,顺序连接各分点即成。 **思考**　怎样作出一个五角星

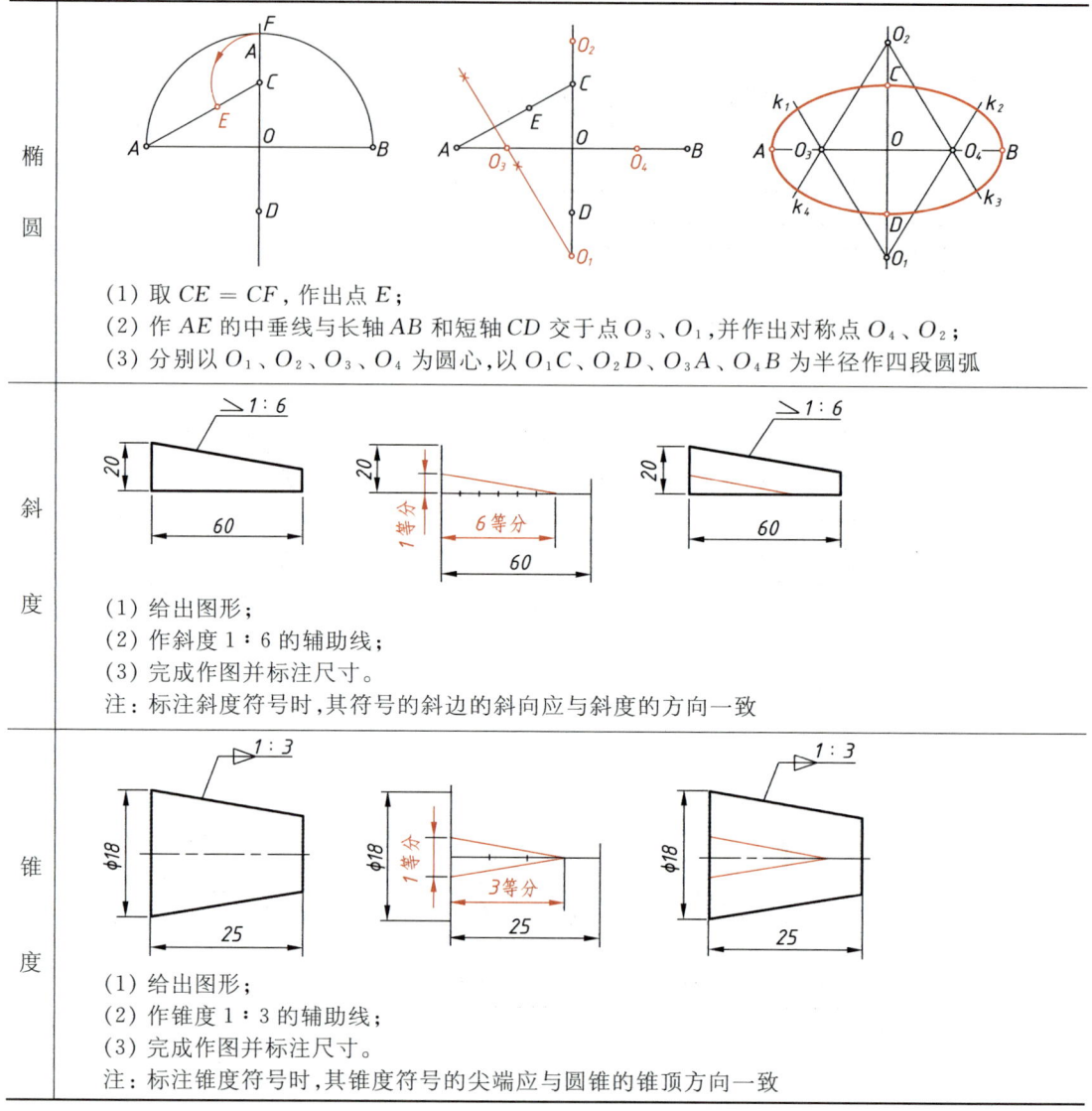

| 椭圆 | (1) 取 $CE = CF$，作出点 E；
(2) 作 AE 的中垂线与长轴 AB 和短轴 CD 交于点 O_3、O_1，并作出对称点 O_4、O_2；
(3) 分别以 O_1、O_2、O_3、O_4 为圆心，以 O_1C、O_2D、O_3A、O_4B 为半径作四段圆弧 |

斜度

(1) 给出图形；
(2) 作斜度 1∶6 的辅助线；
(3) 完成作图并标注尺寸。
注：标注斜度符号时，其符号的斜边的斜向应与斜度的方向一致

锥度

(1) 给出图形；
(2) 作锥度 1∶3 的辅助线；
(3) 完成作图并标注尺寸。
注：标注锥度符号时，其锥度符号的尖端应与圆锥的锥顶方向一致

第三节　尺寸注法

　　图形只能表示物体的形状，而其大小是由标注的尺寸确定的。尺寸是图样中的重要内容之一，是制造机件的直接依据。因此，在标注尺寸时，必须严格遵守国家标准有关规定，做到正确、齐全、清晰和合理。正确标注尺寸的依据是 GB/T 4458.4—2003、GB/T 16675.2—2012。

一、标注尺寸的基本规则

　　(1) 机件的真实大小应以图样上所注的尺寸数值为依据，与图形的比例及绘图的准确度无关。

（2）图样中的尺寸以 mm 为单位时，不必标注计量单位的符号（或名称）。如采用其他单位，则应注明相应的单位符号。

（3）图样中所注的尺寸为该图样所示机件的最后完工尺寸，否则应另加说明。

（4）机件的每一尺寸一般只注一次，并应标注在表示该结构最清晰的图形上。

二、标注尺寸的要素

尺寸由尺寸界线、尺寸线和尺寸数字三个要素组成，如图 1-13 所示。

尺寸界线和尺寸线画成细实线，尺寸线的终端有箭头（图 1-14a）和斜线（图 1-14b）两种形式。通常机械图样的尺寸线终端画箭头，土建图的尺寸线终端画斜线。当没有足够的地方画箭头时，可用小圆点代替（图 1-14c）。尺寸数字一般注写在尺寸线的上方。

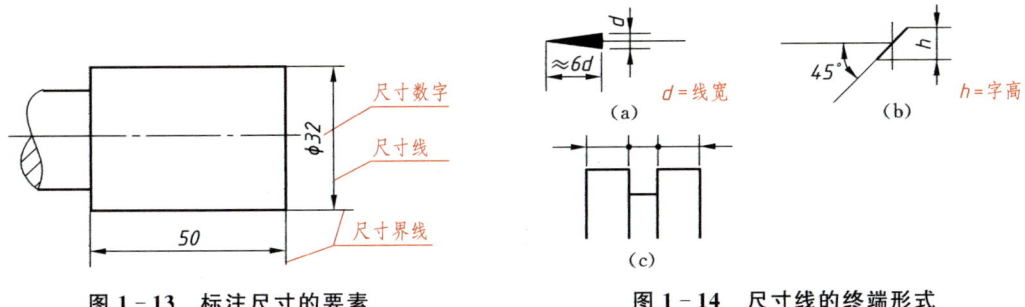

图 1-13　标注尺寸的要素　　　　图 1-14　尺寸线的终端形式

三、尺寸注法示例

标注尺寸的方法又称尺寸注法，其示例见表 1-5。

表 1-5　尺寸注法示例

项目	图　　　　例	说　　　明
尺寸界线		尺寸界线应由图形的轮廓线、轴线或对称中心线处引出，也可利用轮廓线、轴线或对称中心线作尺寸界线； 　　尺寸界线一般应与尺寸线垂直并超过尺寸线约 2～3 mm

续　表

项目	图　　例	说　　明
尺寸线	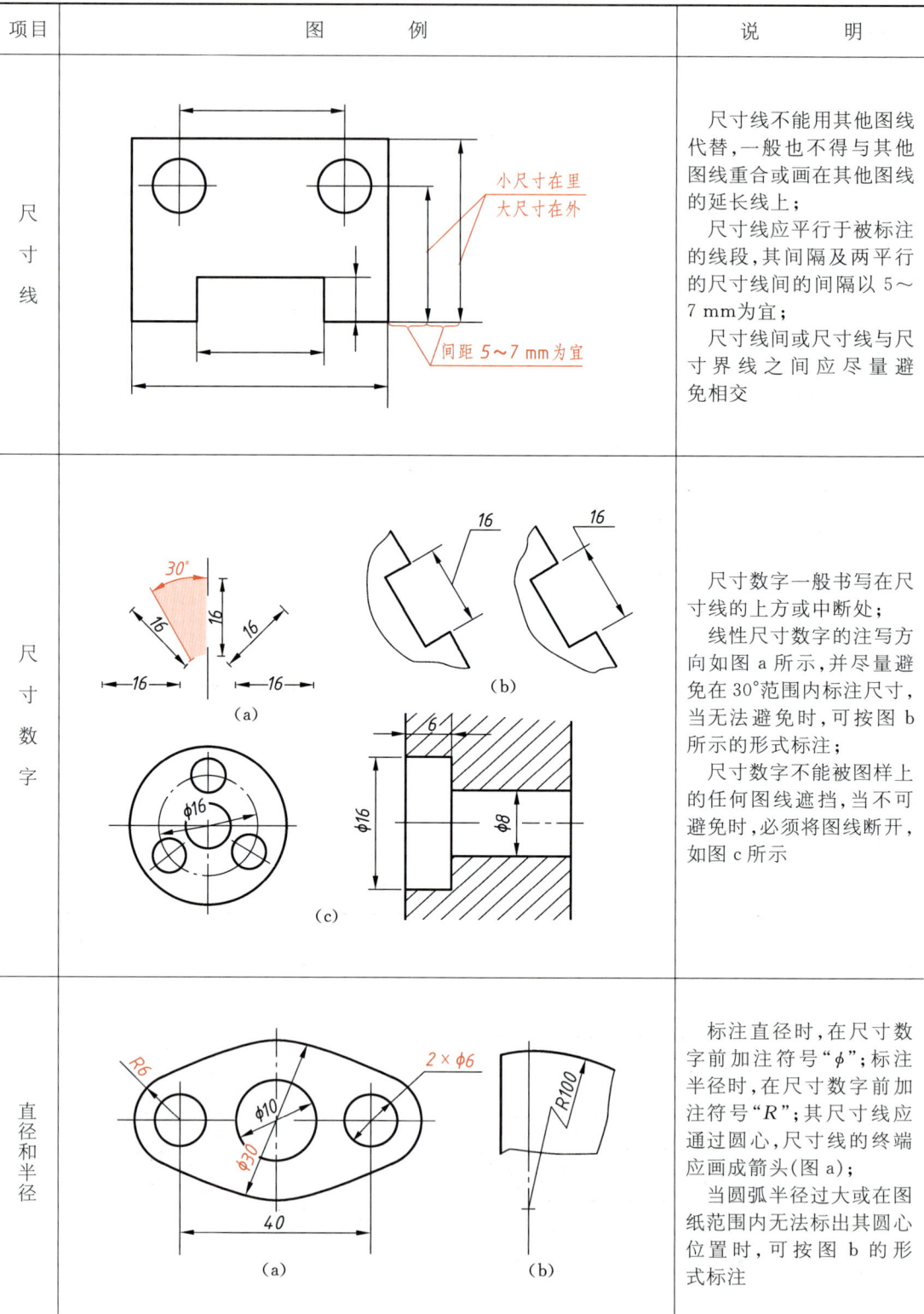	尺寸线不能用其他图线代替,一般也不得与其他图线重合或画在其他图线的延长线上; 尺寸线应平行于被标注的线段,其间隔及两平行的尺寸线间的间隔以 5～7 mm为宜; 尺寸线间或尺寸线与尺寸界线之间应尽量避免相交
尺寸数字		尺寸数字一般书写在尺寸线的上方或中断处; 线性尺寸数字的注写方向如图 a 所示,并尽量避免在30°范围内标注尺寸,当无法避免时,可按图 b 所示的形式标注; 尺寸数字不能被图样上的任何图线遮挡,当不可避免时,必须将图线断开,如图 c 所示
直径和半径		标注直径时,在尺寸数字前加注符号"ϕ";标注半径时,在尺寸数字前加注符号"R";其尺寸线应通过圆心,尺寸线的终端应画成箭头(图 a); 当圆弧半径过大或在图纸范围内无法标出其圆心位置时,可按图 b 的形式标注

续　表

项目	图　例	说　明
角度	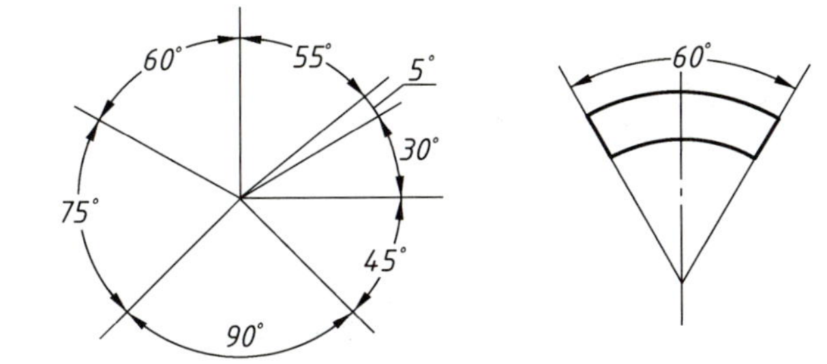	标注角度尺寸时,尺寸界线应沿径向引出,尺寸线是以角度顶点为圆心的圆弧线,角度的数字应水平注写,一般注写在尺寸线的中断处,必要时也可注写在尺寸线的上方、外侧或引出标注
小尺寸	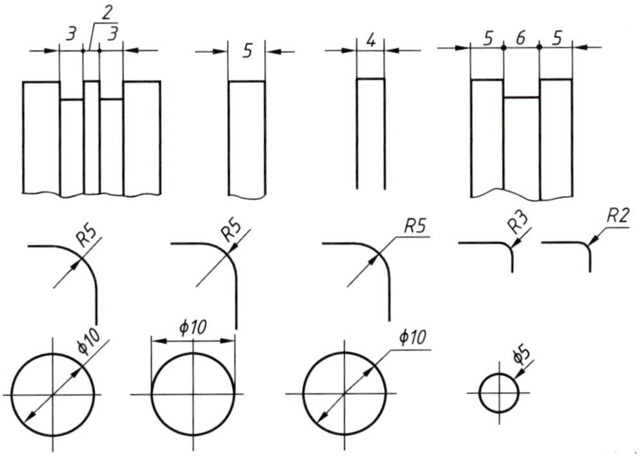	无足够位置注写小尺寸时,箭头可外移或用小圆点代替两个箭头;尺寸数字也可写在尺寸界线外或引出标注

第四节　绘制平面图形

一、平面图形的分析与作图

平面图形由若干直线和曲线封闭连接组合而成,这些线段之间的相对位置和连接关系根据给定的尺寸来确定。在平面图形中,有些线段的尺寸已完全给定,可以直接画出,而有些线段要按照相切的连接关系画出。因此,绘图前应对所绘图形进行分析,从而确定正确的作图方法和步骤。下面以图1-15所示图形为例进行尺寸和线段分析。

1. 尺寸分析

平面图形中所注尺寸按其作用可分为两类:

(1) 定形尺寸　确定图形中各线段形状大小的尺寸,如$\phi 15$、$\phi 30$、$R18$、$R30$、$R50$以

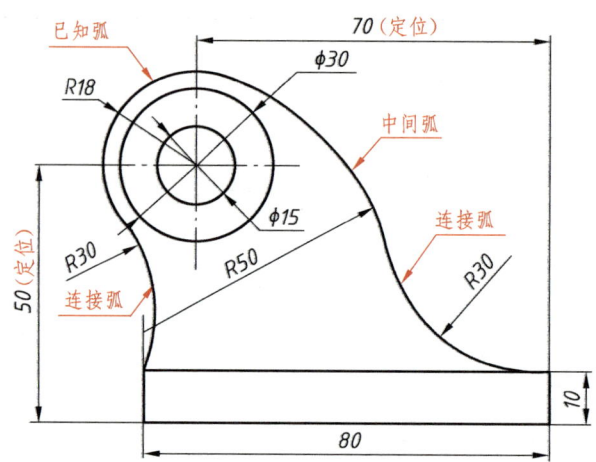

图 1 - 15 平面图形的尺寸分析与线段分析

及 80、10。一般情况下确定几何图形所需定形尺寸的个数是一定的,如矩形的定形尺寸是长和宽,圆和圆弧的定形尺寸是直径和半径等。

(2) **定位尺寸** 确定图形中各线段间相对位置的尺寸,如尺寸 50 和 70 是以下部矩形的底边和右边为基准①确定 $\phi15$、$\phi30$ 圆心位置的定位尺寸。必须注意,有时一个尺寸既是定形尺寸,也是定位尺寸,如尺寸 80 既是矩形的长,也是 $R50$ 圆弧水平方向的定位尺寸。

2. 线段分析

平面图形中,有些线段具有完整的定形和定位尺寸,可根据标注的尺寸直接画出;有些线段的定形和定位尺寸并未全部注出,要根据已注出的尺寸和该线段与相邻线段的连接关系,通过几何作图才能画出。因此,通常按线段的尺寸是否标注齐全将线段分为三种。

(1) **已知线段** 定形、定位尺寸全部注出的线段,如 $\phi15$、$\phi30$ 的圆,$R18$ 的圆弧,80 和 10 矩形的长、宽等,均属已知线段。

(2) **中间线段** 注出定形尺寸和一个方向的定位尺寸,必须依靠相邻线段间的连接关系才能画出的线段,如 $R50$ 圆弧。

(3) **连接线段** 只注出定形尺寸,未注出定位尺寸的线段,其定位尺寸需根据该线段与相邻两线段的连接关系,通过几何作图方法求出,如 $R30$ 圆弧。

图 1 - 16 所示为平面图形的作图步骤。

3. 圆弧链接

用一段圆弧光滑地连接相邻两段已知线段(直线或圆弧)的作图方法称为圆弧连接。保

---

① 基准是指在机构中或加工时用以确定零件及其几何元素位置的一些点、线、面。在平面图形中,确定尺寸位置的几何元素称尺寸基准。

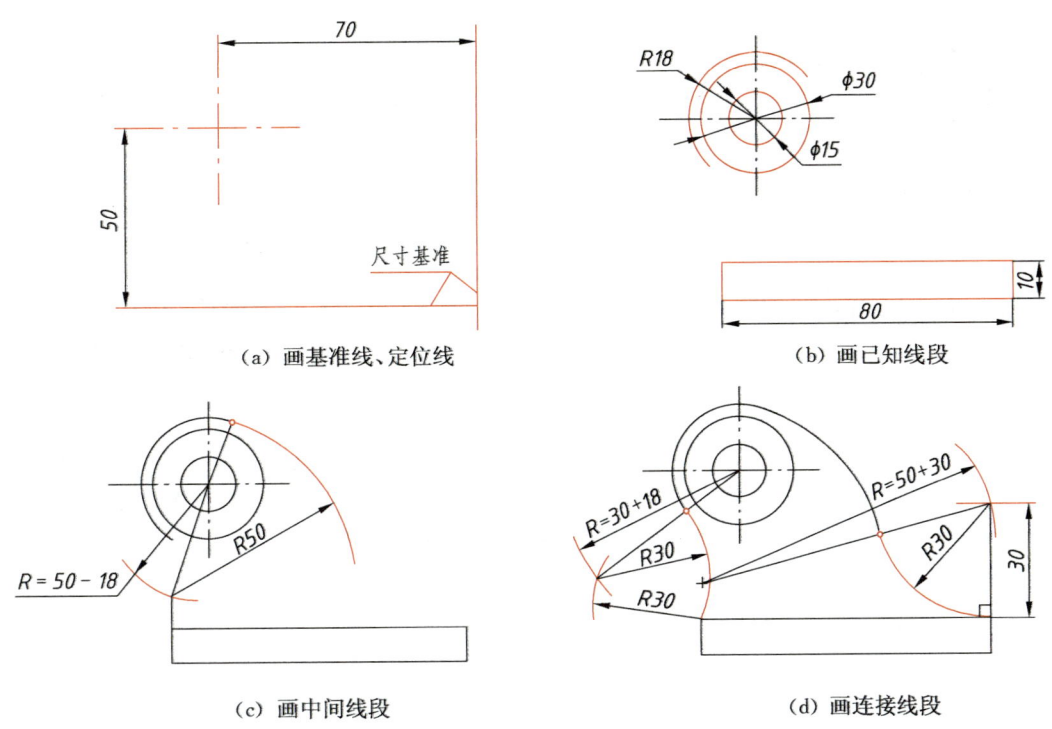

图 1-16　平面图形的作图步骤

证圆弧连接光滑,作图时必须先求作连接圆弧的圆心以及连接圆弧与已知线段的切点,以保证连接圆弧与线段在连接处相切。

如图 1-16c 所示,R50 圆弧与 R18 圆弧相内切,内切两圆弧半径之差是确定连接圆弧 R50 圆心位置的条件之一;又如图 1-16d 所示,左侧 R30 圆弧与 R18 圆弧相外切,右侧 R30 圆弧与 R50 圆弧相外切,外切两圆弧半径之和是确定 R30 圆弧圆心位置的条件之一。

二、平面图形的尺寸标注

平面图形标注尺寸的基本要求是:正确、齐全、清晰。

标注尺寸首先要遵守国家标准有关尺寸注法的基本规定,通常先标注定形尺寸,再标注定位尺寸。通过几何作图可以确定的线段,不要标注尺寸。尺寸标注完成后要检查是否有重复或遗漏。在作图过程中没有用到的尺寸是重复尺寸,要删除;如果按所注尺寸无法完成作图,说明尺寸不齐全,应补注所需尺寸。标注尺寸时应注意布局清晰。图 1-17 所示为平面图形的尺寸标注示例,其方法和步骤如下:

(1) 先在水平及竖直方向选定尺寸基准。

(2) 进行线段分析,即确定已知线段、中间线段和连接线段。

(3) 按已知线段、中间线段、连接线段的顺序逐个标注尺寸。

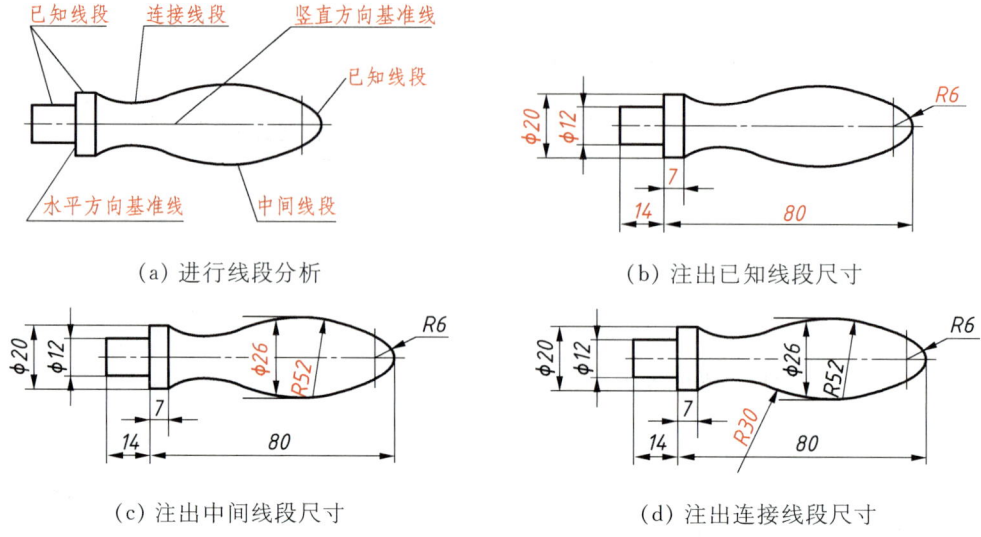

(a) 进行线段分析　　　　　　　　(b) 注出已知线段尺寸

(c) 注出中间线段尺寸　　　　　　(d) 注出连接线段尺寸

图 1 - 17　平面图形的尺寸注法举例

三、尺规绘图的操作步骤

1. 画图前的准备工作

准备好必要的绘图工具和仪器。

2. 布置图形

根据所画图形的大小和选定的比例,选取图纸幅面,合理布图。图形尽量匀称、居中,并要考虑标注尺寸的位置,确定图形的基准线。

3. 画底稿

底稿宜用 H 或 2H 铅笔轻淡地画出。画底稿的一般步骤是:先画轴线或对称中心线,再画主要轮廓,然后画细节。

4. 铅笔描深

描深图线前,要仔细检查底稿,纠正错误,擦去多余的作图线和图面上的污迹,按标准线型描深图线。描深图线的顺序为:

(1) 描深全部细线(H 或 2H 铅笔)。

(2) 描深全部粗实线(HB 或 B 铅笔):先描深圆和圆弧,后描深直线;先描深水平线(先上后下),再描垂直线、斜线(先左后右)。

5. 标注尺寸和填写标题栏

按国家标准有关规定在图样中标注尺寸和填写标题栏。

第二章　投影基础

正投影图能准确表达物体的形状，度量性好，作图方便，所以在工程上得到广泛应用。工程图样主要是用正投影法绘制的，因此，正投影法的基本原理是识读和绘制机械图样、化工图样等的理论基础。

第一节　投影法概述

物体在光线照射下，在地面或墙面上会产生投影，人们对这种自然现象加以抽象研究，总结其中规律，创造了投影法。

一、投影法分类

1. 中心投影法

投射线汇交于投射中心的投影方法称为中心投影法。

如图 2-1a 所示，设 S 为投射中心，SA、SB、SC 为投射线，平面 P 为投影面。延长 SA、SB、SC 与投影面 P 相交，交点 a、b、c 即为三角形顶点 A、B、C 在 P 面上的投影。日常生活中的照相、放映电影都是中心投影的实例。透视图就是用中心投影法绘制的（图 2-1b），与人的视觉习惯相符，能体现近大远小的效果，形象逼真，具有强烈的立体感，广泛用于建筑、机械产品等效果图。

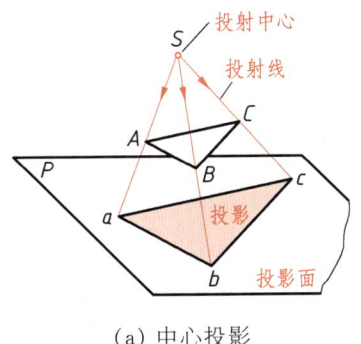

（a）中心投影　　　　　　　　　　　（b）透视图实例

图 2-1　中心投影法

2. 平行投影法

投射线互相平行的投影方法称为平行投影法。按投射线与投影面倾斜或垂直，平行投影法又分为斜投影法和正投影法。

　　（1）斜投影法　投射线与投影面倾斜的平行投影法，如图2-2a所示。

　　（2）正投影法　投射线与投影面垂直的平行投影法，如图2-2b所示。

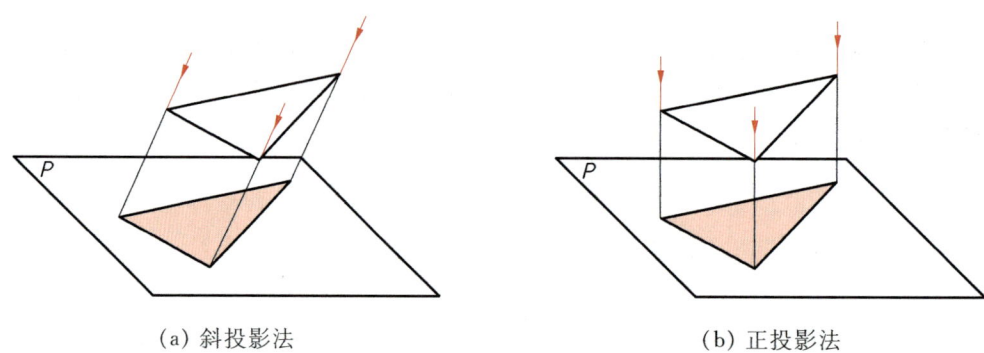

　　　　　　（a）斜投影法　　　　　　　　　　　　　（b）正投影法

图 2-2　平行投影法

　　由于正投影法所得到的正投影能准确反映物体的形状和大小，度量性好，作图简便，因此，工程图样绝大部分是采用正投影法绘制的。

二、正投影法的基本性质

1. 真实性

　　当直线或平面平行于投影面时，直线的投影反映实长，平面的投影反映实形，这种投影特性称为真实性，如图2-3a所示。

2. 积聚性

　　当直线或平面垂直于投影面时，直线的投影积聚成点，平面的投影积聚成一直线，这种投影特性称为积聚性，如图2-3b所示。

3. 类似性

　　当直线或平面倾斜于投影面时，直线的投影仍为直线，但小于实长，平面的投影是其原图形的类似形（类似形是指两图形相应线段间保持定比关系，即边数、平行关系、凹凸关系不变），这种投影特性称为类似性，如图2-3c所示。

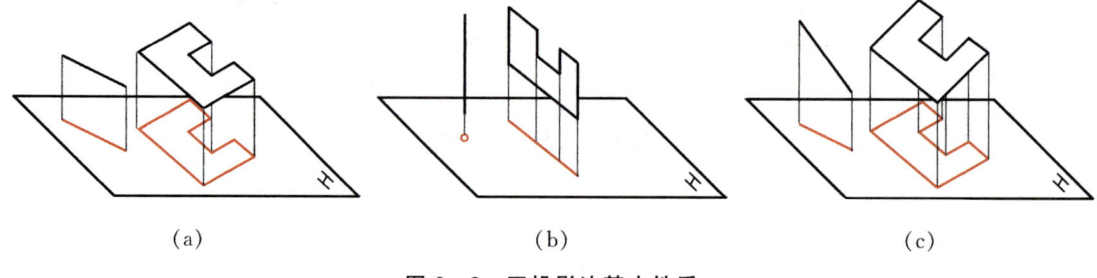

　　　　　　（a）　　　　　　　　　　　（b）　　　　　　　　　　　（c）

图 2-3　正投影法基本性质

第二节 点 的 投 影

任何物体的表面都包含点、线和面等几何元素,如图 2-4 所示的三棱锥,就是由四个平面、六条直线和四个点组成的。绘制三棱锥的投影图,实际上就是画出构成三棱锥表面的这些点、直线和平面的投影。因此,要正确而迅速地表达物体,必须掌握这些几何元素的投影特性和作图方法,这对工程图样的识读与绘制具有重要意义。

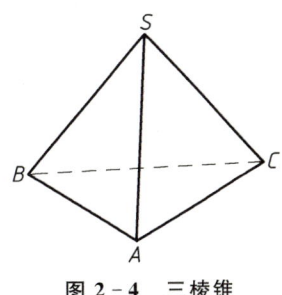

图 2-4 三棱锥

一、三投影面体系的建立

一般情况下,物体的一个投影不能确定其形状。如图 2-5 所示,三个形状不同的物体,它们在同一投影面上的投影却相同。所以,要反映物体的完整形状,必须增加由不同投射方向得到的投影图,互相补充,才能将物体表达清楚。工程上常用三投影面体系来表达简单物体的形状。

如图 2-6 所示,设三个互相垂直的投影面:正立投影面 V(简称正面)、水平投影面 H(简称水平面)、侧立投影面 W(简称侧面)。三个投影面的交线 OX、OY、OZ 称为投影轴,也互相垂直,分别代表长、宽、高三个方向。三根投影轴交于一点 O,称为原点。

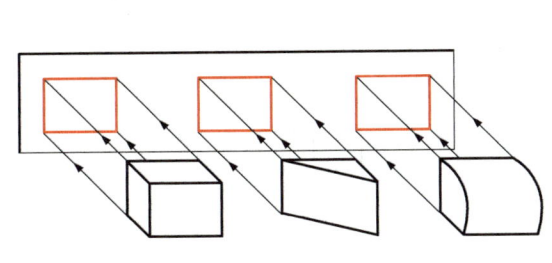

图 2-5 一个视图不能确定物体形状

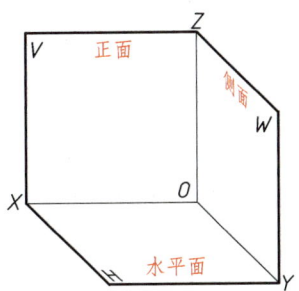

图 2-6 三投影面体系

二、三视图的形成

如图 2-7a 所示,将物体放在三投影面体系中,按正投影法向各投影面投射,即可分别得到正面投影、水平投影和侧面投影。在工程图样中"根据有关标准绘制的多面正投影图"也称为"视图"。在三投影面体系中,物体的三面视图是国家标准中基本视图[①]中的三个,规定的名称是:

---

① 国家标准规定基本视图共有六个(在第五章中介绍)。

主视图——由前向后投射,在正面上所得的视图;

俯视图——由上向下投射,在水平面上所得的视图;

左视图——由左向右投射,在侧面上所得的视图。

为了画图和看图方便,必须使处于空间位置的三视图在同一个平面上表示出来。如图 2-7b 所示,规定正面不动,将水平面绕 OX 轴旋转 90°,将侧面绕 OZ 轴旋转 90°,使它们与正面处在同一平面上。如图 2-7c 所示,在旋转过程中,OY 轴一分为二,随 H 面旋转的 Y 轴用 Y_H 表示,随 W 面旋转的 Y 轴用 Y_W 表示。在机件表达时,不需要绘出投影面和投影轴,则去掉投影面的边框和投影轴就得到图 2-7d 所示的三视图。

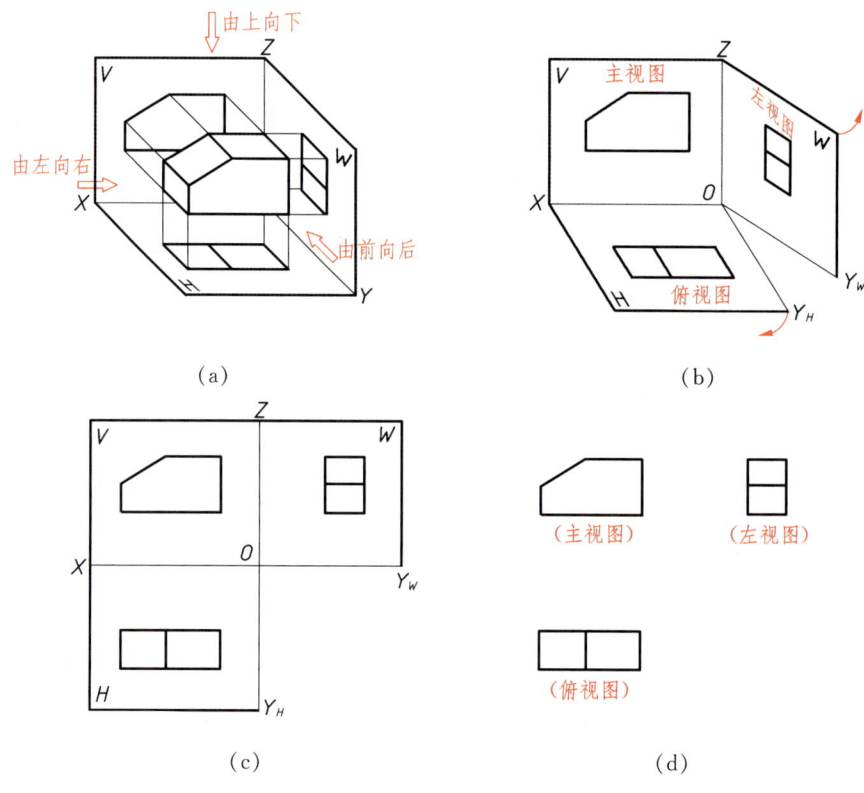

图 2-7 三视图的形成

三、点的投影

1. 点的投影规律

如图 2-8a 所示,过点 A 分别向 H、V、W 投影面投射,得到的三面投影分别为 a、a'、a''[①]。按前述展开的方法把三个投影面展平到一个平面上(图 2-8b),去掉投影面边框,即

---

① 空间点用大写字母表示,H 面投影用相应的小写字母表示,V 面投影用相应的小写字母加"′"表示,W 面投影用相应的小写字母加"″"表示。

得点 A 的三面投影(图 2-8c),点的三面投影具有以下投影规律:

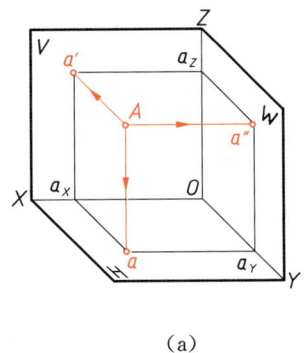 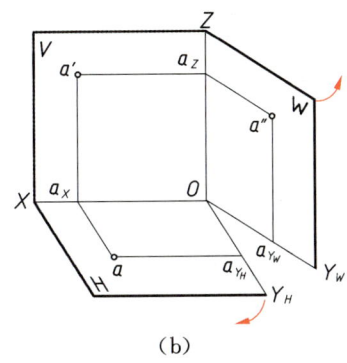 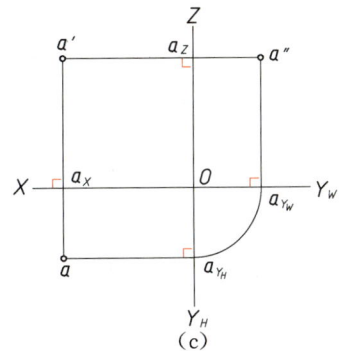

(a)　　　　　　　　　(b)　　　　　　　　　(c)

图 2-8　点的三面投影

(1) 点的两面投影的连线必垂直于投影轴,即:

$$a'a \perp OX$$
$$a'a'' \perp OZ$$
$$aa_{Y_H} \perp OY_H、a''a_{Y_W} \perp OY_W$$

(2) 点的投影到投影轴的距离,等于空间点到对应投影面的距离,即:

$$a'a_X = a''a_{Y_W} = 点 A 到 H 面的距离 Aa$$
$$aa_X = a''a_Z = 点 A 到 V 面的距离 Aa'$$
$$aa_{Y_H} = a'a_Z = 点 A 到 W 面的距离 Aa''$$

根据上述投影规律,在点的三面投影中,只要知道其中任意两个面的投影,就可以求作第三个面的投影。

[**例 2-1**] 已知点 B 的 V 面投影 b' 与 H 面投影 b,求作 W 面投影 b''(图 2-9a)。

分析

根据点的投影规律可知, $b'b'' \perp OZ$,过 b' 作 OZ 轴的垂线 $b'b_Z$,所求 b'' 必在 $b'b_Z$ 的延长线上。由 $b''b_Z = bb_X$,可确定 b'' 的位置。

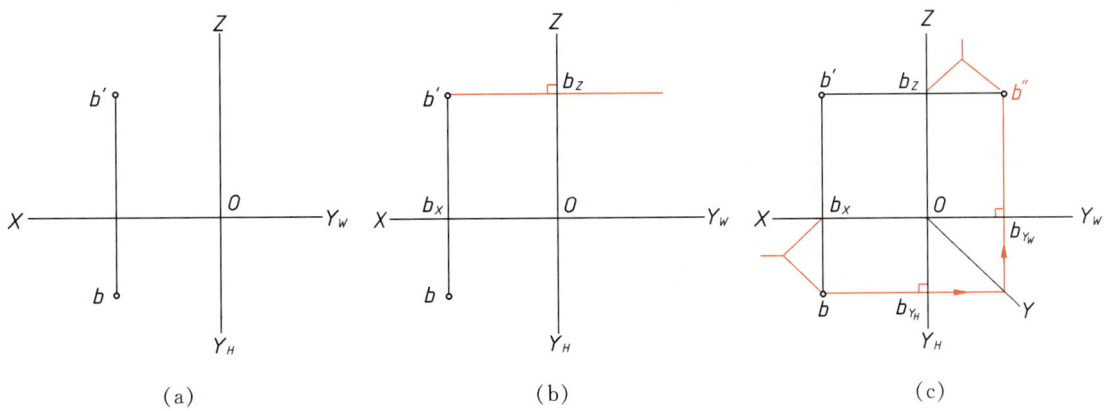

(a)　　　　　　　　　(b)　　　　　　　　　(c)

图 2-9　已知点的两面投影求第三投影

作图

(1) 过 b' 作 $b'b_z \perp OZ$，并延长(图 2 – 9b)。

(2) 量取 $b''b_z = bb_x$，求得 b''；也可利用 45° 辅助线作图(图 2 – 9c)。

2. 点的三面投影与直角坐标的关系

如图 2 – 10a 所示，点在空间的位置可由点到三个投影面的距离来确定。如果将三个投影面作为坐标面，投影轴作为坐标轴，则点的三面投影与点的三个坐标值有以下对应关系：

点到 W 面的距离 $a''A = a_z a' = a_Y a = Oa_X = x$ 坐标

点到 V 面的距离 $a'A = a_X a = a_z a'' = Oa_Y = y$ 坐标

点到 H 面的距离 $aA = a_X a' = a_Y a'' = Oa_Z = z$ 坐标

空间点的位置可由该点的坐标 (x, y, z) 确定。如图 2 – 10b 所示，点 A 三面投影的坐标分别为 $a(x, y)$，$a'(x, z)$，$a''(y, z)$。任一投影都包含两个坐标，所以一个点的两个投影就包含了确定该点空间位置的三个坐标，即确定了点的空间位置。

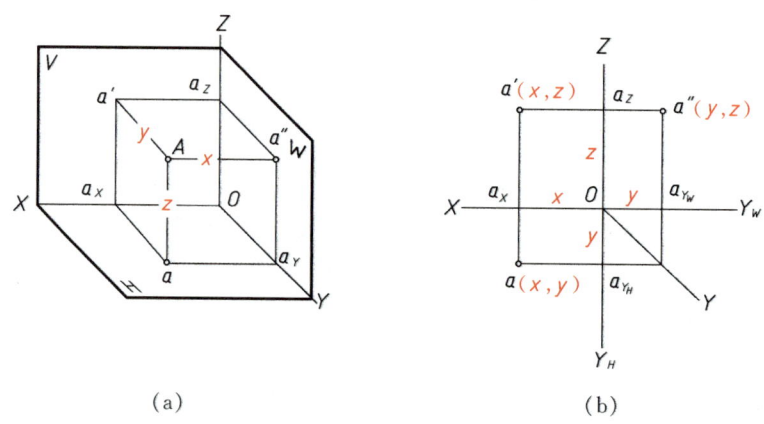

(a)　　　　　　　　　　　　　　(b)

图 2 – 10　点的投影与直角坐标的关系

[例 2 – 2] 已知空间点 B 的坐标为：$x = 12$，$y = 10$，$z = 17$(单位：mm，下同)，也可写成 $B(12, 10, 17)$。求作点 B 的三面投影。

分析

已知空间点的三个坐标，便可作出该点的两个投影，再求作另一投影。

作图

(1) 在 OX 轴上向左量取 12，得 b_X(图 2 – 11a)。

(2) 过 b_X 作 OX 轴的垂线，在此垂线上向下量取 10，得 b，向上量取 17，得 b'(图 2 –11b)。

(3) 由 b、b' 作出 b''(图 2 – 11c)。

思考

如果空间点 $C(15, 10, 0)$，即点 C 的 Z 坐标为 "0"，它在三投影面体系中处于什么位置？请读者思考，并画出点 C 的三面投影。

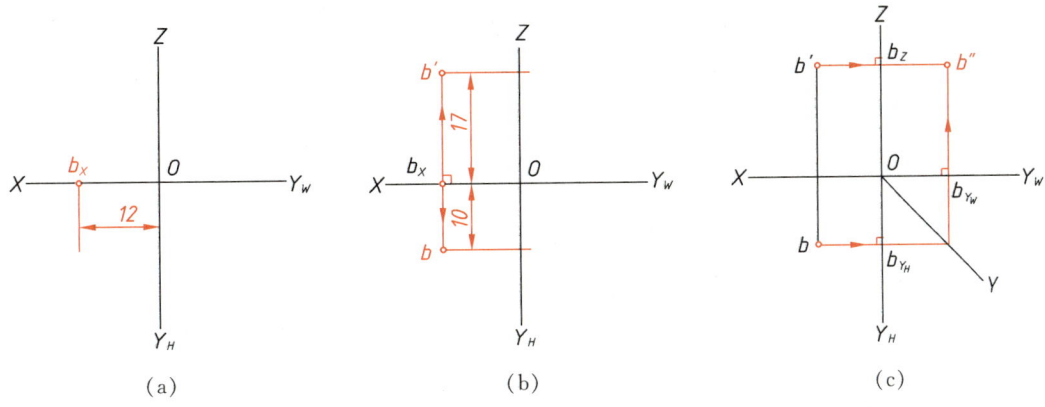

图 2-11 已知点的坐标作投影图

3. 两点相对位置

如图 2-12 所示,空间两点 A 和 B 的上、下位置可以从两点的正面投影(或侧面投影)的上、下关系直接判别,也可以由两点的 Z 坐标的大小判定。在正(侧)面投影中,因为 b′在 a′上方,即 $z_B > z_A$,可知点 B 在点 A 之上。同理,水平投影(或侧面投影)能反映空间两点的前、后位置,因为 a 在 b 的前方,即 $y_A > y_B$,所以点 A 在点 B 之前。空间两点的左、右位置是由正面投影(或水平投影)反映的,因为 a 在 b 的左方,即 $x_A > x_B$,所以点 A 在点 B 之左。

由以上分析可知:已知两点的三面投影判断它们的相对位置时,可根据正面(或侧面)投影判断上、下关系;根据正面(或水平)投影判断左、右关系;根据水平(或侧面)投影判断前、后关系。

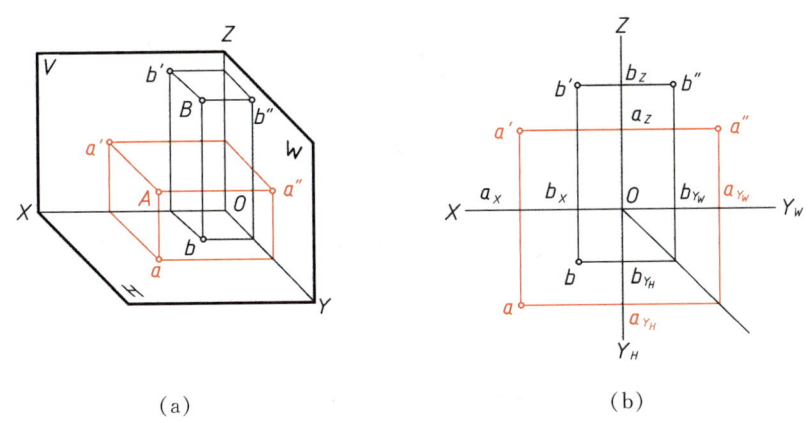

图 2-12 两点的相对位置

4. 重影点的可见性判断

空间两点在某一投影面上的投影重合称为重影,如图 2-13 所示,如果点 A 和点 B 的 X、Y 坐标相同,只是点 A 的 Z 坐标小于点 B 的 Z 坐标,则 A、B 两点的 H 面投影 a 和 b 重合在一起,V 面投影 b′在 a′之上,且在同一条 OX 轴的垂线上,W 面投影 b″在 a″之上,且在同

一条 OY_W 轴的垂线上。此时点 B 和点 A 的 H 面投影重合,称为 H 面的重影点。重影点在标注时,将坐标小的点加括号,如 A 点的 Z 坐标小,其水平投影为不可见,用 (a) 表示。同理,还有 V 面、W 面的重影点。

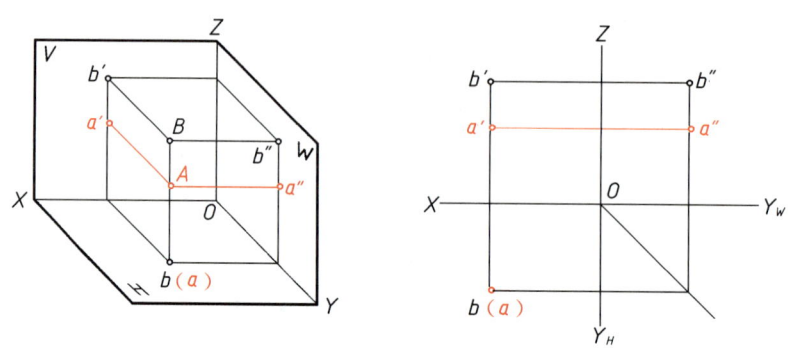

图 2-13　重影点的投影

第三节　直线的投影

直线的投影一般仍是直线(当直线垂直于投影面时,在该投影面上的投影积聚成一点)。直线的投影通常可由线段上两点在同一投影面上的投影(称同面投影)相连而得。如图 2-14所示,要作出直线 AB 的三面投影,可先作出其两端点的投影 a、a'、a'' 和 b、b'、b''(图 2-14a),将其同面投影相连,即得 AB 直线的三面投影 ab、$a'b'$、$a''b''$(图 2-14b)。

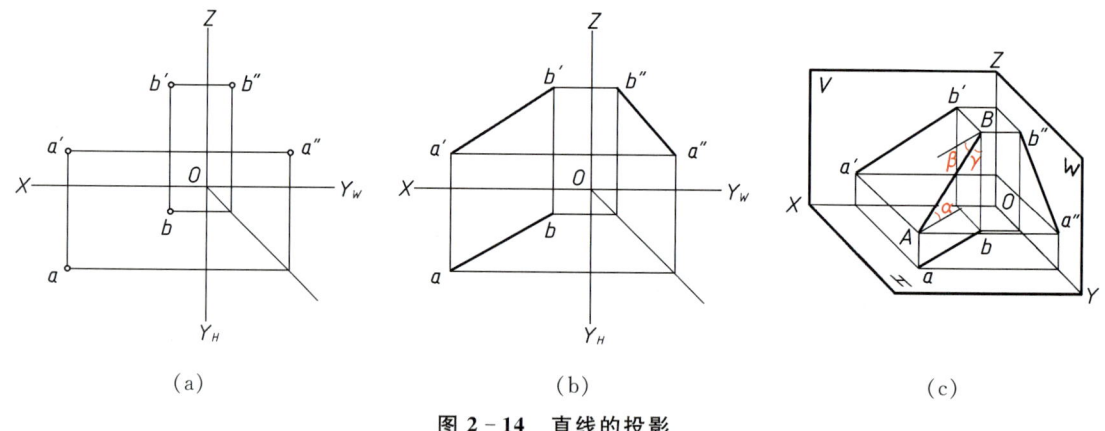

(a)　　　　　　　　　　　(b)　　　　　　　　　　　(c)

图 2-14　直线的投影

在三投影面体系中,直线按其与投影面的相对位置,可分为三种:

投影面平行线——平行于一个投影面,倾斜于另外两个投影面的直线。

投影面垂直线——垂直于一个投影面,平行于另外两个投影面的直线。

一般位置直线——与三个投影面都倾斜的直线。

投影面平行线和投影面垂直线又称为**特殊位置直线**。

在三投影面体系中,直线对 H、V、W 的倾角分别用 α、β、γ 表示(图 2-14c)。

一、特殊位置直线

特殊位置直线包括投影面平行线和投影面垂直线,其中投影面平行线和投影面垂直线分别有三种位置,如下所示,其投影特性见表 2－1。

水平线——平行于水平面的直线。

正平线——平行于正面的直线。

侧平线——平行于侧面的直线。

铅垂线——垂直于水平面的直线。

正垂线——垂直于正面的直线。

侧垂线——垂直于侧面的直线。

表 2－1　投影面平行线和垂直线的投影特性

名称	立 体 图	直线轴测图	投 影 图	投影特性
投影面平行线	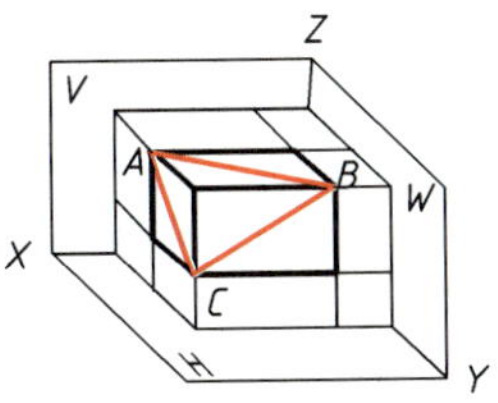 AB 为水平线 BC 为正平线 AC 为侧平线	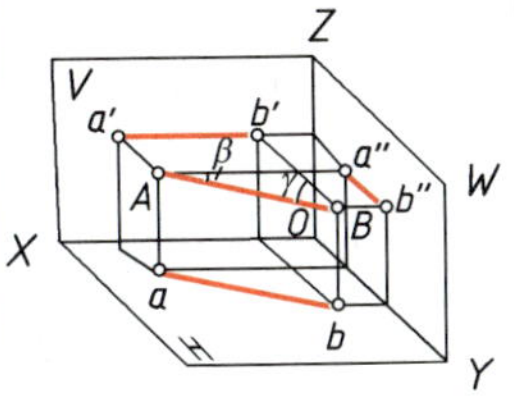	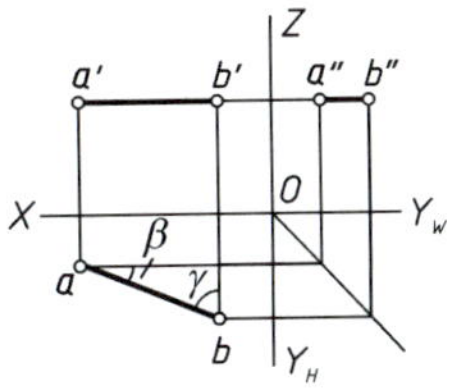	1. 水平投影 $ab = AB$ 2. 正面投影 $a'b' /\!/ OX$,侧面投影 $a''b'' /\!/ OY_W$,不反映实长
		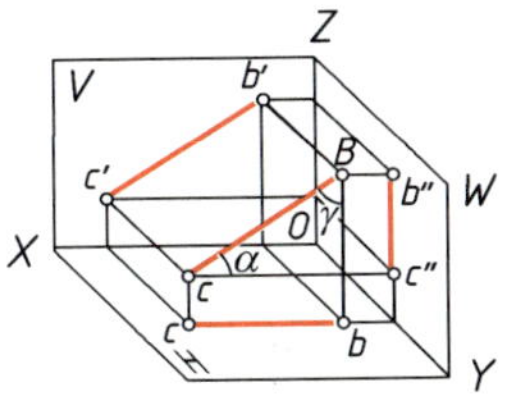	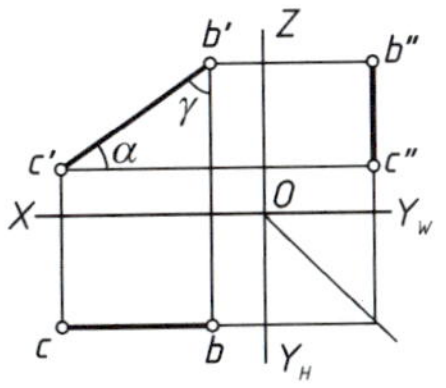	1. 正面投影 $b'c' = BC$ 2. 水平投影 $bc /\!/ OX$,侧面投影 $b''c'' /\!/ OZ$,不反映实长
		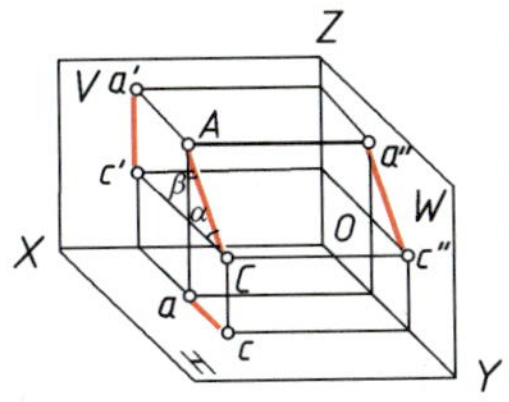	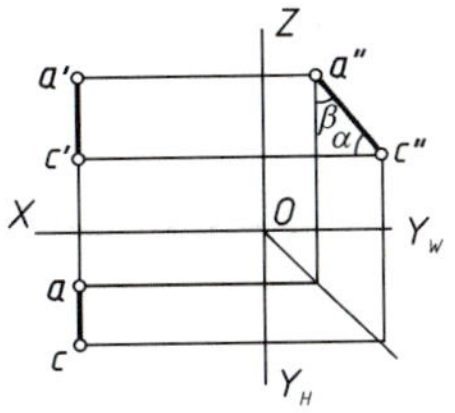	1. 侧面投影 $a''c'' = AC$ 2. 水平投影 $ac /\!/ OY_H$,正面投影 $a'c' /\!/ OZ$,不反映实长
投影面垂直线		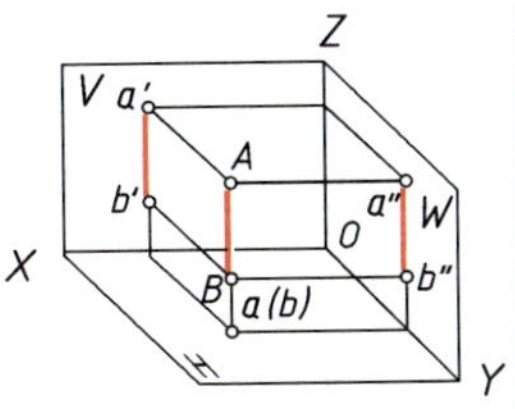	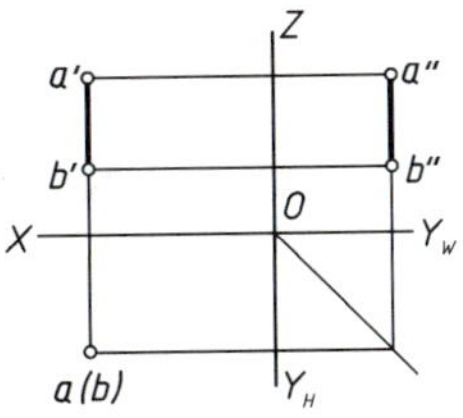	1. 水平投影积聚成一点,为重影点 $a(b)$ 2. $a'b' = a''b'' = AB$,$a'b' \perp OX$,$a''b'' \perp OY_W$

续 表

名称	立 体 图	直线轴测图	投 影 图	投 影 特 性
投影面垂直线	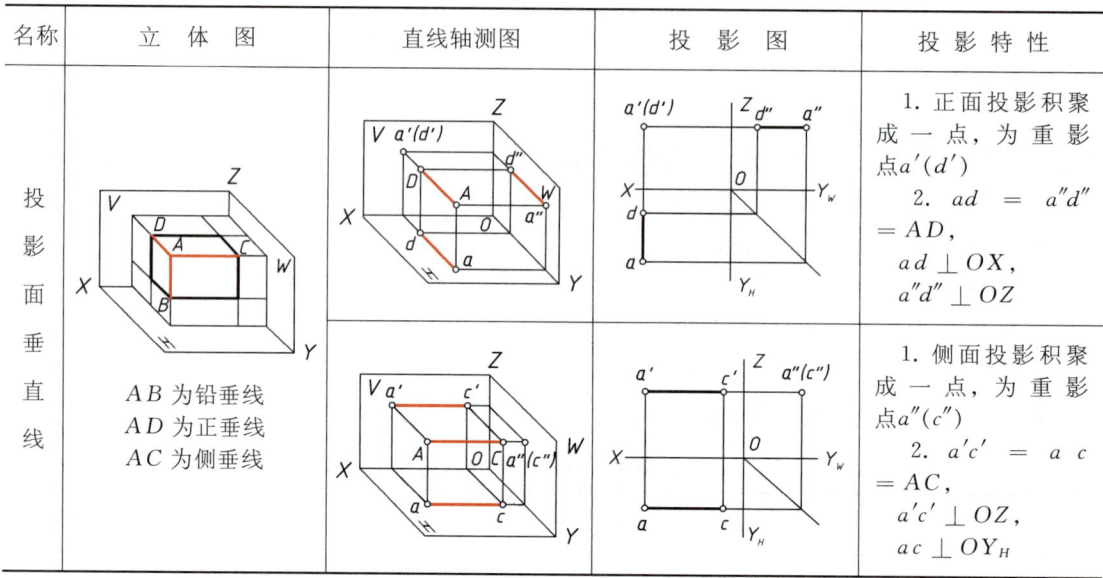AB 为铅垂线 AD 为正垂线 AC 为侧垂线			1. 正面投影积聚成一点,为重影点 $a'(d')$ 2. $ad = a''d'' = AD$, $ad \perp OX$, $a''d'' \perp OZ$
				1. 侧面投影积聚成一点,为重影点 $a''(c'')$ 2. $a'c' = ac = AC$, $a'c' \perp OZ$, $ac \perp OY_H$

对于投影面平行线,画图时,应先画反映实长的那个投影(与投影轴倾斜的斜线)。读图时,如果直线的三面投影中,有一个投影与投影轴倾斜,另外两个投影与相应的投影轴平行,则该直线必定是投影面平行线,平行于投影为斜线的那个投影面。

对于投影面垂直线,画图时,一般先画积聚成点的那个投影。读图时,如果在直线的三面投影中,有一个投影积聚成点,则该直线必定是投影面垂直线,垂直于其投影积聚成点的那个投影面。

二、一般位置直线

一般位置直线对三个投影面都倾斜,如图 2-15c 所示,三个投影都倾斜于投影轴,且均不反映实长。必须注意,一般位置直线与投影轴的夹角,不反映空间直线对投影面的倾角。如 $a's'$ 与 OX 轴的夹角 α_1 是倾角 α 在 V 面上的投影,由于 α 不平行于 V 面,所以 α_1 不等于 α。

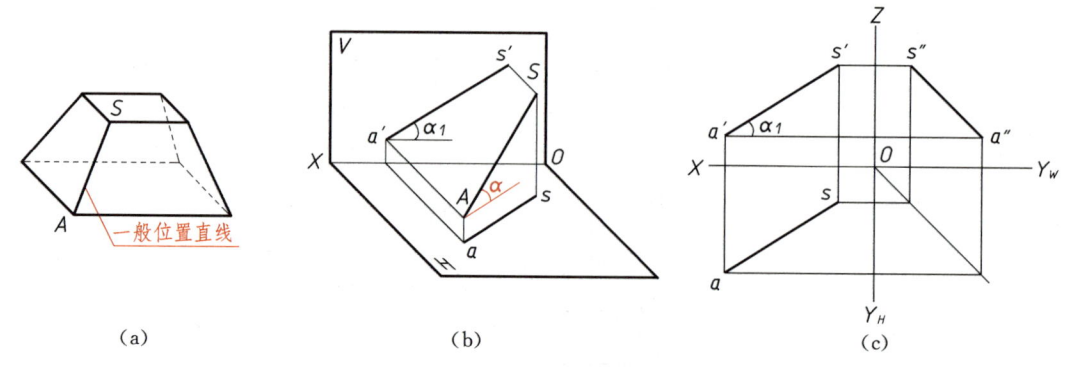

(a)   (b)   (c)

图 2-15 一般位置直线

三、直线上的点

如果点在直线上，则点的各面投影必在该直线的同面投影上，并将直线的各个投影分割成和空间相同的比例。

如图 2-16 所示，若点 C 在直线 AB 上，则 c' 在 $a'b'$ 上，c 在 ab 上，c'' 在 $a''b''$ 上，并且 $AC/CB = a'c'/c'b' = ac/cb = a''c''/c''b''$。

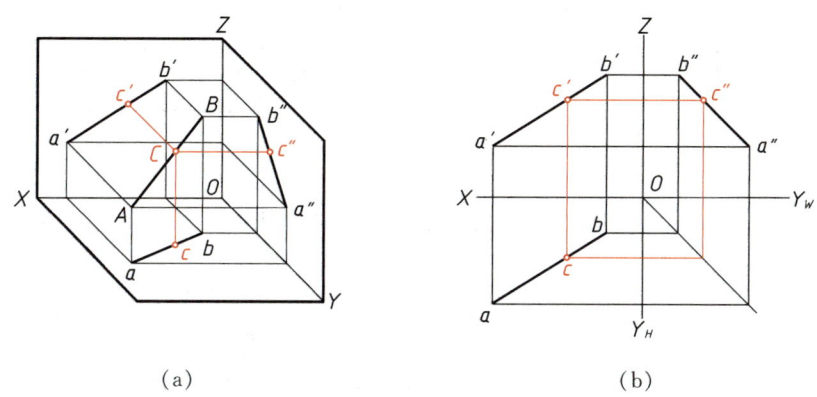

(a) (b)

图 2-16 直线上点的投影

[**例 2-3**] 如图 2-17a 所示，已知点 K 在直线 EF 上，求点 K 的正面投影。

分析

点 K 的正面投影 k' 一定在 $e'f'$ 上，但由于 EF 是侧平线，由 k 作垂直于 OX 轴的投影连线，不能在 $e'f'$ 上定位到 k'，必须先作出侧面投影 $e''f''$，由 k 作投影连线在 $e''f''$ 上求得 k''，再由 k'' 作投影连线求得 k'，如图 2-17b 所示。

另一种方法如图 2-17c 所示，用分割线段成定比的方法作图。

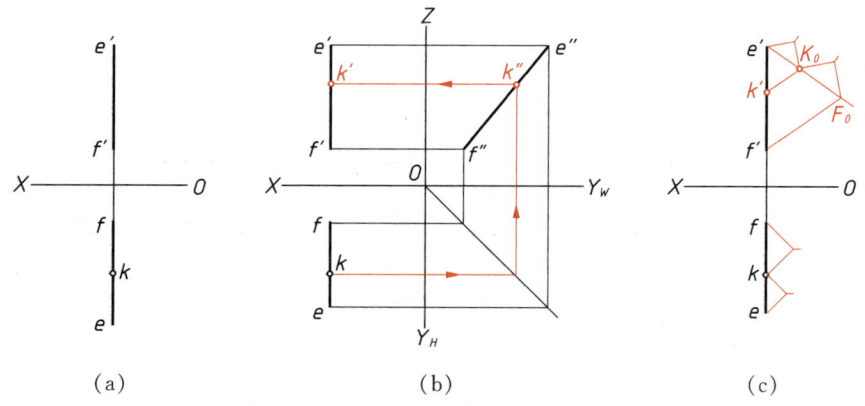

(a) (b) (c)

图 2-17 侧平线上点的投影两种作图方法

作图

(1) 自 $e'f'$ 的一个端点 e' 任作一条辅助线，在此线上截取 $e'K_0 = ek$，$K_0F_0 = kf$。

（2）连接 $f'F_0$，并由 K_0 作 $f'F_0$ 的平行线，此平行线与 $e'f'$ 的交点，即点 K 的正面投影 k'。

讨论

在图 2-18 中，判断点 K 是否在直线 CD 上？

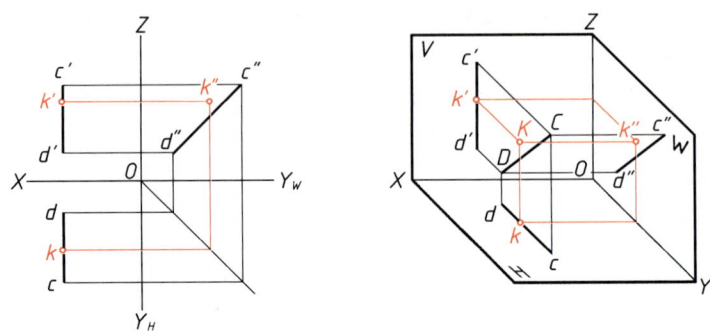

图 2-18 判断空间点是否在直线上

判断点是否在直线上，一般只需判断两个投影面上的投影即可，但是当直线为投影面平行线，且给出的两个投影又都平行于投影轴时（如侧平线），则还要求出第三投影进行判断或采用点分割线段成定比的方法判断，如图 2-18 所示，通过求出第三投影进行判断可以得出，点 K 不在直线 CD 上。

第四节 平面的投影

由初等几何学可知，不在同一直线上的三点表示一个平面（图 2-19a）。由此出发，可推广到用图 2-19b～e 所示的几何元素来表示平面：

一直线和直线外一点（图 2-19b）；

相交两直线（图 2-19c）；

平行两直线（图 2-19d）；

任意平面图形，例如三角形、四边形、圆等（图 2-19e）。

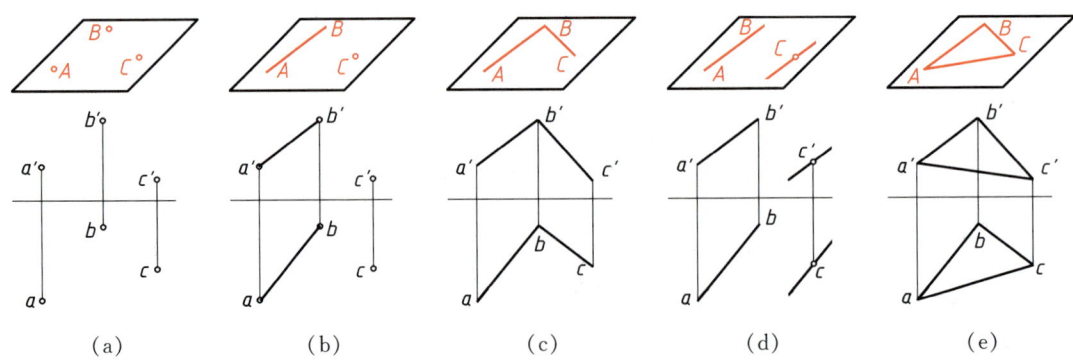

| (a) | (b) | (c) | (d) | (e) |

图 2-19 平面的表示法

由于物体上的平面一般都是平面图形,所以,通常用平面图形来表示平面。

平面投影的基本性质是:真实性、积聚性和类似性(图 2-3)。

在三投影面体系中,平面对投影面的相对位置有三种:

投影面平行面——平行于一个投影面,垂直于另外两个投影面的平面;

投影面垂直面——垂直于一个投影面,倾斜于另外两个投影面的平面;

一般位置平面——与三个投影面都倾斜的平面。

投影面平行面与投影面垂直面统称为**特殊位置平面**。

在三面体系中,平面对 H、V、W 面的倾角(指该平面与投影面的两面角)分别用 α、β、γ 来表示。

在图 2-20 所示的物体中:

平面 A、B、C 分别为水平面、正平面和侧平面;

平面 P、Q、R 分别为铅垂面、正垂面和侧垂面;

平面 M 为一般位置平面。

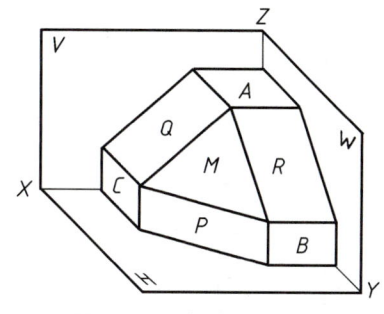

图 2-20　各种位置平面

一、特殊位置平面

特殊位置平面中,投影面平行面和投影面垂直面均可分为三种,如下所示,其投影特性见表 2-2。

表 2-2　投影面平行面和垂直面的投影特性

名称	立体图	平面轴测图	投影图	投影特性
投影面平行面	*P* 为水平面 *Q* 为正平面 *R* 为侧平面			1. 水平投影反映实形; 2. 正面投影、侧面投影具有积聚性
				1. 正面投影反映实形; 2. 水平投影、侧面投影具有积聚性
				1. 侧面投影反映实形; 2. 水平投影、正面投影具有积聚性

名称	立 体 图	平面轴测图	投 影 图	投 影 特 性
投影面垂直面	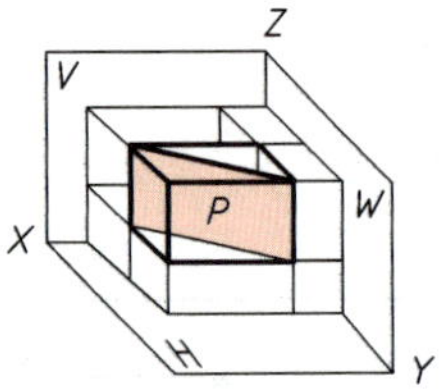 P 为铅垂面	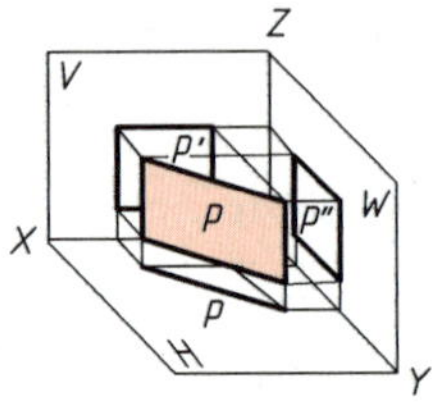	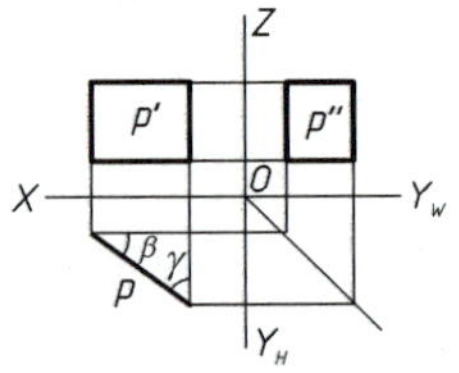	1. 水平投影具有积聚性; 2. 正面投影、侧面投影具有类似性
	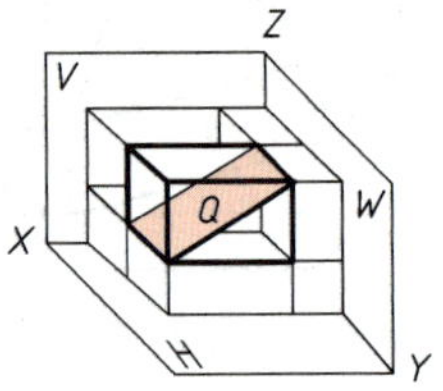 Q 为正垂面	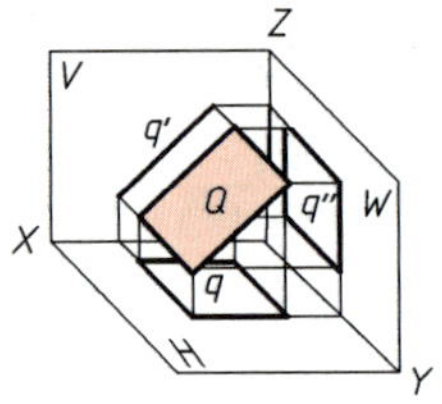	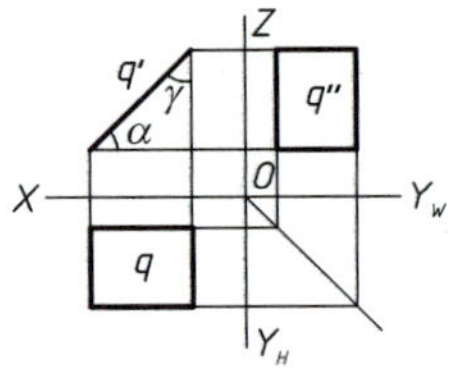	1. 正面投影具有积聚性; 2. 水平投影、侧面投影具有类似性
	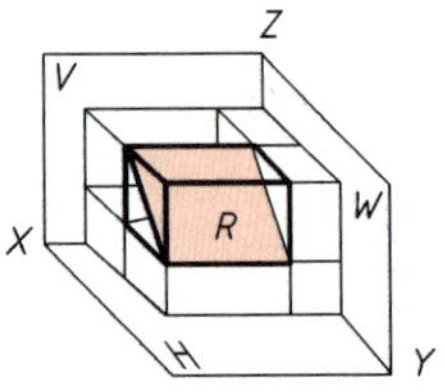 R 为侧垂面	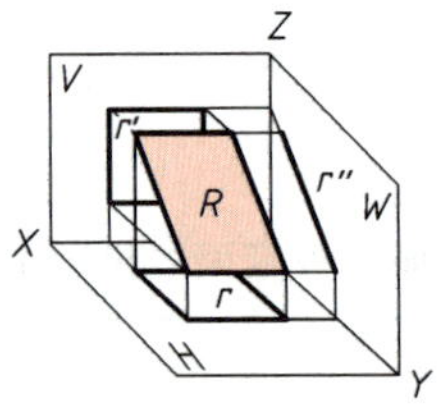	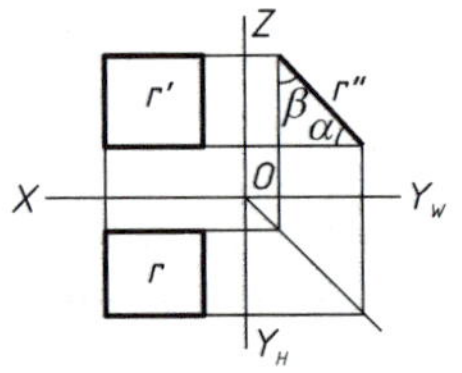	1. 侧面投影具有积聚性; 2. 水平投影、正面投影具有类似性

水平面——平行于 H 面并垂直于 V、W 面的平面;

正平面——平行于 V 面并垂直于 H、W 面的平面;

侧平面——平行于 W 面并垂直于 V、H 面的平面。

对于投影面平行面,画图时,一般先画反映实形的那个投影(线框)。读图时,如果三面投影中只有一个投影为线框,其他投影为平行于投影轴的直线段,则此平面为投影面平行面。

铅垂面——垂直于 H 面并与 V、W 面倾斜的平面;

正垂面——垂直于 V 面并与 H、W 面倾斜的平面;

侧垂面——垂直于 W 面并与 H、V 面倾斜的平面。

对于投影面垂直面,画图时,一般先画出积聚性投影(斜线)。读图时,如果三面投影中有一个投影倾斜于投影轴的斜线,则此平面为投影面垂直面。

二、一般位置平面

与三个投影面都倾斜的平面称为一般位置平面。

图 2-21a 中形体上的 M 面对三个投影面既不平行也不垂直，所以在图 2-21b、c 中，它的 H、V、W 面投影均为平面 M 的类似形。

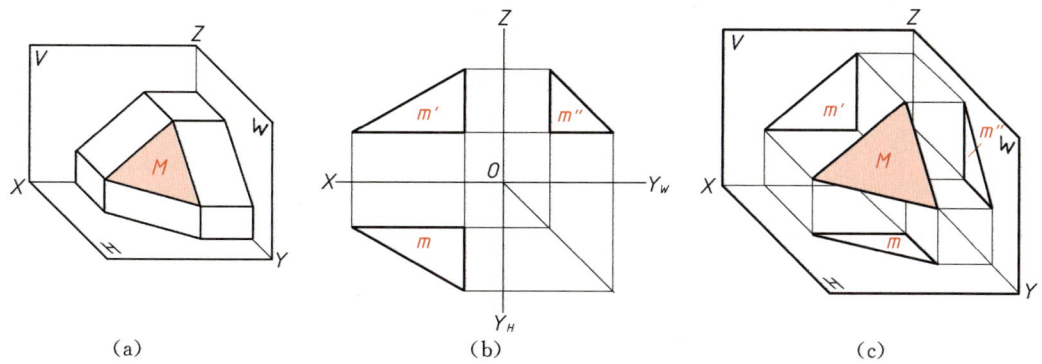

（a）　　　　　　　　（b）　　　　　　　　（c）

图 2-21　一般位置平面的投影特性

三、点在平面上的投影作图

点在平面上的几何条件为：若一点在平面内的任一直线上，则此点必定在该平面上。因此，在求作平面上点的投影时，可先在平面上作辅助线或找平面内特殊位置直线，然后在直线投影上求作点的投影。

1. 点在特殊位置平面上

如图 2-22a、b 所示，已知正垂面上点 K 的 H 面投影 k，可利用平面的积聚性直接作出 K 点的 V、W 面投影 k' 和 k''。

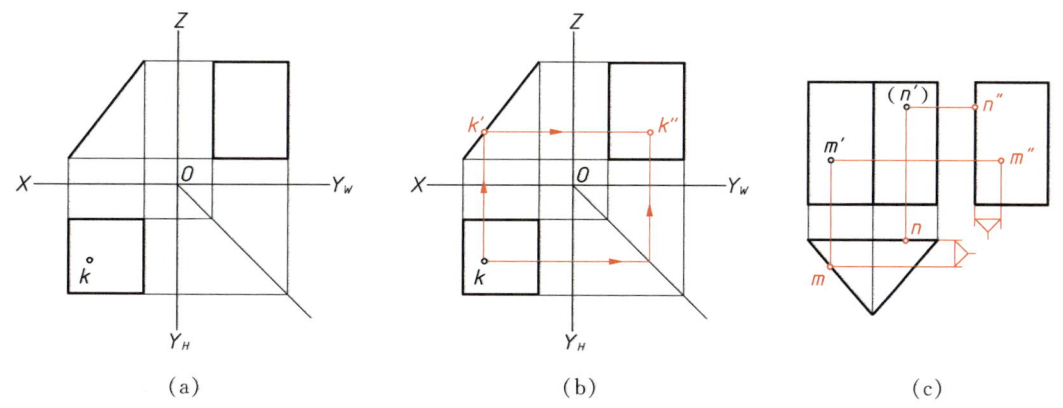

（a）　　　　　　　　（b）　　　　　　　　（c）

图 2-22　特殊位置平面上的点

如图 2-22c 所示，已知三棱柱棱面上点 M 的 V 面投影 m'，可直接作出 m 和 m''。已知另一点 N 的正面投影 (n')，因为 (n') 不可见，说明点 N 在三棱柱的后棱面上，又由于后棱面的 H、W 面投影都有积聚性，所以可由 (n') 直接作出 n 和 n''。

2. 点在一般位置平面上

由于一般位置平面的投影没有积聚性,所以在求作平面上点的投影时不能直接作出,必须在平面上作一条辅助线。

如图 2-23a 所示,已知△ABC 上一点 K 的 V 面投影 k',求作 k。

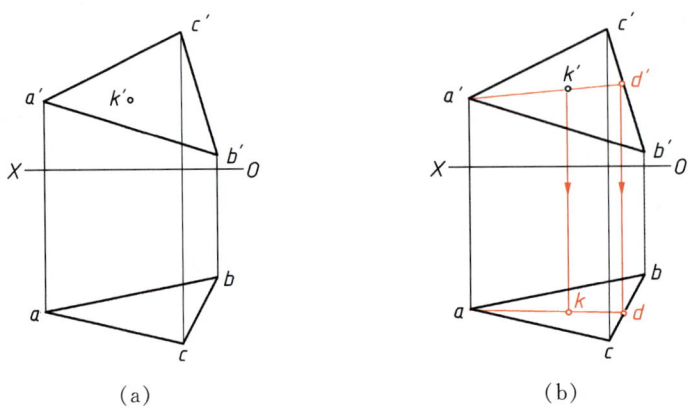

(a)   (b)

图 2-23 求作一般位置平面上点的投影

作图方法如图 2-23b 所示,在 V 面投影中,过 a'、k' 作辅助线,与 $b'c'$ 交于 d'。由 d' 作 OX 轴的垂线,与 bc 交于 d,则 ad 即为辅助线的 H 面投影。再由 k' 作 OX 轴的垂线,与 ad 交于 k,即为点 K 的 H 面投影。

第三章 立体及其表面交线

任何物体都可以看成由若干基本体组合而成。基本体有平面体和曲面体两类。平面体的每个表面都是平面,如棱柱、棱锥;曲面体至少有一个表面是曲面,常见的曲面体为回转体,如圆柱、圆锥、圆球等。

工程上常见的形体多数具有立体被切割或两立体相交而形成截交线或相贯线(图3-1)。了解这些交线的性质并掌握交线的画法,有助于正确表达机件的结构形状以及读图时对机件进行形体分析。

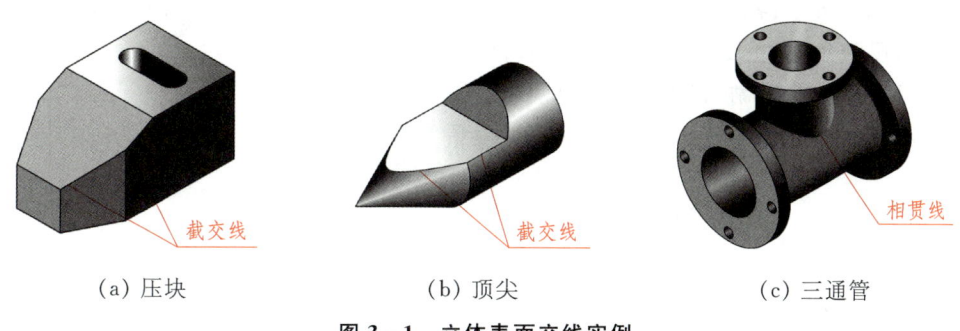

(a) 压块   (b) 顶尖   (c) 三通管

图 3-1 立体表面交线实例

第一节 平面体的投影作图

一、三视图之间的对应关系

1. 投影对应关系

从三视图的形成过程中可看出,三视图间的位置关系是俯视图在主视图的正下方,左视图在主视图的正右方。按此位置配置的三视图,不需注写其名称。

如图3-2a所示,物体有长、宽、高三个方向的尺寸。通常规定:物体左右之间的距离为长(X);前后之间的距离为宽(Y);上下之间的距离为高(Z)。

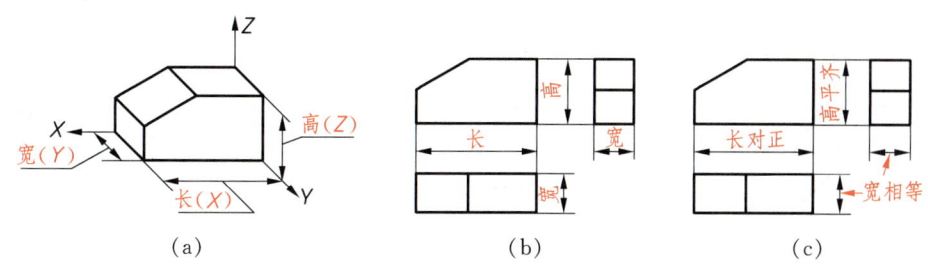

(a)   (b)   (c)

图 3-2 三视图的投影对应关系

从图 3-2b 可看出，一个视图只能反映两个方向的尺寸。主视图反映物体的长和高；俯视图反映物体的长和宽；左视图反映物体的宽和高。由此可归纳得出三视图之间的投影对应关系如图 3-2c 所示：

主、俯视图长对正；

主、左视图高平齐；

俯、左视图宽相等。

"长对正、高平齐、宽相等"的投影对应关系是三视图的重要特性，也是画图和读图的依据。

2. 方位对应关系

如图 3-3a 所示，物体有上、下、左、右、前、后六个方位。从图 3-3b 可看出：

主视图反映物体的上、下和左、右的相对位置关系；

俯视图反映物体的前、后和左、右的相对位置关系；

左视图反映物体的前、后和上、下的相对位置关系。

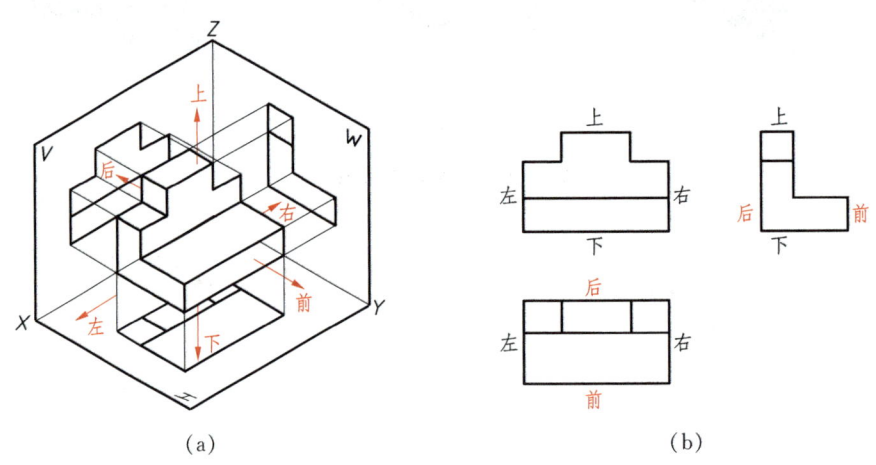

(a)　　　　　　　　　　　　　　　　　　(b)

图 3-3　三视图的方位关系

[例 3-1]　利用视图的方位关系，判断图 3-4 所示立体中各面的方位关系。

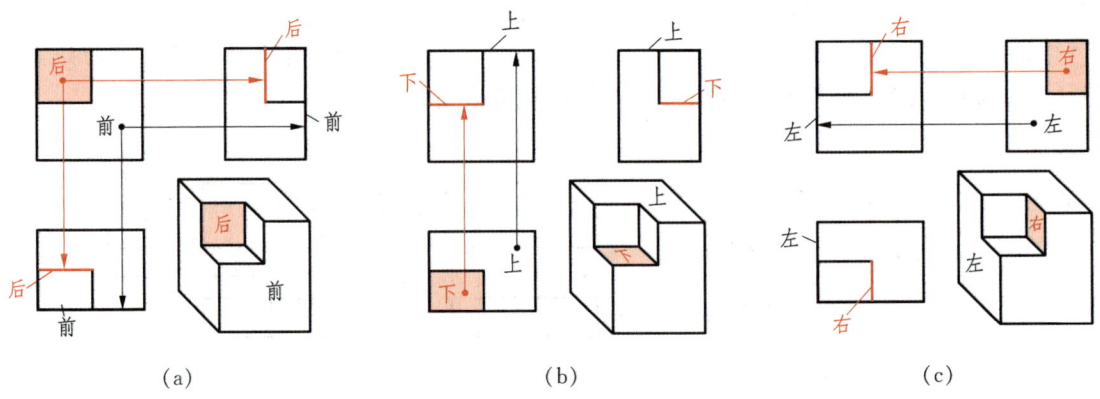

(a)　　　　　　　　　　　(b)　　　　　　　　　　　(c)

图 3-4　立体表面相对位置分析

二、棱柱

棱柱的棱线互相平行。常见的棱柱有三棱柱、四棱柱、五棱柱和六棱柱等。下面以六棱柱为例,分析其投影特征和作图方法。

1. 投影分析

图 3-5 所示的正六棱柱的顶面和底面是互相平行的正六边形,六个棱面均为矩形,且与顶面和底面垂直。为作图方便,选择正六棱柱的顶面和底面平行于水平面,并使前、后两个棱面与正面平行,如图 3-5a 所示。

正六棱柱的投影特征是:顶面和底面的水平投影重合,并反映实形——正六边形,六边形的正面和侧面投影均积聚为直线;六个棱面的水平投影分别积聚为六边形的六条边;由于前、后两个棱面平行于正面,所以正面投影反映实形,侧面投影积聚成两条直线;其余棱面不平行于正面和侧面,所以它们的正面和侧面投影虽仍为矩形,但都是缩小的类似形。如图 3-5a 所示,正六棱柱的正面投影为三个可见的矩形,侧面投影为两个可见的矩形。

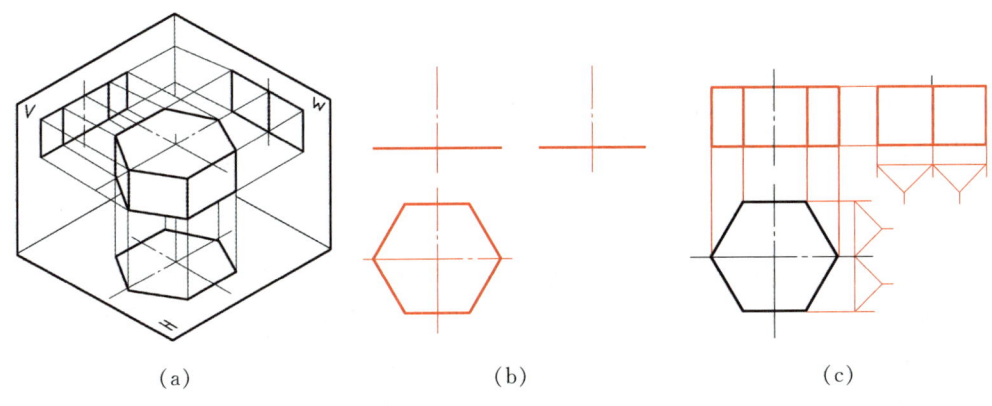

(a)　　　　　　　　(b)　　　　　　　　(c)

图 3-5　正六棱柱的投影作图

2. 作图步骤

(1) 作正六棱柱的对称中心线和底面基线,先画出具有轮廓特征的俯视图——正六边形(图 3-5b)。

(2) 按长对正的投影关系,并量取正六棱柱的高度画出主视图,再按高平齐、宽相等的投影关系画出左视图(图 3-6c)。

3. 棱柱体表面上点的投影

如图 3-6a 所示,已知正六棱柱的侧棱面 $ABCD$ 上的点 M 的正面投影 m',求作 m 和 m''。由于点 M 所在棱面是铅垂面,其水平投影积聚成直线 $abcd$,因此,点 M 的水平投影必在该直线上,可由 m' 直接作出 m,再由 m' 和 m 作出 m''。因为棱面 $ABCD$ 的侧面投影可见,所以 m'' 可见。

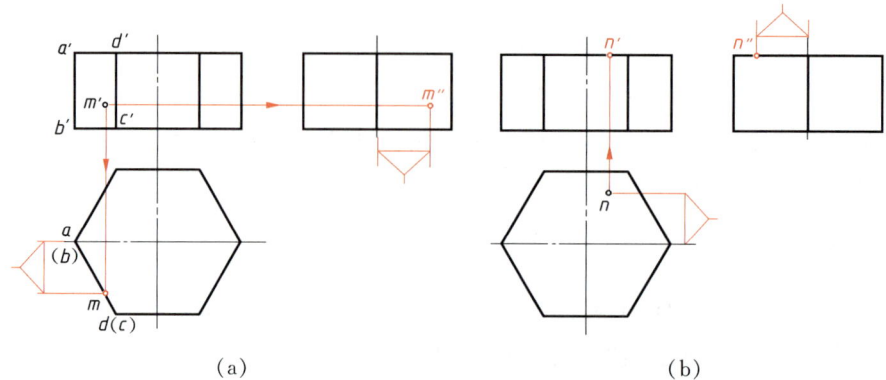

图 3-6　正六棱柱表面上点的投影作图

如图 3-6b 所示,已知正六棱柱顶面上的点 N 的水平投影 n,求作 n' 和 n"。由于顶面的正面投影积聚成水平线,所以可由 n 直接作出 n',再由 n、n' 作出 n"。

作图时应注意点 M、点 N 分别所处的前后位置关系。

三、棱锥

棱锥的棱线交于一点。常见的棱锥有三棱锥、四棱锥、五棱锥等。下面以图 3-7 所示四棱锥为例,分析其投影特征和作图方法。

1. 投影分析

图 3-7 所示四棱锥前后、左右对称,底面平行于水平面,其水平投影反映实形。左、右两个棱面垂直于正面,它们的正面投影积聚成直线。前、后两个棱面垂直于侧面,它们的侧面投影积聚成直线。与锥顶相交的四条棱线不平行于任一投影面,所以它们在三个投影面上的投影都不反映实长。

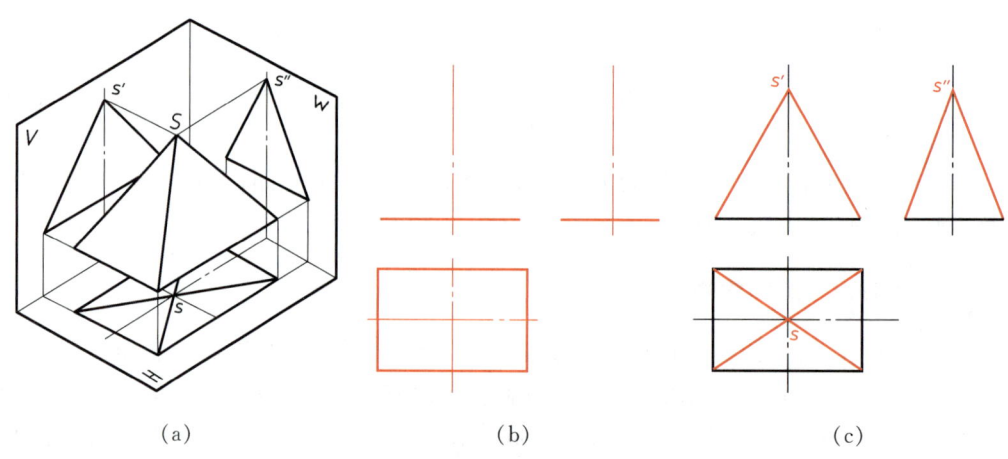

图 3-7　四棱锥的投影作图

2. 作图步骤

（1）作四棱锥的对称中心线、轴线和底面，先画出底面俯视图——矩形（图 3-7b）。

（2）根据四棱锥的高度在轴线上定出锥顶 S 的三面投影位置，然后在主、俯视图上分别用直线连接锥顶与底面四个顶点的投影，即得四条棱线的投影。再由主、俯视图画出左视图（图 3-7c）。

3. 四棱锥体表面上点的投影

如图 3-8 所示，已知四棱锥棱面 SBC 上的点 M 的正面投影 m'，求作 m 和 m''。作图方法是：在 SBC 棱面上，由锥顶 S 过点 M 作辅助线 SE，因为点 M 在直线 SE 上，则点 M 的投影必在直线 SE 的同面投影上。所以只要作出 SE 的水平投影 se，即可作出 M 点的水平投影 m。

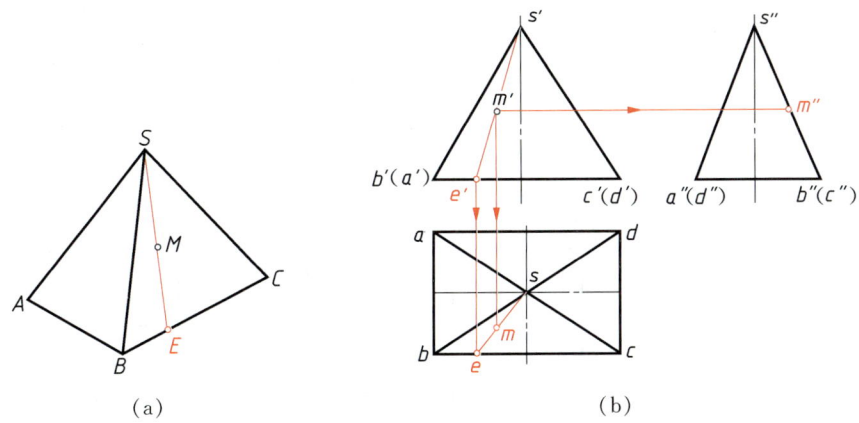

图 3-8　四棱锥体表面上点的投影作图

作图步骤（图 3-8b）是：在主视图上由 s' 过 m' 作直线交于 $b'c'$ 得 e'，再由 $s'e'$ 作出 se，在 se 上定出 m。由于棱面 SBC 是侧垂面，也可由 m' 直接作出 m''。

第二节　曲面体的投影作图

一、圆柱

圆柱体的表面由圆柱面与上、下两底面构成。圆柱面可看作由一条直母线绕平行于它的轴线回转而成（图 3-9a）。直母线在圆柱面上的任一位置时，称为圆柱面的素线。

1. 投影分析

如图 3-9b 所示，当圆柱轴线垂直于水平面时，圆柱上、下底面的水平投影反映实形，正面和侧面投影积聚成直线。圆柱面的水平投影积聚为一圆周,与两底面的水平投影重合。在正面投影中,前、后两半圆柱面的投影重合为一矩形,矩形的两条竖线分别是圆柱面最左、最右素线的投影,也是圆柱面前、后分界的转向轮廓线。在侧面投影中,左、右两半圆柱面的投影重合为一矩形,矩形的两条竖线分别是圆柱面最前、最后素线的投影,也是圆柱面左、右分界的转向轮廓线。

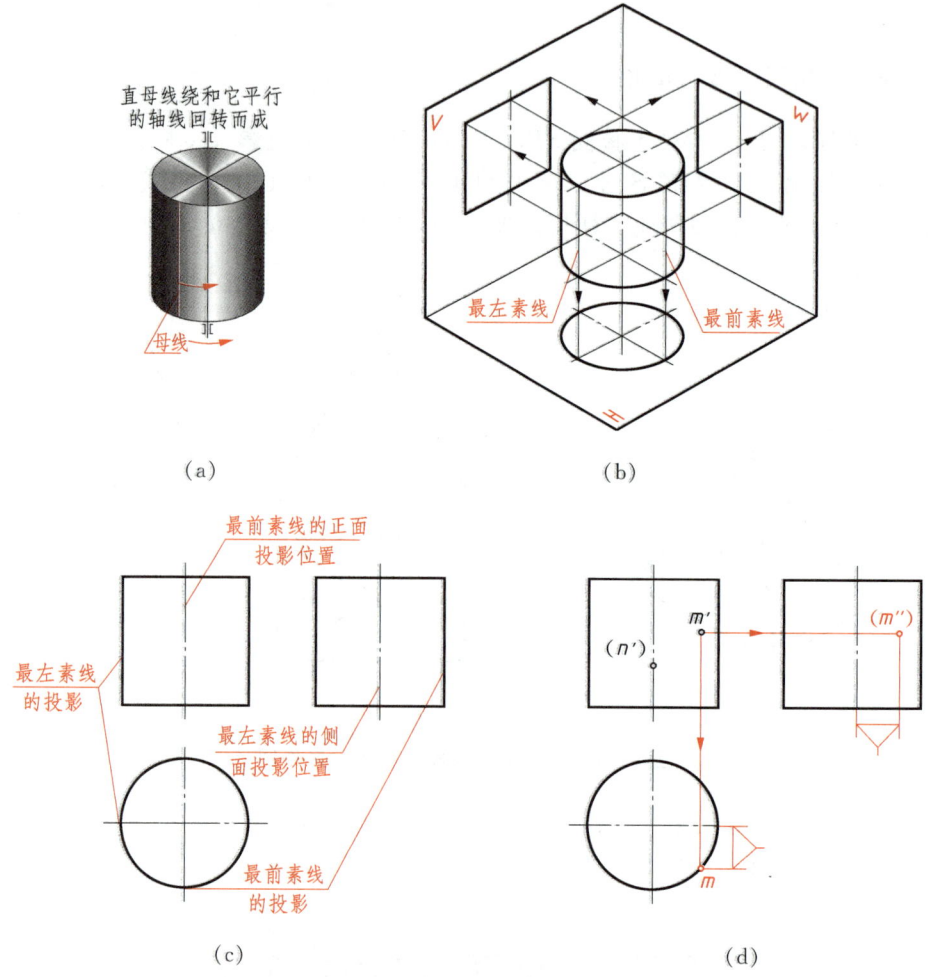

图 3-9　圆柱的投影作图及表面上点的投影

2. 作图方法

画圆柱体的三视图时,先画各投影的中心线,再画圆柱面投影具有积聚性圆的俯视图,然后根据圆柱体的高度画出另外两个视图,如图 3-9c 所示。

3. 圆柱体表面上点的投影

如图 3-9d 所示,已知圆柱面上点 M 的正面投影 m′,求作 m 和 m″。首先根据圆柱面水平投影的积聚性作出 m,由于 m′ 是可见的,则点 M 必在前半圆柱面上,m 必在水平投影圆的前半圆周上。再按投影关系作出 m''。由于点 M 在右半圆柱面上,所以 (m'') 不可见。

若已知圆柱面上点 N 的正面投影 (n'),怎样求作 n 和 n'' 以及判别可见性,请读者自行分析。

二、圆锥

圆锥体的表面由圆锥面和底面构成。**圆锥面可看作由一条直母线绕与它斜交的轴线回转而成**(图 3-10a)。直母线在圆锥面上的任一位置时,称为圆锥面的素线。

1. 投影分析

图 3-10b 所示为轴线垂直于水平面的正圆锥的三视图。锥底面平行于水平面,水平投影反映实形,正面和侧面投影积聚成直线。圆锥面的三个投影都没有积聚性,其水平投影与底面的水平投影重合,全部可见。正面投影由前、后两个半圆锥面的投影重合为一等腰三角形,三角形的两腰分别是圆锥面最左、最右素线的投影,也是圆锥面前、后分界的转向轮廓线。侧面投影由左、右两半圆锥面的投影重合为一等腰三角形,三角形的两腰分别是圆锥最前、最后素线的投影,也是圆锥面左、右分界的转向轮廓线。

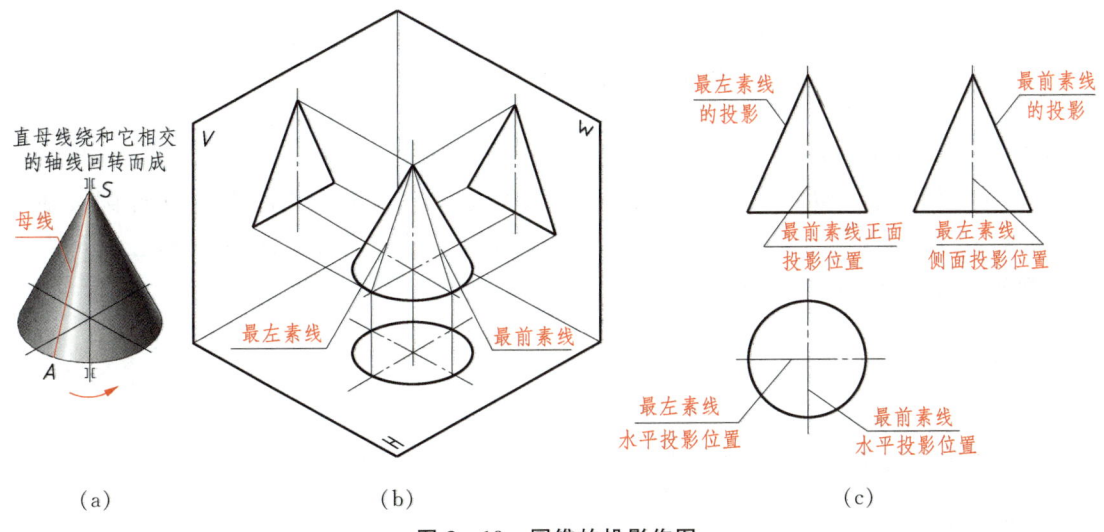

(a) (b) (c)

图 3-10 圆锥的投影作图

2. 作图方法

画圆锥的三视图时,先画各投影的轴线,再画底面圆的各投影,然后画出锥顶的投影和锥面的投影(等腰三角形),完成圆锥的三视图(图 3-10c)。

3. 圆锥体表面上点的投影

如图 3-11 所示,已知圆锥表面上点 M 的正面投影 m',求作 m 和 m''。根据点 M 的位置和可见性,可确定点 M 在前、左圆锥面上,点 M 的三面投影均为可见。

作图方法有两种:

(1) **辅助素线法**   如图 3 – 11a 所示,过锥顶 S 和点 M 作辅助素线 SA,即在投影图中作连线 $s'm'$,并延长到与底面的正面投影相交于 a',由 $s'a'$ 作出 sa,由 sa 作出 $s''a''$,再按点在直线上的投影关系由 m' 作出 m 和 m''。

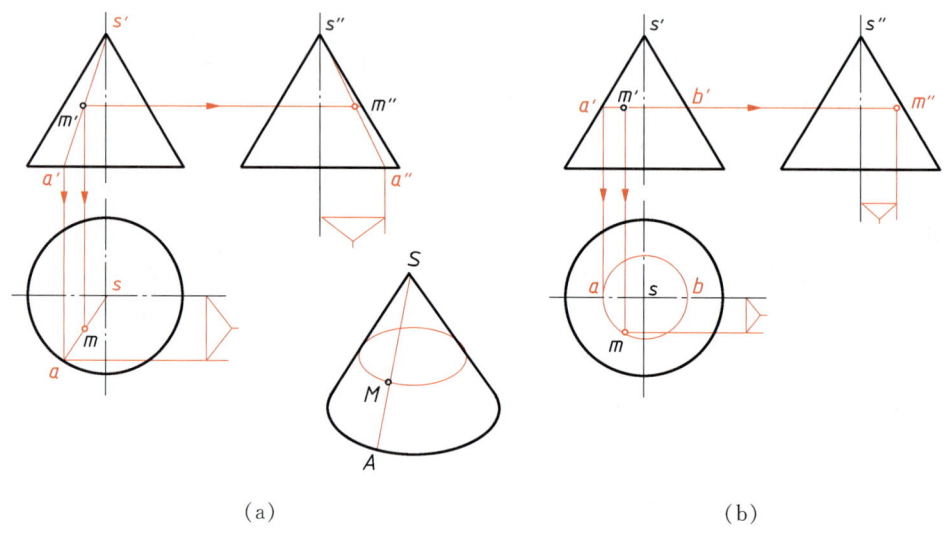

(a)   (b)

图 3 – 11   圆锥表面上点的投影

(2) **辅助纬圆法**   如图 3 – 11b 所示,过点 M 在圆锥面上作垂直于圆锥轴线的水平辅助纬圆(参阅立体图),点 M 的各投影必在该圆的同面投影上,即在投影图中过 m' 作圆锥轴线的垂直线,交圆锥左、右轮廓线于 a'、b',$a'b'$ 即辅助纬圆的正面投影,以 s 为圆心,$a'b'$ 为直径,作辅助纬圆的水平投影。由 m' 求得 m,再由 m'、m 求得 m''。

三、圆球

圆球面可看作由一条圆母线绕其直径回转而成(图 3 – 12a)。

1. 投影分析

从图 3 – 12b、c 可看出,球面上最大圆 A 将圆球分为前、后两个半球,前半球可见,后半球不可见,正面投影为圆 a',形成了主视图的轮廓线,而其水平投影和侧面投影都与相应的中心线重合,不必画出;最大圆 B 将圆球分为上、下两个半球,上半球可见,下半球不可见,俯视图中只要画出 B 的水平投影圆 b;最大圆 C 将圆球分为左、右两个半球,左半球可见,右半球不可见,左视图中只要画出 C 的侧面投影圆 c'';B、C 的其余两投影与相应的中心线重合,均不必画出,因此圆球的三视图均为大小相等的圆,其直径与球的直径相等。

2. 作图方法

如图 3 - 12c 所示,先确定球心的三面投影,过球心分别画出圆球垂直于投影面的轴线的三投影,再画出与球等直径的圆。

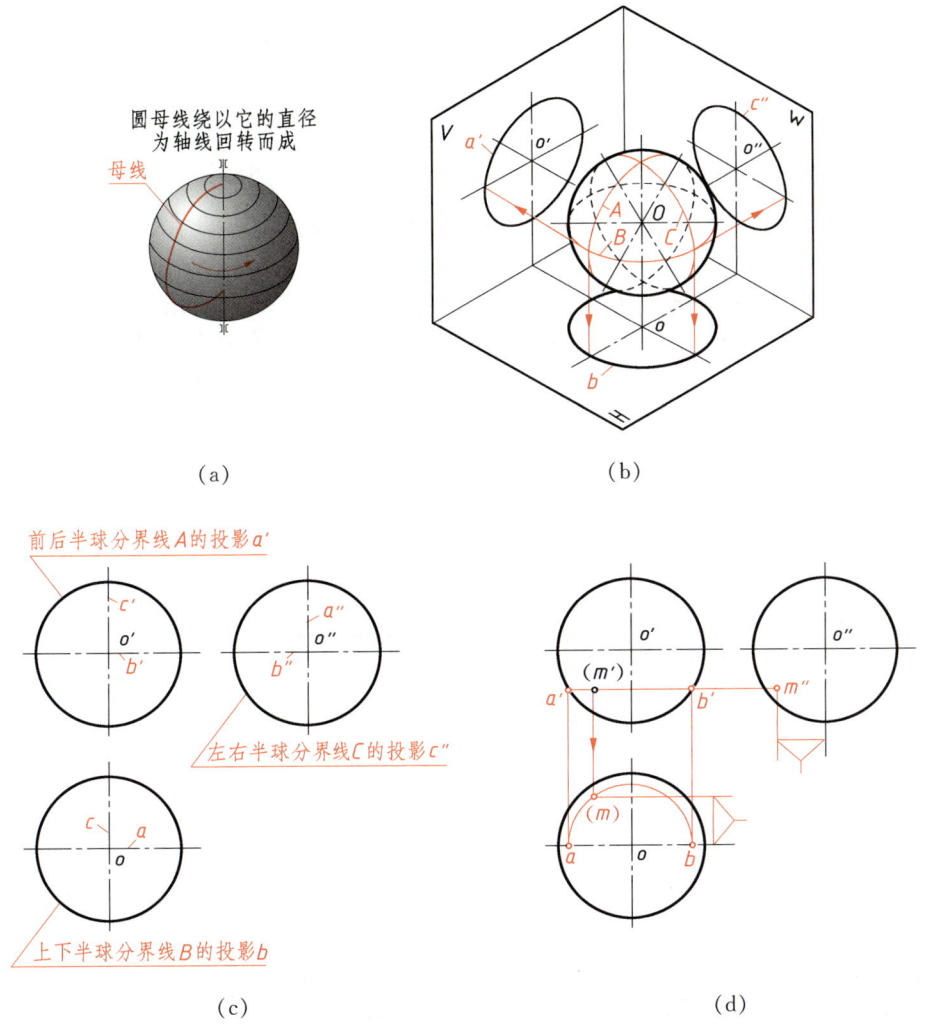

圆母线绕以它的直径
为轴线回转而成

母线

(a)   (b)

前后半球分界线A的投影a′

左右半球分界线C的投影c″

上下半球分界线B的投影b

(c)   (d)

图 3 - 12　圆球的投影作图与表面上点的投影

3. 圆球表面上点的投影

如图 3 - 12d 所示,已知球面上点 M 的正面投影($m′$),求 m 和 $m″$。由于球面的三个投影都没有积聚性,可利用辅助纬圆法求解。过($m′$)作水平纬圆的正面投影 $a′b′$,再作出其水平投影(以 o 为圆心,$a′b′$ 为直径画圆)。由($m′$)在该圆的水平投影上求得 m,由于($m′$)不可见,所以 m 在后半球面上。又由于($m′$)在下半圆球面上,所以 m 不可见,在投影符号上加括号。再由($m′$)、(m)求得 $m″$。由于点 M 在左半球面上,$m″$ 可见。

第三节　切割体的投影作图

用平面切割立体,平面与立体表面的交线称为截交线,该平面为截平面,由截交线围成的平面图形称为截断面,如图 3-13a 所示。截交线是封闭的平面图形。

一、平面切割平面体

平面与平面体相交,其截断面为一平面多边形。

[例 3-2]　如图 3-13a 所示,三棱锥被正垂面 P 切割,求作切割后三棱锥的三视图。

分析

正垂面 P 与三棱锥的三条棱线都相交,所以截交线构成一个三角形,其顶点 D、E、F 是各棱线与平面 P 的交点。由于这些交点的正面投影与正垂面 P 的正面投影重合,所以可利用直线上点的投影特性,由截交线的正面投影作出水平投影和侧面投影。

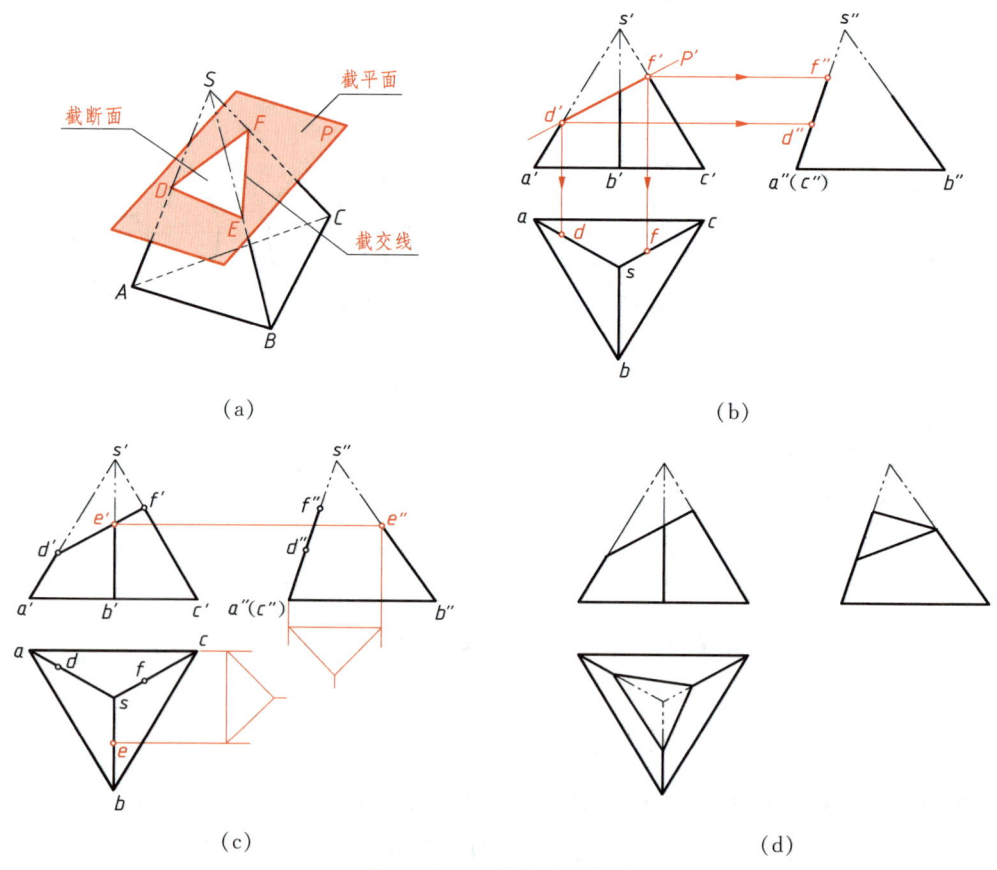

（a）　　　　　　　　　　　　　（b）

（c）　　　　　　　　　　　　　（d）

图 3-13　平面切割平面体

作图

（1）作出三棱锥的三视图以及截平面的正面投影 p',由 s'a'和 s'c'与 p'的交点 d'和 f',

分别在 sa、sc 和 $s''a''$、$s''c''$ 上直接作出 d、f 和 d''、f''(图 3 - 13b)。

（2）由于 SB 是侧平线，可由 $s'b'$ 与 p' 的交点 e' 先在 $s''b''$ 上作出 e''，再利用宽相等的投影关系在 sb 上作出 e(图 3 - 13c)。

（3）连接各顶点的同面投影，即为所求截交线的三面投影，画出切割后的三棱锥(图3 - 13d)。

二、平面切割回转曲面体

平面切割曲面体时，截交线的形状取决于曲面体表面的形状以及截平面与曲面体的相对位置。当平面与曲面体相交时，截交线的形状和性质见表 3 - 1。

表 3 - 1 平面切割回转曲面体

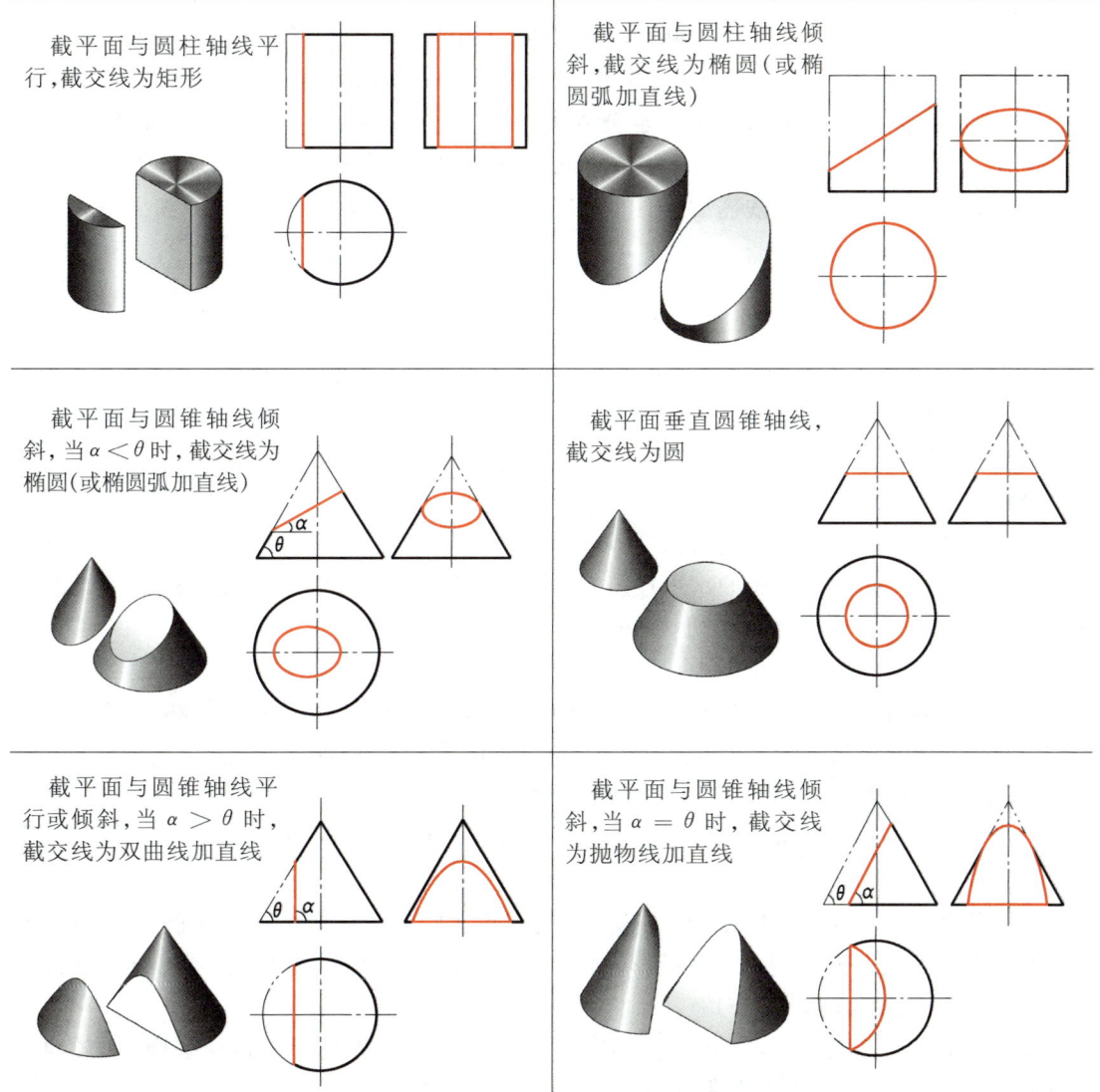

续　表

截平面过圆锥锥顶,截交线为等腰三角形	截平面与圆球相交,截交线为圆

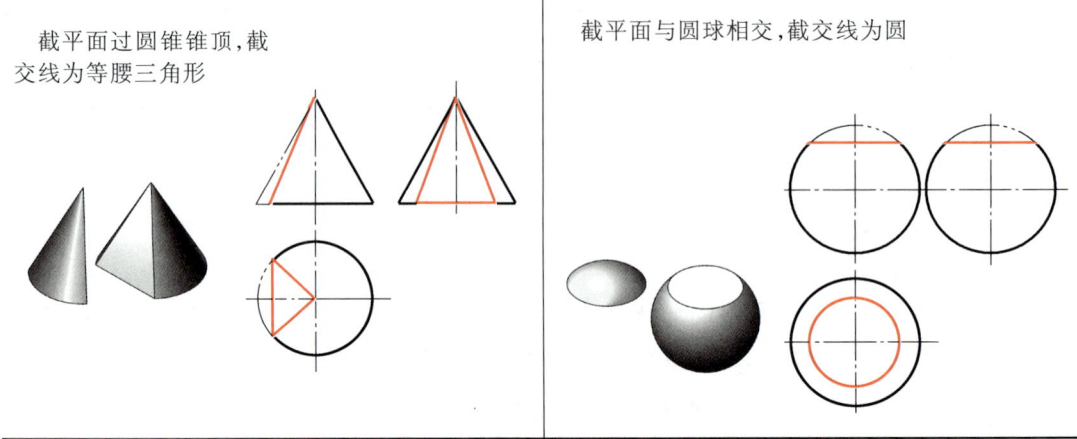

　　平面与回转曲面体相交时,其截交线一般为封闭的平面曲线或直线,或直线与平面曲线组成的封闭平面图形。作图的基本方法是求出曲面体表面上若干条素线与截平面的交点,然后光滑连接而成。截交线上一些能确定其形状和范围的点,如最高与最低点、最左与最右点、最前与最后点,以及可见与不可见的分界点等,均称为特殊点。作图时通常先作出截交线上的特殊点,再按需要作出一些中间点,最后依次连接各点,并注意投影的可见性。

1. 平面与圆柱相交

　　平面与圆柱相交时,根据平面与圆柱轴线不同的相对位置可形成两种(当截平面与圆柱轴线垂直时,截交线为圆,未列入表内)不同形状的截交线(表 3-1)。

　　[例 3-3]　如图 3-14a 所示为圆柱被正垂面斜切,已知主、俯视图,求作左视图。

　　分析

　　截平面 P 与圆柱的轴线倾斜,截交线为椭圆。由于 P 面是正垂面,所以截交线的正面投影积聚在 p' 上;因为圆柱面的水平投影有积聚性,所以截交线的水平投影积聚在圆周上。而截交线的侧面投影一般情况下仍为椭圆。

　　作图

　　(1) 求特殊点　由图 3-14a 可知,最低点 A、最高点 B 是椭圆长轴的两端点,也是位于圆柱最左、最右素线上的点。最前点 C、最后点 D 是椭圆短轴两端点,也是位于圆柱最前、最后素线上的点。A、B、C、D 的正面投影和水平投影可利用积聚性直接作出,然后由正面投影 a'、b'、c'、d' 和水平投影 a、b、c、d 作出侧面投影 a''、b''、c''、d''(图 3-14b)。

　　(2) 求中间点　为了准确作图,还必须在特殊点之间作出适当数量的中间点,如 E、F、G、H 各点。可先作出它们的水平投影 e、f、g、h 和正面投影 e'、f'、g'、h',再作出侧面投影 e''、f''、g''、h''(图 3-14c)。

　　(3) 依次光滑连接 a''、e''、c''、g''、b''、h''、d''、f''、a'',即为所求截交线椭圆的侧面投影,圆柱的轮廓线在 c''、d'' 处与椭圆相切。描深(图 3-14d)。

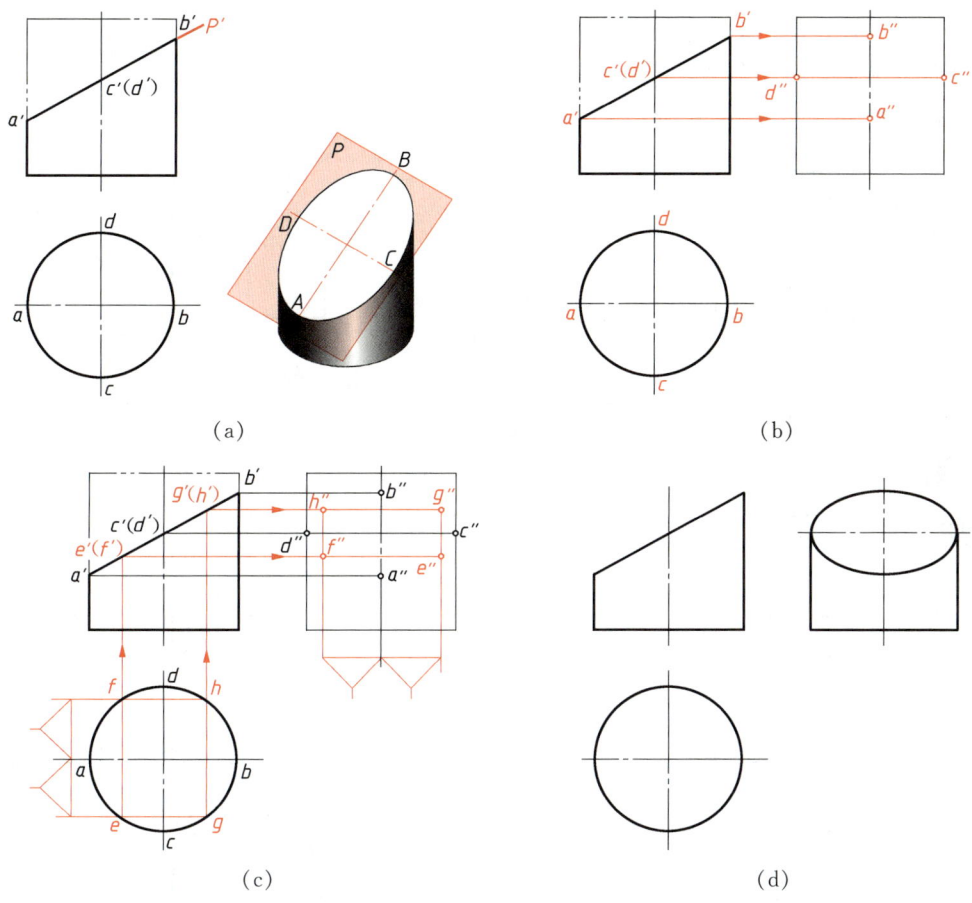

（a）　　　　　　　　　　　　　　　（b）

（c）　　　　　　　　　　　　　　　（d）

图 3－14　圆柱被正垂面斜切

思考

随着截平面与圆柱轴线倾角的变化,所得截交线椭圆的长轴的投影也相应变化(短轴投影不变)。当截平面与轴线成 45°时(正垂面位置),交线的空间形状仍为椭圆。请读者思考,截交线的侧面投影为什么是圆?

[**例 3－4**]　求作带切口圆柱的侧面投影(图 3－15a)。

分析

圆柱切口由水平面 P 和侧平面 Q 切割而成。如图 3－15a 所示,由截平面 P 所产生的交线是一段圆弧,其正面投影是一段水平线(积聚在 p' 上),水平投影是一段圆弧(积聚在圆柱的水平投影上)。

截平面 P 与 Q 的交线是一条正垂线 BD,其正面投影 $b'd'$ 积聚成点,水平投影 bd 重合于侧平面 Q 的积聚投影 q 上。

由截平面 Q 所产生的交线是两段铅垂线 AB 和 CD(圆柱面上两段素线)。它们的正面投影 $a'b'$ 与 $c'd'$ 积聚在 q' 上,水平投影分别为圆周上两个点 a 与 b、c 与 d。Q 面与圆柱顶面的交线是一条正垂线 AC,其正面投影 $a'c'$ 积聚成点,水平投影 ac 与 bd 重合,也积聚在 q 上。

作图

(1) 由 p' 向右引投影连线,再从俯视图上量取宽度定出 b''、d''(图 3－15b)。

（2）由 b''、d'' 分别向上作竖线与顶面交于 a''、c''，即得由截平面 Q 所产生的截交线 AB、CD 的侧面投影 $a''b''$、$c''d''$（图 3-15c）。

（3）作图结果如图 3-15d 所示。

模型

求作带切口圆柱的侧面投影

(a)

(b)

(c)

(d)

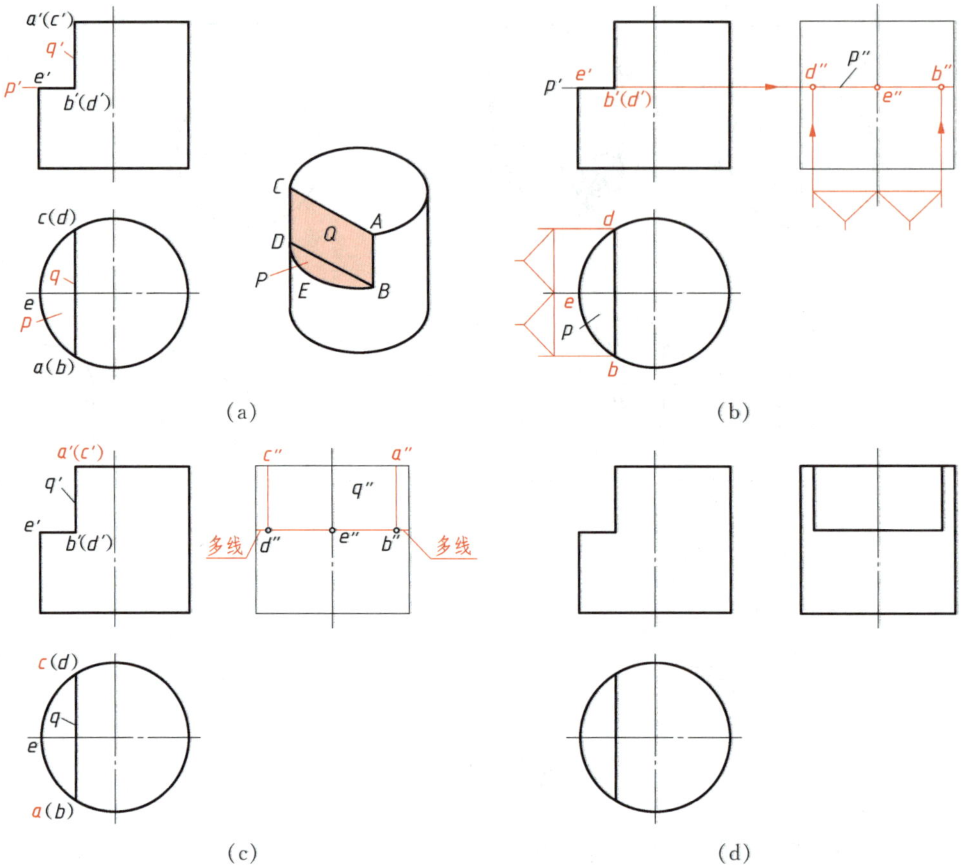

图 3-15 求作带切口圆柱的侧面投影

模型

不同位置切口侧面投影的变化

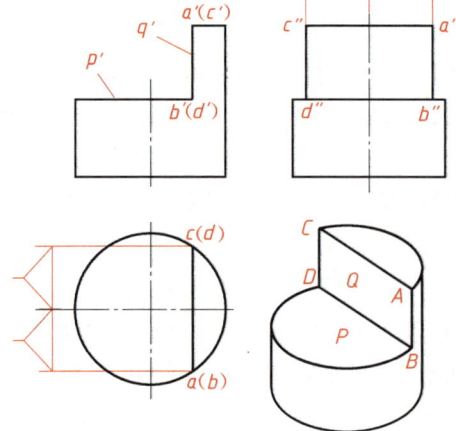

图 3-16 不同位置切口侧面投影的变化

思考

如果扩大切割圆柱的范围，使截平面 P 切过圆柱的轴线，如图 3-16 所示的侧面投影与图 3-15d 所示的侧面投影有所不同，因为截平面 P 已切过圆柱轴线，圆柱面的最前和最后两段轮廓已被切去。读者要仔细分析由于切割位置不同而形成侧面投影所画轮廓线的区别。

2. 平面与圆锥相交

如表 3-1 所示，根据截平面对圆锥轴线的位置不同，圆锥面截交线有五种情况：椭圆、圆、双曲线、抛物线和相交两直线。除了过锥顶的截平面与圆锥面的截交线是相交两直线外，其他四种情况都是曲线，但不论何种曲线(圆除外)，其作图步骤总是先作出截交线上的特殊点，再作出若干中间点，然后光滑连成曲线。

[**例 3－5**]　求作圆锥被正平面切割后的投影(图 3－17)。

分析

正平面与圆锥轴线平行，与圆锥面的交线为双曲线，其正面投影反映实形，水平和侧面投影均积聚为直线(只要作出双曲线的正面投影)。

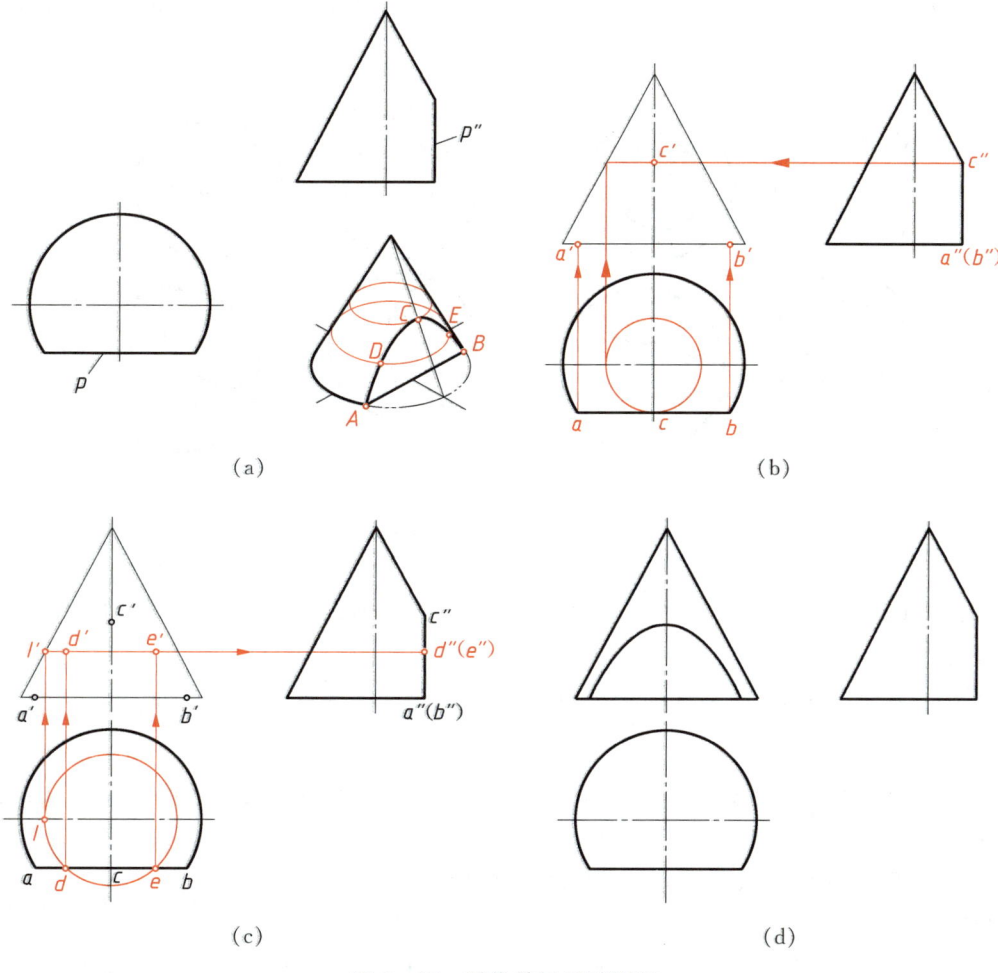

(a)　(b)　(c)　(d)

图 3－17　圆锥被正平面切割

作图

(1) 求特殊点　先画出圆锥的正面投影。*A*、*B* 两点位于底圆上，是截交线上最低、最左、最右点；点 *C* 位于圆锥的最前素线上，是最高点。可利用投影关系直接求得 a'、b' 和 c' (图 3－17b)。

(2) 求中间点　用纬圆法在特殊点之间再作出若干中间点，如 *D*、*E* (d'、e') 等 (图3－17c)。

（3）依次光滑连接各点的正面投影即为所求（图 3 – 17d）。

3. 平面与圆球相交

平面与圆球相交，不论平面与圆球的相对位置如何，其截交线总是圆。根据平面对投影面的相对位置不同，所得截交线的投影可以是圆、直线或椭圆。如图 3 – 18a 所示，当截平面平行于投影面时，截交线圆在该投影面上的投影反映实形，而在另外两个投影面上的投影积聚成长度等于该圆直径的直线段。当截平面垂直于投影面时，如图 3 – 18b 所示，投影面与圆球的截交线是圆，圆在该面上的投影积聚成直线，其另两个投影面上的投影都是椭圆，限于篇幅，作图方法略。

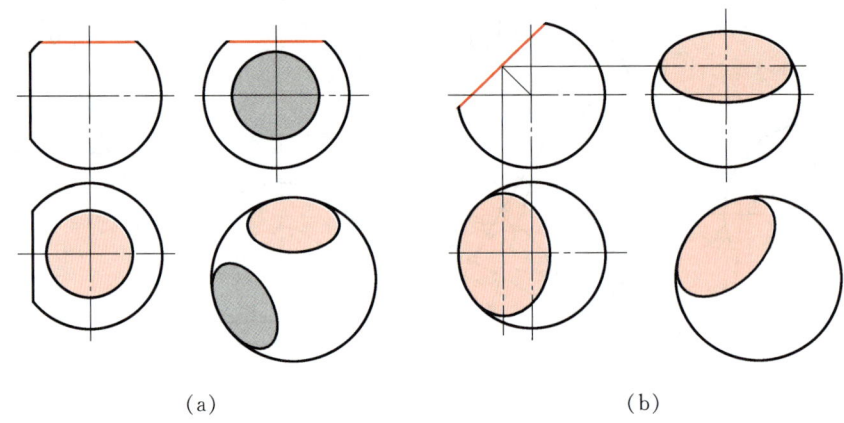

(a) 　　　　　　　　　　　　　　(b)

图 3 – 18　平面切割圆球

[**例 3 – 6**]　补全半球被截平面 P、Q 切割后的俯视图，并画出左视图（图 3 – 19a）。

分析

截平面 P 是水平面，截半球所得的截交线是一段圆弧 $\overset{\frown}{ABC}$，其正面投影 $a'b'c'$ 积聚在 p' 上。

截平面 Q 是侧平面，截半球所得的截交线也是一段圆弧 $\overset{\frown}{ADC}$，其正面投影 $a'd'c'$ 积聚在 q' 上。

截平面 P 和 Q 的交线是正垂线 AC，其正面投影为 $a'c'$。

作图

（1）作 P 面与半球的交线 $\overset{\frown}{ABC}$ 的水平投影——反映实形的圆弧 $\overset{\frown}{abc}$ 及侧面投影——直线段 $a''b''c''$（图 3 – 19b）。

（2）作 Q 面与半球的交线 $\overset{\frown}{ADC}$ 的水平投影（积聚成直线 adc）及侧面投影（反映实形）。由 d' 作出 d'' 后，圆弧 $\overset{\frown}{a''d''c''}$ 可以 o'' 为中心，$o''d''$ 为半径作出。应注意，此圆弧必须经过 a''、c'' 两点（图 3 – 19c）。

（3）描深，作图结果如图 3 – 19d 所示。

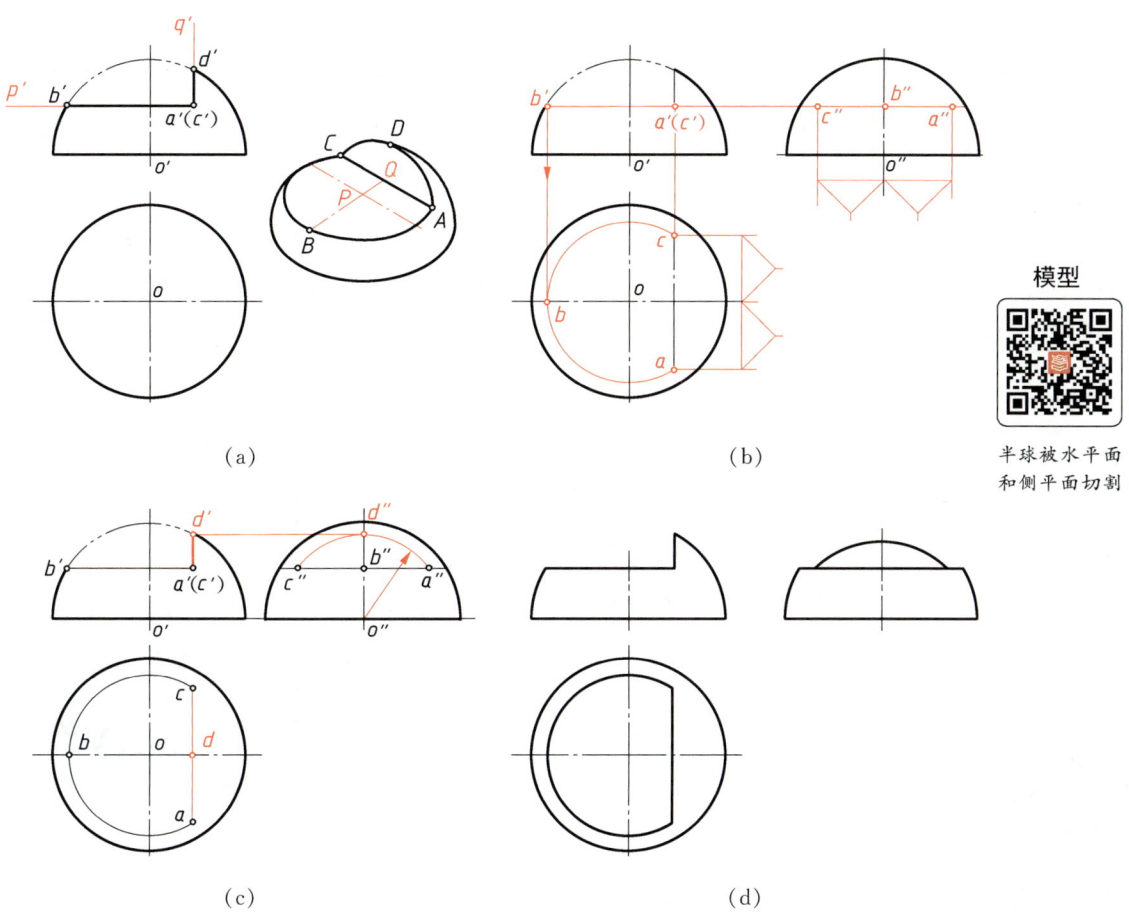

（a）　　　　　　　　　　　　　　（b）

模型

半球被水平面
和侧平面切割

（c）　　　　　　　　　　　　　　（d）

图 3 - 19　半球被水平面和侧平面切割

第四节　两回转体相贯线的投影作图

　　两回转体相交，最常见的是圆柱与圆柱相交，圆锥与圆柱相交以及圆柱与圆球相交，其交线称为相贯线，相贯线的形状取决于两回转体各自的形状、大小和相对位置，一般情况下为闭合的空间曲线。两回转体的相贯线，实际上是两回转体表面上一系列共有点的连线，求作共有点的方法通常采用表面取点法（积聚性法）和辅助平面法。

一、圆柱与圆柱相交

　　两圆柱正交是工程上最常见的，如化工设备上接管的连接，管道的连接，三通、四通管件等。如图 3 - 1c 所示三通管就是轴线正交的两圆柱表面所形成相贯线的实例。

　　[例 3 - 7]　两个直径不等的圆柱正交，求作相贯线的投影（图 3 - 20a）。

分析

两圆柱轴线垂直相交称为正交,当直立圆柱轴线为铅垂线,水平圆柱轴线为侧垂线时,直立圆柱面的水平投影和水平圆柱面的侧面投影都具有积聚性,所以相贯线的水平投影和侧面投影分别积聚在它们的圆周上(图3-20a)。因此,只要根据已知的水平和侧面投影求作相贯线的正面投影即可。

两不等径圆柱正交形成的相贯线为空间曲线,如图3-20b立体图所示。因为相贯线前后对称,在其正面投影中,可见的前半部分与不可见的后半部分重合,且左右对称。因此,求作相贯线的正面投影,只需作出前面的一半。

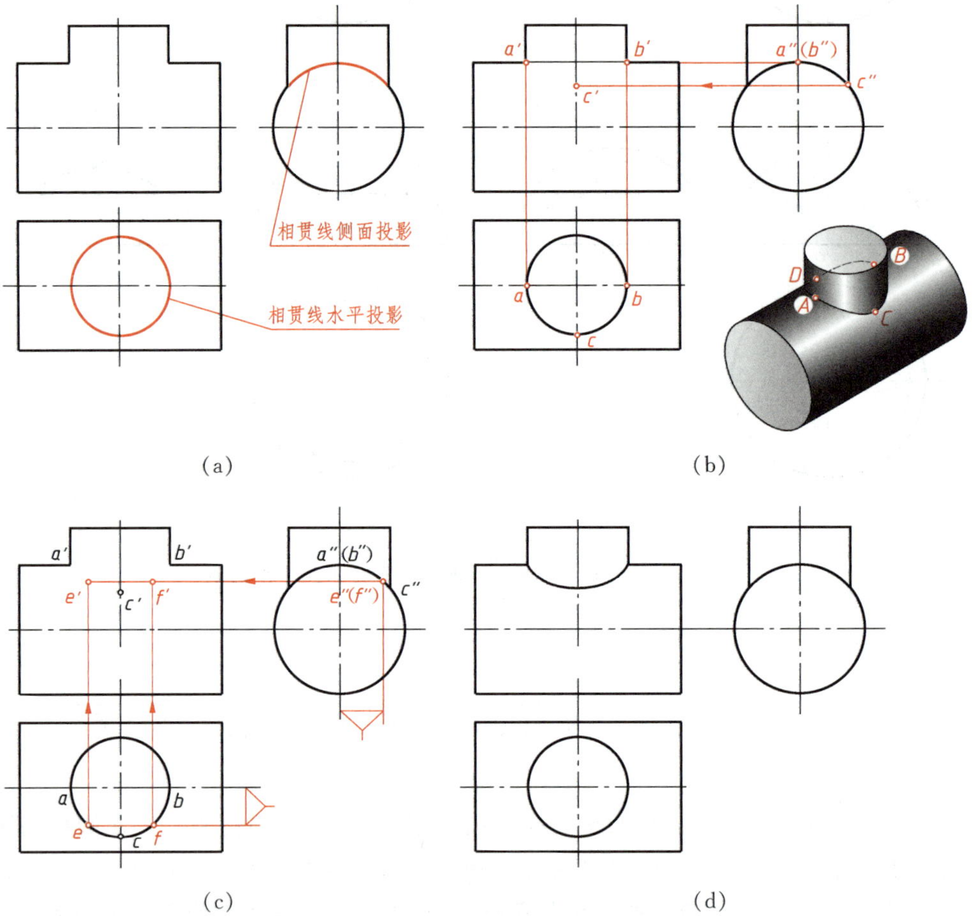

模型

不等径两圆
柱正交

(a)

(b)

(c)

(d)

图3-20 不等径两圆柱正交

作图

(1)**求特殊点** 水平圆柱的最高素线与直立圆柱最左、最右素线的交点 A、B 是相贯线上的最高点,也是最左、最右点。a'、b',a、b 和 a''、b'' 均可直接作出。点 C 是相贯线上最低点,也是最前点,c'' 和 c 可直接作出,再由 c''、c 求得 c'(图3-20b)。

(2)**求中间点** 利用积聚性,在侧面投影和水平投影上定出 e''、f'' 和 e、f,再作出 e'、f'(图3-20c)。

（3）光滑连接 a'、e'、c'、f'、b' 即为相贯线的正面投影，作图结果如图 3-20d 所示。

工程上两圆柱正交的实例很多，为了简化作图，国家标准规定，允许采用简化画法作出相贯线的投影，即以圆弧代替非圆曲线。当轴线垂直相交，且轴线均与平行于正面的两个不等径圆柱相交时，相贯线的正面投影以大圆柱的半径为半径画圆弧即可。两圆柱正交相贯线简化画法如图 3-21 所示。

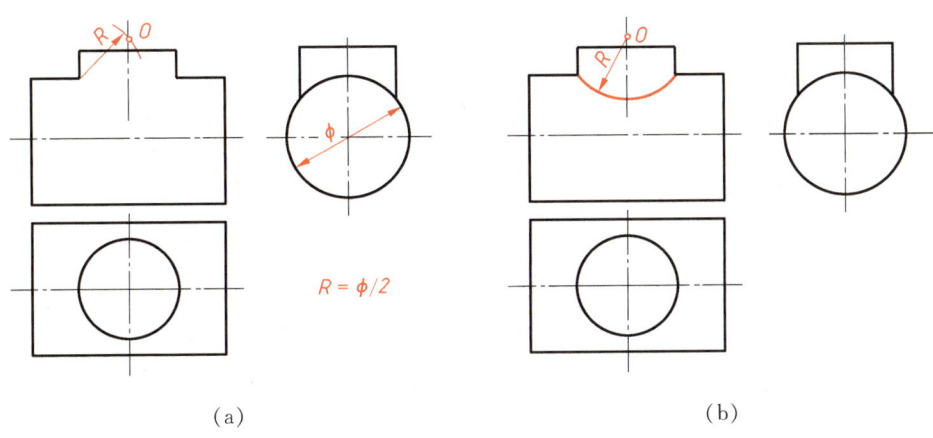

（a）　　　　　　　　　　　　　　　　　（b）

图 3-21　相贯线简化画法

讨论

（1）如图 3-22a 所示，若在水平圆柱上穿孔，就出现了圆柱外表面与圆柱孔内表面的相贯线。这种相贯线可以看成是直立圆柱与水平圆柱相贯后，再把直立圆柱抽去而形成的。

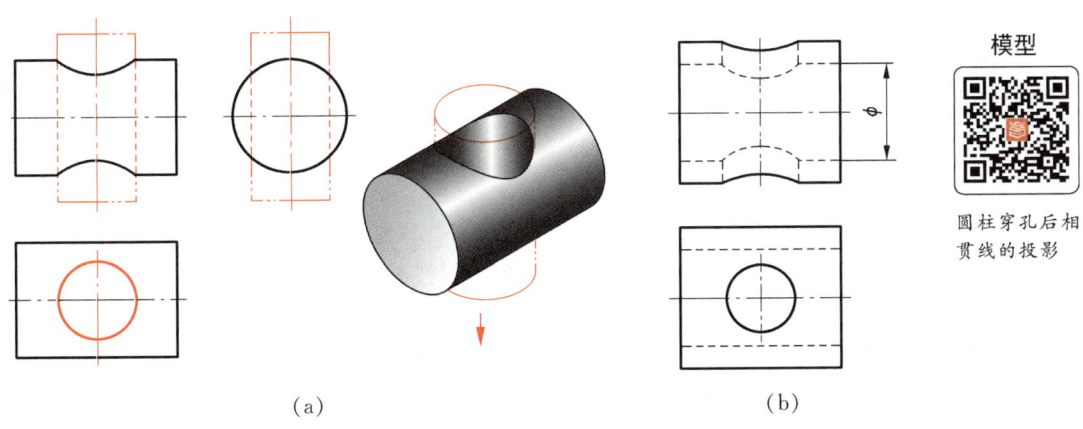

模型

圆柱穿孔后相贯线的投影

（a）　　　　　　　　　　　　　　　　　（b）

图 3-22　圆柱穿孔后相贯线的投影

再如图 3-22b 所示，若要求作两圆柱孔内表面的相贯线，作图方法与求作两圆柱外表面相贯线的方法相同。

（2）如图 3-23 所示，当正交两圆柱的相对位置不变，而相对大小发生变化时，相贯线的形状和位置也将随之变化。

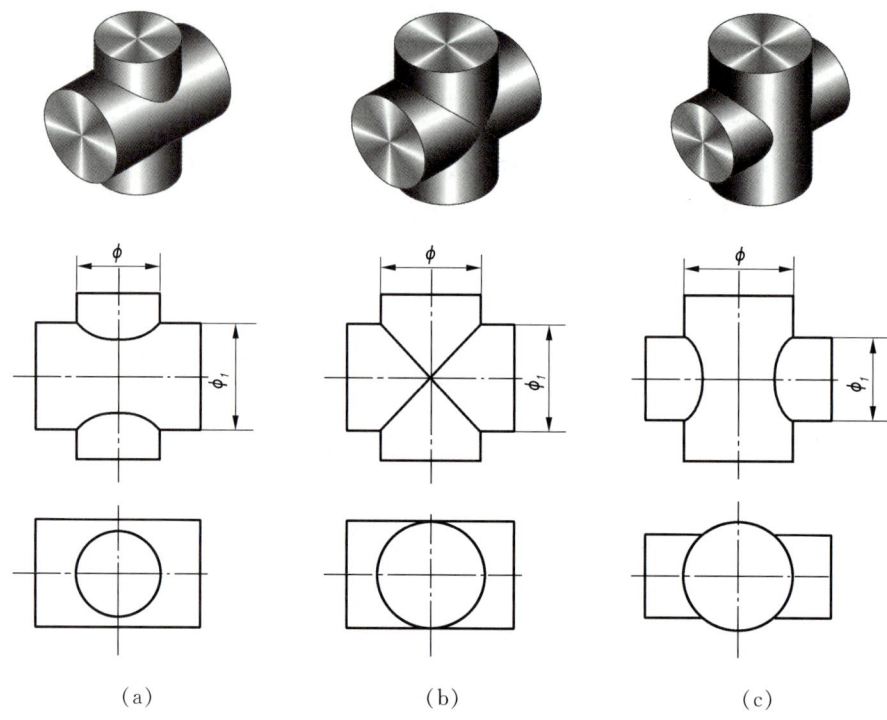

(a)　　　　　　　　　　(b)　　　　　　　　　　(c)

图 3 – 23　两圆柱正交时相贯线的变化

当 $\phi_1 > \phi$ 时，相贯线的正面投影为上下对称的曲线(图 3 – 23a)。

当 $\phi_1 = \phi$ 时，相贯线在空间为两个相交的椭圆，其正面投影为两条相交的直线(图3 – 23b)。

当 $\phi_1 < \phi$ 时，相贯线的正面投影为左右对称的曲线(图 3 – 23c)。

从图 3 – 23a、c 可看出，在相贯线的非积聚性投影上，相贯线的弯曲方向总是朝向较大圆柱的轴线。

二、圆锥与圆柱相交

由于圆锥面的投影没有积聚性，因此，当圆锥与圆柱相交时，不能利用积聚性作图，而要采用**辅助平面法**求出两曲面体表面上若干共有点，从而画出相贯线投影。

[例 3 – 8]　求作圆台和圆柱轴线正交的相贯线投影(图 3 – 24a)。

分析

圆台和圆柱轴线垂直相交，其相贯线为左右、前后都对称的封闭空间曲线。由于圆柱轴线垂直于侧面，其侧面投影积聚成圆，因此，相贯线的侧面投影也积聚在该圆周上，是圆台和圆柱的侧面投影共有部分的一段圆弧。相贯线的正面投影和水平投影采用辅助平面法求作。

作图

(1) **求特殊点**　根据相贯线的最高点 A、B(也是最左、最右点)和最低点 C、D(也是最前、最后点)的侧面投影 a''、b'' 和 c''、d'' 直接作出正面投影 a'、b'、c'、d' 以及水平投影 a、b、c、d(图 3-24b)。

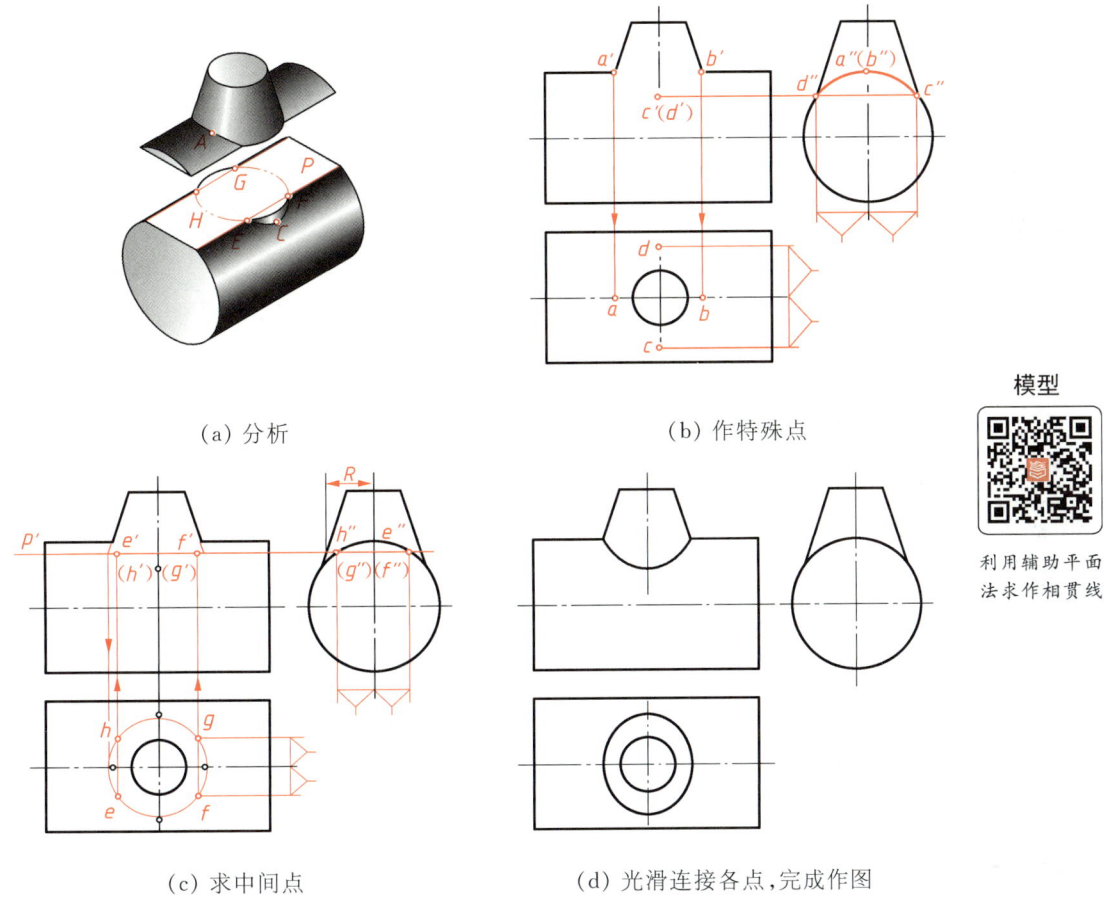

(a) 分析　　　　　　　　(b) 作特殊点

模型

利用辅助平面
法求作相贯线

(c) 求中间点　　　　　(d) 光滑连接各点,完成作图

图 3-24　利用辅助平面法求作相贯线

(2) 求中间点　在最高点与最低点之间的适当位置作辅助平面 P。如图 3-24c 所示,P 面(水平面)与圆台的交线是圆,其水平投影反映实形,该圆的半径可在侧面投影中量取(R),或者在正面投影中通过圆台外轮廓线的延长线与 p' 的交点投影作圆。P 面与圆柱面的交线是两条与轴线平行的直线,它们在水平投影中的位置也从侧面投影中量取。在水平投影中,圆与两条直线的交点 e、f、g、h 即为相贯线上四个点的水平投影,再由水平投影作出正面投影 e'、f'、g'、h'。

(3) 在正面投影和水平投影上分别依次光滑连接各点,作图结果如图 3-24d 所示。

三、相贯线的特殊情况

(1) 两个同轴回转体相交时,它们的相贯线一定是垂直于轴线的圆,当回转体轴线平行于某投影面时,这个圆在该投影面的投影为垂直于轴线的直线(图 3-25)。

（2）当轴线相交的两圆柱或圆柱与圆锥公切于一个球面时，相贯线是平面曲线——两个相交的椭圆。椭圆所在的平面垂直于两条轴线所决定的平面(图 3－26)。

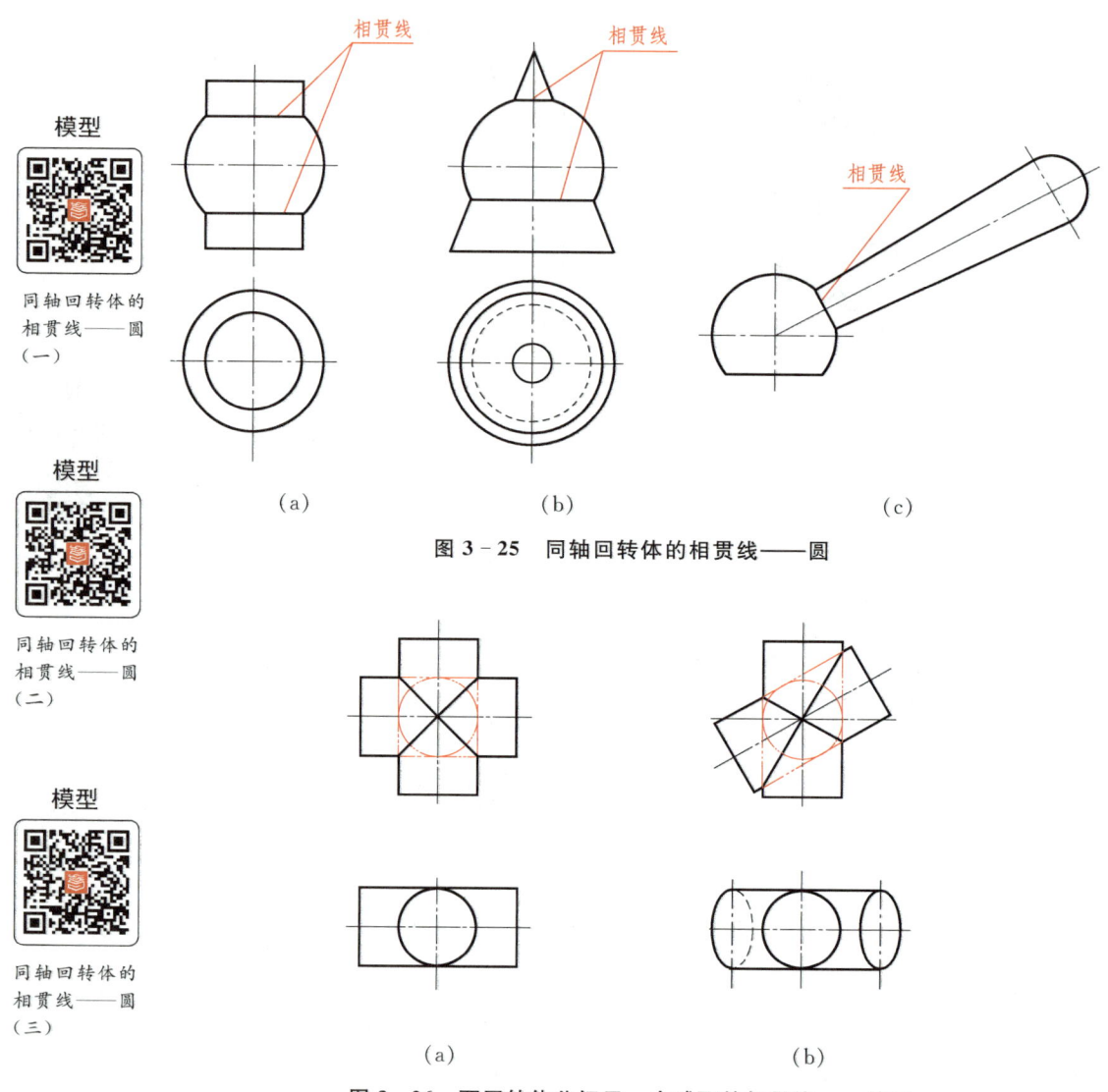

模型

同轴回转体的
相贯线——圆
（一）

模型

同轴回转体的
相贯线——圆
（二）

模型

同轴回转体的
相贯线——圆
（三）

（a）　　　　　　　　　　（b）　　　　　　　　　　（c）

图 3－25　同轴回转体的相贯线——圆

（a）　　　　　　　　　　　　（b）

图 3－26　两回转体公切于一个球面的相贯线——椭圆

四、综合举例

　　[例 3－9]　已知相贯体的俯、左视图，求作主视图(图 3－27a)。
　　分析
　　由图 3－27a 所示立体图可看出，该相贯体由一直立圆筒与一水平半圆筒正交，内外表面都有交线。外表面为两个等径圆柱面相交，相贯线为两条平面曲线(椭圆)，其水平投影和侧面投影都积聚在它们所在的圆柱面有积聚性的投影上，正面投影为两段直线。内表面的相贯线为两段空间曲线,水平投影和侧面投影也都积聚在圆柱孔有积聚性的投影上,正面投影为两段曲线。

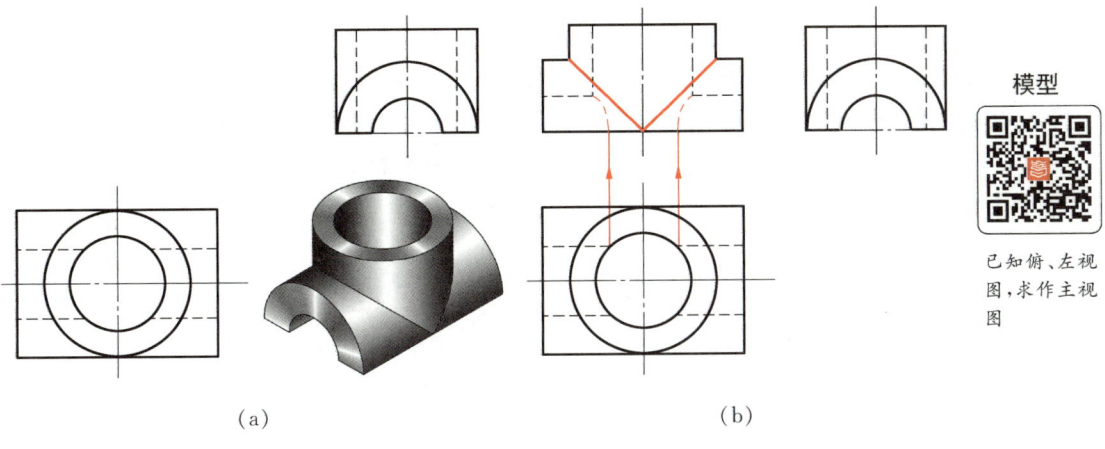

(a)　　　　　　　　　　　(b)

图 3 - 27　已知俯、左视图,求作主视图

作图(图 3 - 27b)

(1)作两等径圆柱外表面相贯线的正面投影,两段 45°斜线。

(2)作圆孔内表面相贯线的正面投影。可以用图 3 - 20 所示的方法作这两段曲线,也可以采用图 3 - 21 所示的简化画法作两段圆弧。

第四章 组合体的绘制与识读

任何机器零件,从形体的角度来分析,都可以看成是由一些简单的基本体经过叠加、切割或穿孔等方式组合而成的。这种由两个或两个以上的基本体组合构成的整体称为组合体。

组合体大多是由机件抽象而成的几何模型。掌握组合体的画图与读图方法十分重要,将为进一步学习化工设备图的绘制与识读打下基础。

第一节 组合体的组合方式

一、组合体的构成方式

组合体按其构成的方式,通常分为**叠加型**和**切割型**两种。叠加型组合体是由若干基本体叠加而成的,如图 4-1a 所示的螺栓(毛坯)是由六棱柱、圆柱和圆台叠加而成。切割型组合体则可看成由基本体经过切割或穿孔后形成的,如图 4-1b 所示的压块(模型)是由四棱柱经过若干次切割再穿孔以后形成的。多数组合体则是既有叠加又有切割的综合型,如图 4-1c 所示的支座。

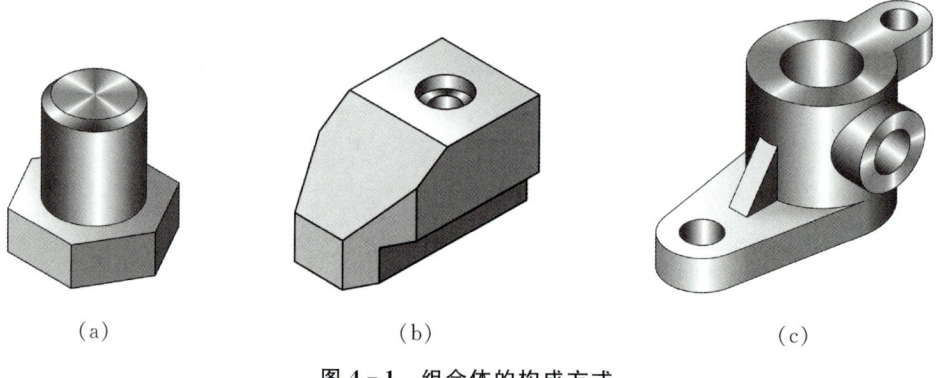

(a)   (b)   (c)

图 4-1 组合体的构成方式

二、组合体上相邻表面之间的连接关系

组合体中的基本形体经过叠加、切割或穿孔后,形体的相邻表面之间可能形成平齐或不平齐、相切或相交四种特殊关系,如图 4-2 所示。

(1)**表面平齐** 相邻两形体的表面平齐(共面)叠加时,不应有线隔开(图 4-2a)。

(2)**表面不平齐** 相邻两形体的表面相错(不共面)叠加时,应有线隔开(图 4-2b)。

(3)**表面相切** 相邻两形体的表面相切时,由于相切处两表面是光滑过渡的,所以相切处不应画线(图 4 - 2c)。

(4) **表面相交**　相邻两形体的表面相交时,在相交处应画出交线(图 4 - 2d)。

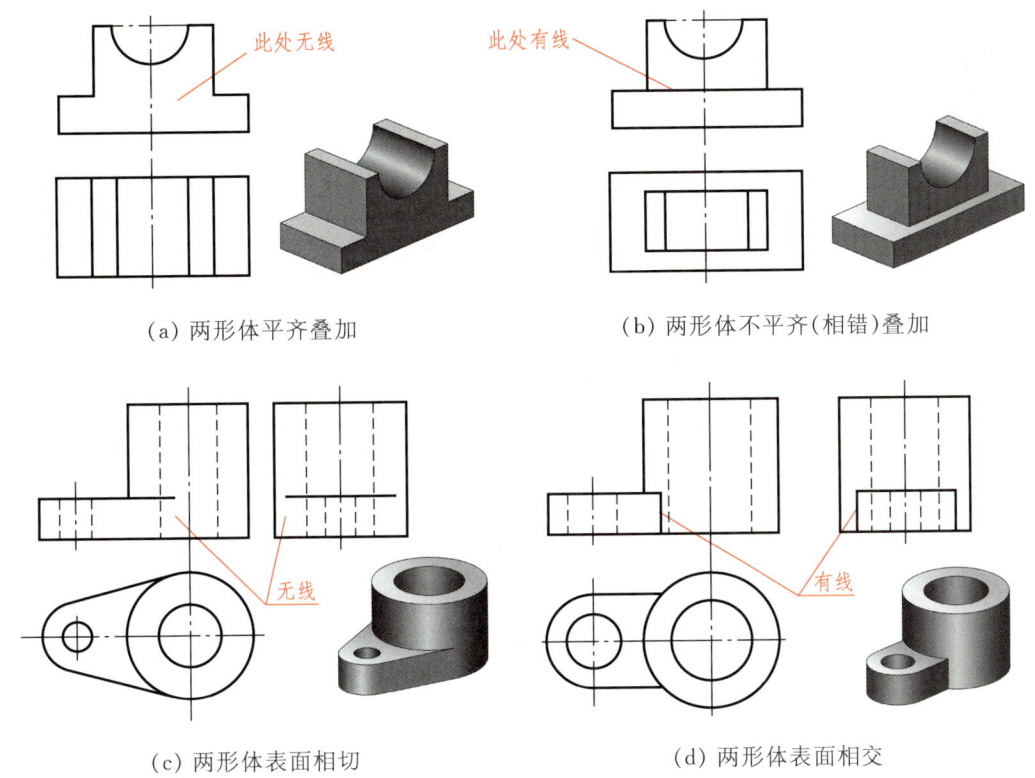

　　　(a) 两形体平齐叠加　　　　　　　　　　(b) 两形体不平齐(相错)叠加

　　　(c) 两形体表面相切　　　　　　　　　　　(d) 两形体表面相交

图 4 - 2　相邻表面之间的连接关系

第二节　组合体视图的画法

　　画组合体的视图时,首先要运用形体分析法将组合体分解为若干基本形体,分析它们的组合形式和相对位置,判断形体间相邻表面是否处于平齐、相切或相交的关系,然后逐个画出各基本形体的三视图。必要时还要对组合体中的投影面垂直面或一般位置平面及其相邻表面关系进行投影分析。

一、叠加型组合体的视图画法

1. 形体分析

　　如图 4 - 3a 所示支座,根据形体特点,可将其分解为五部分,如图 4 - 3b 所示。

　　从图 4 - 3a 可看出:肋板的底面与底板的顶面叠合,底板的两侧面与圆柱体相切,肋板与耳板的侧面均与圆柱体相交,凸台与圆柱体正交,且内、外表面均相交。

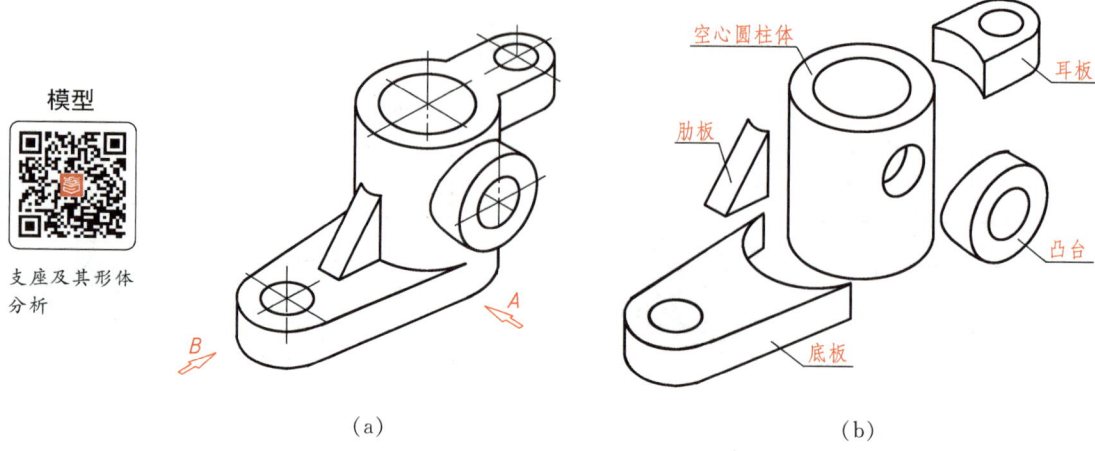

模型

支座及其形体分析

（a）   （b）

图 4 - 3 支座及其形体分析

2. 选择视图

如图 4 - 3a 所示,将支座按自然位置安放后,比较箭头所示两个投射方向,选择 A 向作为主视图的投射方向显然比 B 向好。因为组成支座的基本形体及它们之间的相对位置关系在此方向表达最清晰,能反映支座的整体结构形状特征。

3. 画图步骤

选好绘图比例和图纸幅面,然后确定视图位置,画出各视图主要中心线和基线。按形体分析法,从主要的形体(如圆柱体)着手,并按各基本形体的相对位置以及表面连接关系,逐个画出它们的三视图,具体作图步骤如图 4 - 4 所示。

画组合体的三视图应注意以下几点:

(1) 运用形体分析法,逐个画出各部分的基本形体,同一形体的三视图应按投影关系同时画出,而不是先画完组合体的一个视图后,再画另一个视图。这样可以减少投影作图错误,也能提高绘图速度。

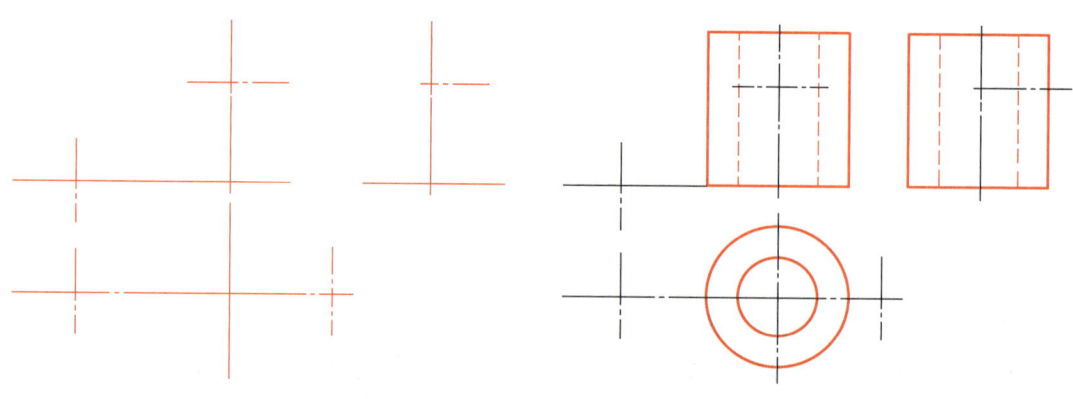

（a）画各视图的主要中心线和基准线   （b）画主要形体直立空心圆柱体

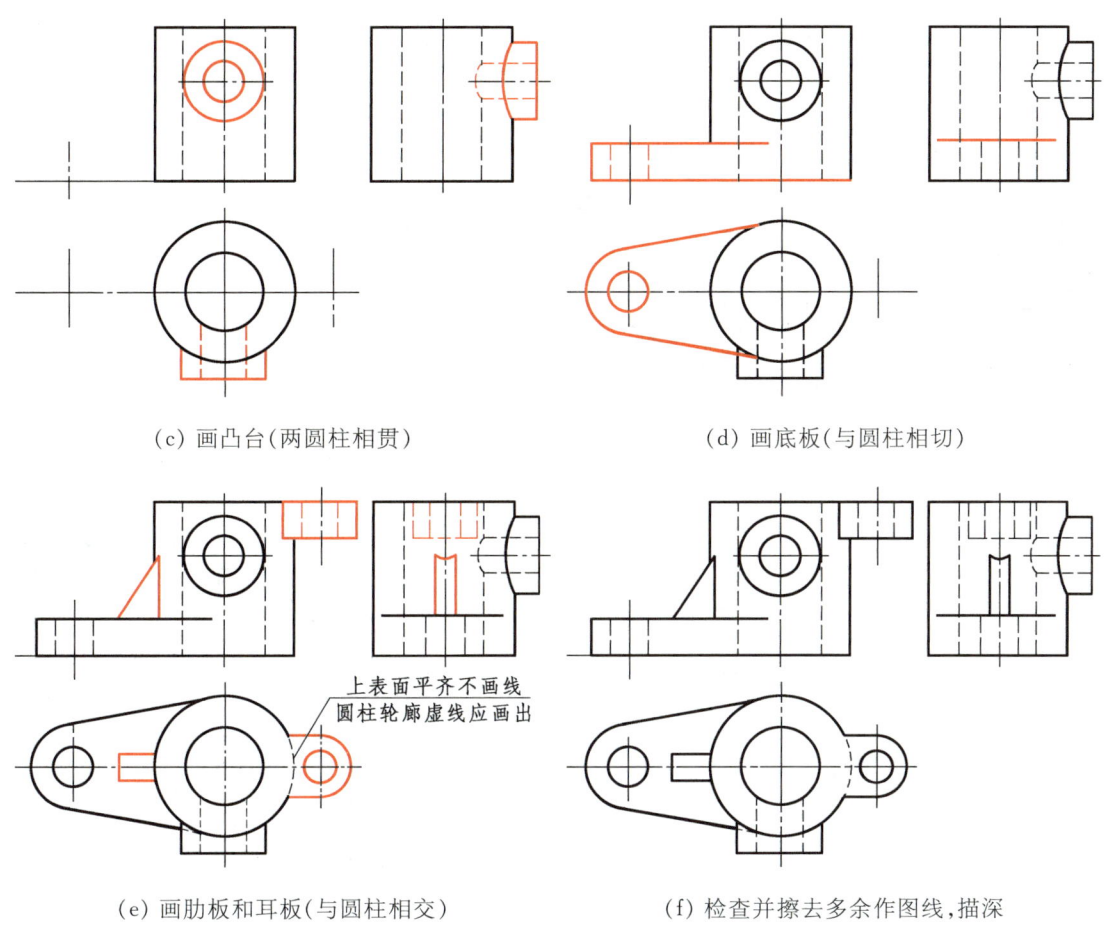

(c) 画凸台(两圆柱相贯)　　　　　　　　　(d) 画底板(与圆柱相切)

上表面平齐不画线
圆柱轮廓虚线应画出

(e) 画肋板和耳板(与圆柱相交)　　　　　　(f) 检查并擦去多余作图线,描深

图 4-4　叠加型组合体

(2) 画每一部分基本形体时,应先画反映该部分形状特征的视图。例如圆筒、底板以及耳板等都是在俯视图上反映它们的形状特征,所以应先画俯视图,再画主、左视图。

(3) 完成各基本形体的三视图后,应检查形体间表面连接处的投影是否正确。例如底板前后侧面与圆柱表面相切,底板的顶面轮廓线在主视图上应画到切点处;凸台与圆筒相交,在左视图上要画出内、外相贯线;耳板前、后侧面与圆筒表面相交,要画出交线,并且耳板顶面与圆筒顶面共面,不画分界线,但应画出耳板底面与圆柱面的交线(虚线)。

二、切割型组合体的视图画法

图 4-5 所示组合体可看作由长方体切去基本形体 1、2、3 而形成。切割型组合体视图的画法可在形体分析的基础上,结合面形分析法作图。所谓**面形分析法**,是根据表面的投影特征来分析组合体表面的性质、形状和相对位置进行画图和读图的方法。

切割型组合体的作图过程如图 4-5 所示。

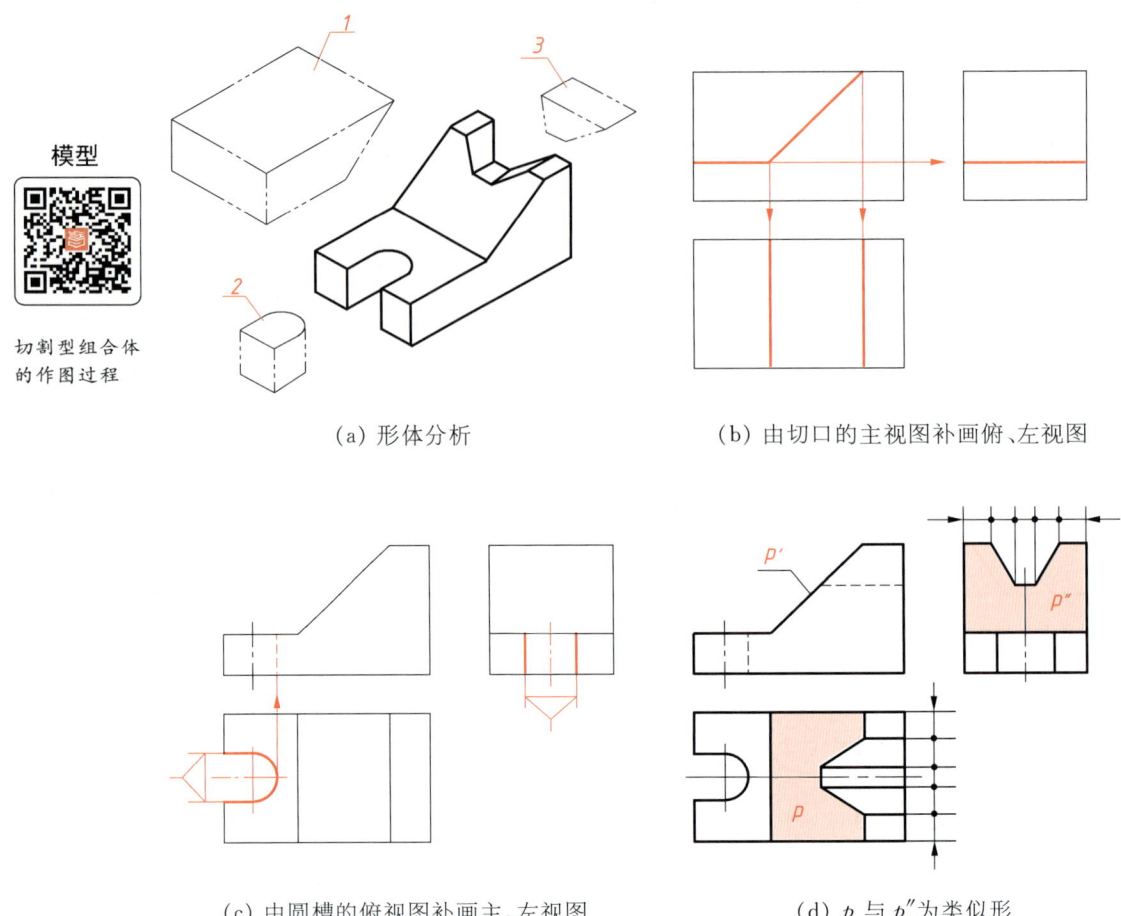

模型

切割型组合体
的作图过程

（a）形体分析

（b）由切口的主视图补画俯、左视图

（c）由圆槽的俯视图补画主、左视图

（d）p 与 p'' 为类似形

图 4 - 5 切割型组合体的作图过程

画切割体三视图时应注意以下几点：

（1）作每个切口投影时，应先从反映形体特征轮廓、且具有积聚性投影的视图开始，再按投影关系画出其他视图。例如第一次切割时（图 4 - 5b），先画切口的主视图，再画出俯、左视图中的图线；第二次切割时（图 4 - 5c），先画圆槽的俯视图，再画出主、左视图中的图线；第三次切割时（图 4 - 5d），先画梯形槽的左视图，再画出主、俯视图中的图线。

（2）注意切口截面投影的类似性。如图 4 - 5d 中的梯形槽与斜面 P 相交而形成的截面，其水平投影 p 与侧面投影 p'' 应为类似形。

第三节 组合体的尺寸标注

组合体尺寸标注的基本要求是：正确、齐全和清晰。正确是指符合国家标准的规定；齐全是指标注尺寸既不遗漏，也不多余；清晰是指尺寸注写布局整齐、清楚，便于看图。本节着重讨论如何使尺寸标注齐全和清晰。

一、基本体的尺寸标注

要掌握组合体的尺寸标注,必须了解和熟悉基本体的尺寸标注。基本体的大小通常由长、宽、高三个方向的尺寸来确定。

1. 平面体

平面体的尺寸应根据其具体形状进行标注。如图 4-6a 所示,应注出三棱柱的底面尺寸和高度尺寸。对于图 4-6b 所示的正六棱柱,在标注了高度尺寸之后,底面尺寸有两种注法,一种是注出正六边形的对角线尺寸(外接圆直径),另一种是注出正六边形的对边尺寸(内切圆直径,通常也称为扳手尺寸),常用的是后一种注法,而将对角线尺寸作为参考尺寸,并加上括号。图 4-6c 所示正五棱柱的底面为正五边形,在标注了高度尺寸之后,底面尺寸只需标注其外接圆直径。图 4-6d 所示四棱台必须注出上、下底的长、宽尺寸和高度尺寸。

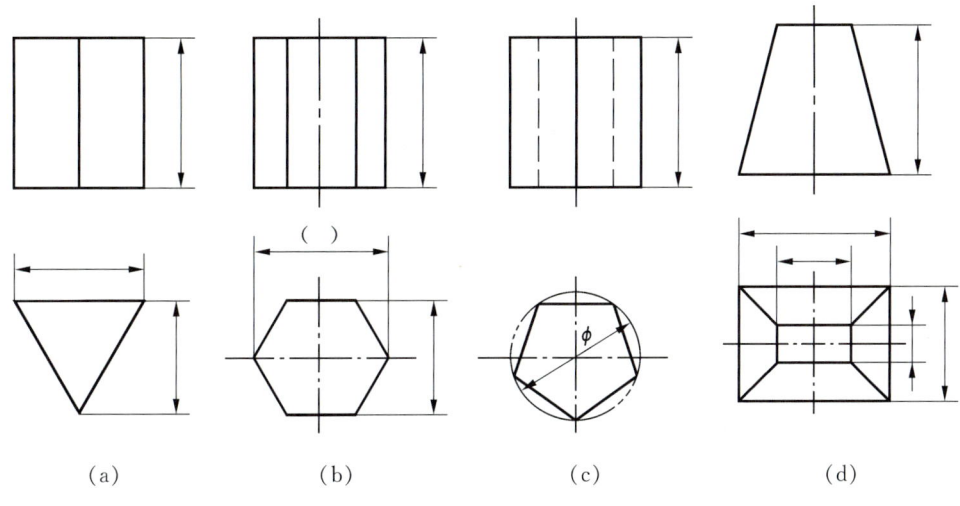

图 4-6　平面体的尺寸标注

2. 曲面体

如图 4-7a、b 所示,圆柱(或圆锥)应注出底圆直径和高度尺寸,圆台还要注出顶圆直径。在标注直径尺寸时应在数字前加上"ϕ"。图 4-7c 所示的圆环要注出母线圆及中心圆的直径尺寸。值得注意的是,当完整标注了圆柱(或圆锥)、圆环的尺寸之后,只要用一个视图就能确定其形状和大小,其他视图可省略不画。图 4-7d 所示的圆球只用一个视图加注尺寸即可,圆球在直径数字前应加注"$S\phi$"。

3. 带切口形体的尺寸标注

对于带切口的形体,除了标注基本形体的尺寸外,还要注出确定截平面位置的尺寸。必

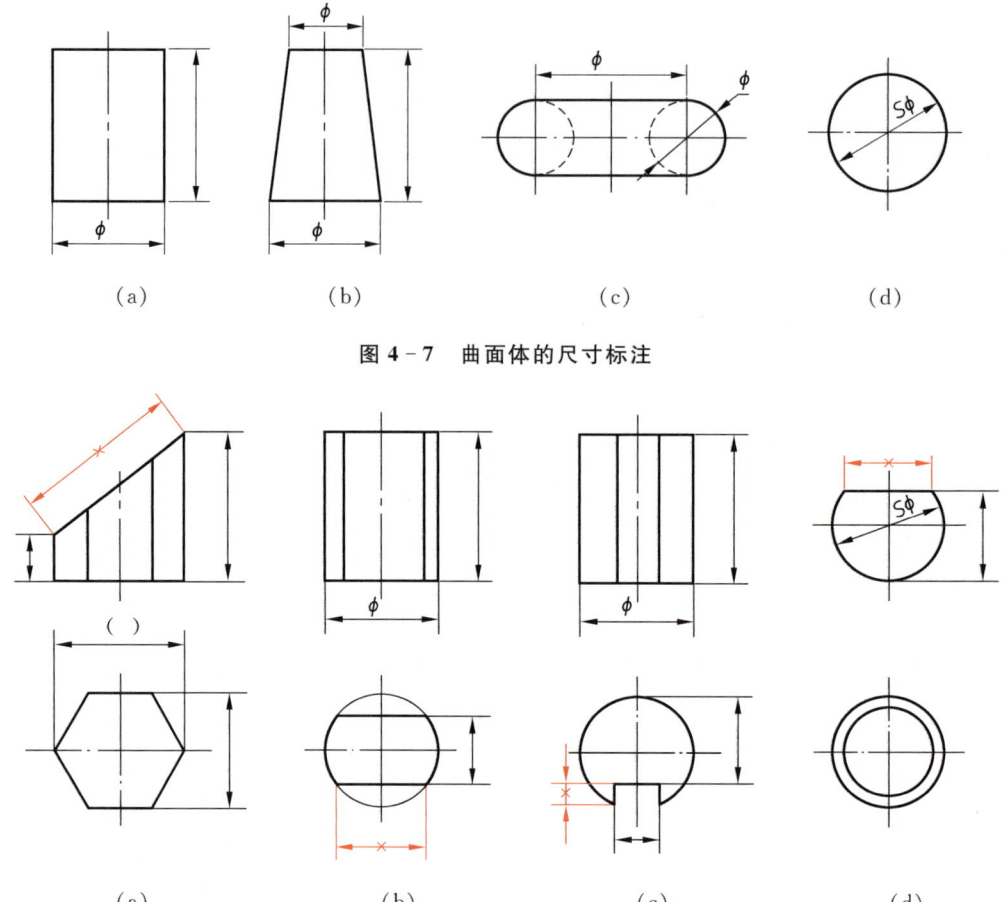

图 4-7 曲面体的尺寸标注

图 4-8 带切口形体的尺寸标注

须注意,由于形体与截平面的相对位置确定后,切口的交线已完全确定,因此不应在交线上标注尺寸。图 4-8 中打"✕"的为多余的尺寸。

二、组合体的尺寸标注

以图 4-9 所示组合体为例,说明组合体尺寸标注的基本方法。

1. 尺寸齐全

要使尺寸标注齐全,既不遗漏,也不重复,应先按形体分析的方法注出各基本形体的大小尺寸,再确定它们之间的相对位置尺寸,最后根据组合体的结构特点注出总体尺寸。

(1) 定形尺寸 确定组合体中各基本形体大小的尺寸(图 4-9a)。

底板 长、宽、高尺寸(40、24、8),底板上圆孔和圆角尺寸(2×φ6、R6)。必须注意,相同的圆孔 φ6 要注写数量,如 2×φ6,但相同的圆角 R6 不注数量,两者都不必重复标注。

竖板 长、宽、高尺寸(20、7、22)和圆孔直径尺寸(φ9)。

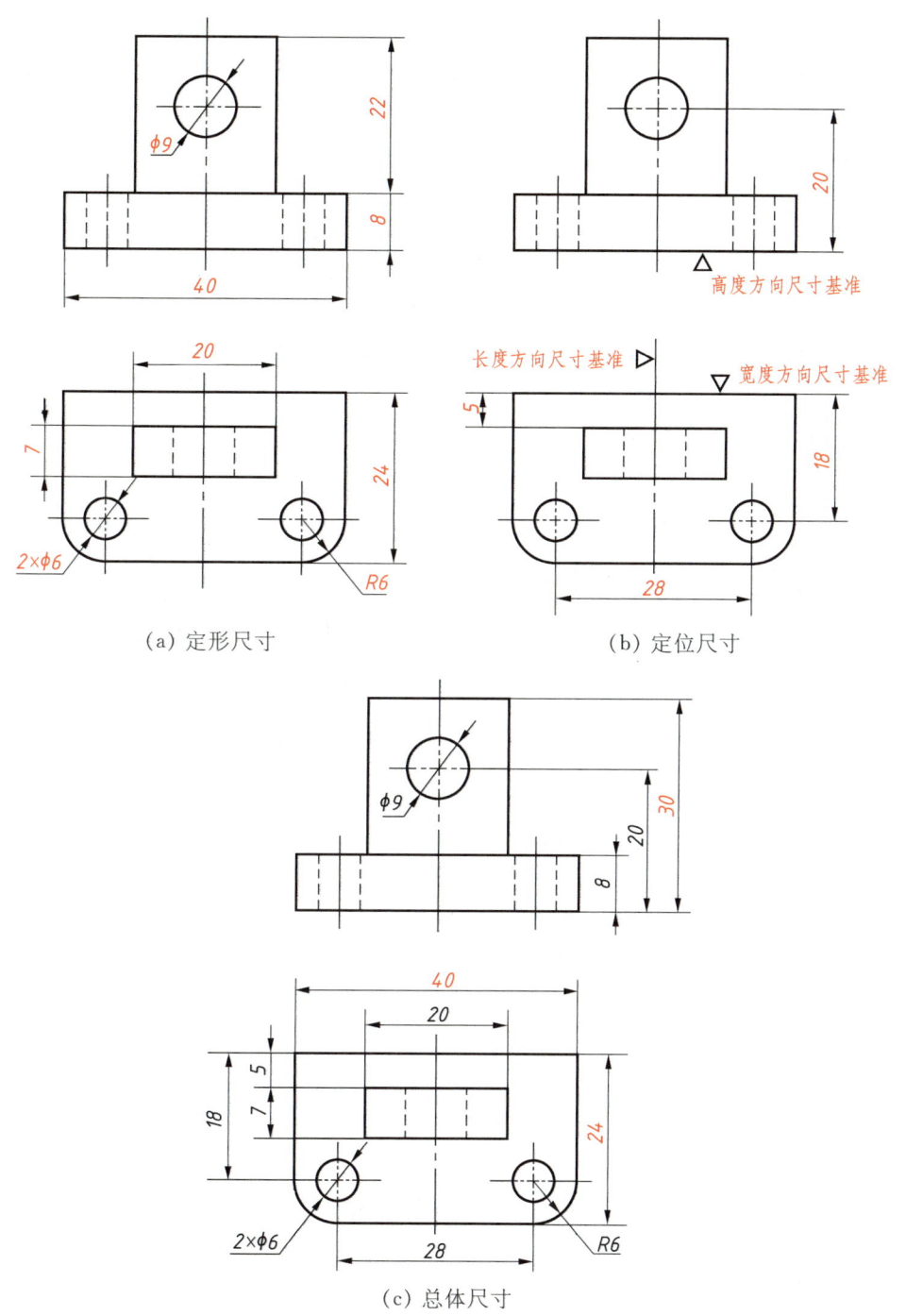

(a) 定形尺寸　　　　　　　(b) 定位尺寸

(c) 总体尺寸

图 4-9　组合体的尺寸标注

（2）**定位尺寸**　确定组合体中各基本形体之间相对位置的尺寸(图 4-9b)。

标注定位尺寸时,必须在长、宽、高三个方向分别选定尺寸基准,每个方向至少有一个尺寸基准,以便确定各基本形体在各方向上的相对位置。通常选择组合体的底面、端面或对称平面以及回转轴线等作为尺寸基准。如图 4-9b 所示,组合体的左右对称平面为长度方向尺寸基准;后端面为宽度方向尺寸基准;底面为高度方向尺寸基准(图中用符号▽表示基准位置)。

由长度方向尺寸基准注出底板上两圆孔的定位尺寸28;由宽度方向尺寸基准注出底板上圆孔与后端面的定位尺寸18,竖板与后端面的定位尺寸5;由高度方向尺寸基准注出竖板上圆孔与底面的定位尺寸20。

(3) 总体尺寸　确定组合体在长、宽、高三个方向的总长、总宽和总高的尺寸(图4-9c)。

该组合体的总长和总宽尺寸即底板的长40和宽24,不再重复标注。总高尺寸30应从高度方向尺寸基准注出。总高尺寸标注以后,原来标注的竖板高度尺寸22取消不注。

必须指出,当组合体的一端(或两端)为回转体时,通常不以轮廓线为界标注其总体尺寸,如图4-10a、b所示,其总长尺寸是间接确定的。但是,为了满足加工要求,既注总体尺寸,又注定形尺寸,如图4-10c所示四个角的1/4圆柱,都要注出两孔轴线间的定位尺寸和1/4圆柱面的定形尺寸 R,还要标注总长和总宽尺寸(40、27)。

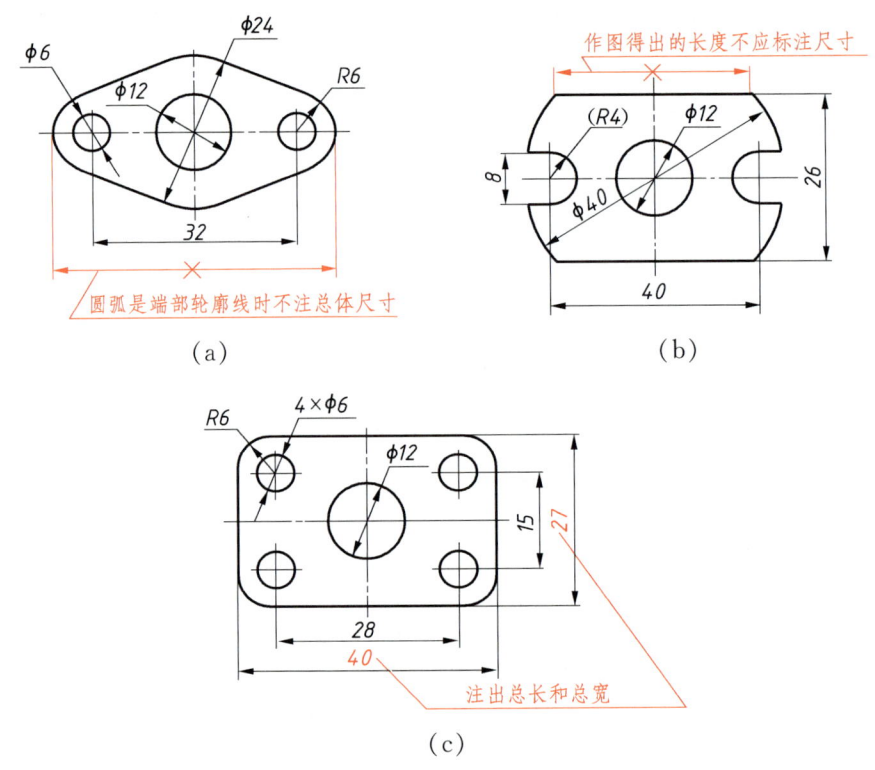

图 4-10　几种常见平面图形尺寸注法

2. 尺寸清晰

为了便于看图,标注尺寸应排列适当、整齐、清晰。为此,标注尺寸时要注意以下几点:

(1) 突出特征　将定形尺寸标注在形体特征明显的视图上。

(2) 相对集中　同一形体的尺寸应尽量集中标注。对于圆柱体的直径 ϕ 可标注在反映圆的视图上,也可标注在非圆的视图上,为使尺寸清楚,一般标注在非圆的视图上。

(3) 排列整齐　尺寸排列要整齐、清楚。尺寸尽量标注在两个相关视图之间和视图的外面。同一方向的尺寸线,最好画在一条线上,不要错开。

(4) **布局清晰** 应根据尺寸的大小,依次排列,大尺寸在外、小尺寸在内,尽量避免尺寸线与尺寸线、尺寸界线、轮廓线相交。

[例 4 - 1] 标注支座的尺寸。

(1) **逐个注出各基本形体的定形尺寸** 将支座分解为五个基本形体,分别注出它们的定形尺寸,如图 4 - 11 所示。这些尺寸标注在哪个视图上,要根据具体情况而定。如直立圆柱的高度尺寸 80 注在主视图上,因为虚线上不宜标注尺寸,圆孔直径 $\phi40$ 可注在俯视图上,但圆柱直径 $\phi72$ 标注在主视图上不清楚,所以标注在左视图上。底板的尺寸 $\phi22$ 和 $R22$ 注在俯视图上最合适,而厚度尺寸 20 只能注在主视图上。其余各部分尺寸请读者自行分析。

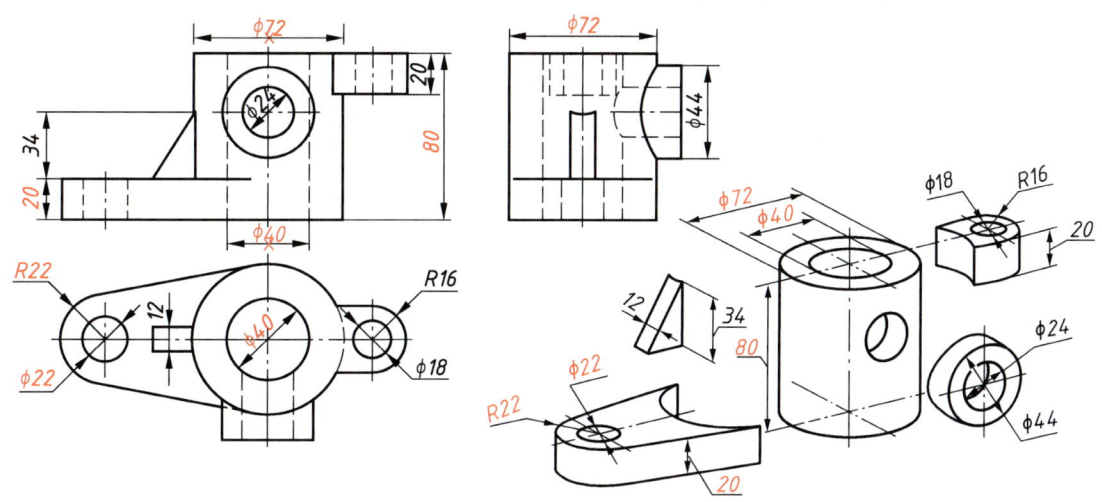

图 4 - 11 支座的定形尺寸分析

(2) **标注确定各基本形体相对位置的定位尺寸** 先选定支座长、宽、高三个方向的尺寸基准,如图 4 - 12 所示。在长度方向上注出直立圆柱与底板、肋板、耳板的相对位置尺寸(80、56、52);在宽度和高度方向上,注出凸台与直立圆柱的相对位置尺寸(48、28)。

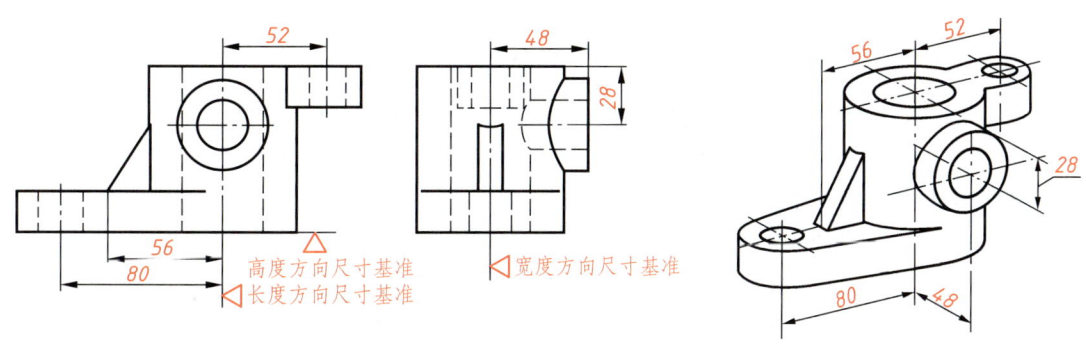

图 4 - 12 支座的定位尺寸分析

（3）标注总体尺寸 为了表示组合体外形的总长、总宽和总高,应标注相应的总体尺寸。支架的总高尺寸为80,而总长和总宽尺寸则由于注出了定位尺寸,这时一般不再标注其总体尺寸。如图4-13中,在长度方向上标注了定位尺寸80、52,以及圆弧半径 $R22$ 和 $R16$ 后,就不再标注总长尺寸(80+52+22+16=170)。左视图在宽度方向上注出了定位尺寸48后,不再标注总宽尺寸(48+72／2=84)。支座的尺寸标注如图4-13所示。

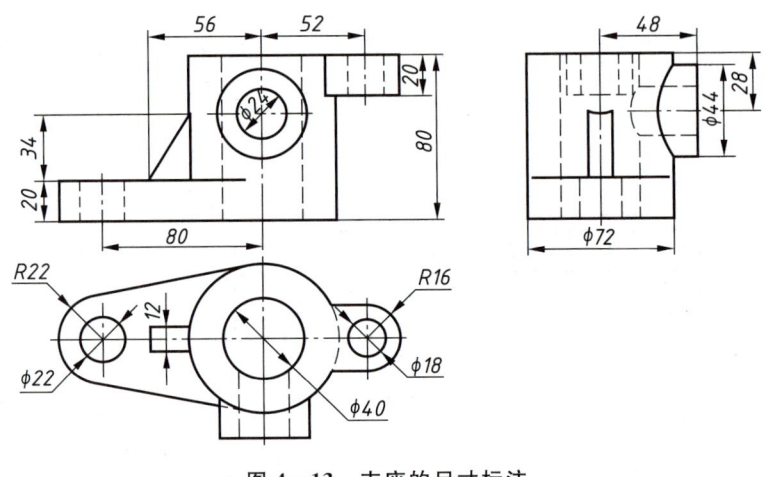

图4-13 支座的尺寸标注

第四节 组合体视图的识读

画图是将空间形体用正投影法表示在二维平面上,识读则是根据已经画出的视图,通过投影分析想象出物体的形状,是从二维图形建立三维形体的过程。画图和识读是相辅相成的,识读是画图的逆过程。为了正确而迅速地读懂组合体的视图,必须掌握识读的基本要领和基本方法。

一、读图的基本要领

1. 几个视图联系起来识读才能确定物体形状

在机械图样中,机件的形状一般是通过几个视图来表达的,每个视图只能反映机件一个方向的形状。因此,仅由一个或者两个视图往往不能唯一地确定机件形状。

如图4-14a所示物体的主视图都相同,图4-14b所示物体的俯视图都相同,但实际上六组视图分别表示了形状各异的六种形状的物体。

如图4-15给出的三组图形,它们的主、俯视图都相同,但实际上也是三种不同形状的物体。由此可见,识读时必须将几个视图联系起来,互相对照分析,才能正确地想象出该物体的形状。

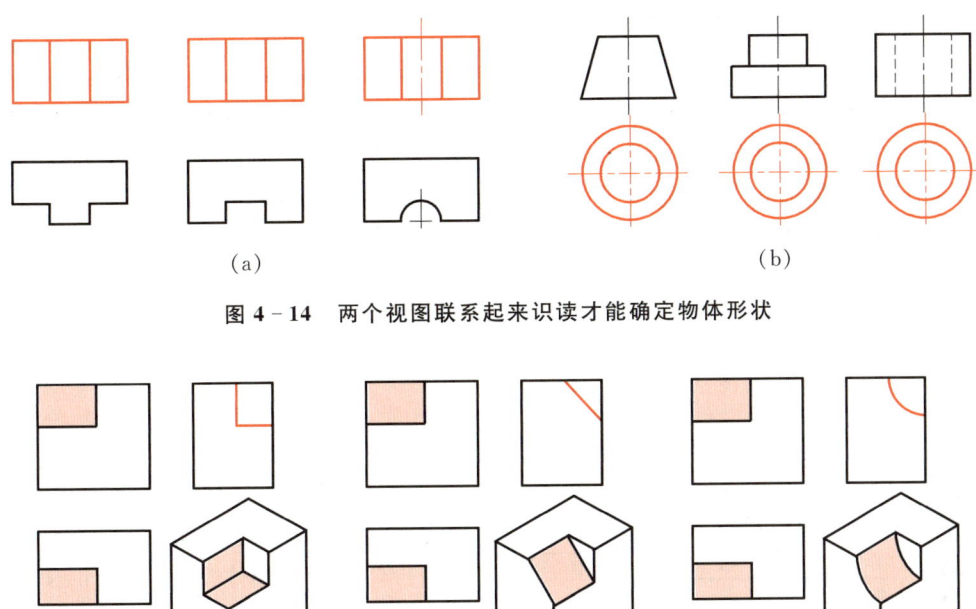

图 4-14　两个视图联系起来识读才能确定物体形状

图 4-15　三个视图联系起来识读才能确定物体形状

(a)　　　　　　　　　　(b)　　　　　　　　　　(c)

2. 理解视图中线框和图线的含义

视图中的每个封闭线框,通常都是物体上一个表面(平面或曲面)的投影。如图 4-16a 所示,主视图中有四个封闭线框,对照俯视图可知,线框 a'、b'、c' 分别是六棱柱前面三个棱面的投影;线框 d' 则是圆柱体前半圆柱面的投影。

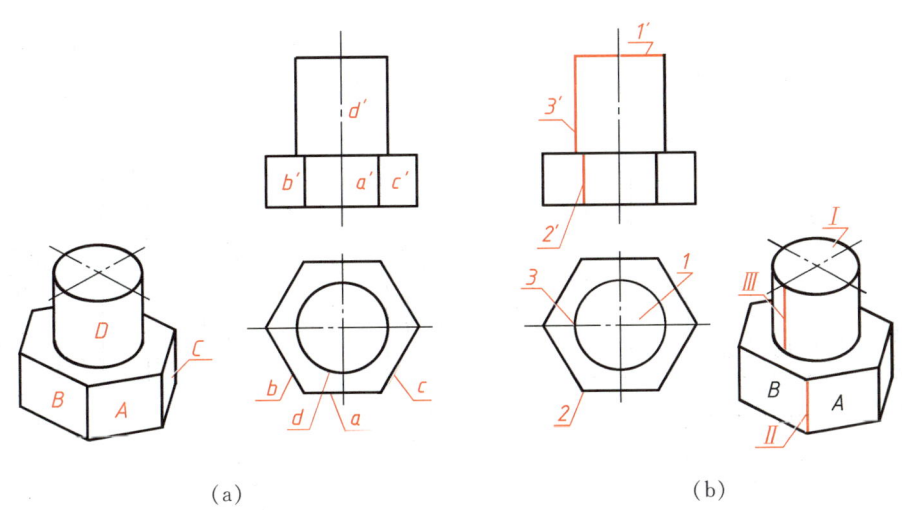

(a)　　　　　　　　　　　　　　　　　(b)

图 4-16　视图中线框和图线的含义

若两线框相邻或大线框中套有小线框,则表示物体上不同位置的两个表面。既然是两个表面,就会有上下、左右或前后之分,或者是两个表面相交。如图 4－16a 所示,俯视图中大线框六边形中的小线框圆,就是六棱柱顶面与圆柱顶面的投影。对照主视图分析,圆柱顶面在上,六棱柱顶面在下。主视图中的 a' 线框与左面的 b' 线框以及右面的 c' 线框是相交的两个表面;a' 线框与 d' 线框是相错的两个表面,对照俯视图,六棱柱前面的棱面 A 在圆柱面 D 之前。

视图中的每条图线,可能是立体表面有积聚性的投影,或两平面交线的投影,也可能是曲面转向轮廓线的投影。如图 4－16b 所示,主视图中的 $1'$ 是圆柱顶面有积聚性的投影,$2'$ 是 A 面与 B 面交线的投影,$3'$ 是圆柱面转向轮廓线的投影。

3. 从反映形体特征的视图入手

模型

分析反映形体
特征的视图

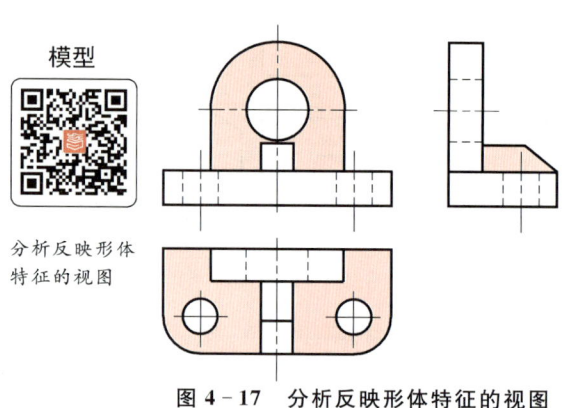

图 4－17 分析反映形体特征的视图

形体特征是指:

(1) 能清楚表达物体形状特征的视图,称为形状特征视图。一般主视图能较多反映组合体的整体形体特征,所以识读时常从主视图入手,但组合体各部分的形体特征不一定都集中在主视图上,如图 4－17 所示支架,由三部分叠加而成,主视图反映竖板的形状和底板、肋板的相对位置,但底板和肋板的形状则在俯、左视图上反映。因此,识读时必须找出能反映各部分形体特征的视图,再配合其他视图,就能快速、准确地想象出该组合体的空间形状。

(2) 能清楚表达构成组合体的各基本形体之间的相互位置关系的视图,称为位置特征视图。如图 4－18 中所示的两个物体,主视图中的线框 Ⅰ 内的小线框 Ⅱ、Ⅲ,它们的形状特征很明显,但相对位置不清楚。如前所述,若线框内有小线框,表示物体上不同位置的两个表面。对照俯视图可看出,圆形和矩形线框中一个是孔,另一个向前凸出,但并不能确定哪个形体是孔,哪个形体向前凸出?只有对照主、左视图识读才能确定。

模型

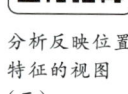

分析反映位置
特征的视图
(二)

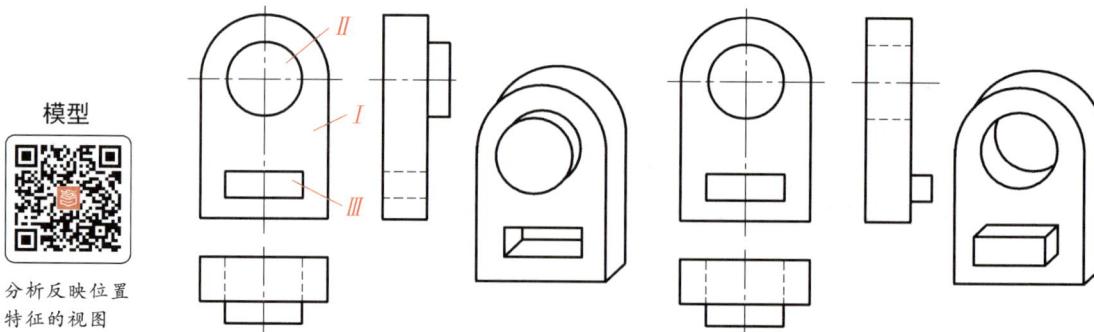

图 4－18 分析反映位置特征的视图

二、识读的基本方法

识读的基本方法与画图一样,主要也是运用形体分析法。对于形状比较复杂的组合体,在运用形体分析法的同时,还常用面形分析法来帮助想象和读懂不易看明白的局部形状。

1. 用形体分析法识读

运用形体分析法读图时,首先用"**分线框、对投影**"的方法,分析构成组合体的各基本形体,找出反映每个基本形体的形体特征的视图,对照其他视图想象出各基本形体的形状。再分析各基本形体间的相对位置、组合形式和表面连接关系,综合想象出组合体的整体形状。

如根据图 4－19a 所给出的主视图和俯视图,补画左视图时,首先要在反映形体特征比较明显的主视图上按线框将组合体划分为三个部分。然后利用投影关系,找到各线框在俯视图中与之对应的投影,从而分析各部分的形状以及它们之间的相对位置,逐个补画各形体的左视图。最后综合想象组合体的整体形状。想象和补画左视图的过程如图4－19b～f 所示。绘图过程中要保证三视图"长对正、高平齐、宽相等"。

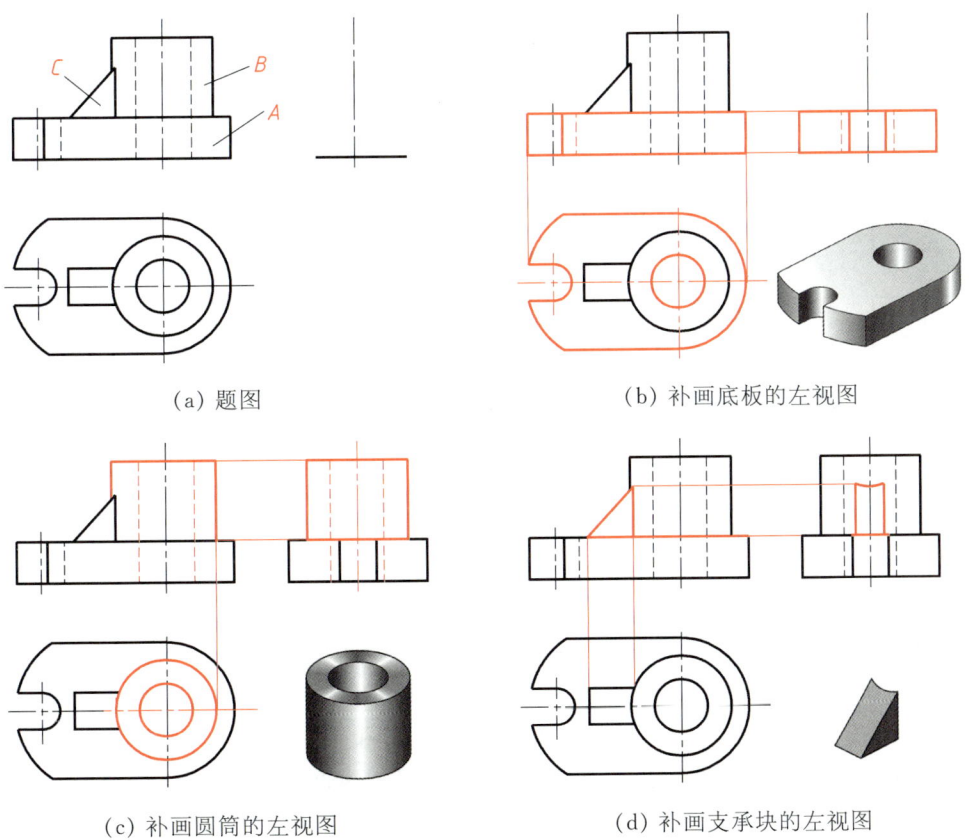

（a）题图　　　　　　　　　　（b）补画底板的左视图

（c）补画圆筒的左视图　　　　　（d）补画支承块的左视图

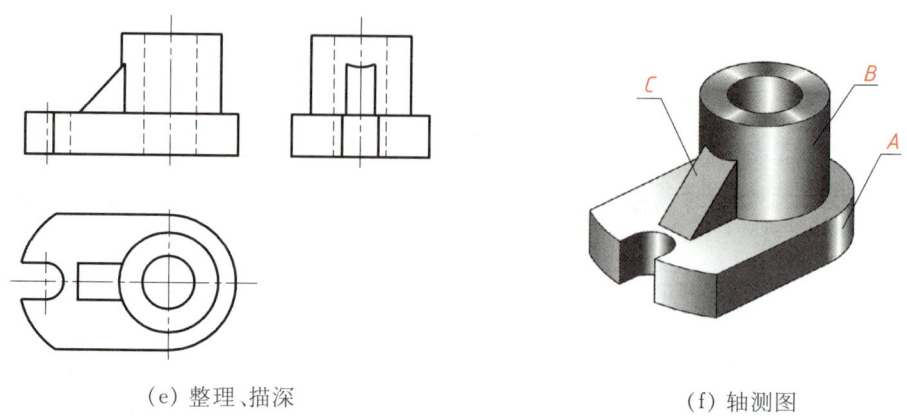

（e）整理、描深　　　　　　　　　　　（f）轴测图

图 4－19　运用形体分析法识读

2. 用面形分析法识读

构成物体的各个表面，不论其形状如何，它们的投影如果不具有积聚性，一般都是一个封闭线框。运用面形分析法识读时，应将视图中的一个线框看作物体上的一个面（平面或曲面）的投影，利用投影关系，在其他视图上找到对应的图形，再分析这个面的投影特性（实形性、积聚性、类似性），确定这些面的形状，从而想象出物体的整体形状。

如图 4－20a 所示切割型组合体，对于俯视图上的五边形 p，由于在主视图上没有与它类似的线框，所以它的正面投影只可能对应斜线 p'，于是可判断 P 面为正垂面。同时，在左视图上可找到与之相对应的类似形 p''。

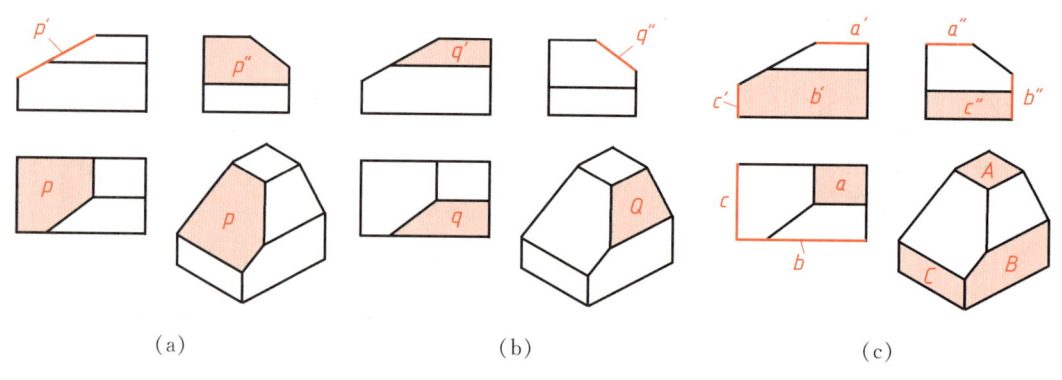

（a）　　　　　　　　　　（b）　　　　　　　　　　（c）

图 4－20　面形分析

同样，在图 4－20b 中，主视图上的四边形 q'，在俯视图上也有对应的类似形 q，而在左视图上没有与它类似的线框，所以它的侧面投影只能是对应斜线 q''。于是可判断 Q 面为侧垂面。

再分析视图中的其他线框，如图 4－20c 所示，俯视图上的线框 a，对应主、左视图中两段水平线；主视图上的线框 b' 对应俯、左视图中的水平线和铅直线；左视图上的线框 c'' 对应主、俯视图中的两段铅直线。从而判断它们分别是水平面 A、正平面 B 和侧平面 C。

通过以上分析,可想象出该组合体是由一个长方体被正垂面和侧垂面切去两块而形成的。

[例4-2]　读懂压块的三视图。

(1) 形体分析(图4-21)

由于压块三个视图的外形轮廓基本上都是长方形,所以可想象压块是由长方体被多个平面切割和挖圆柱孔、槽而成的。

从主视图的长方形缺一个角,说明长方体的左上方切去一块;俯视图的长方形缺两个角,说明长方体左端前后各切去一块;左视图的长方形也缺两个角,说明长方体的下部前后各切去一块。此外,从主、俯视图可看出压块中间偏右挖了一个圆柱形阶梯孔。

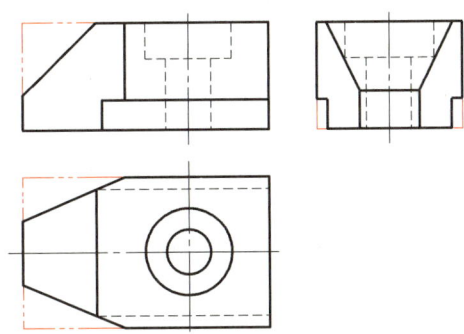

图4-21　压块的三视图

通过以上分析,对压块的整体形状有了初步了解。但是,压块被哪些平面切割,切割后成为什么形状? 还要进一步作面形分析才能真正读懂压块的三视图。

(2) 面形分析(图4-22)

利用视图上面形的投影特性,对压块的表面进行面形分析。视图上的一个线框表示一

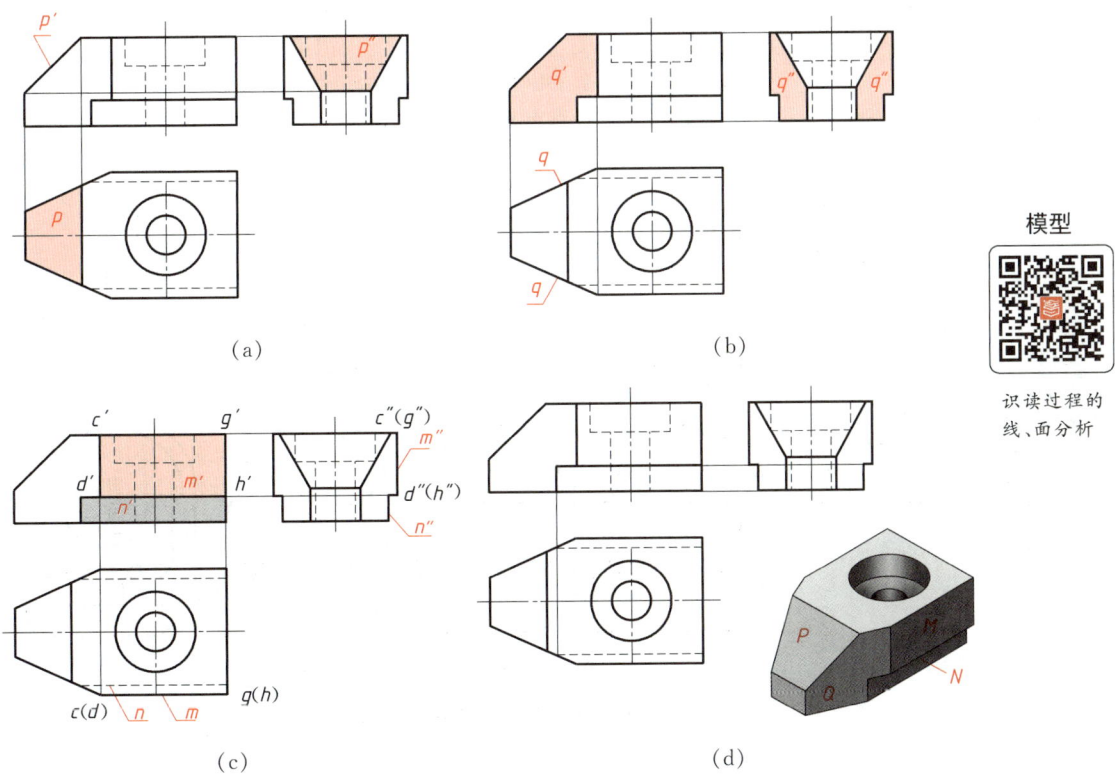

(a)

(b)

模型

识读过程的线、面分析

(c)

(d)

图4-22　识读过程的线、面分析

个面的投影,它在其他视图上对应的投影不是积聚成直线就是类似形。按此投影特性划分出每个表面的三个投影,看懂它们的形状。

如图4-22a,俯视图上的线框 p 在主视图中对应的投影只能是斜线 p',因此,P 面为正垂面,它的水平投影与侧面投影是类似的梯形。即长方体的左上方是被正垂面切割而成。

如图4-22b,主视图上的线框 q' 在俯视图上对应的投影只能是斜线 q,因此,Q 面为铅垂面,它的正面投影与侧面投影为类似的七边形。即长方体的左端被前后对称的两个铅垂面切割而成。

同样方法可看出平面 M 与平面 N 均为正平面,正面投影反映它们的实形,压块上的这两个表面为矩形,平面 M 在平面 N 之前,如图4-22c所示。

(3) 综合起来想整体

经以上分析,可想象出压块是长方体被前后对称地切去两角后形成的六棱柱(俯视图外形轮廓是六边形),在其左上被正垂面切去一角,在其前后面的下部分别被正平面和水平面切去一角,压块的中间挖了一个圆柱形的台阶孔。综合想象出压块的形状,如图4-22d所示。

三、已知两视图补画第三视图

已知物体的两个视图求作第三视图,是一种识读和画图相结合的有效的训练方法。首先根据物体的已知视图想象物体形状,然后在读懂两视图的基础上,利用投影对应关系逐步补画出第三视图。在识读的过程中,还可以边想象、边徒手画轴测草图,及时记录构思的过程,帮助读懂视图。读者可通过习题练习已知两视图补画第三视图的方法。

[例4-3] 由图4-23a所示支架的主、俯视图,补画左视图。

模型

补画支架左视图

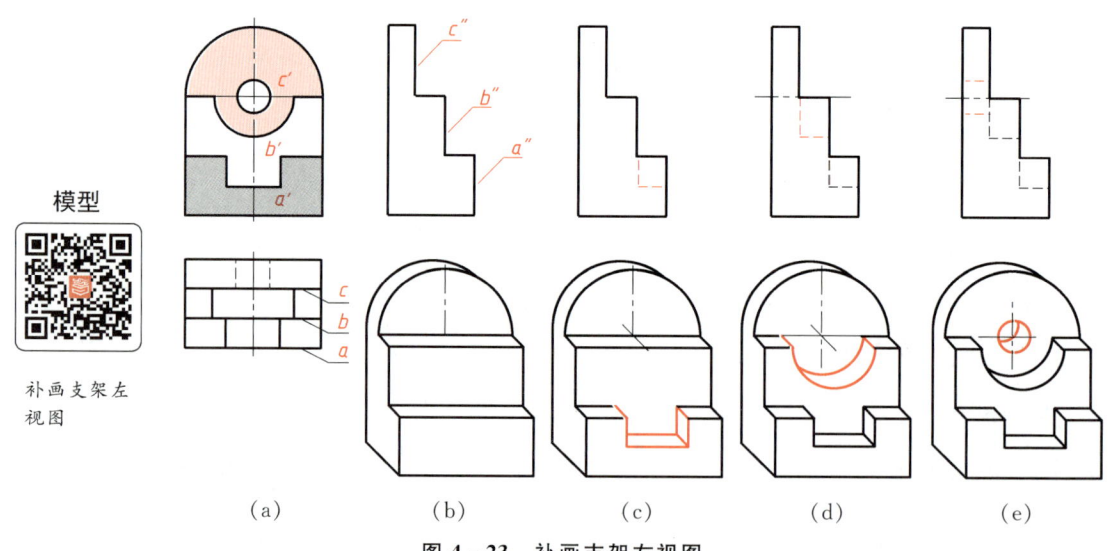

（a）　　　（b）　　　（c）　　　（d）　　　（e）

图4-23　补画支架左视图

分析

在主视图中有3个线框,由主、俯视图对投影可以看出,3个线框分别表示支架上3个不同位置的表面。a' 线框是一个凹形块，凹槽对应俯视图下方两条竖线，处于支架的前面；c' 线框中还有一个小圆线框，与俯视图中的两条虚线对应，可想象出是半圆头竖板上穿了一个圆孔，它处于支架的后面；从主视图中可看出，b' 线框的上部有个半圆槽，它在俯视图上可找到对应的两条线，必然处于 A 面和 C 面之间。由此看来，主视图中的 3 个线框实际上是支架的前、中、后三个正平面的投影。

作图

(1) 画出左视图的外轮廓，并由主、俯视图对照分析后，分出支架 3 部分的前后、高低层次(图 4 - 23b)。

(2) 在前层切出凹形槽，补画左视图中的虚线(图 4 - 23c)。

(3) 在中层切出半圆槽，补画左视图中的虚线(图 4 - 23d)。

(4) 在后层挖去圆孔，补全左视图。按画出的轴测草图对照补画的左视图，检查无误后，完成作图(图 4 - 23e)。

四、通过形体构思提高识读能力

在初步掌握画图和识读方法的基础上，根据给出的条件构思组合体的形状，画出视图，这种训练方法可以把空间想象、形体构思、视图表达三者结合起来，不仅可以促进画图、识读能力的提高，还能进一步强化空间思维能力的培养。

1. 给出一个或两个视图，构思不同形状的组合体

如图 4 - 24a 所示主视图中有四个线框，表示组合体上四个表面，它们可以是平面或曲面，其位置可前可后。通过构思，可想象出如图 4 - 24b~f 所示多种符合已知条件的形体。

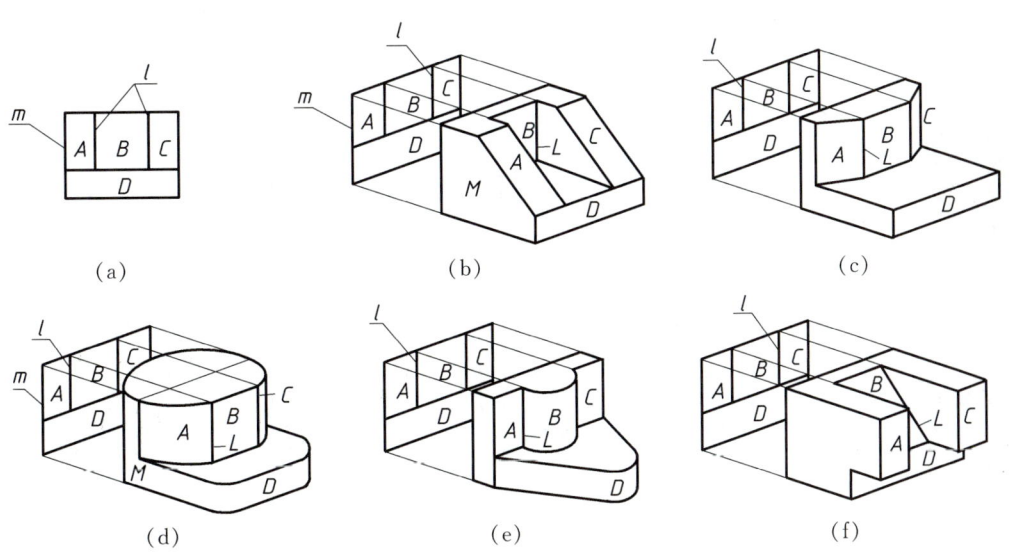

图 4 - 24　由一个视图构思不同形状的物体

根据图 4-25 给出的主、俯视图,可构思出两种以上不同形状的组合体。图中仅画出两解,读者还可以想出更多的解。

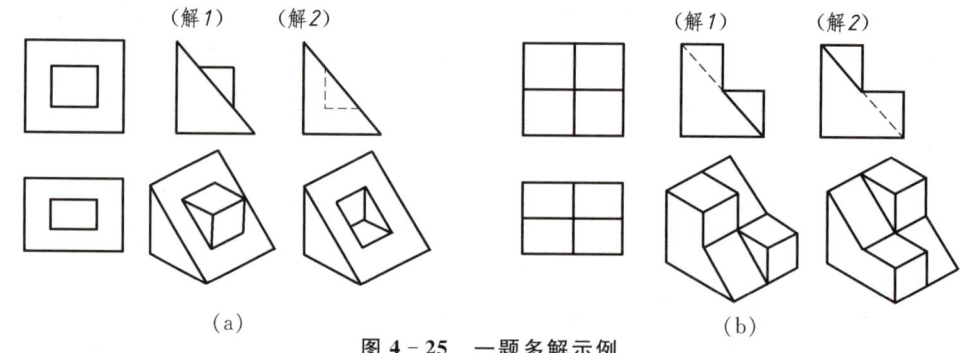

图 4-25 一题多解示例

2. 拓展思路,勤于思考

对给出的已知条件,改变或增加一些条件,进一步想象形状和表达的变化。如图 4-26a 所示棱柱切割体,根据给出的主、俯视图,画出了四种不同形体的左视图。如果按图 4-26b 所示,将主、俯视图改变成圆柱切割体,又画出了四种不同形体的左视图。

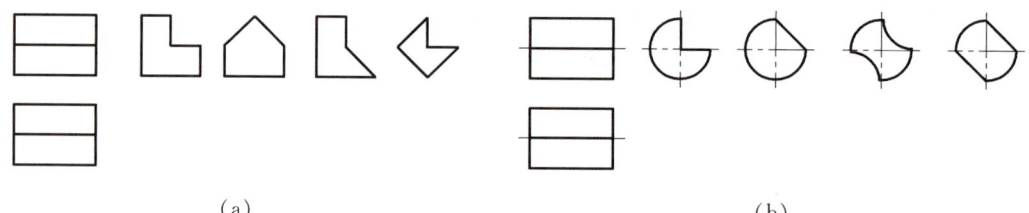

图 4-26 由两个视图构思不同形状的物体(一)

如图 4-27a 所示,已知圆柱左右切肩的主、俯视图,补画出左视图。再将切肩后的圆柱头部切割成沿 Y 轴方向的圆柱面,想象形状的变化,补画左视图(图 4-27b)。

模型

圆柱左右切肩
变化(一)

模型

圆柱左右切肩
变化(二)

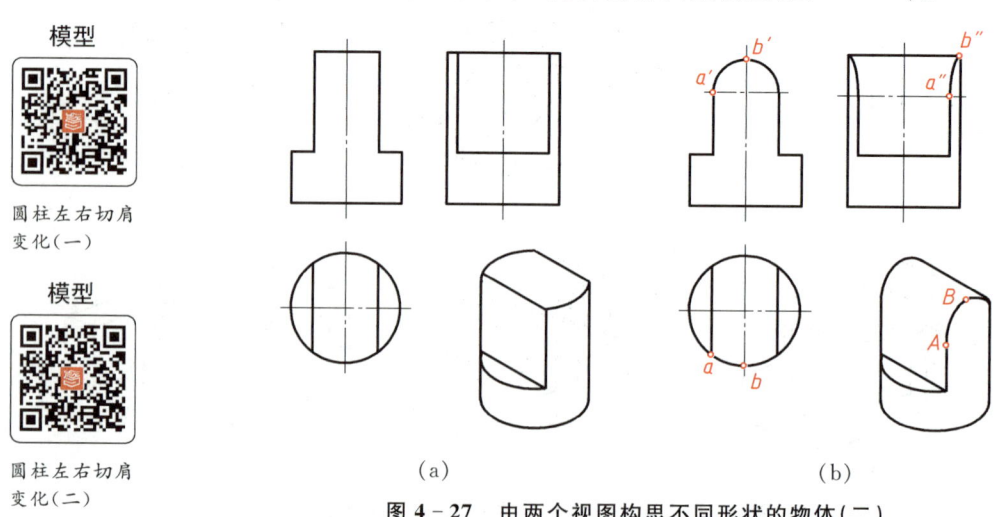

图 4-27 由两个视图构思不同形状的物体(二)

3. 识读过程中要善于构思物体的空间形状

识读的过程是"由图想物"的过程,根据所给出的视图想象物体的空间形状,再与视图对照,修正想象中的物体形状,直到两者完全符合。

如图4-28a所示,由给出的主、俯视图,按图4-28b很容易想到这个物体可能是圆锥,但俯视图中间有一条铅直线,显然该物体不是圆锥。如果假设该物体是三棱柱,则三棱柱的俯视图应该是矩形,也不符合题设条件。通过构思,再假设在圆柱上用两个正垂面对称地切去左右两块,两个正垂面的交线为正垂线,其水平投影成 Y 轴方向的直线,正面投影积聚成点,完全符合题目给定的主、俯视图,补画出该形体的左视图(图4-28c)。

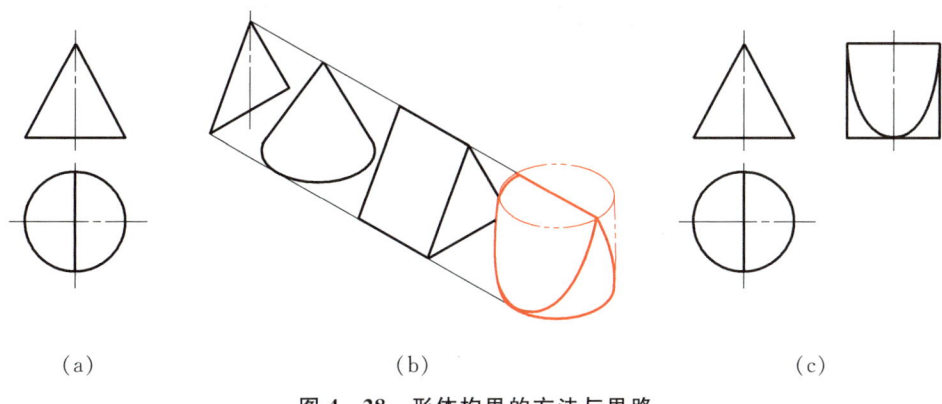

模型

圆柱切割构形

(a)　　　　　　　　(b)　　　　　　　　(c)

图4-28　形体构思的方法与思路

第五节　轴　测　图

正投影图能够准确、完整地表达物体的形状,且作图简便,但是缺乏立体感。因此,工程上常采用直观性较强,富有立体感的轴测图作为辅助图样,如在化工管道设计中,通过绘制一些管道轴测图来配合管道布置图的识读。

在化工制图课程的教学过程中,学习轴测图画法,可以帮助初学者提高理解形体的空间想象能力,为读懂正投影图提供形体分析与构思的思路和方法。

一、轴测图的基本知识

1. 轴测图的形成

如图4-29a所示,轴测图是用平行投影法将物体连同确定其空间位置的直角坐标系,沿不平行于任一坐标面的方向投射在单一投影面(轴测投影面)上得到的具有立体感的图形。直角坐标轴 O_0X_0、O_0Y_0、O_0Z_0 在轴测投影面上的投影 OX、OY、OZ 称为轴测轴,三

条轴测轴的交点 O 称为原点。

轴测投影中,任意两根直角坐标轴在轴测投影面上的投影之间的夹角 $\angle XOY$、$\angle YOZ$、$\angle ZOX$,称为**轴间角**。

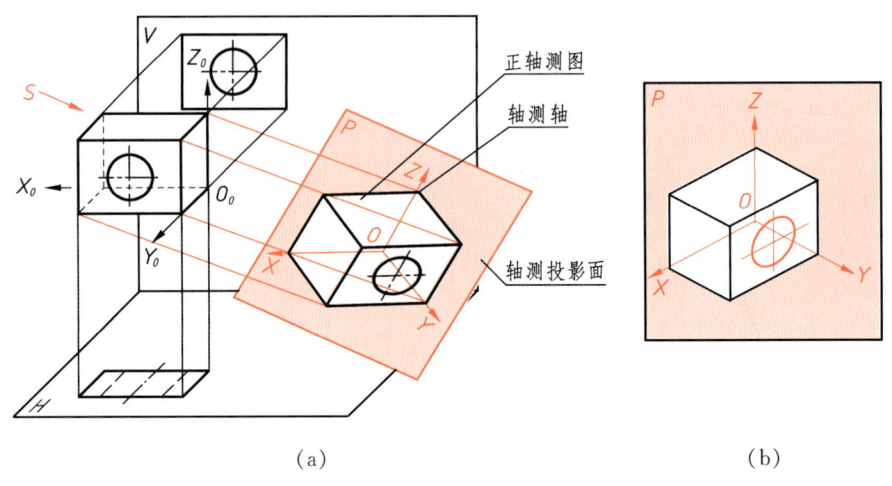

(a)   (b)

图 4 - 29　轴测图的形成

轴测轴的单位长度与相应直角坐标轴的单位长度的比值称为**轴向伸缩系数**。OX、OY、OZ 轴上的轴向伸缩系数分别用 p_1、q_1、r_1 表示。为了便于画图,常将轴向伸缩系数简化,分别用 p、q、r 表示。

2. 轴测图的投影特性

由于轴测图是用平行投影法绘制的,所以具有平行投影特性(图 4 - 29b):

(1) 物体上互相平行的线段,在轴测图上仍互相平行;平行于坐标轴的线段,在轴测图上仍平行于相应的轴,且在作图时可以沿轴测量,即物体上长、宽、高三个方向的尺寸可沿其对应轴直接量取。

(2) 物体上不平行于轴测投影面的平面图形,在轴测图上变成原形的类似形。如正方形的轴测投影可能是平行四边形,圆的轴测投影可能是椭圆等。

3. 轴测图的分类

根据投射方向(S)与轴测投影面的相对位置,轴测图分为两类:投射方向与轴测投影面垂直所得轴测图称为"**正轴测图**";投射方向与轴测投影面倾斜所得的轴测图称为"**斜轴测图**"。

轴间角和轴向伸缩系数是绘制轴测图的两个主要参数。正(斜)轴测图按伸缩系数是否相等又分为等测、二等测和不等测三种。

GB/T 14692—2008 推荐了工程上常用的三种轴测图——正等测、正二测和斜二测。本节仅介绍最常用的**正等轴测图**的画法。

二、正等轴测图

1. 轴间角和简化轴向伸缩系数

(1) 轴间角　正等测中的轴间角 $\angle XOY = \angle YOZ = \angle XOZ = 120°$。作图时,通常将 OZ 轴画成铅垂位置,然后画出 OX、OY 轴,如图 4-30 所示。

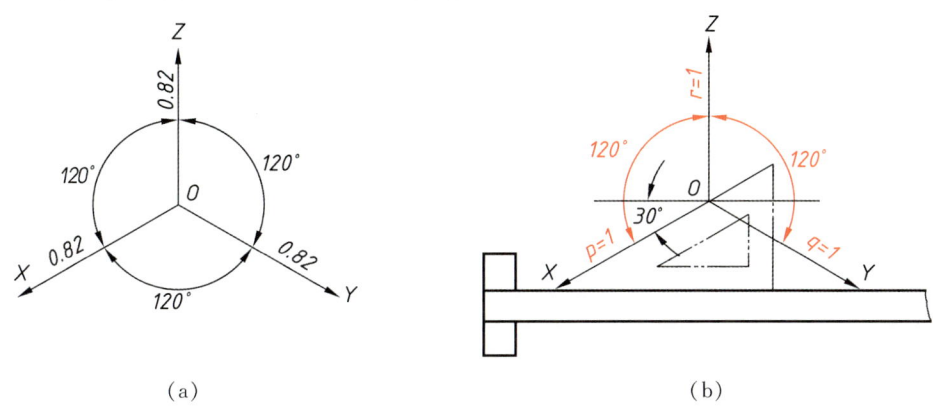

(a)　　　　　　　　　　　　　　　　(b)

图 4-30　正等轴测图的轴间角和轴向伸缩系数

(2) 简化轴向伸缩系数　在正等轴测图中,空间直角坐标系的三根轴与轴测投影面的倾角都是约 $35°16'$,三根轴的轴向伸缩系数 $p_1 = q_1 = r_1 \approx \cos 35°16' \approx 0.82$。在画轴测图时,物体上长、宽、高方向的尺寸均要缩小,约为原长的 82%(图 4-30a)。为了作图方便,通常采用简化的轴向伸缩系数,即 $p = q = r = 1$(图 4-30b)。作图时,凡平行于轴测轴的线段,可直接按物体上相应线段的实际长度量取,不必换算。按这种方法画出的正等轴测图,各轴向的长度分别都放大了约 $1/0.82 \approx 1.22$ 倍,但形状没有改变。

2. 平面立体正等轴测图画法

画轴测图的基本方法是**坐标法**和**切割法**。坐标法是沿坐标轴测量画出各顶点的轴测投影并相连,形成物体的轴测图;对于不完整的形体,也可先按完整形体画出,然后用切割的方法画出其不完整部分。

[例 4-4]　作图 4-31a 所示的楔形块的正等轴测图。

分析

对于图 4-31a 所示的楔形块,可采用切割法作图,将它看成由一个长方体斜切一角而成。对于切割后的斜面中与三个坐标轴都不平行的线段,在轴测图上不能直接从正投影图中量取,必须按坐标求出其端点,然后再连线。

作图

(1) 定坐标原点 O_0 及坐标轴 O_0X_0、O_0Y_0、O_0Z_0(图 4-31a)。

(2) 画出轴测轴 OX、OY、OZ,按给出的尺寸 a、b、h 作出长方体的轴测图(图 4-31b)。

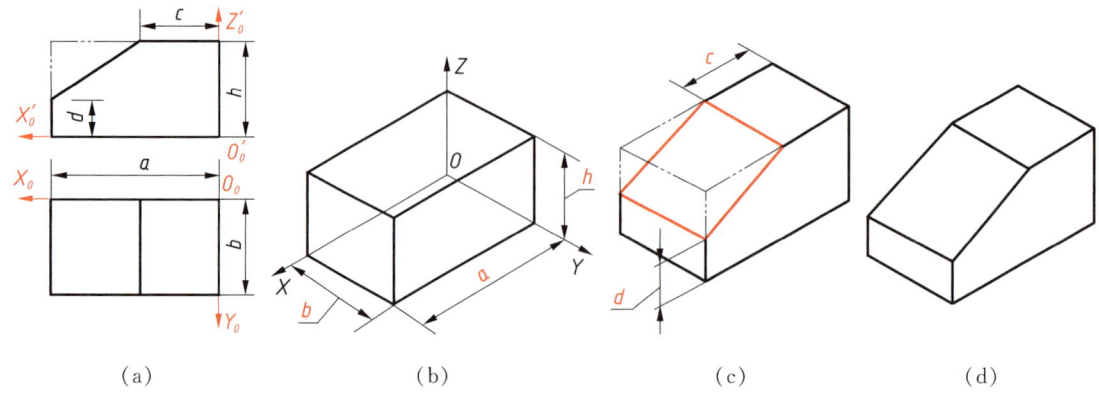

(a)　　　　　　　　(b)　　　　　　　　(c)　　　　　　　　(d)

图 4-31　楔形块正等轴测图画法

（3）按给出的尺寸 c、d 定出斜面上线段端点的位置，并连成平行四边形（图 4-31c）。

（4）擦去作图线，描深，完成楔形块正等轴测图（图 4-31d）。

3. 曲面立体的正等轴测图画法

如图 4-32a 所示，直立圆柱的轴线垂直于水平面，上、下底为两个与水平面平行且大小相同的圆，其轴测投影为椭圆。根据圆的直径 ϕ 和柱高 h 作出两个形状、大小相同、中心距为 h 的椭圆，然后作两椭圆的公切线，即得圆柱的正等轴测图。具体的作图步骤为：

（1）以上底圆的圆心为原点 O_0，上底圆的中心线 O_0X_0、O_0Y_0 和圆柱轴线 O_0Z_0 为坐标轴，作上底圆的外切正方形，得切点 a_0、b_0、c_0、d_0（图 4-32a）。

（2）作轴测轴和四个切点的轴测投影 a、b、c、d，过四点分别作 OX、OY 的平行线，得外切正方形的轴测菱形（图 4-32b）。

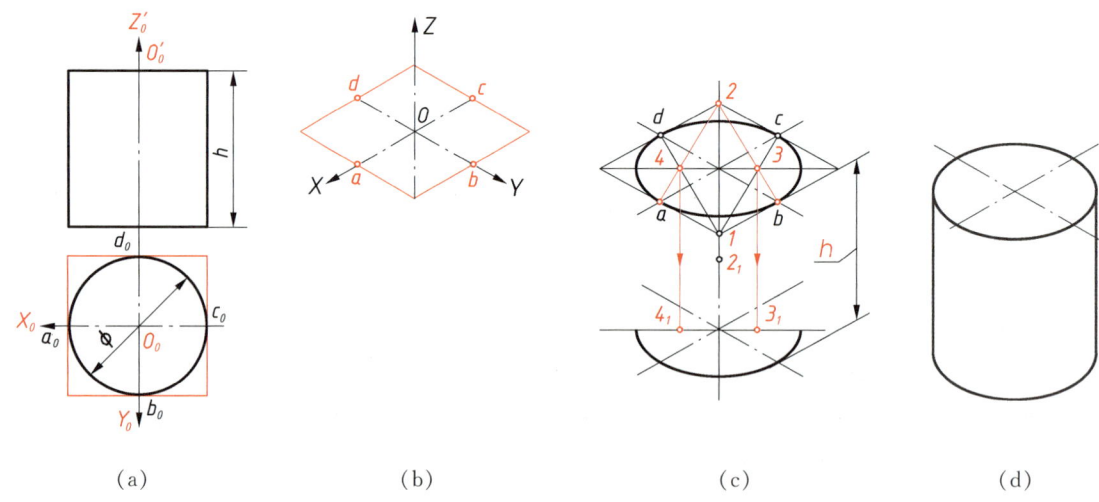

(a)　　　　　　　　(b)　　　　　　　　(c)　　　　　　　　(d)

图 4-32　圆柱的正等轴测图

（3）过菱形顶点 1、2 连接 $1c$ 和 $2b$，与菱形的对角线相交得交点 3，连接 $2a$ 和 $1d$ 得交点 4，则 1、2、3、4 各点即为作近似椭圆四段圆弧的圆心。以 1、2 为圆心，$1c$ 为半径作

$\overset{\frown}{cd}$ 和 $\overset{\frown}{ab}$，以 3、4 为圆心，$3b$ 为半径作 $\overset{\frown}{bc}$ 和 $\overset{\frown}{da}$，即为上底圆的轴测椭圆。将椭圆的三个圆心 2、3、4 沿 Z 轴平移高度 h，作出下底椭圆，下底椭圆看不见的一半椭圆弧不必画出(图 4-32c)。

(4) 作两椭圆公切线，擦去作图线，描深(图 4-32d)。

当圆柱轴线垂直于正面或侧面时，轴测图画法与上述相同，只是圆平面内所含的轴线应分别为 X、Z 和 Y、Z 轴，如图 4-33 所示。

图 4-33 不同方向圆柱的轴测图

4. 组合体的正等轴测图画法

画组合体正等轴测图的基本方法：

叠加法 先将组合体分解成若干基本形体，再按其相对位置逐个画出各基本形体的轴测图，然后完成整体的轴测图。

切割法 先画出完整的几何体轴测图，再按其结构形状特点逐个切去多余的部分，然后完成切割后形体的轴测图。

[例 4-5] 画图 4-34a 所示的轴承座的正等轴测图。

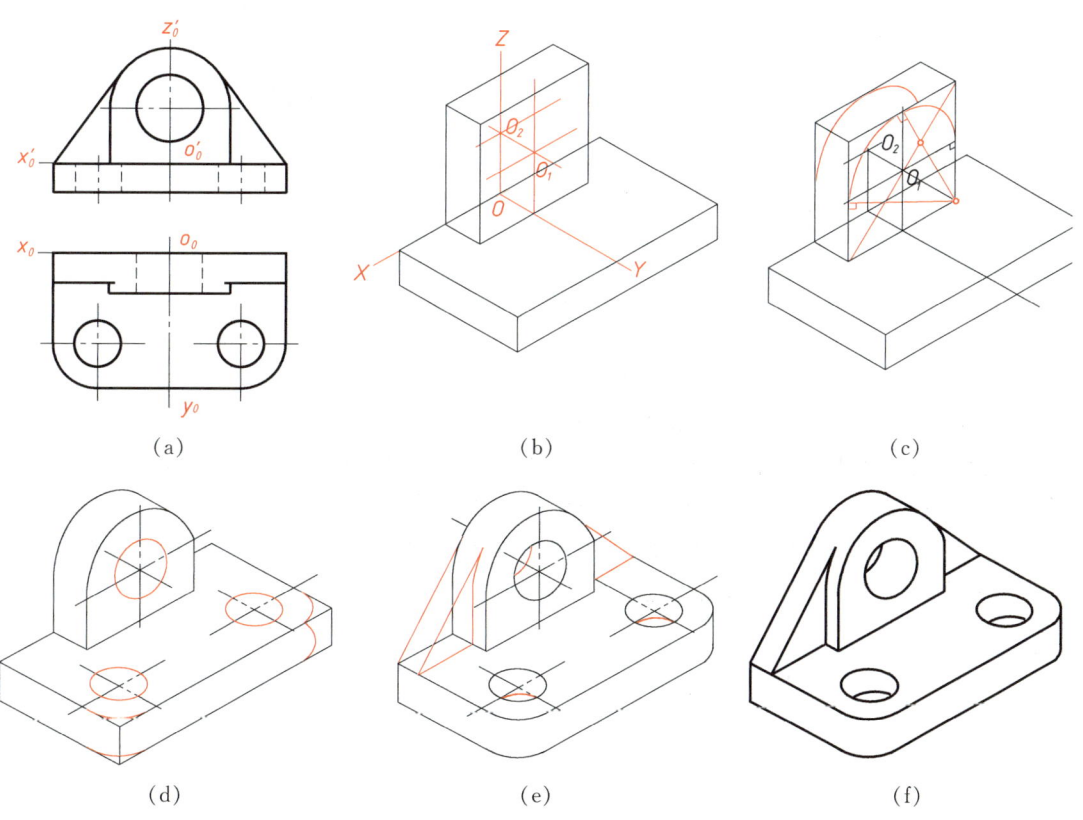

(a)　　　　　　　　　(b)　　　　　　　　　(c)

(d)　　　　　　　　　(e)　　　　　　　　　(f)

图 4-34 轴承座正等轴测图作图过程

分析

图4-34a所示为轴承座的主、俯视图(形体分析如前所述),因轴承座两个方向有圆,作图时应注意轴测轴的位置。可根据各形体间的相对位置,用叠加法和切割法逐一画出各形体。由于轴承座左右对称,为了作图方便,将坐标原点设在底板顶面后边的中点处。

作图

(1) 在图4-34a所示的视图中设置坐标轴后,画底板和竖板的长方形轮廓,定出半圆头圆柱前、后的中心位置 O_1、O_2(图4-34b)。

(2) 画竖板的半圆头圆柱面(图4-34c)。

(3) 画竖板上圆孔和底板上的圆角、圆孔(图4-34d)。

(4) 画支撑板以及竖板、底板上圆孔的可见轮廓线(图4-34e)。

(5) 擦去作图线,描深可见轮廓线,完成作图(图4-34f)。

平行于坐标面的圆角是圆的一部分,特别是常见的四分之一圆周的圆角,如图4-35所示,其正等测恰好是近似椭圆的四段圆弧中的一段。从而可以理解为什么从切点作相应棱线的垂线就可获得圆弧的圆心。

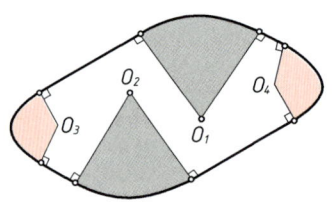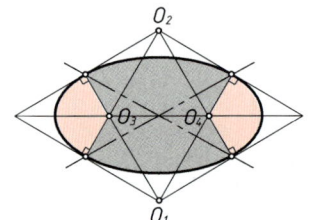

图4-35　四分之一圆弧的画法

第六节　徒手绘制草图

不用绘图仪器和工具,通过目测形体各部分的尺寸和比例,徒手画出的图样称为草图。草图是创意构思、技术交流、测绘机件常用的绘图方法。草图虽然是徒手绘制的,但绝不是潦草的图,仍应做到:图形正确、线型粗细分明、字体工整、图面整洁。

由于徒手绘图具有灵活快捷的特点,因而有很大的实用价值,特别是随着计算机绘图的普及,徒手绘制草图的应用将更加广泛。

一、徒手绘图的基本技法

1. 直线的画法

画轴测草图时,一般先画水平线和垂直线,以确定轴测图的位置和图形的主要基准线。

在画直线的运笔过程中,小手指轻抵纸面,视线略超前一些,不宜盯着笔尖,而要目视运笔的前方和笔尖运行的终点。如图4-36所示,画水平线时宜自左向右、画垂直线时宜自上而下运笔。画斜线的运笔方向以顺手为原则,若与水平线相近,自左向右,若与垂直线相近,则自上向下运笔。如果将图纸沿运笔方向略为倾斜,则画线更加顺手。若所画线段比较长,不便于一笔画成,可分几段画出,但切忌一小段一小段画出。

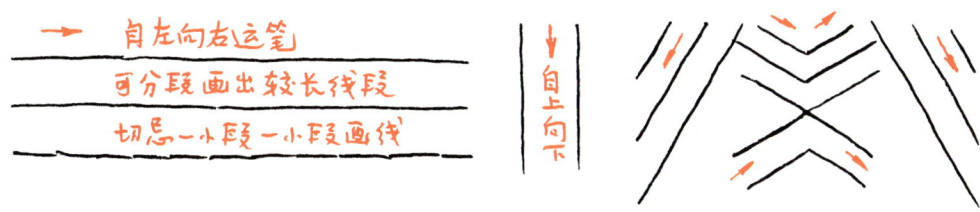

图4-36　徒手画直线

2. 等分线段

（1）**八等分线段**（图4-37a）　先目测取得中点 *4*,再取分点 *2*、*6*,最后取其余分点 *1*、*3*、*5*、*7*。

（2）**五等分线段**（图4-37b）　先目测以 2:3 的比例将线段分成不相等的两段,然后将小段平分,较长段三等分。

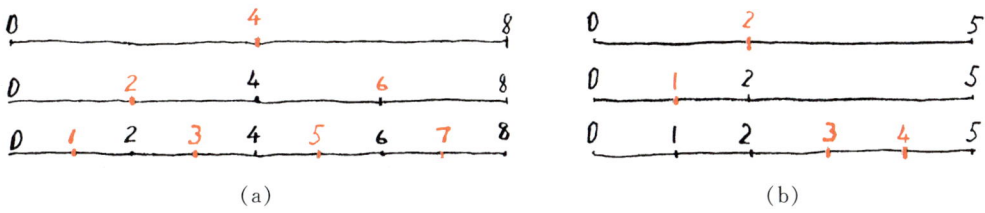

(a)　　　　　　　　　　　　　　　　(b)

图4-37　等分线段

3. 常用角度画法

画轴测草图时,首先要徒手画出轴测轴。如图4-38a所示,正等轴测图的轴测轴 *OX*、*OY* 与水平线成30°角,可利用直角三角形两条直角边的长度比定出两端点,连成直线。图4-38b所示为斜二轴测图的轴测轴画法。也可以如图4-38c所示将1/4圆弧二等分或三等分画出 45°和30°斜线。

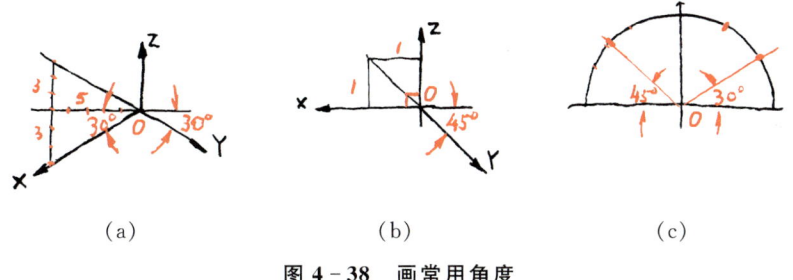

(a)　　　　　　　　　(b)　　　　　　　　　(c)

图4-38　画常用角度

4. 徒手画圆、圆角和圆弧

画较小的圆时,可如图4-39a所示,在已绘中心线上按半径目测定出四点,徒手画成圆。也可以过四点先作正方形,再作内切的四段圆弧。画直径较大的圆时,只取中心线上的四点不易准确作圆,可如图4-39b所示,过圆心再画两条45°斜线,并在斜线上也目测定出四点,过八点画圆。

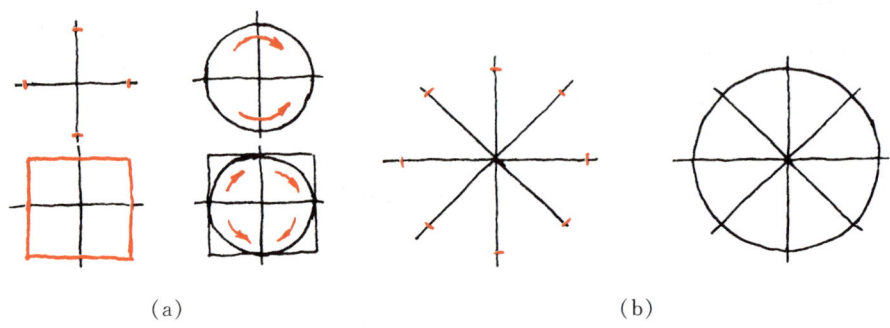

(a)   (b)

图4-39　徒手画圆

画圆角时,先徒手画相交两直线,作分角线,再在分角线上定出圆心位置,使它与角两边的距离等于圆角半径的大小(图4-40a)。过圆心向两直线引垂线定出圆弧的起点和终点,在分角线上也定出圆周上的一点,然后徒手把三点连成圆弧(图4-40b)。用类似的方法还可画圆弧连接(图4-40c)。

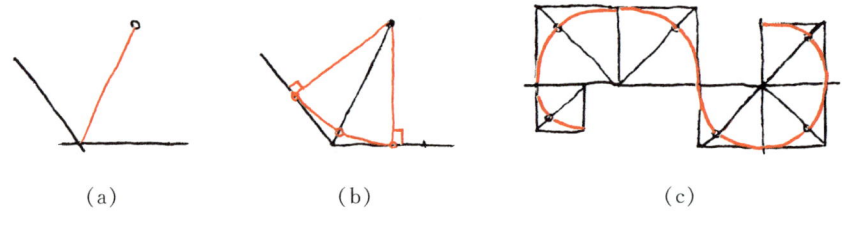

(a)   (b)   (c)

图4-40　徒手画圆角和圆弧

5. 徒手画椭圆

画较小的椭圆时,先在中心线上定出长、短轴或共轭轴的四个端点,作矩形或平行四边形,再作四段椭圆弧,如图4-41a所示。画较大的椭圆时,可按图4-41b所示的方法,在平行四边形的四条边上取中点 *1*、*3*、*5*、*7*,在对角线上再取四点 *2*、*4*、*6*、*8*(由 *B7* 和 *A3* 的中点 *M*、*N*,与 *AB* 的中点 *1* 相连接,连线 *1M* 和 *1N* 分别与对角线 *BD*、*AC* 交于点 *8* 和 *2*,再作出它们的对称点 *6* 和 *4*)。使椭圆分为八段,然后顺次连接画出(图4-41c)。

6. 徒手画正六边形

徒手画正六边形的方法如图4-42所示,以正六边形的对角距(*1 4*)为直径画圆,取半径($O1$)中点 K 作垂线与圆周交于点 2、6，再作出对称点 3、5，连接各点即为正六边形（图 4-42a）。类似的方法可作出正六边形的正等轴测图（图 4-42b）。

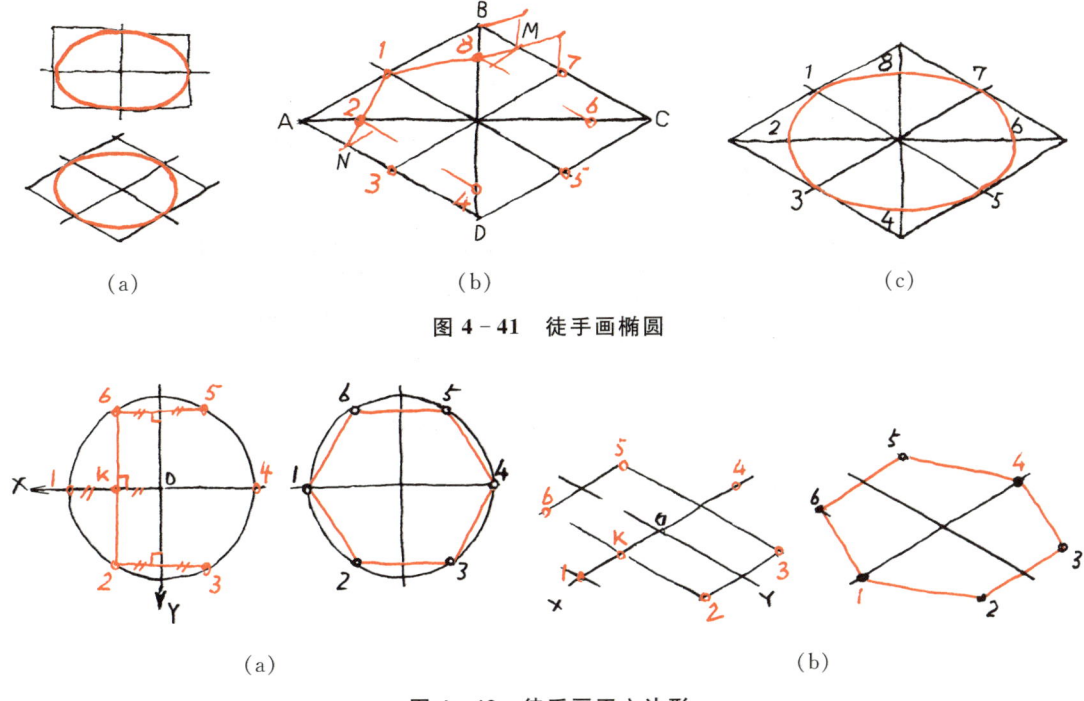

(a)　　　　　　　(b)　　　　　　　(c)

图 4-41 徒手画椭圆

(a)　　　　　　　　　　(b)

图 4-42 徒手画正六边形

二、轴测草图画法示例

图 4-43 所示为根据简单形体的两视图徒手画出轴测草图，作图步骤如下（正等测）：

(1) 圆的轴测投影是椭圆，为了作椭圆方便，通常先画圆的包络正方形（图 4-43a）。

(2) 画圆柱和半圆柱的外切棱柱体的正等轴测图，借助菱形画轴测图上的椭圆（图 4-43b）。

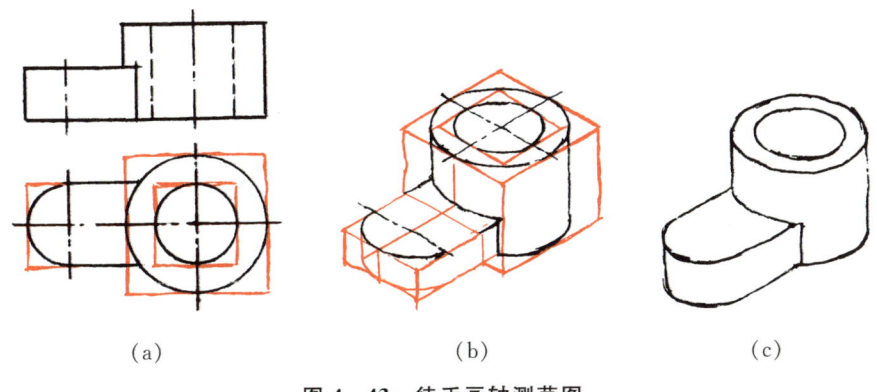

(a)　　　　　　　(b)　　　　　　　(c)

图 4-43 徒手画轴测草图

（3）检查、描深，完成正等轴测草图(图 4 - 43c)。

草图图形的大小是根据目测估计画出的,目测尺寸比例要准确。初学徒手画草图时,可在网格纸上进行,如图 4 - 44 所示。

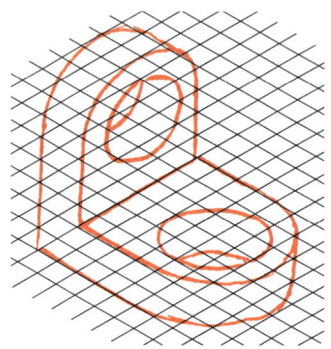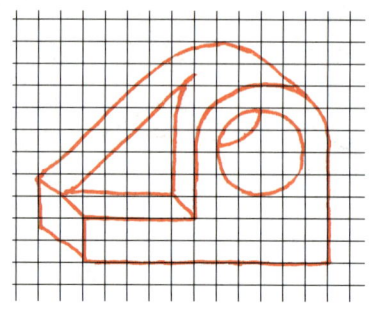

图 4 - 44 网格纸上徒手画草图

第五章 机件的表达方法

工程实际中,机件的形状是多种多样的,有些机件的内、外形状都比较复杂,如果只用三视图和可见部分画实线、不可见部分画虚线的方法,往往不能表达清楚和完整。为此,国家标准规定了视图、剖视图和断面图等基本表示法。学习本章要掌握各种表示法的特点和画法,以便灵活地运用。

第一节 视 图

根据有关标准规定,用正投影法所绘制出的物体图形称为视图。视图主要用于表达机件的外部结构形状,对机件中不可见的结构形状在必要时才用细虚线画出。

视图分为基本视图、向视图、局部视图和斜视图四种。

一、基本视图

将机件向基本投影面投射所得的视图称为基本视图。

表示一个机件可以有六个基本投射方向,如图 5 - 1a 所示,相应地有六个与基本投射方向垂直的基本投影面。基本视图是物体向六个基本投影面投射所得的视图。空间的六个基本投影面可设想围成一个正六面体,为使其上的六个基本视图位于同一平面内,可将六个基本投影面按图 5 - 1b 所示方法展开。

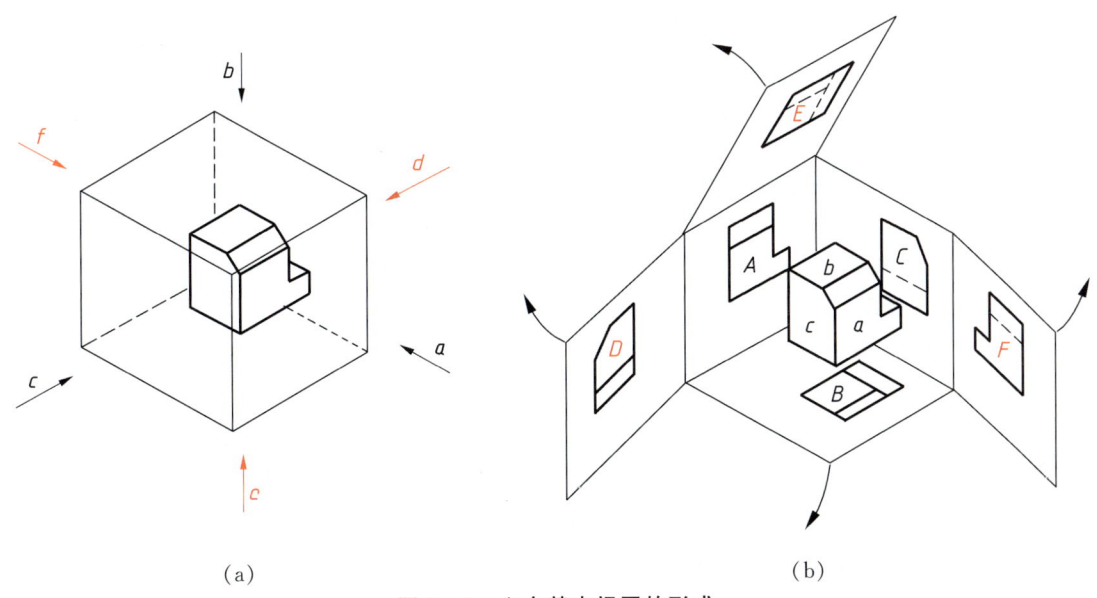

(a)　　　　　　　　　　　　(b)

图 5 - 1　六个基本视图的形成

六个基本投射方向及视图名称见表5-1。

表5-1　六个基本投射方向及视图名称

方向代号	a	b	c	d	e	f
投射方向	由前向后	由上向下	由左向右	由右向左	由下向上	由后向前
视图名称	主视图	俯视图	左视图	右视图	仰视图	后视图

在机械图样中,六个基本视图的名称和配置关系如图5-2所示。符合图5-2的配置规定时,图样中一律不标注视图名称。

六个基本视图仍保持"长对正、高平齐、宽相等"的三等关系,即仰视图与俯视图同样反映物体长、宽方向的尺寸;右视图与左视图同样反映物体高、宽方向的尺寸;后视图与主视图同样反映物体长、高方向的尺寸。

六个基本视图的方位对应关系如图5-2所示,除后视图外,在围绕主视图的俯、仰、左、右四个视图中,远离主视图的一侧表示机件的前方,靠近主视图的一侧表示机件的后方。

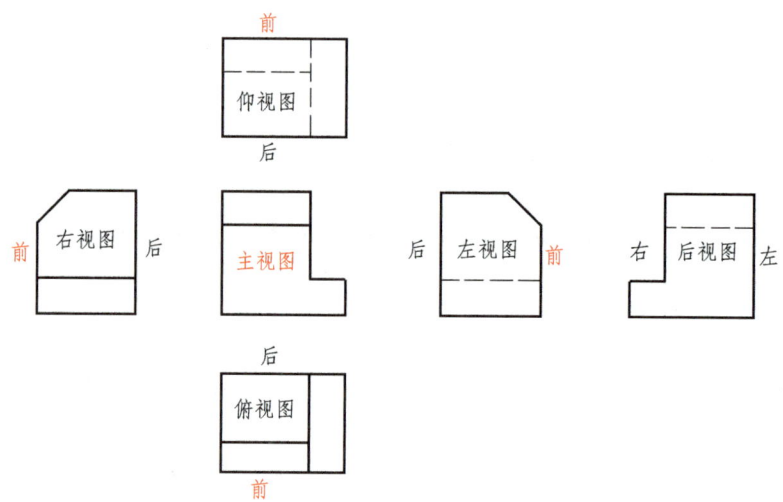

图5-2　六个基本视图的配置和方位对应关系

画图时,无需将六个基本视图全部画出,应根据机件的复杂程度和表达需要,选用其中必要的几个基本视图,若无特殊情况,优先选用主、俯、左视图。

二、向视图

向视图是移位配置的基本视图。当某视图不能按投影关系配置时,可按向视图绘制,如图5-3中的"向视图D""向视图E""向视图F"。

向视图必须在图形上方中间位置处注出视图名称"×"("×"为大写拉丁字母,下同),并在相应的视图附近用箭头指明投射方向,注写相同的字母。

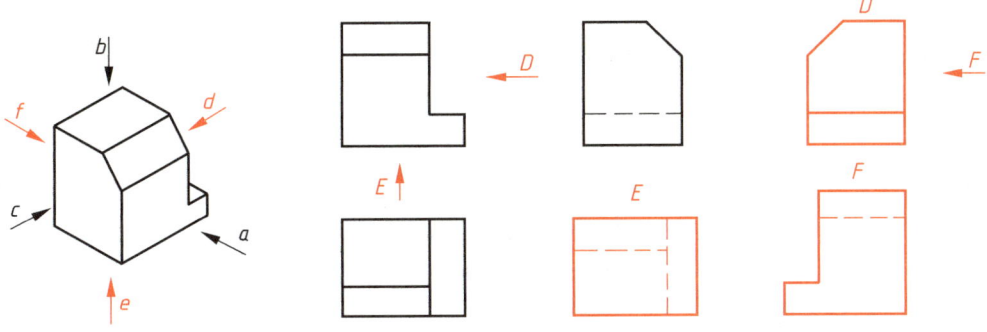

图 5−3　向视图及其标注

三、局部视图

局部视图是将机件的某一部分向基本投影面投射所得的视图。如图 5−4 所示的机件,用主、俯两个基本视图表达了主体形状,但左、右两边凸缘形状如用左视图和右视图表达,则显得繁琐和重复。采用 A 和 B 两个局部视图来表达两个凸缘形状,既简练又突出重点。

局部视图的配置、标注及画法:

(1) 局部视图可按基本视图配置的形式配置,中间若没有其他图形隔开时,则不必标注,如图 5−4 所示的局部视图 A。

(2) 局部视图也可按向视图的配置形式配置在适当位置,如图 5−4 所示的局部视图 B。

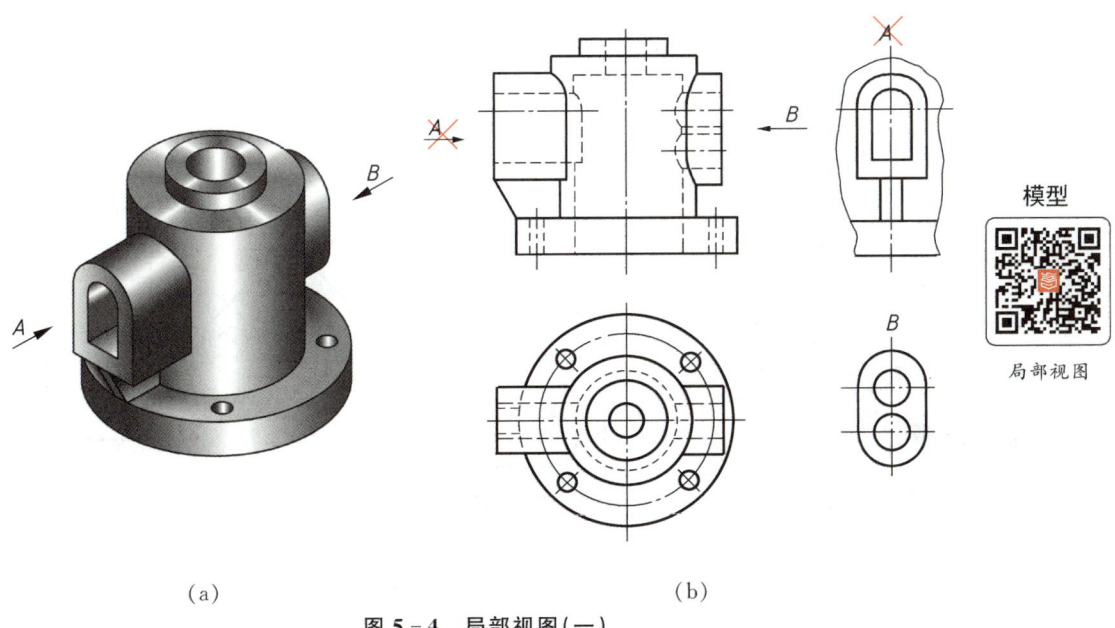

（a）　　　　　　　　　　　　　　　　　　　　（b）

图 5−4　局部视图(一)

（3）局部视图的断裂边界用波浪线或双折线表示,如图 5−4 所示的局部视图 A。但当所表示的局部结构是完整的,其图形的外轮廓线封闭时,波浪线可省略不画,如图 5−4 所示的局部视图 B。

（4）按第三角画法(详见本章第四节)配置在视图上需要表示的局部结构附近,并用细点画线连接两图形,此时不需另行标注,如图 5−5 所示。

（5）对称机件的视图可只画一半或四分之一,并在对称中心线的两端画两条与其垂直的平行细实线,如图 5−6 所示。这种简化画法用细点画线代替波浪线作为断裂边界线,是局部视图的一种特殊画法。

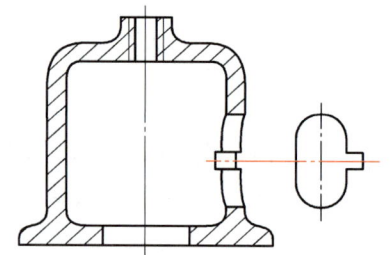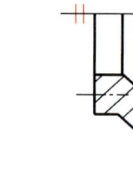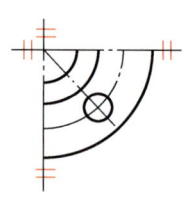

图 5−5　局部视图按第三角画法配置(二)　　　　图 5−6　局部视图(三)

四、斜视图

斜视图是物体向不平行于基本投影面的平面投射所得的视图。

如图 5−7a 所示,当机件上某局部结构不平行于任何基本投影面,在基本投影面上不能反映该部分的实形时,可增加一个新的辅助投影面,使它与机件上倾斜结构的主要平面平行,并垂直于一个基本投影面。然后将倾斜结构向辅助投影面投射,就得到反映倾斜结构实形的视图,即斜视图。

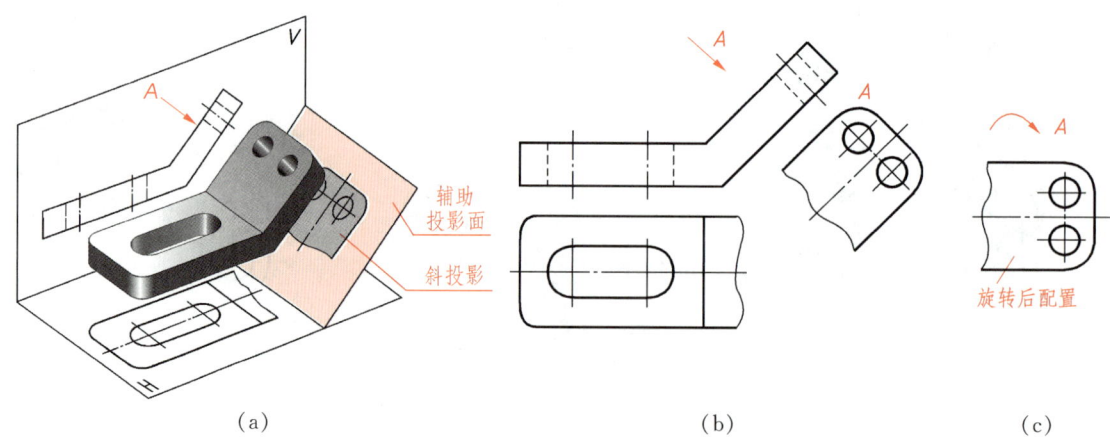

(a)　　　　　　　　　　　　(b)　　　　　　　　　　　(c)

图 5−7　倾斜结构的斜视图

画斜视图时应注意：

（1）斜视图常用于表达机件上的倾斜结构。画出倾斜结构的实形后，机件的其余部分不必画出，此时可在适当位置用波浪线或双折线断开即可，如图 5 - 7b 所示。

（2）斜视图的配置和标注一般按向视图相应的规定，必要时，允许将斜视图旋转后配置到适当的位置。此时，应按向视图标注，且加注旋转符号，如图 5 - 7c 所示。旋转符号为半径等于字体高度的半圆弧，表示斜视图名称的大写拉丁字母应靠近旋转符号的箭头端，也允许将旋转角度标在字母之后。

第二节　剖　视　图

视图主要用来表达机件的外部形状。图 5 - 8a 所示支座的内部结构比较复杂，视图上会出现较多虚线而使图形不清晰，不便于识读和标注尺寸。为了清晰地表达它的内部结构，常采用剖视图的画法。剖视图的画法要遵循 GB/T 17452—1998、GB/T 4458.6—2002 的规定。

一、剖视图的形成、画法和标注

1. 剖视图的形成

假想用剖切面剖开机件，将处在观察者与剖切面之间的部分移去，将其余部分向投影面投射所得的图形称为剖视图，简称剖视。剖视图的形成过程如图 5 - 8b、c 所示。图 5 - 8d 所示的主视图即为机件的剖视图。

2. 剖面符号

机件被假想剖开后，剖切面与机件的接触部分（即剖面区域）要画出与材料相应的剖面符号，以便区别机件的实体与空腔部分，如图 5 - 8d 中的主视图所示。

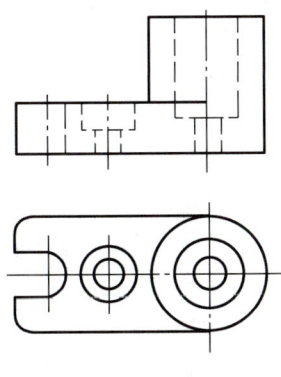

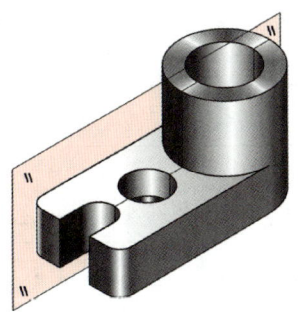

（a）主视图中虚线较多　　　　　　（b）剖切面剖开支座

剖视图的形成

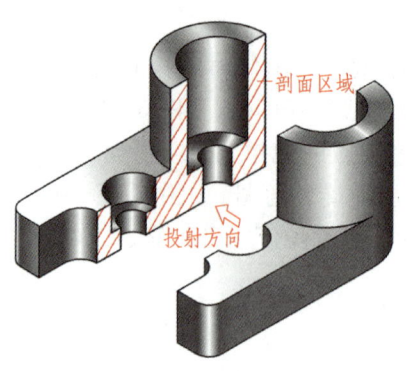

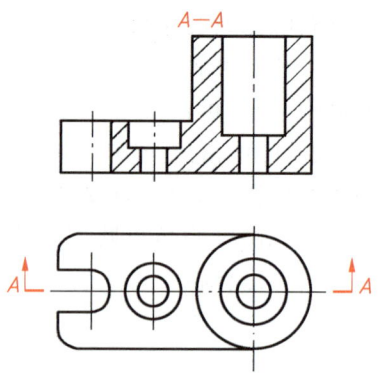

（c）将支座后半部分进行投射　　　　　　（d）主视图为剖视图

图 5 - 8　剖视图的形成

当不需要在剖面区域中表示材料的类别时，剖面符号可采用通用的剖面线表示。通用剖面线为间隔相等的平行细实线，绘制时最好与图形主要轮廓线或剖面区域的对称线成 45°，如图 5 - 9 所示。

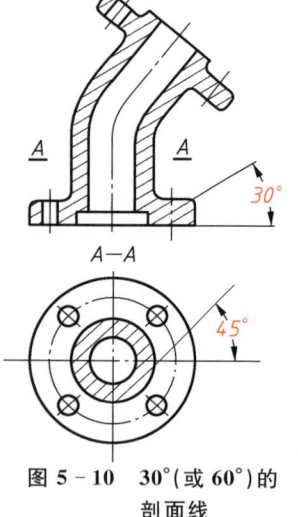

图 5 - 10　30°（或 60°）的剖面线

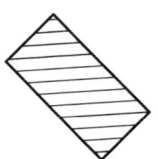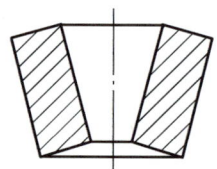

图 5 - 9　剖面线的方向

当图形中的主要轮廓线与水平线成 45°时，该图形的剖面线应画成与水平线成 30°或 60°的平行线，其倾斜方向应与其他图形的剖面线一致，如图 5 - 10 所示。

同一物体的各个剖面区域的剖面线应间隔相等、方向一致。

当需要在剖面区域中表示材料类别时应采用特定的剖面符号表示。国家标准规定了各种材料类别的剖面符号见表 5 - 2。

表 5 - 2　剖面符号（摘自 GB /T 4457.5—2013）

材 料 名 称	剖 面 符 号	材 料 名 称		剖 面 符 号
金属材料 （已有规定剖面符号者除外）		木质胶合板 （不分层数）		
非金属材料 （已有规定剖面符号者除外）		木 材	纵 断 面	
型砂、粉末冶金、陶瓷、硬质合金等			横 断 面	

续 表

材 料 名 称	剖 面 符 号	材 料 名 称	剖 面 符 号
线圈绕组元件	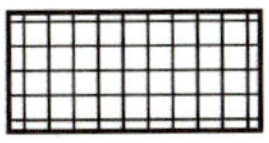	格 网 （筛网、过滤网等）	
转子、变压器等的叠钢片		液 体	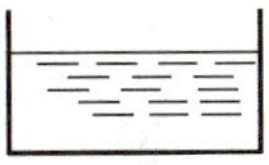
玻璃及其他透明材料			

注：1. 剖面符号仅表示材料的类别，材料的名称和代号必须另行注明。
　　2. 叠钢片的剖面线方向，应与束装中叠钢片的方向一致。
　　3. 液面用细实线绘制。

3. 剖视图的标注

为便于读图，剖视图一般应标注，标注的内容包括以下三个要素：

（1）**剖切线**　指示剖切面的位置，用细点画线表示。剖视图中通常省略不画出。

（2）**剖切符号**　指示剖切面起止和转折位置（用粗短线表示）及投射方向（用箭头表示）的符号，在剖切面的起、迄和转折处标注与剖视图名称相同的字母。

（3）**字母**　表示剖视图的名称，用大写拉丁字母注写在剖视图的上方。

标注的形式如图 5 - 8d 所示的 $A—A$。

下列情况的剖视图可省略标注：

① 当单一剖切面通过机件的对称平面或基本对称平面，且剖视图按投影关系配置，中间没有其他图形隔开时，可不标注，如图 5 - 8d 所示的标注可省略。

② 当剖视图按基本视图或投影关系配置时，可省略箭头，如图 5 - 10 所示的 $A—A$。

4. 剖视图的位置配置

剖视图的位置配置有三种方式：

① 按基本视图的规定位置配置。

② 按投影关系配置在与剖切符号相对应的位置上。

③ 必要时允许配置在其他适当位置上。

5. 画剖视图的方法与步骤

以图 5 - 11a 所示机件为例，说明画剖视图的方法与步骤。

（1）**确定剖切面的位置**　如图 5 - 11b 所示，剖切平面位置选择通过机件上孔和槽的前后对称面，可以省略标注。

（2）**画剖视图**　先画出剖切平面与机件实体接触部分的投影，即剖面区域的轮廓线，如

图 5-11c 中的红色区域;再画出剖切平面之后的机件可见部分的投影,如图 5-11d 中台阶面的投影和键槽的轮廓线(也可以 c、d 两步同时绘制)。

（3）**在剖面区域内画剖面线**　描深图线,标注符号和视图名称,校核,完成作图,如图 5-11e 所示。

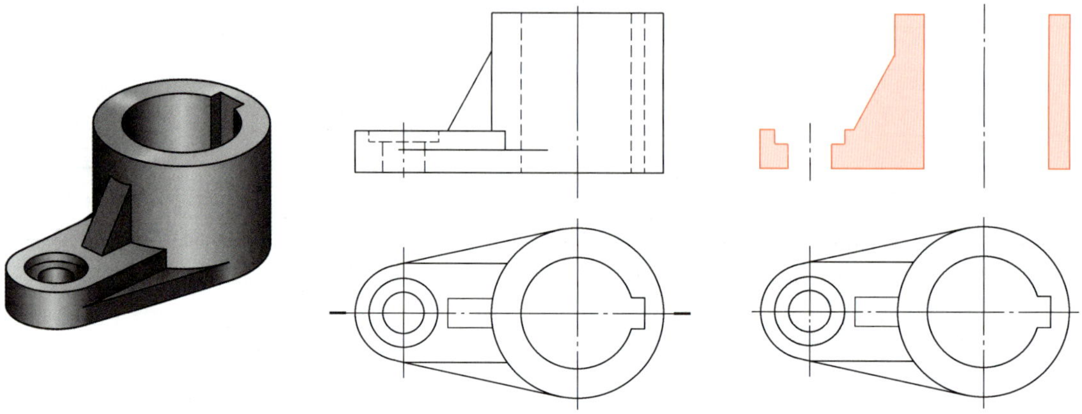

（a）机件的立体示意图　　　　（b）画出视图底稿　　　　（c）画出剖面区域

模型

画剖视图

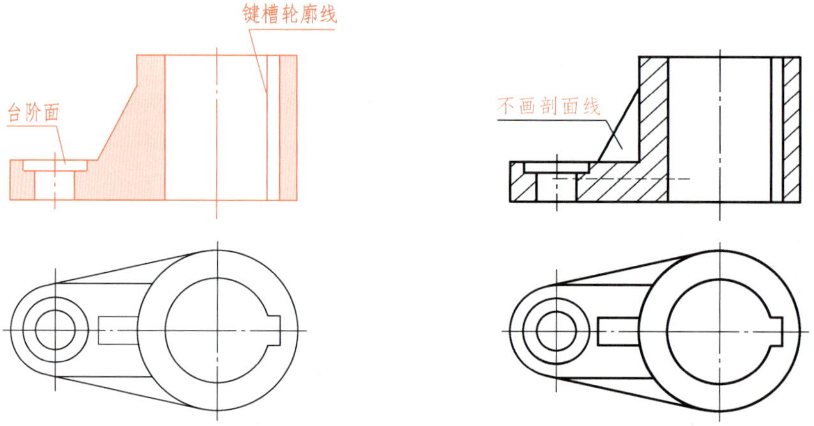

键槽轮廓线

台阶面

不画剖面线

（d）补画出剖切平面后的可见部分　　　（e）画出剖面线和必要的虚线,可省略标注

图 5-11　画剖视图的方法和步骤

6. 画剖视图时的注意事项

（1）剖视图只是假想将机件剖开,因此除剖视图外,其他视图仍应按完整的机件画出。

（2）剖切面后面的可见部分的轮廓线应全部画出,不得遗漏。

（3）对于剖切平面后的不可见部分的投影,如果在其他视图上已表达清楚,细虚线一般不再画出。但尚未表示清楚的结构仍可画出细虚线。

（4）对于机件上的肋板(或轮辐、薄壁)等结构,若剖切平面通过其对称平面沿纵向剖切,则这些结构均不画剖面符号,并且用粗实线将其与相邻部分分开。

二、剖视图的种类及其应用

根据剖视图的剖切范围,可分为**全剖视图**、**半剖视图**和**局部剖视图**三种。前述剖视图的画法和标注,是对三种剖视图都适用的基本要求和规定。

1. 全剖视图

全剖视图是用剖切面完全地剖开机件所得的剖视图,适用于表达外形比较简单,而内部结构较复杂且不对称的机件,如图 5-8d 所示的主视图。

同一机件可以假想进行多次剖切,画出多个剖视图,如图 5-12 所示。必须注意,各剖视图的剖面线方向和间隔应完全一致。

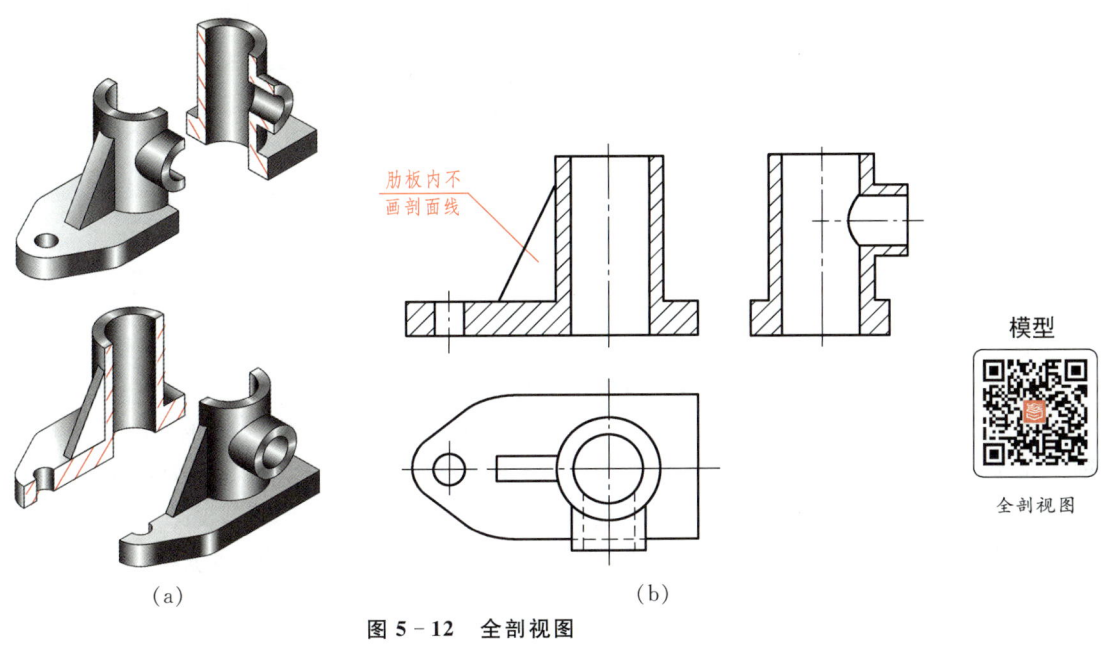

肋板内不
画剖面线

模型

全剖视图

　　(a)　　　　　　　　　　　　　　　　(b)

图 5-12　全剖视图

2. 半剖视图

当机件具有对称平面时,向垂直于对称平面的投影面上投射所得的图形,可以对称中心线为界,一半画成剖视图,另一半画成视图,这种剖视图称为**半剖视图**。如图 5-13 所示,机件左右及前后都对称,所以它的主视图、俯视图和左视图可分别画成半剖视图。

半剖视图既表达了机件的内部形状,又保留了外部形状,所以常用于内、外形状都比较复杂的对称机件。

必须注意,半个剖视图与半个视图的分界线应为细点画线,不得画成粗实线,且半剖视图的标注按全剖视图标注。机件内部形状已在半剖视图中表达清楚的,在另一半表达外形的视图中一般不再画出虚线。但对于孔或槽等,应画出中心线的位置,并且对于那些在半个剖视图中未表示清楚的结构,可以在半个视图中作局部剖视图,如图 5－13 所示的主视图中两处局部剖视图。关于局部剖视图的定义和画法见下述。

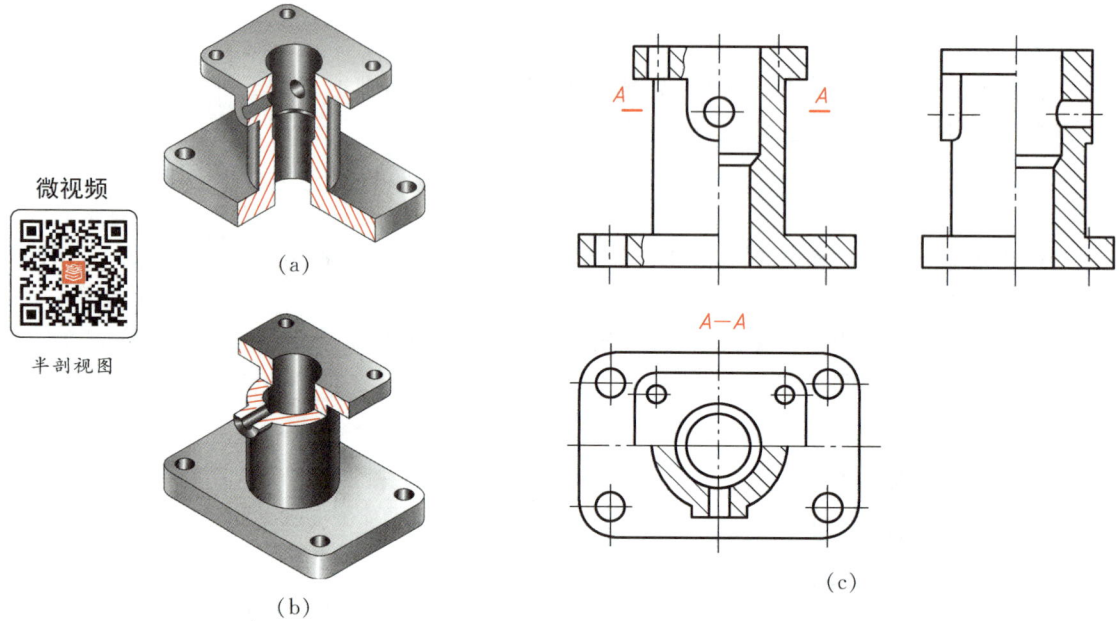

微视频

半剖视图

(a)

(b)

(c)

图 5－13　半剖视图

3. 局部剖视图

局部剖视图是用剖切面局部地剖切机件所得的剖视图。

如图 5－14 所示的箱体,其顶部有一矩形孔,底板上有四个安装孔,箱体的左右、上下、前后都不对称。为了兼顾内外结构形状的表达,将主视图画成两个不同剖切位置的局部剖视图。在俯视图上,为了保留顶部的外形,采用 A—A 剖切位置的局部剖视图。

局部剖视图的标注与全剖视图相同,当剖切位置明确时,局部剖视图不必标注。

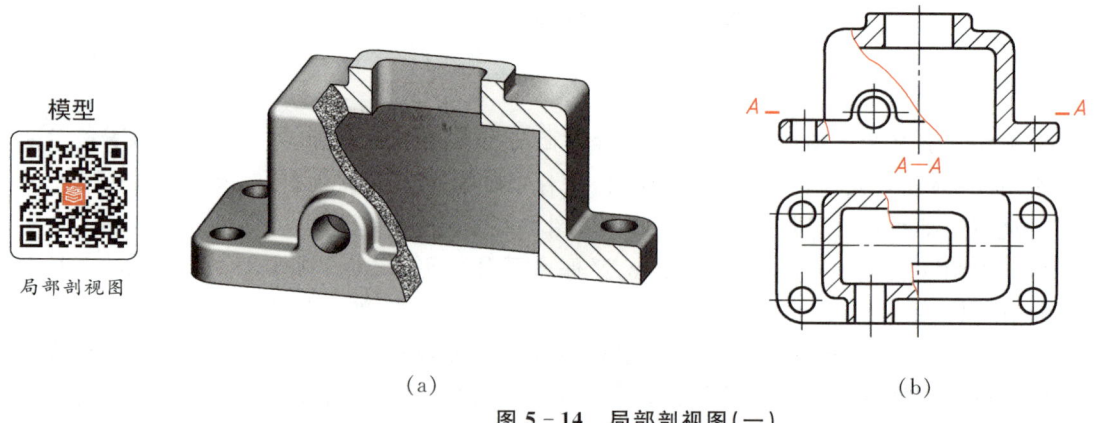

模型

局部剖视图

(a)

(b)

图 5－14　局部剖视图(一)

局部剖视图的剖切位置和剖切范围根据需要而定,是一种比较灵活的表达方法,运用得当,可使图形表达得简洁而清晰。局部剖视图通常用于下列情况:

（1）当不对称机件的内、外形状均需要表达,或者只有局部结构的内形需剖切表示,而又不宜采用全剖视图时（图 5－14）。

（2）当对称机件的轮廓线与中心线重合,不宜采用半剖视图时（图 5－15）。

（3）当实心机件（如轴、杆等）上面的孔或槽等局部结构需剖开表达时（图 5－16）。

画局部剖视图时应注意以下几点:

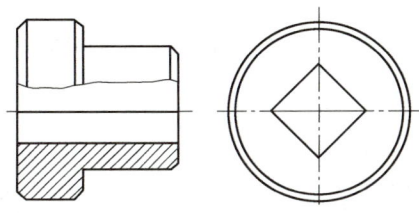

图 5－15　局部剖视图（二）

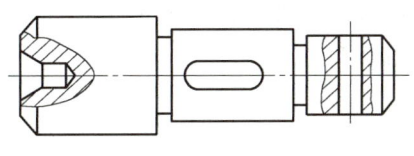

图 5－16　局部剖视图（三）

（1）当被剖的局部结构为回转体时,允许将该结构的中心线作为局部剖视图与视图的分界线,如图 5－17 所示。而图 5－15 所示的方孔部分,只能用波浪线（断裂边界线）作为分界线。

（2）剖切位置与范围根据需要而定,剖开部分和原视图之间用波浪线分界。波浪线应画在机件的实体部分,不能超出视图的轮廓线或与图样上其他图线重合,如图 5－18 所示。

（3）局部剖视图是一种比较灵活的表达方法,哪里需要哪里剖。但在同一个视图中,使用局部剖这种表示法的次数不宜过多,否则会显得凌乱而影响图形清晰。

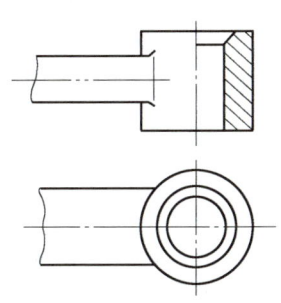

图 5－17　局部剖视图（四）

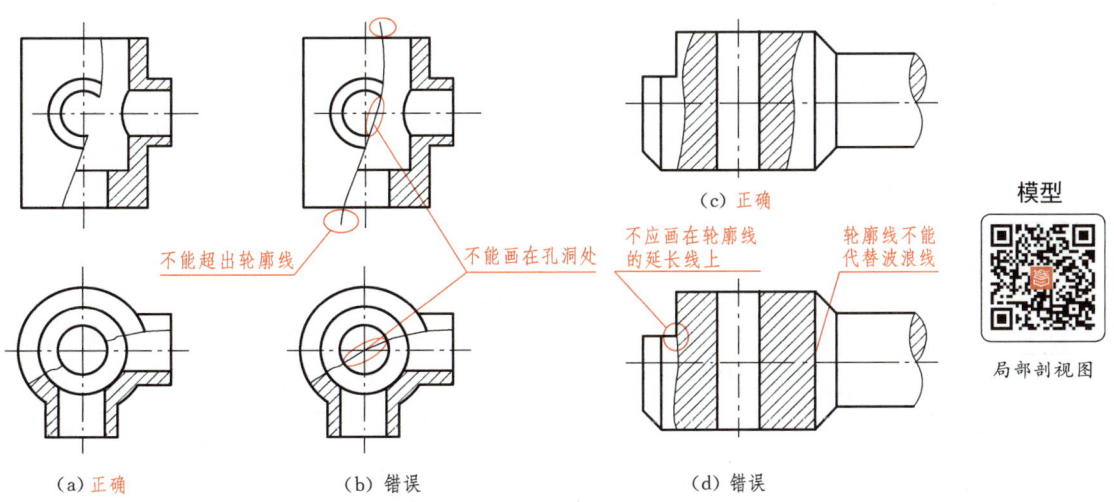

图 5－18　局部剖视图中波浪线的画法

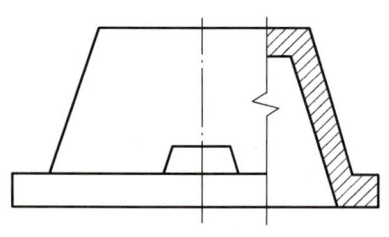

图 5 - 19　局部剖视图(五)

(4) 局部剖视图的标注方法与全剖视图相同。当单一剖切平面的剖切位置明显时,局部剖视图的标注可省略。

局部剖视图的剖切范围也可以用双折线代替波浪线分界(图 5 - 19)。

三、剖切面的选用

根据机件结构的特点和表达需要,可选用单一剖切面、几个平行的剖切平面和几个相交的剖切面剖开机件。

1. 单一剖切面

当机件的内部结构位于一个剖切面上时,可选用单一剖切面。单一剖切面包括单一的剖切平面或柱面,应用最多的是单一剖切平面。单一剖切平面一般为投影面平行面,如图 5 - 20 中的 *A—A* 所示。

当机件需要表达具有倾斜结构的内部形状时(图 5 - 20),可以用一个与倾斜部分的主要平面平行且垂直于某一基本投影面的单一剖切平面剖切,再

模型

用单一剖切面剖切

投射到与剖切平面平行的投影面上,即可得到该部分内部结构的实形,如图 5 - 20 所示的 *B—B* 剖视图。必要时允许将图形转正,并加注旋转符号。

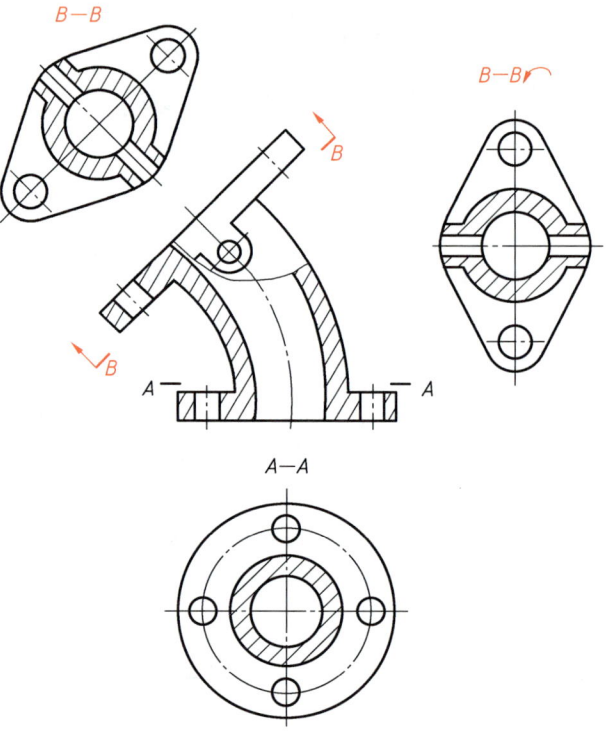

图 5 - 20　用单一剖切面剖切

2. 几个平行的剖切平面

当机件的内部结构位于几个平行平面上时,可采用几个平行的剖切平面来剖切,即阶梯剖。

如图 5 - 21 所示,机件上几个孔的轴线不在同一平面内,如果用一个剖切平面剖切,不能将内部形状全部表达出来。为此,采用三个互相平行的剖切平面沿不同位置孔的轴线剖切,这样就可在一个剖视图上把几个孔的形状表达清楚了。

采用这种剖切平面画剖视图时应注意:

(1) 因为剖切是假想的,所以在剖视图上不应画出剖切平

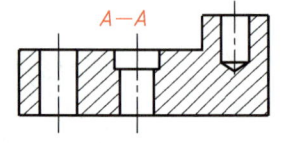

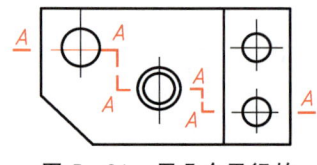

**图 5 - 21　用几个平行的
剖切平面剖切**

面转折的界线。

（2）在剖视图中不应出现不完整要素。

3. 几个相交的剖切面（交线垂直于某一投影面）

当机件的内部结构形状用单一剖切面不能完整表达时，可采用两个（或两个以上）相交的剖切面剖开机件，即旋转剖，剖切时要将与投影面倾斜的剖切面剖开的结构及有关部分旋转到与投影面平行后再进行投射，如图 5-22 所示。

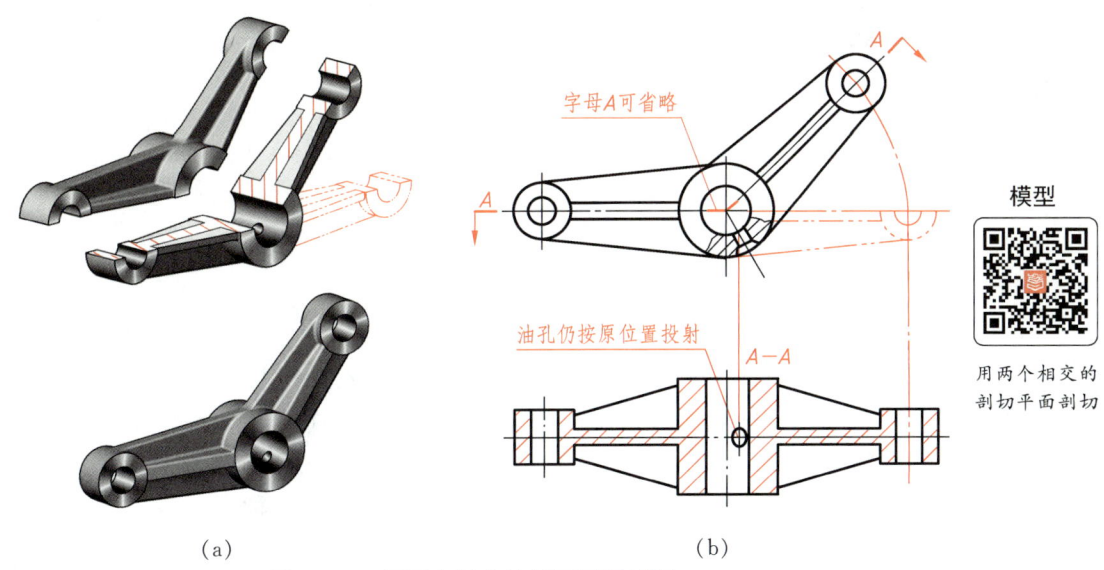

字母A可省略

模型

油孔仍按原位置投射

用两个相交的
剖切平面剖切

（a）　　　　　　　　　　　　　　（b）

图 5-22　用两个相交的剖切平面剖切

采用这种剖切面画剖视图时应注意：

（1）几个相交的剖切平面的交线（一般为轴线）必须垂直于某一投影面。

（2）应按先剖切后旋转的方法绘制剖视图，使剖开的结构及其有关部分旋转至与某一选定的投影面平行后再投射。此时旋转部分的某些结构与原图形不再保持投影关系，如图 5-22 所示机件中倾斜部分的剖视图。在剖切面后面的结构（如图 5-22 所示的油孔），仍按原来的位置投射。

（3）采用这种剖切面剖切后，应对剖视图加以标注，标注方法如图 5-21 和图 5-22 所示。

第三节　断　面　图

一、断面图的概念

假想用剖切面将机件的某处切断，仅画出剖切面与机件接触部分的图形称为断面图，简称断面。如图 5-23a 所示轴，为了将轴上的键槽表达清楚，假想用一个垂直于轴线的剖切平面在键槽处将轴切断，只画出断面的图形，并画上剖面符号，即为断面图，如图 5-23b 所示。

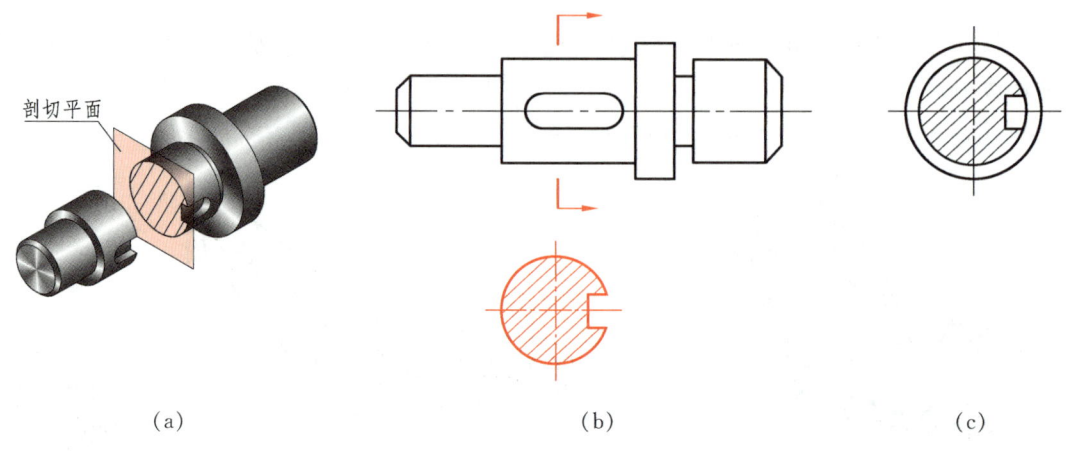

剖切平面

(a) (b) (c)

图 5-23　断面图的形成

剖视图与断面图的区别是：断面图只画机件被剖切后的断面形状，而剖视图除了画出断面形状之外，还必须画出机件上位于剖切平面后的可见轮廓线（图 5-23c）。断面图的画法要遵循 GB/T 17452—1998、GB/T 4458.6—2002 的规定。

按断面图配置位置不同，断面图分为**移出断面图**和**重合断面图**两种。

二、移出断面图——画在视图轮廓线之外的断面图

1. 移出断面图的配置

（1）移出断面图通常配置在剖切符号或剖切线的延长线上，如图 5-24b、c 和图 5-25所示。必要时也可配置在其他适当位置，如图 5-24 所示的 A—A 和 B—B。

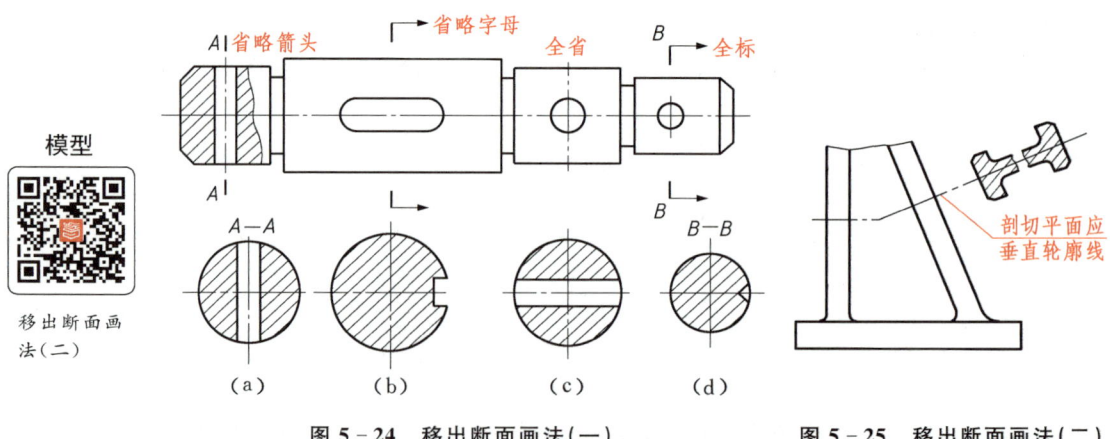

模型

移出断面画法（二）

省略箭头　省略字母　全省　全标

A—A (a) (b) (c) (d) B—B

剖切平面应垂直轮廓线

图 5-24　移出断面画法（一） **图 5-25　移出断面画法（二）**

（2）当断面图形对称时，移出断面图可配置在视图的中断处，如图 5-26 所示。

（3）在不致引起误解时，允许将图形旋转，如图 5-27 所示的 $A—A$。

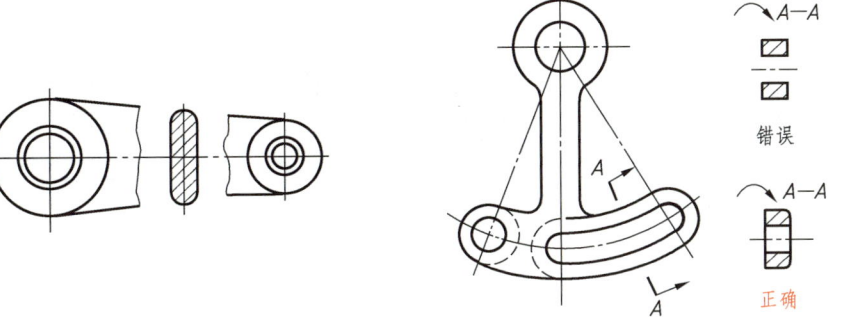

模型

移出断面画法（三）

模型

移出断面画法（四）

图 5-26　移出断面画法（三）　　　　图 5-27　移出断面画法（四）

2. 移出断面图的画法

（1）移出断面图的轮廓线用粗实线绘制。当剖切平面通过由回转面形成的孔或凹坑的轴线时，这些结构应按剖视图绘制，如图 5-24 和图 5-28 所示。

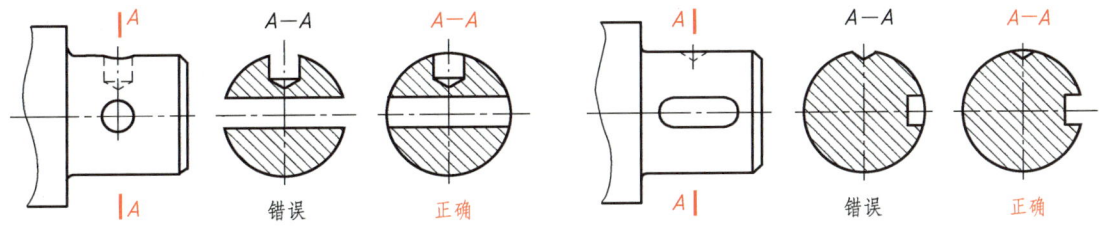

图 5-28　移出断面图画法正误对比

（2）当剖切平面通过非圆孔，会导致完全分离的两个断面时，这些结构也应按剖视图绘制，如图 5-27 所示。

（3）剖切平面应与被剖切部分的主要轮廓线垂直。由两个或多个相交的剖切平面剖切所得到的移出断面图，中间应断开，如图 5-25 所示。

三、重合断面图——画在视图轮廓线之内的断面图

1. 重合断面图的画法

重合断面图的轮廓线用细实线绘制。当视图中的轮廓线与重合断面图的图形重合时，视图中的轮廓线仍应连续画出，不可间断（图 5-29）。

2. 重合断面图的标注

对称的重合断面不必标注（图 5-29a）；不对称的重合断面，在不致引起误解时可省略标注（图 5-29b）。

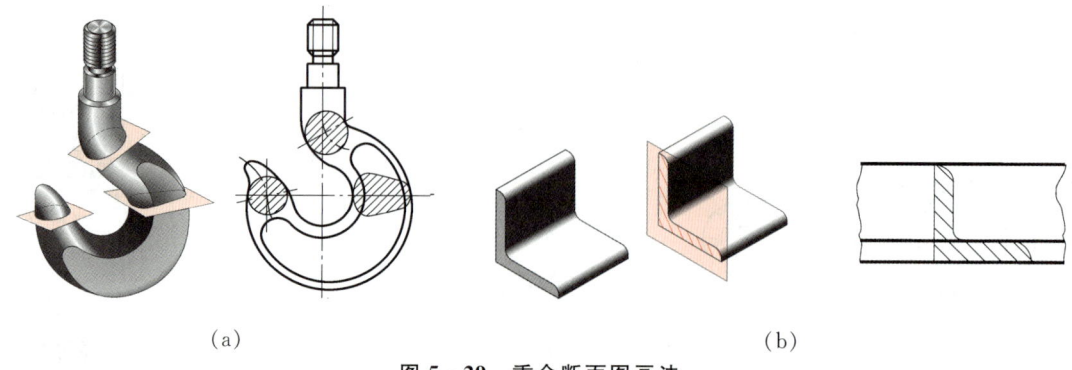

(a)　　　　　　　　　　　　　　　　　　　　(b)

图 5－29　重合断面图画法

*第四节　第三角画法简介

　　我国制图主要采用第一角画法。《技术制图　投影法》(GB/T 14692—2008)规定：必要时(如按合同规定等)，允许使用第三角画法。世界上多数国家(如中国、英国、法国、德国、俄罗斯等)都是采用第一角画法，但是，美国、日本、加拿大、澳大利亚等则采用**第三角画法**。

一、第三角画法与第一角画法的区别

　　图5-30所示为三个互相垂直相交的投影面，将空间分为八个部分，每部分为一个分角，依次为 I～Ⅷ 分角。

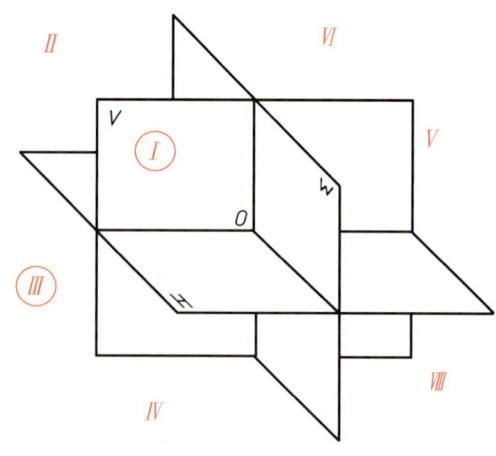

图 5－30　八个分角

（1）将机件放在第一分角内（H 面之上、V 面之前、W 面之左）而得到的多面正投影为第一角画法；将机件放在第三分角内（H 面之下、V 面之后、W 面之左）而得到的多面正投影为第三角画法。如图 5 - 31 所示，第一角画法是将机件置于观察者与投影面之间进行投射；第三角画法是将投影面置于观察者与机件之间进行投射（把投影面看作透明的）。

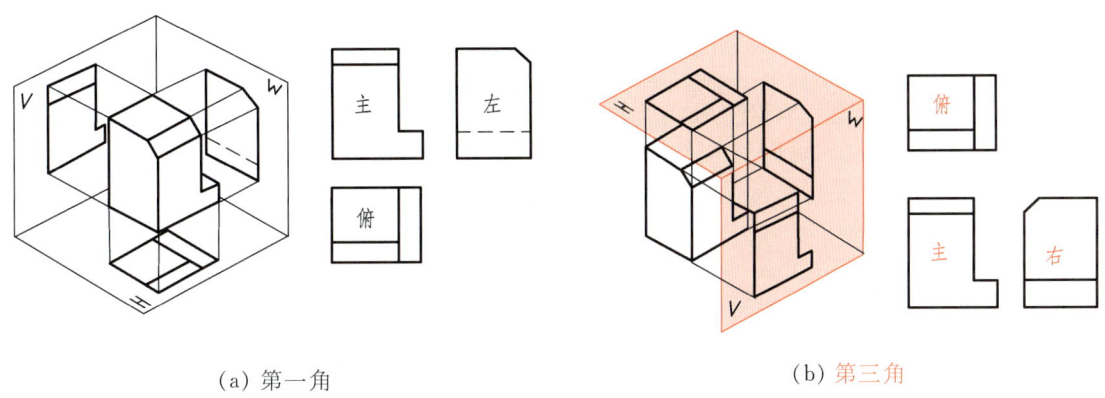

（a）第一角　　　　　　　　　　　　　　　（b）第三角

图 5 - 31　第一角画法与第三角画法的位置关系对比

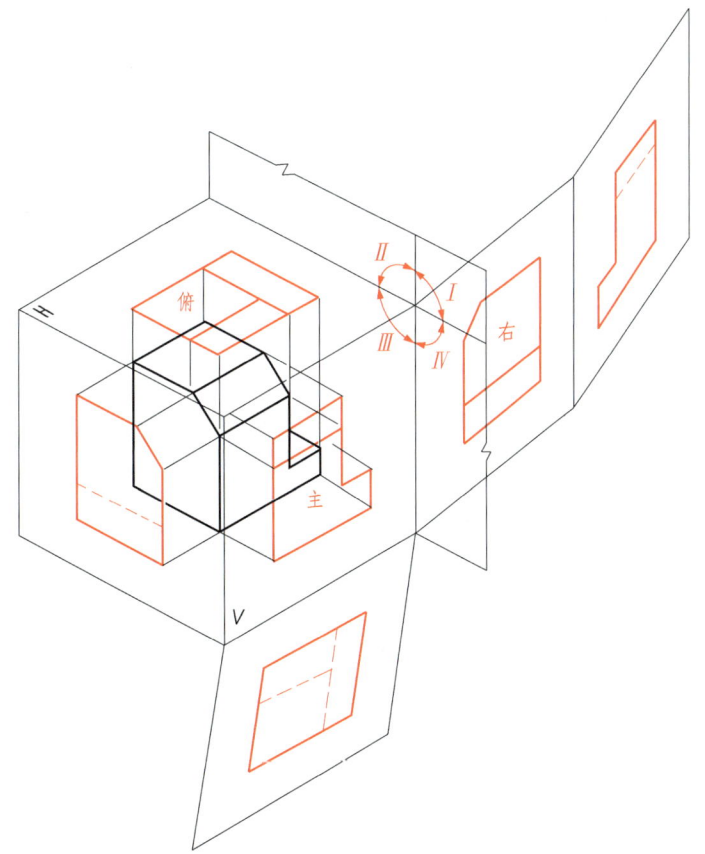

图 5 - 32　第三角画法的六个基本视图及其展开

（2）第三角画法中,在 V 面上形成自前方投射所得的主视图,在 H 面上形成自上方投射所得的俯视图,在 W 面上形成自右方投射所得的右视图,如图 5‐31b 所示。令 V 面保持正立位置不动,将 H 面、W 面分别绕它们与 V 面的交线向上、向右旋转 90°,与 V 面展成同一个平面,得到机件的三视图。第三角画法的主、俯视图长对正;主、右视图高平齐;俯、右视图宽相等,前后对应。

（3）与第一角画法一样,第三角画法也有六个基本视图。将机件向正六面体的六个平面(基本投影面)进行投射,然后按图 5‐32 所示的方法展开,即得六个基本视图,它们相应的配置如图 5‐33a 所示。

（4）第三角画法与第一角画法在各自的投影面体系中,观察者、机件、投影面三者之间的相对位置不同,决定了它们的六个基本视图的配置关系的不同。

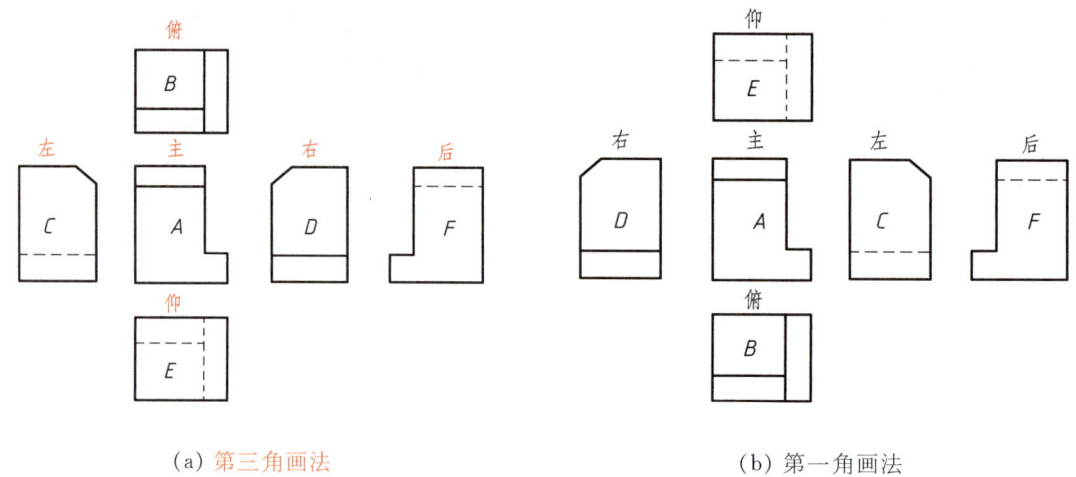

（a）第三角画法　　　　　　　　　　　　　　　（b）第一角画法

图 5‐33　第三角画法与第一角画法的六面视图对比

二、第三角画法与第一角画法的识别符号

为了识别第三角画法与第一角画法,规定了相应的识别符号,如图 5‐34 所示。该符号一般标在所画图纸标题栏的上方或左方。

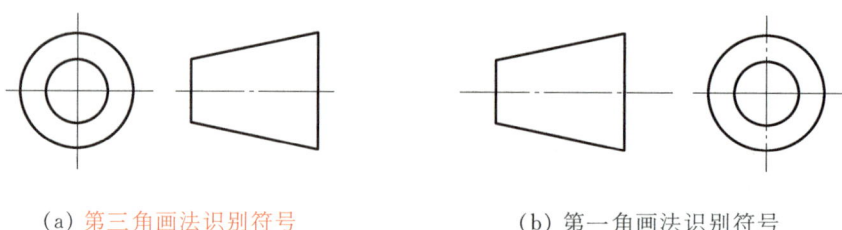

（a）第三角画法识别符号　　　　　　　　　　　（b）第一角画法识别符号

图 5‐34　第三角画法与第一角画法的识别符号

采用第三角画法时,必须在图样中画出第三角画法的识别符号;采用第一角画法时,在图样中一般不必画出第一角画法的识别符号,但在必要时也需画出。

第六章　零件图与装配图简介

　　任何机器、设备或部件都是由若干零件按一定的装配关系和设计、使用要求装配而成的。这些零件包括标准件、常用件及非标准件。标准件指结构、尺寸或某些参数采用标准化、系列化设计制造和选用的零件,如螺栓、螺钉、螺母、垫圈、键、销等;常用件指部分结构参数实行了标准化的零件,如齿轮、轴承等;非标准件指需要根据设计图纸加工而成的零件。标准件和常用件的使用量大,通过标准化、系列化可有效缩短设计和制造时间,降低成本,增加经济效益。

　　为了减少设计和绘图工作量,国家标准规定可对标准件和常用件采用简化画法。用来表达单个非标准零件的结构形状、尺寸大小及技术要求的图样称为零件图;用来表达机器、设备或部件结构形状、装配关系、工作原理及技术要求的图样称为装配图。

　　本章着重介绍标准件的表达及零件图和装配图的相关内容。

第一节　标准件的表达方法

一、螺纹紧固件

1. 螺纹的基本知识

　　(1) 螺纹的形成　螺纹是在圆柱或圆锥表面上,经过机械加工而形成的具有规定牙型的螺旋线沟槽(又称丝扣)。在圆柱或圆锥外表面上形成的螺纹称为外螺纹(图 6-1a),在内表面上形成的螺纹称为内螺纹(图 6-1b)。

　　形成螺纹的加工方法很多,图 6-1a 所示为在车床上车削外螺纹。内螺纹也可以在车床上加工,如图 6-1b 所示。若加工直径较小的螺孔,可如图 6-1c 所示,先用钻头钻孔(由于钻头顶角为 118°,所以钻孔的底部按 120° 简化画出),再用丝锥加工内螺纹。

　　(2) 螺纹要素　内、外螺纹总是成对使用的,只有当内、外螺纹的牙型、公称直径、螺距、线数和旋向五个要素完全一致时,才能正常地旋合。

　　① 牙型　通过螺纹轴线断面上的螺纹轮廓形状称为螺纹牙型。常见的螺纹牙型有三角形、梯形、锯齿形和矩形。其中,矩形螺纹尚未标准化,其余牙型的螺纹均为标准螺纹。

　　② 直径　螺纹的直径有大径、小径和中径(图 6-2)。

　　大径是指与外螺纹牙顶或内螺纹牙底相切的假想圆柱或圆锥的直径(即螺纹的最大直径),内、外螺纹的大径分别用 D 和 d 表示,是螺纹的公称直径[①]。

---

　　① 代表螺纹尺寸的直径称为螺纹的公称直径。普通螺纹的公称直径是指螺纹的大径。对于管螺纹,则称为尺寸代号。

(a) 加工外螺纹

(b) 加工内螺纹

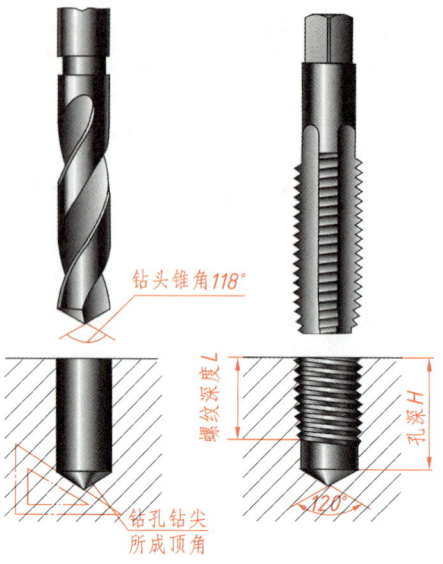

(c) 加工直径较小的内螺纹

图 6-1　螺纹的加工方法

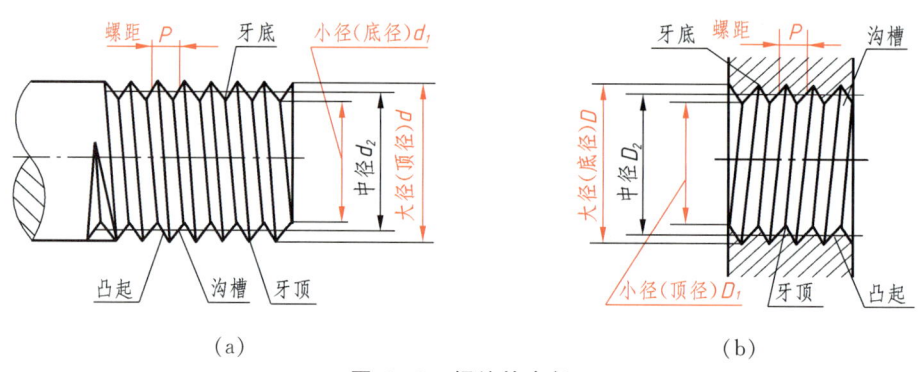

(a)　　　　　　　　　　　　　　　(b)

图 6-2　螺纹的直径

　　小径是指与外螺纹牙底或内螺纹牙顶相切的假想圆柱或圆锥的直径。内、外螺纹的小径分别用 D_1 和 d_1 表示。

　　中径是指母线通过牙型上沟槽和凸起宽度相等处的假想圆柱或圆锥的直径。内、外螺纹的中径分别用 D_2、d_2 表示。

　　③ **线数**　螺纹有单线和多线之分。沿一条螺旋线形成的螺纹为单线螺纹;沿两条或两条以上螺旋线形成的螺纹为双线或多线螺纹,如图 6-3 所示。

　　④ **螺距和导程**　螺纹上相邻两牙在中径线上对应两点间的轴向距离称为螺距(P);沿同一条螺旋线形成的螺纹,相邻两牙在中径线上对应两点间的轴向距离称为导程(P_h),如图 6-3 所示。对于单线螺纹,导程=螺距;对于线数为 n 的多线螺纹,导程=$n×$螺距。

　　⑤ **旋向**　螺纹有右旋和左旋两种,判别方法如图 6-4 所示。工程上常用右旋螺纹。

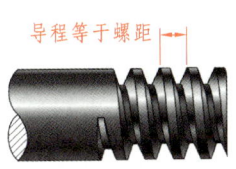

（a）单线螺纹　　　　　　　　　（b）双线螺纹

图 6 - 3　螺纹的线数、导程和螺距

（3）**螺纹分类**　螺纹按用途可分为四类。

① **紧固用螺纹**　简称紧固螺纹，用来连接零件的连接螺纹，如应用最广的普通螺纹。

② **传动用螺纹**　简称传动螺纹，用来传递动力和运动的传动螺纹，如梯形螺纹、锯齿形螺纹和矩形螺纹等。

③ **管用螺纹**　简称管螺纹，如 55°非密封管螺纹、55°密封管螺纹、60°密封管螺纹等。

④ **专门用途螺纹**　简称专用螺纹，如自攻螺钉用螺纹、气瓶专用螺纹等。

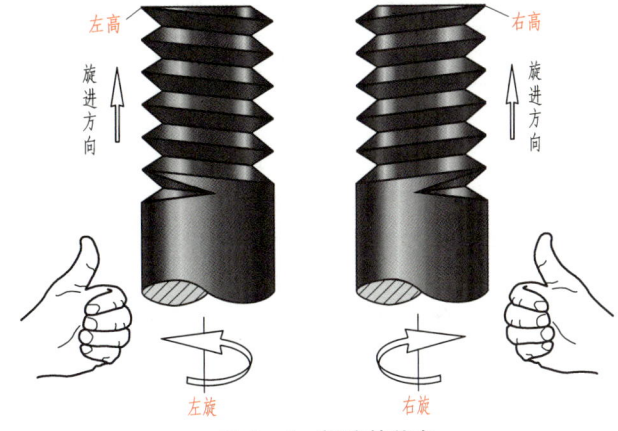

图 6 - 4　螺纹的旋向

2. 螺纹的规定画法

（1）**外螺纹画法**　如图 6 - 5a 所示，螺纹的牙顶（大径）和螺纹终止线用粗实线表示；牙底（小径）用细实线表示。通常，小径按大径的 0.85 倍画出，即 $d_1 \approx 0.85d$。在平行于螺纹轴线的视图中，表示牙底的细实线应画入倒角或倒圆内。在垂直于螺纹轴线的视图中，表示牙底的细实线只画约 3/4 圈，此时，螺纹的倒角按规定省略不画。在螺纹的剖视图（或断面图）中，剖面线应画到粗实线，如图 6 - 5b 所示。

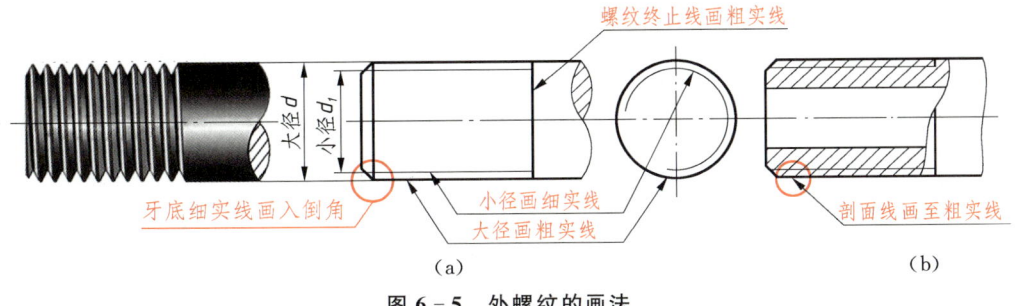

（a）　　　　　　　　　　　　　　　　　（b）

图 6 - 5　外螺纹的画法

（2）**内螺纹画法**　在视图中，内螺纹若不可见，所有图线均用虚线绘制。剖开表示时，如图 6 - 6a 所示，螺纹的牙顶（小径）及螺纹终止线用粗实线表示；牙底（大径）用细实线表示,剖面线画到粗实线处。在投影为圆的视图中,表示牙底的细实线圆只画约 3/4 圈,倒角圆省略不画。

对于不穿通的螺孔(俗称盲孔),应分别画出钻孔深度 H 和螺纹深度 L(图 6-6b),钻孔深度比螺纹深度深 $0.3 \sim 0.5D$(D 为螺孔大径),孔的顶端绘成 120°角。

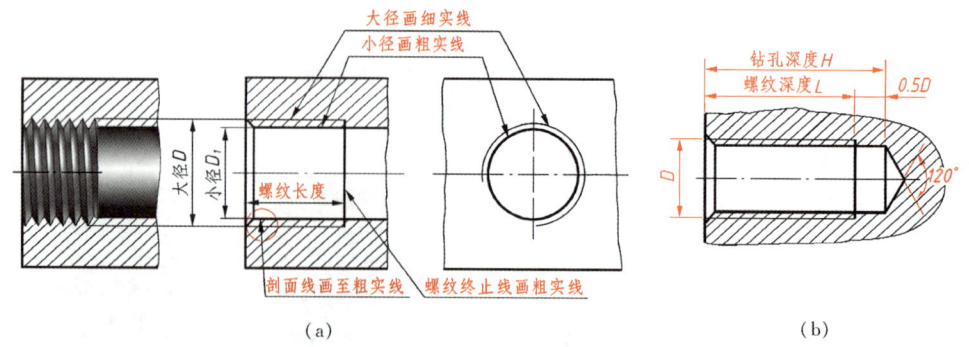

图 6-6　内螺纹的画法

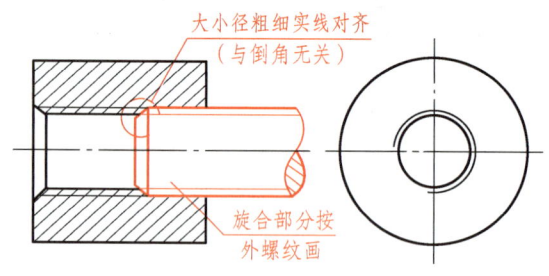

图 6-7　螺纹连接的画法

（3）**螺纹连接画法**　如图 6-7 所示,内、外螺纹旋合(连接)后,旋合部分按外螺纹画,其余部分仍按各自的画法表示。必须注意,表示大、小径的粗实线和细实线应分别对齐。

3. 螺纹的图样标注

螺纹按画法规定简化画出后,在图上不能反映它的牙型、螺距、线数和旋向等结构要素。因此,必须按规定的标记在图样中进行标注。

（1）螺纹的标记规定

① 普通螺纹的螺纹标记构成为:

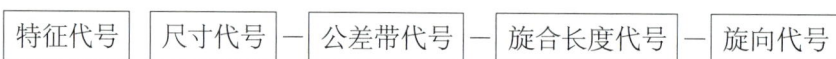

单线螺纹的尺寸代号是"公称直径×螺距"(粗牙螺纹可以省略标注螺距项),多线螺纹的尺寸代号是"公称直径×P_h 导程 P 螺距"。螺纹的旋合长度为中等时不标注。

例如,普通单线螺纹:

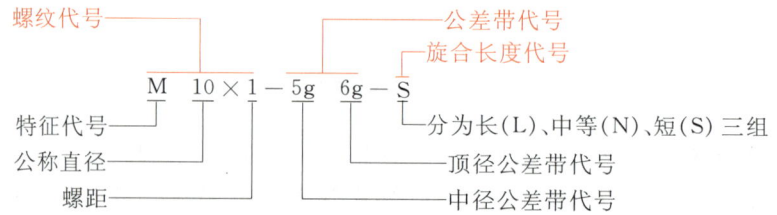

普通多线螺纹：

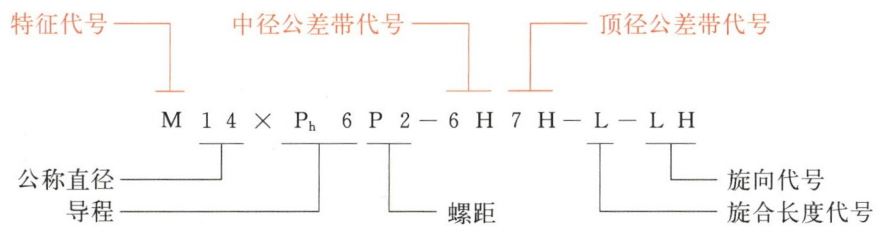

② 梯形螺纹的螺纹标记构成为：

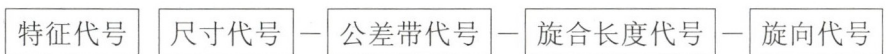

梯形螺纹的公差带代号仅包含中径公差带代号。

例如：

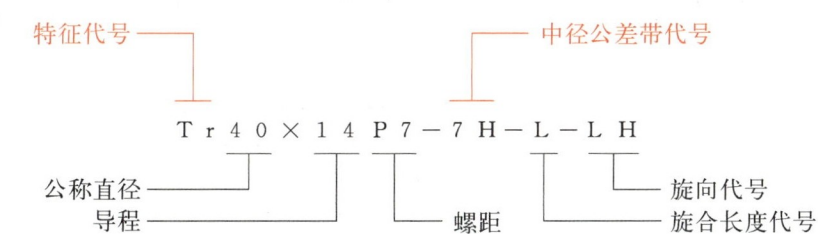

③ 锯齿形螺纹的螺纹标记构成为：

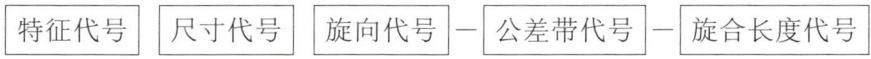

锯齿形螺纹的公差带代号仅包含中径公差带代号。

例如：

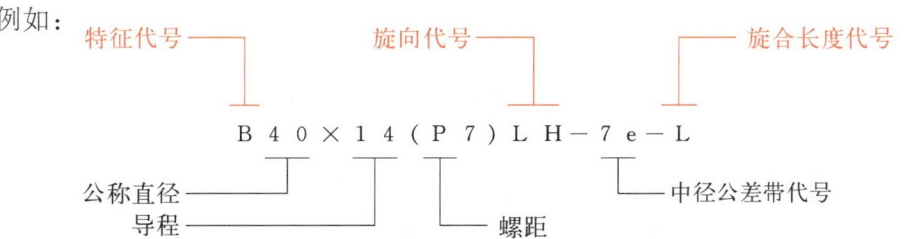

（2）常用螺纹的标注示例（表6-1）

表6-1　常用螺纹的种类和标记示例

螺纹种类		牙型放大图	特征代号	标记示例	说明
连接螺纹	普通螺纹	 60°	M	粗牙	M20-6g	粗牙普通螺纹，公称直径20 mm，右旋。螺纹公差带：中径、大径均为6 g。旋合长度属中等（不标注 N）的一组（按规定 6 g 不注）

螺纹种类		牙型放大图	特征代号		标记示例	说　明
连接螺纹	普通螺纹		M	细牙	$M20×1.5-7H-L$	细牙普通螺纹,公称直径 20 mm,螺距为 1.5 mm,右旋。螺纹公差带:中径、小径均为 7H。旋合长度属长的一组
	管螺纹		G	55°非密封管螺纹	$G1/2A$	55°非密封圆柱外螺纹,尺寸代号 1/2,公差等级为 A 级,右旋。用引出标注
			R_p R_1 R_c R_2	55°密封管螺纹	$R_c3/4$	55°密封的与圆锥外螺纹旋合的圆锥内螺纹,尺寸代号 3/4,右旋。用引出标注。与圆锥内螺纹旋合的圆锥外螺纹的特征代号为 R_2。圆柱内螺纹、圆锥外螺纹旋合时,前者和后者的特征代号分别为 R_p 和 R_1
传动螺纹	梯形螺纹		Tr		$Tr40×14p7-7H-LH$	梯形螺纹,公称直径 40 mm,双线螺纹,导程 14 mm,螺距 7 mm,左旋(代号为 LH)。螺纹公差带:中径为 7H。旋合长度属中等的一组
	锯齿形螺纹		B		$B32×6-7e$	锯齿形螺纹,公称直径 32 mm,单线螺纹,螺距 6 mm,右旋。螺纹公差带:中径为 7e。旋合长度属中等的一组

（3）螺纹标注时的注意点

① 普通螺纹的螺距有粗牙和细牙两种,粗牙螺距不标注,细牙必须注出螺距。

② 左旋螺纹要注写 LH,右旋螺纹不注。

③ 螺纹公差带代号包括中径和顶径公差带代号,如 5g、6g,前者表示中径公差带代号,后者表示顶径公差带代号。如果中径与顶径公差带代号相同,则只标注一个代号。

④ 普通螺纹的旋合长度规定为短(S)、中(N)、长(L)三组,中等旋合长度(N)不必标注。

⑤ 最常用的中等公差精度的普通螺纹(公称直径≤1.4 mm 的 5H、6h 和公称直径≥1.6 mm的 6H、6g),可不标注公差带代号。

⑥ 非螺纹密封的内管螺纹和 55°密封管螺纹仅有一种公差等级,公差带代号省略不注,

如 R$_c$1。非螺纹密封的外管螺纹有 A、B 两种公差等级,螺纹公差等级代号标注在尺寸代号之后,如 G1½ A—LH。

4. 常用螺纹紧固件

(1) 常用螺纹紧固件的种类和标记 螺纹紧固件连接零件的方式通常有螺栓连接、螺柱连接和螺钉连接。常用的螺纹紧固件有螺栓、螺柱、螺母、垫圈和螺钉等(图 6－8)。它们的结构、尺寸都已标准化,使用时可从相应的标准中查出所需的结构尺寸。常用螺纹紧固件的标记示例见表 6－2。

开槽圆柱头螺钉　　圆柱头内六角螺钉　　沉头十字槽螺钉　　开槽无头螺钉　　六角头螺栓

双头螺柱　　　　六角螺母　　　　六角开槽螺母　　　　平垫圈　　　　弹簧垫圈

图 6－8　常用的螺纹紧固件

表 6－2　常用螺纹紧固件的标记示例

名称及标准号	图例及规格尺寸	标记示例
六角头螺栓——A 级和 B 级 GB/T 5782—2016		螺栓 GB/T 5782 M8×40 螺纹规格 d = M8,公称长度 L = 40、性能等级为 8.8 级、表面氧化 A 级的六角头螺栓
双头螺柱——A 级和 B 级 GB/T 897—1988 GB/T 898—1988 GB/T 899—1988 GB/T 900—1988		螺柱 GB/T 898 M8×50 两端均为粗牙普通螺纹、d = M8,L = 50,不经表面处理 B 型 b_m = 1.25d 的双头螺柱
Ⅰ型六角螺母——A 级和 B 级 GB/T 6170—2015		螺母 GB/T 6170 M8 螺纹规格 D = M8、不经表面处理、A 级的Ⅰ型六角螺母

续　表

名称及标准号	图例及规格尺寸	标记示例
平垫圈——A 级 GB/T 97.1—2002		垫圈 GB/T 97.1 8 140 HV 标准系列、公称尺寸 $d=8$、硬度等级为 140 HV级、不经表面处理平垫圈
标准弹簧垫圈 GB/T 93—1987		垫圈 GB/T 93 8 规格 8、材料 65Mn、表面氧化的标准型弹簧垫圈
开槽沉头螺钉 GB/T 68—2016		螺钉 GB/T 68 M8×30 螺纹规格 $d=$M8、公称尺寸 $L=30$、性能等级为 4.8 级、不经表面处理的开槽沉头螺钉

（2）螺纹紧固件的连接

在装配体中，零件与零件或部件与部件间常用螺纹紧固件进行连接，最常用的连接形式有螺栓连接（图6-9a）、螺柱连接（图6-9b）和螺钉连接（图6-9c）。

模型

螺栓连接

二、键连接

模型

螺柱连接

键连接（GB/T 1095—2003）是一种可拆连接。键用于连接轴和轴上的传动件（如齿轮、带轮等），使轴和传动件一起转动，以传递扭矩和旋转运动。

模型

螺钉连接

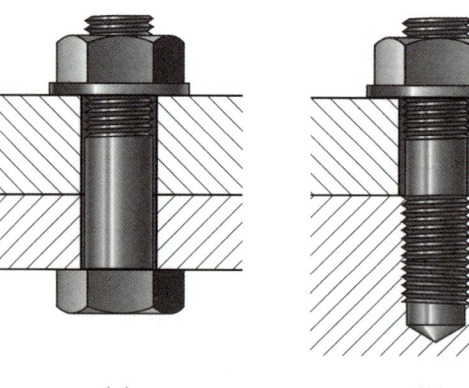
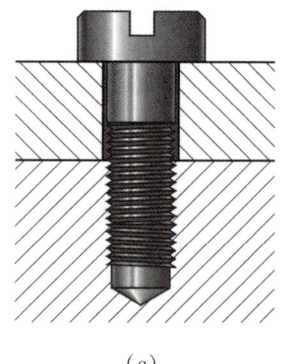

(a)　　　　　　(b)　　　　　　(c)

图6-9　螺栓、螺柱、螺钉连接

键是标准件,键有普通平键、半圆键和楔键等,常用的是普通平键。

图 6-10 所示为普通平键连接的情况,在轴和轮毂上分别加工出键槽,装配时先将键嵌入轴的键槽内,再将轮毂上的键槽对准轴上的键,把轮子装在轴上。传动时,轴和轮子便一起转动。

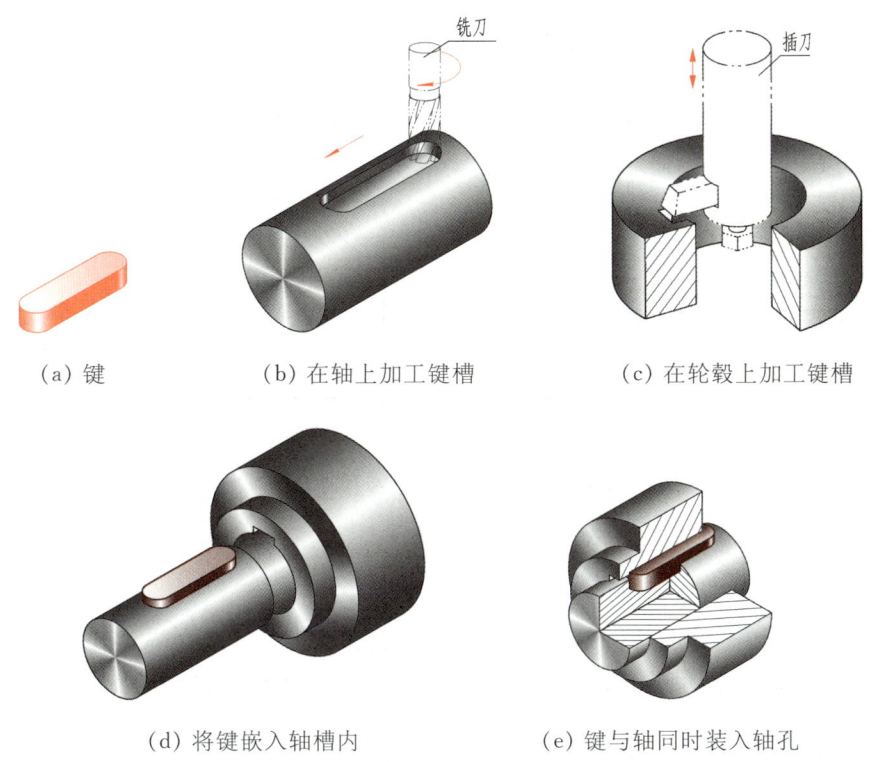

（a）键　　　　（b）在轴上加工键槽　　　　（c）在轮毂上加工键槽

（d）将键嵌入轴槽内　　　（e）键与轴同时装入轴孔

图 6-10　键连接

普通平键有三种结构型式:A 型(圆头)、B 型(平头)、C 型(单圆头)。图 6-11 是普通平键的型式和尺寸。

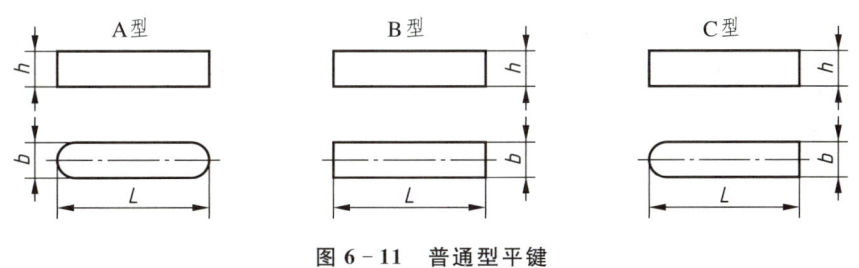

图 6-11　普通型平键

1. 普通平键的标记

标记示例:

宽度 $b = 16$ mm、高度 $h = 10$ mm、长度 $L = 100$ mm 的普通 A 型平键的标记为:

　　GB／T 1096　键 16×10×100

普通 A 型平键的型号 A 可省略不注,而 B 型和 C 型要在尺寸前加注"B"或"C"。

2. 键槽的画法及尺寸标注

因为键是标准件,所以一般不必画出零件图,但要画出零件上与键相配合的键槽(图 6-12)。键槽的宽度 b 可根据轴的直径 d 查表确定,轴上的槽深 t_1 和轮毂上的槽深 t_2 可从键的标准中查得,键的长度 L 应小于或等于轮毂的长度。键槽的画法和尺寸标注如图 6-12 所示,普通平键的尺寸和键槽的断面尺寸可查阅相关标准。

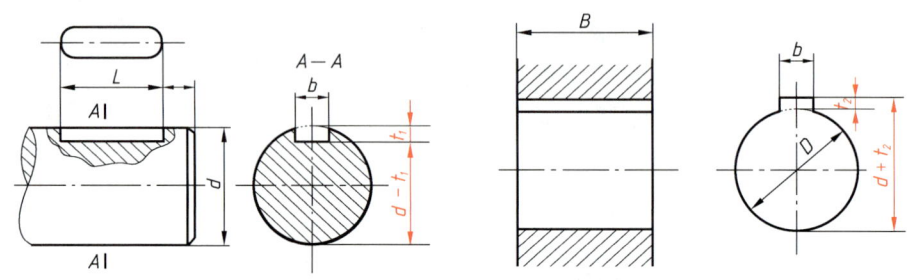

图 6-12　键槽的画法与尺寸标注

3. 键连接画法

图 6-13 是普通平键连接的装配图画法,主视图中键被剖切面纵向剖切,键按不剖处理。为了表示键在轴上的装配情况,采用了局部剖视。在 $A-A$ 剖视图中,键被剖切面横向剖切,键要画剖面线(与轮的剖面线方向一致但间隔不等)。由于平键的两个侧面是其工作表面,分别与轴的键槽和轴孔键槽的两个侧面配合,键的底面与轴的键槽底面接触,画一条线,而键的顶面不与轮毂键槽底面接触,画两条线。

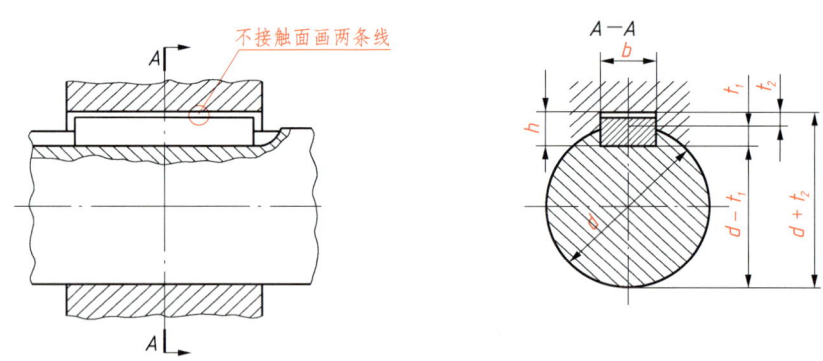

图 6-13　普通平键连接画法

三、销连接

销连接(GB/T 119.1—2000、GB/T 117—2000)也是一种可拆连接。销也是标准件,通常用于零件间的连接或定位。常用的销有圆柱销和圆锥销。

圆柱销、圆锥销的主要尺寸、标记和连接画法见表6-3。

表6-3 销的种类、型式、标记和连接画法

名称及标准	主 要 尺 寸	标 记	连接画法
圆柱销 GB/T 119.1—2000	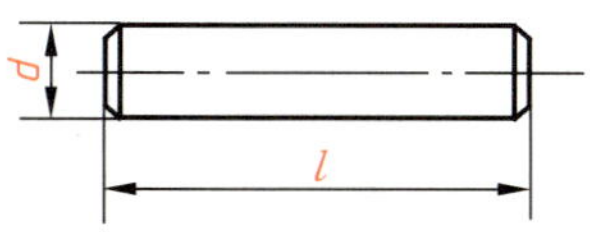	公称直径 $d = 8$ mm、公差为 m6、公称长度 $l = 30$ mm、材料为钢、不经淬火、不经表面处理的不淬硬钢圆柱销标记为： 销 GB/T 119.1　8m6×30	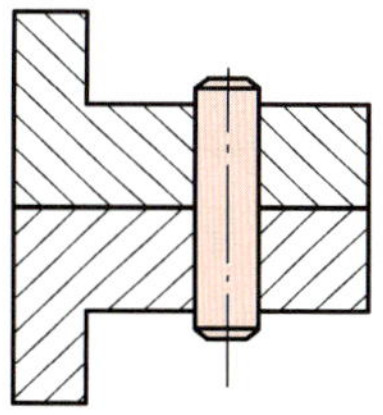
圆锥销 GB/T 117—2000	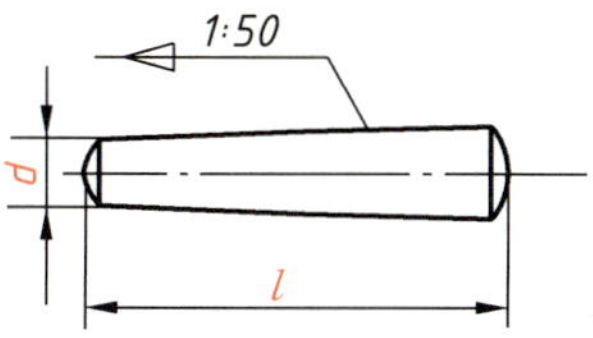	公称直径 $d = 6$ mm、公称长度 $l = 30$ mm、材料为35钢、热处理硬度（28～38）HRC、表面氧化处理、不淬硬的 A 型圆锥销标记为： 销 GB/T 117　6×30	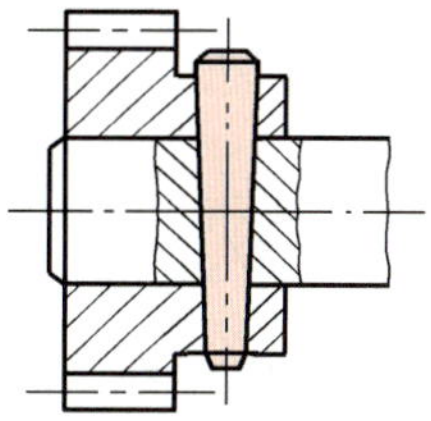

第二节　零件图

零件是组成各种机械、设备的最小制造单元，除了标准化、系列化的标准件和常用件外，大多数零件为非标件。按照零件的结构形状特征，大致分为四大类：轴套类零件、盘盖类零件、箱体类零件和叉架类零件。

一、零件图的内容

零件图是生产中指导制造和检验零件的主要图样，是重要的技术文件。图6-14所示为固定管板式换热器上管板的零件图。一张可以成为加工和检验依据的零件图应包括以下基本内容：

1. 一组图形

选用一组适当的视图、剖视图、断面图等图形，将零件的内、外形状正确、完整、清晰地表达出来。

2. 完整的尺寸

正确、完整、合理地标注零件在制造和检验时所需的全部尺寸。

3. 技术要求

用规定的符号、代号、标记和文字说明等简明地给出零件制造和检验时所应达到的各项技术指标与要求。如尺寸公差、几何公差、表面粗糙度和热处理等。

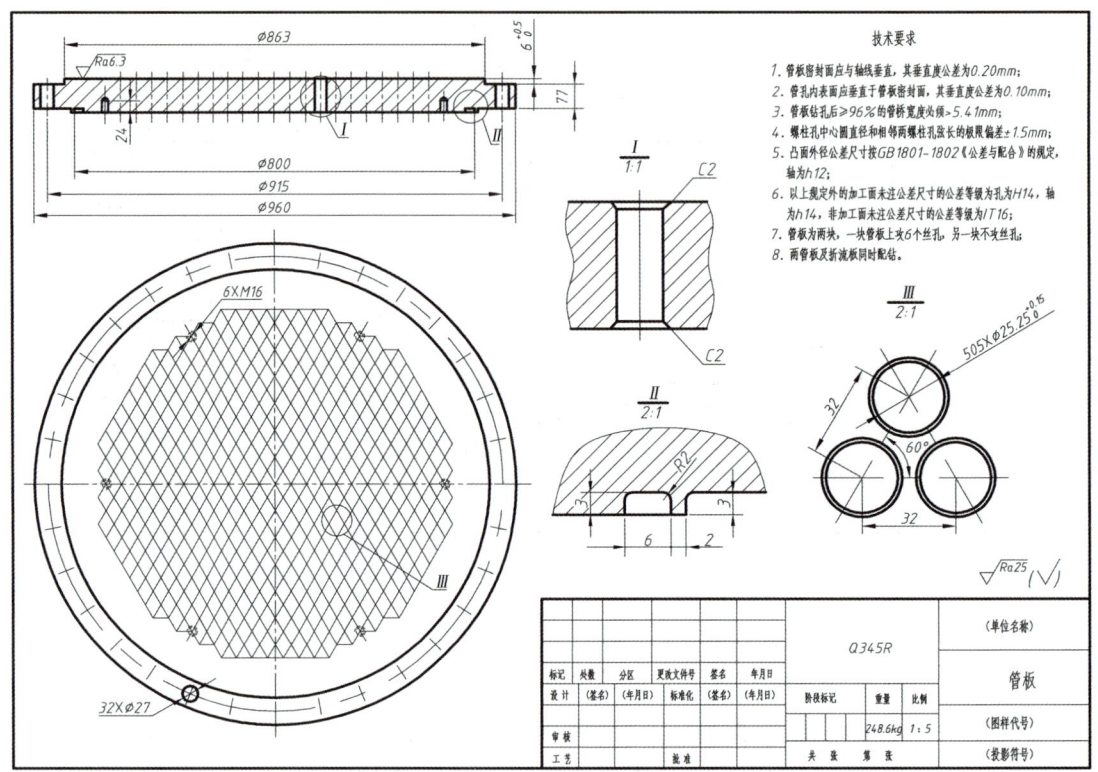

图 6-14　管板零件图

4. 标题栏

填写零件名称、材料、数量、比例、图号以及制图、审核人员的责任签字等。

二、零件的表达

零件图要求把零件的内、外结构形状正确、完整、合理地表达出来。需对零件的结构形状特点进行分析,恰当地选择主视图和其他视图,尽量用最简洁、最少量的视图表达零件的内、外结构。

1. 主视图的选择

主视图是表达零件的一组图形中的核心,选择主视图时,一般应按以下两方面综合考虑。

（1）零件的安放状态

零件的安放状态应符合零件的加工位置或工作位置。

零件图的主视图应尽可能与零件在机械加工时所处的位置一致，如加工轴、套、轮、圆盘等零件，主视图应将其轴线水平放置（加工量大的在右端），以便于加工时看图。

对于形状复杂的箱体、叉架类零件，其主视图尽可能选择零件的工作状态（在部件中工作时所处的位置）绘制。

（2）确定主视图的投射方向

选择主视图投射方向的原则是所画立体图能较明显地反映该零件主要形体的形状特征。

2. 其他视图的选择

主视图确定后，还要分析该零件的结构，考虑如何将主视图上未表达清楚的部位用其他视图表达清楚。选择其他视图时，应优先选用基本视图及在基本视图上作剖视图。

3. 零件图的尺寸标注

零件的尺寸标注要符合零件的设计要求和工艺要求，既能满足零件在使用过程中的工作性能，又能满足零件制造、加工、测量和检验的要求。要使零件的尺寸标注合理，还需要有一定的专业知识和生产实践经验。

[**例6-1**] 分析图6-14所示管板零件表达方案。

分析： 管板是长径比较小的多孔圆板结构，属于盘盖类零件。此类零件的表达，在选择视图时，一般选择过对称面或回转轴线的剖视图作主视图，再增加适当的其他视图（如左视图、右视图或俯视图），把零件的外形和所带的凸缘、均布结构等表达出来。一般采用两个基本视图，再辅以局部放大图、简化画法等表达方式补充表达。

如图6-14所示，该管板采用主、俯两个基本视图。主视图从对称面上全剖，表达了管板上的管孔（安装换热管）、螺纹盲孔（安装拉杆）、螺栓孔（用于法兰连接）及管板的密封面结构，管孔采用简化画法，只剖出一个，其他用点画线表示出其所在位置。俯视图表达了管板上的管孔、螺栓孔等的布置方式，管孔（505×ϕ25.25）采用简化画法，用细实线在布管区域绘出了管孔的正三角形排布方式，每个交点为孔的圆心，具体布管尺寸用局部放大图Ⅲ表达；管板上兼作法兰部分的螺栓孔（32×ϕ27）也采用简化画法表达了其均布方式及孔的圆心位置。局部放大图Ⅰ、Ⅱ表达管孔的倒角结构和管板的密封结构。

图中标注了该零件的定形尺寸、定位尺寸及总体尺寸。另外，还用代号、文字等对零件的尺寸公差（如图6-14主视图中的尺寸$6^{+0.5}_{0}$）、几何公差（如图6-14所示的技术要求中垂直度公差）、表面粗糙度（如图6-14所示的 $\sqrt{}$ 代号）及加工制造方面作出技术要求。

三、零件图上的技术要求

零件图上的技术要求是零件在设计、制造和检验时应遵循的规范标准或要求达到的技术要求，主要包括结构形状要求，尺寸极限与公差配合，表面几何公差，表面粗糙度，制造、检验要求等。技术要求一般应采用规定的代号、符号、数字和字母等标注在图上，还有一些内容需要文字说明,可在图样右上方空白处注写"技术要求",如图 6 – 14 所示。

1. 尺寸公差简介

在现代制造业中,大批量的规模化生产已非常普遍,为了提高生产效率,降低生产成本,保证产品质量的稳定性及便于维修,要求相同的机械零件必须具有互换性,即当装配或维修一台机器或一个部件时,从一批相同规格的零件中任取一件就能直接装配到机器或部件上,满足性能要求。但在实际加工制造中,零件的尺寸不可能加工得绝对准确,只能根据尺寸的重要程度对其规定允许变动的范围,故零件的互换性就是通过规定零件实际尺寸的加工精度来保证的。

GB/T 1800.1—2020《产品几何技术规范(GPS) 线性尺寸公差 ISO 代号体系 第 1 部分:公差、偏差和配合的基础》和 GB/T 1800.2—2020《产品几何技术规范(GPS) 线性尺寸公差 ISO 代号体系 第 2 部分:标准公差带代号和孔、轴的极限偏差表》中规定了一些术语概念、公称尺寸至 3 150 mm 孔和轴的公差带代号及对应的极限偏差数值。

(1) 基本概念

① **公称尺寸** 由图样规范定义的理想形状要素的尺寸。

② **实际尺寸** 拟合组成要素的尺寸,通过测量得到的。

③ **公称要素** 由设计者在产品技术文件中定义的理想要素。

④ **极限尺寸** 尺寸要素的尺寸所允许极限值,包括上极限尺寸和下极限尺寸。

⑤ **偏差** 某值与其参考值之差。对于尺寸偏差,参考值是公称尺寸,某值是实际尺寸。

⑥ **极限偏差** 相对于公称尺寸的上极限偏差和下极限偏差,可以是正值、负值或零。上极限偏差分别用 ES(用于内尺寸要素)和 es(用于外尺寸要素)表示;下极限偏差分别用 EI(用于内尺寸要素)和 ei(用于外尺寸要素)表示。

$$上极限偏差=上极限尺寸-公称尺寸$$
$$下极限偏差=下极限尺寸-公称尺寸$$

⑦ **基本偏差** 确定公差带相对公称尺寸位置的那个极限偏差,是最接近公称尺寸的那个极限偏差。GB/T 1800.1—2020 中对孔和轴分别规定了 28 个基本偏差,对孔用大写字母 A,B,……,ZC 表示;对轴用小写字母 a,b,……,zc 表示,如图 6 – 15 所示。

⑧ **公差** 上极限尺寸与下极限尺寸之差,是一个没有符号的绝对值。

$$公差=上极限尺寸-下极限尺寸$$
$$或:公差=上极限偏差-下极限偏差$$

⑨ **公差极限** 确定允许值上界限和/或下界限的特定值。

⑩ **标准公差(IT):** 线性尺寸公差 ISO 代号体系中的任一公差,缩略语"IT"代表"国际公差"。

⑪ **标准公差等级** 用常用标识符表征的线性尺寸公差组。标准公差等级标识符由 IT 和等级数字组成,标准公差分为 20 个等级,即 IT01、IT0、IT1~ IT18。IT01 级最高,IT18 级最低,公差等级越高,则公差数值越小,表示零件的精度等级越高。

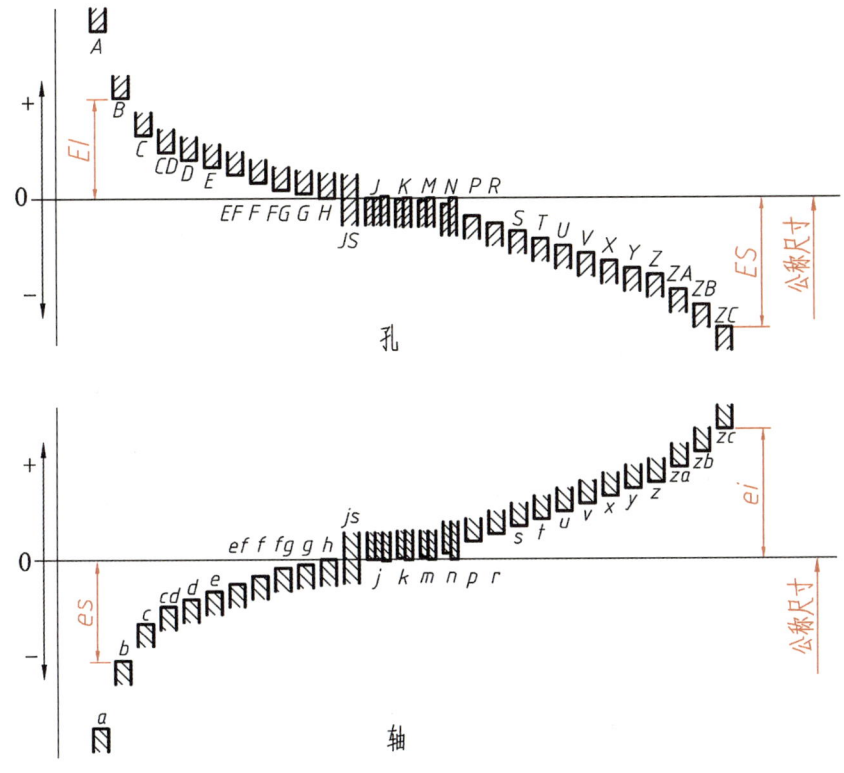

图 6-15 孔和轴的基本偏差系列

⑫ **公差带** 公差极限之间(包括公差极限)的尺寸变动值。公差带不是必须包括公称尺寸,公差极限可以是双边的(两个值位于公称尺寸两边)或单边的(两个值位于公称尺寸的一边)。公差带代号是基本偏差和标准公差等级的组合。

如图 6-16 所示孔与轴的公称尺寸、极限尺寸、极限偏差、公差等的相互关系,图中限制公差带的水平实线代表孔或轴的基本偏差,限制公差带的虚线代表孔或轴的另一个极限偏差。

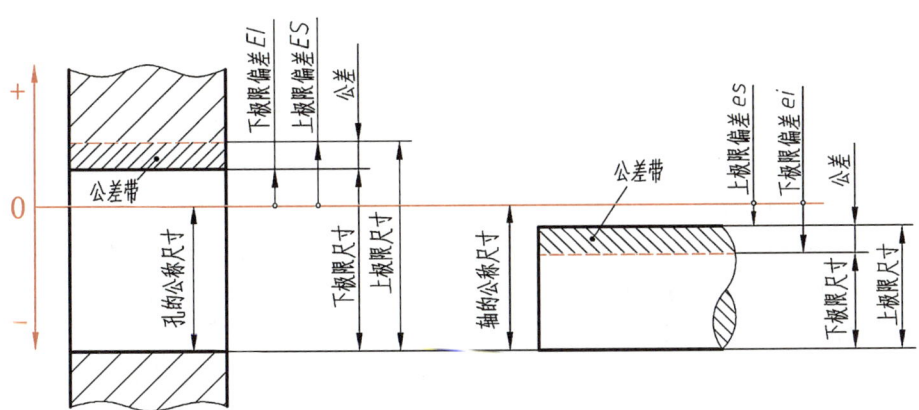

图 6-16 孔和轴的公称尺寸、极限尺寸及偏差

（2）配合

配合是类型相同且待装配的外尺寸要素(轴)和内尺寸要素(孔)之间的关系。

① 配合种类

根据使用要求的不同,孔和轴装配可能出现不同的松紧程度,据此分为三类:间隙配合、过盈配合和过渡配合。

间隙配合:孔和轴装配时总是存在间隙的配合。此时,孔的下极限尺寸大于或在极端情况下等于轴的上极限尺寸,如图 6-17a 所示。

过盈配合:孔和轴装配时总是存在过盈的配合。此时,孔的上极限尺寸小于或在极端情况下等于轴的下极限尺寸,如图 6-17b 所示。

过渡配合:孔和轴装配时可能具有间隙或过盈的配合。孔和轴的公差带完全重叠或部分重叠,如图 6-17c 所示。

一般来说,当配合件间有相对运动时,采用间隙配合;当配合件间不允许相对运动,且要承受较大的力,则要用有绝对过盈量的配合。

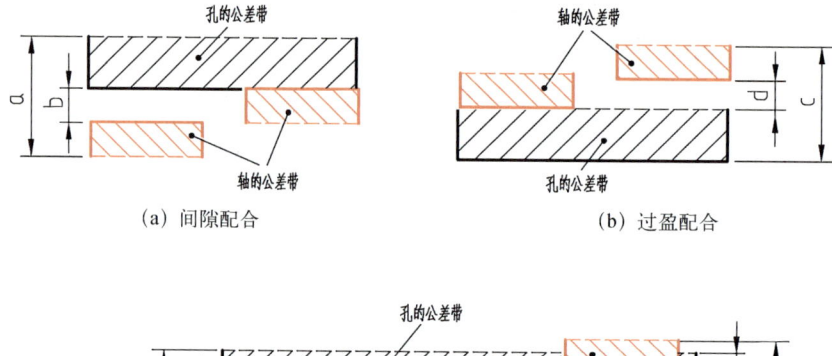

（a）间隙配合　　　　　　　　　　　（b）过盈配合

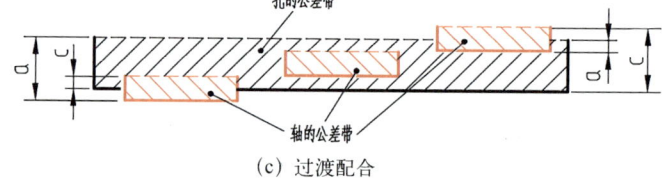

（c）过渡配合

注：a—最大间隙；b—最小间隙；c—最大过盈；d—最小过盈；

图 6-17　配合的种类

② 配合制

为了便于零件的设计和制造,使其中一种零件基本偏差固定,通过改变另一种零件的基本偏差来获得各种不同性质配合的制度称为配合制。国家标准规定了两种配合制度:基孔制和基轴制,一般应优先采用基孔制。

基孔制配合:孔的基本偏差为零的配合,即其下极限偏差等于零。孔的下极限尺寸与公称尺寸相同的配合制。基孔制中的孔为基准孔,其基本偏差为 H,下极限偏差为零。

基轴制配合:轴的基本偏差为零的配合,即其上极限偏差等于零。轴的上极限尺寸与公称尺寸相同的配合制。基轴制中轴为基准轴,其基本偏差为 h,上极限偏差为零。

（3）尺寸公差的标注

在零件图中标注尺寸公差通常有三种形式,即在公称尺寸后只注公差带代号(图

6-18a),只注极限偏差(图 6-18b),代号和偏差均注(图 6-18c)。在装配图上标注配合代号时,采用组合式注法,如图 6-18d 所示,在公称尺寸后面用分式表示,分子为孔的公差带代号,分母为轴的公差带代号。

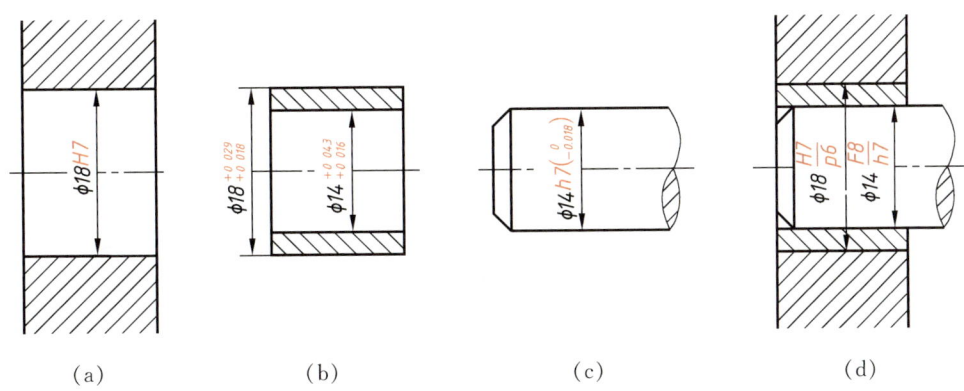

(a)　　　　　　　(b)　　　　　　　(c)　　　　　　　(d)

图 6-18　图样上极限与配合的标注方法

2. 几何公差简介

(1) 几何公差的概念及类型

① 基本概念　零件在加工过程中,不仅尺寸会存在误差,几何形状和相对位置也会产生误差。零件的实际形状和实际位置相对其理想形状和理想位置的允许变动量,称为几何公差。

几何公差也是评定产品质量的一个重要指标,国家标准 GB/T 1182—2018《产品几何技术规范(GPS)　几何公差　形状、方向、位置和跳动公差标注》规定用代号标注几何公差。对于一般零件,如果没有标注几何公差,其几何公差可用尺寸公差加以限制,但是对于某些精度较高的零件,在零件图中不仅要规定尺寸公差,而且还要规定几何公差。当无法用代号标注几何公差时,允许在技术要求中用文字说明,如图 6-14 中在"技术要求"里规定垂直度公差。

② 几何公差的类型　几何公差的几何特征符号见表 6-4。

(2) 几何公差的代号及标注方法　几何公差用公差框格来标注,框格内自左至右依次标注:几何特征符号、公差值和基准。标注几何公差时,用引自框格的带终端箭头的指引线指向被测要素的轮廓线或其延长线,并与尺寸线明显错开;当被测要素是轴线时,指引线的箭头应与被测要素尺寸线的箭头对齐。有些几何公差要有基准,基准用一个大写字母表示,字母标注在基准方格内,与一个涂黑或空白的三角形相连。基准要素是轴线时,要将基准符号与该要素的尺寸线对齐。如图 6-19 所示为几何公差标注示例。

图 6-19 中轴有 A、B 两个基准,基准 A 表示 $\phi50$ 中间轴段的中心轴线,基准 B 表示轴左端 $\phi30$ 轴段的中心轴线;公差框格①表示带键槽轴段左端面对于基准 B 的垂直度公差是 0.03 mm,②表示 $\phi50$ 轴段的圆柱度公差为 0.01 mm,③表示 M32 螺纹段轴线对于基准 A 的同轴度公差为 $\phi0.1$ mm,④表示轴的右端面对于基准 A 的圆跳动公差为 0.1 mm。

表6-4　几何公差的几何特征符号(摘自 GB/T 1182—2018)

公差类型	几何特征	符号	有无基准	公差类型	几何特征	符号	有无基准
形状公差	直线度	—	无	位置公差	位置度	⊕	有或无
	平面度	▱	无		同心度（用于中心点）	◎	有
	圆度	○	无		同轴度（用于轴线）	◎	有
	圆柱度	⌭	无				
	线轮廓度	⌒	无		对称度	=	有
	面轮廓度	⌓	无		线轮廓度	⌒	有
方向公差	平行度	∥	有		面轮廓度	⌓	有
	垂直度	⊥	有	跳动公差	圆跳动	↗	有
	倾斜度	∠	有		全跳动	⌰	有
	线轮廓度	⌒	有				
	面轮廓度	⌓	有				

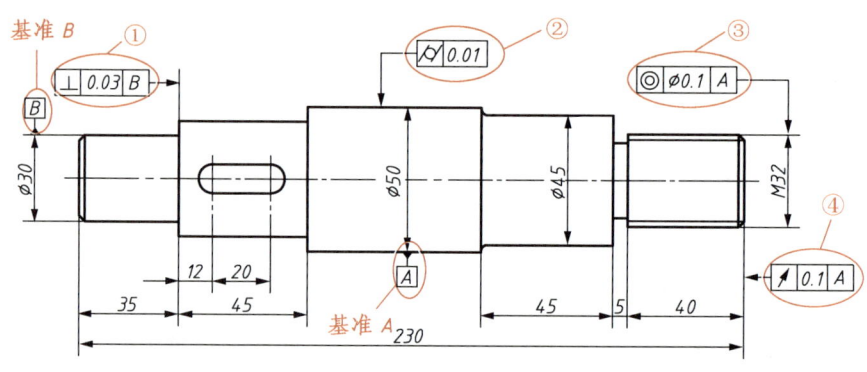

图6-19　几何公差标注示例

3. 表面粗糙度简介

（1）表面粗糙度概念及评定参数　零件在加工过程中，由于加工刀具或表面金属的塑性变形，在零件表面产生具有较小间距峰谷所形成的微观几何形状，称为表面粗糙度，它是评定零件表面质量的一项重要指标。

国标 GB/T 131—2006《产品几何技术规范(GPS)技术产品文件中表面结构的表示法》规定，表面结构的评定参数有：R 轮廓(粗糙度轮廓)、W 轮廓(波纹度轮廓)和 P 轮廓(原始轮廓)。GB/T 1031—2009《产品几何技术规范(GPS)表面结构　轮廓法　表面粗糙度参数及其数值》规定：表面粗糙度参数从轮廓的算术平均偏差 Ra 和轮廓的最大高度 Rz 中选取，其常用参数值范围：Ra 为 $0.025\sim6.3\ \mu m$，Rz 为 $0.1\sim25\ \mu m$。

　　一般来说，表面质量要求越高，参数值越小，表面越平滑；反之，表面越粗糙。

　　(2) 表面粗糙度的代号　国家标准对表面结构符号、表面粗糙度代号等作了规定，见表 6 − 5。

表 6 − 5　表面粗糙度的图形符号及画法（摘自 GB /T 131—2006）

符号名称	符　号（代　号）	含　　义
基本符号	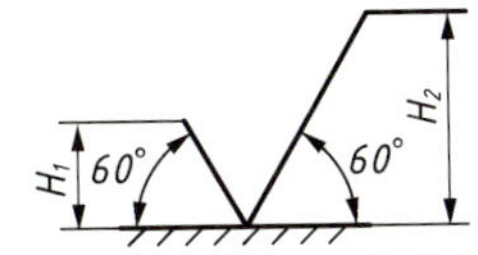 H_1 略高于字高；H_2 取决于内容。	基本图形符号,表示未指定工艺方法的表面,当通过一个注释解释时可单独使用
扩展符号	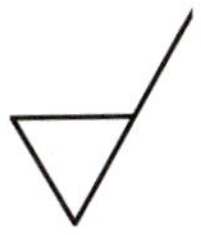	用去除材料方法获得的表面;仅当其含义是"被加工表面"时可单独使用
		不用去除材料方法获得的表面;也可用于表示保持上道工序形成的表面,不管这种状况是通过去除或不去除材料形成的
完整符号	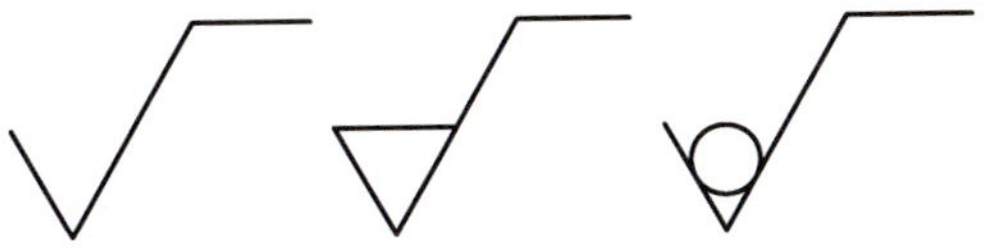	在长边上加一横线,以注写对表面结构的要求。三种符号在文本中分别用文字 APA、MRR、NMR 表达
带补充注释的符号	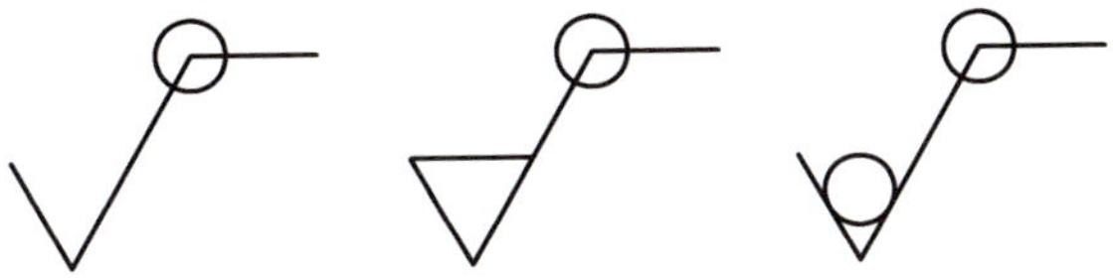	对投影图上封闭的轮廓线所表示的各表面有相同的表面结构要求
注写具体参数的代号	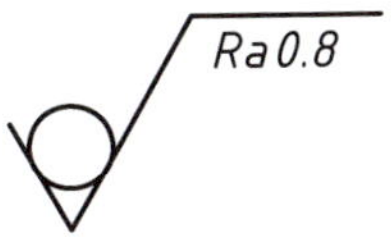 Ra0.8	表示不允许去除材料,轮廓算术平均偏差为 $0.8\ \mu m$
	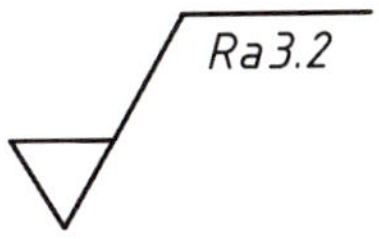 Ra3.2	表示去除材料,轮廓算术平均偏差为 $3.2\ \mu m$
	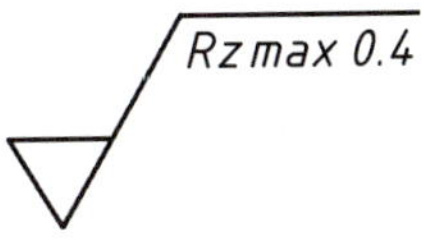 Rzmax 0.4	表示去除材料,轮廓最大高度为 $0.4\ \mu m$

（3）**表面粗糙度的标注方法**　表面结构要求对每一表面一般只标注一次，并尽可能注在相应的尺寸及公差的同一视图上。其注写和读取方向与尺寸的注写和读取方向一致，如图 6-20a 所示。

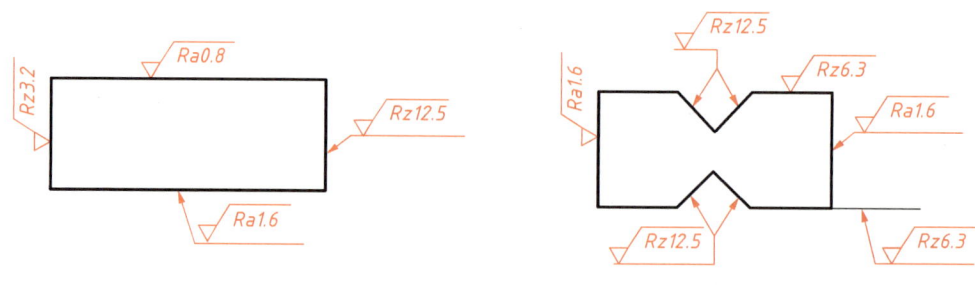

（a）表面结构要求的注写方向　　　　　（b）表面结构要求在轮廓线上的标注

图 6-20　表面粗糙度注方法

表面粗糙度代号可注写在可见轮廓线上，符号应从材料外指向并接触表面。必要时，表

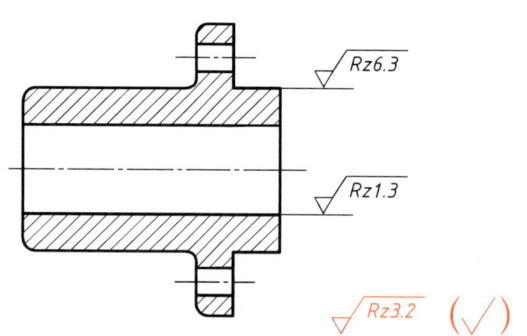

图 6-21　多数表面有相同粗糙度要求时的简化注法

面也可用带箭头或黑点的指引线引出标注，如图 6-20b 所示。在不致引起误解时，表面结构要求可以标注在给定的尺寸线上，也可以标注在几何公差框格的上方、圆柱和棱柱表面上或其延长线上。

如果在工件的多数（包括全部）表面有相同的表面粗糙度要求，可将表面粗糙度要求统一标注在图样的标题栏附近，并在符号后面的圆括号内给出无任何其他标注的基本符号，而不同的表面结构要求应直接标注在图形中，如图6-21所示。

第三节　装　配　图

装配图是用来表达机器或部件的图样。表示一台完整机器或设备的图样，称为总装配图；表示一个部件的图样，称为部件装配图。

装配图主要表达机器、设备或部件的工作原理、装配关系、结构形状和技术要求，用以指导机器、设备或部件的装配、检验、调试、安装、使用、维修等，是进行技术交流的重要技术文件。

一、装配图的内容及识读

图 6-22 所示是一卧式固定管板式换热器的管箱部件装配图。现以管箱为例，初步了解识读装配图的方法和内容。

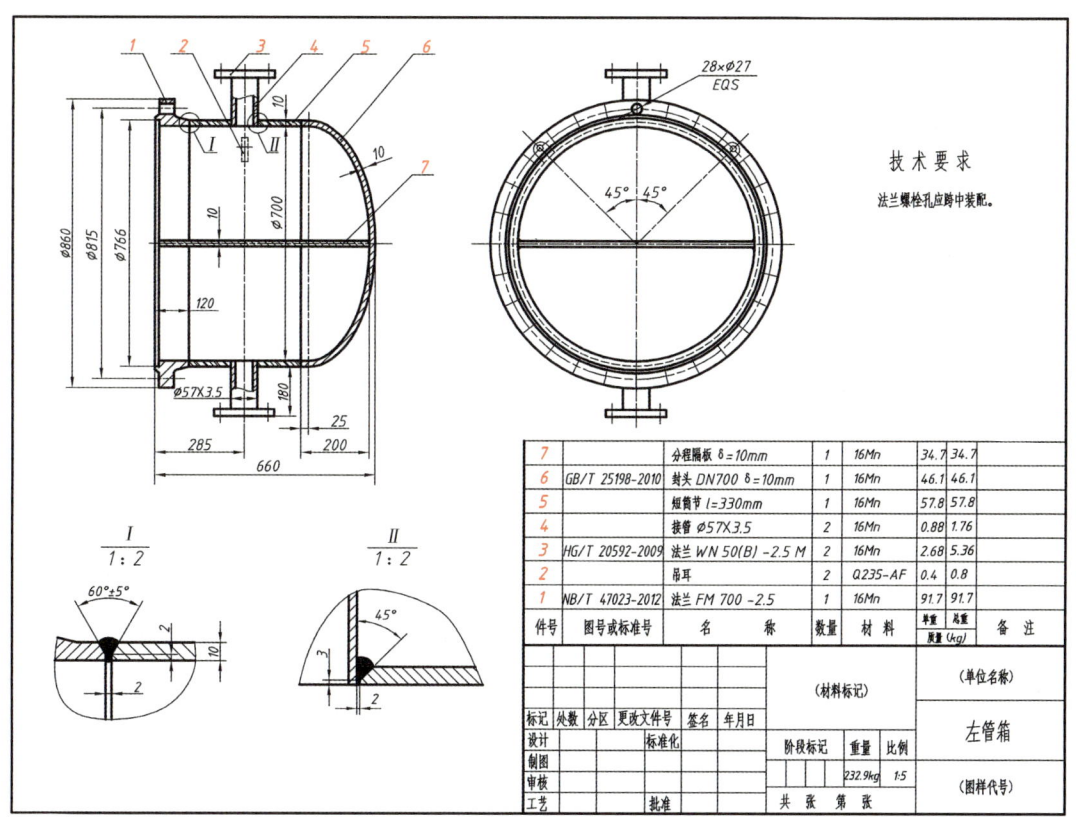

7		分程隔板 $\delta=10mm$	1	16Mn	34.7	34.7	
6	GB/T 25198-2010	封头 DN700 $\delta=10mm$	1	16Mn	46.1	46.1	
5		短筒节 $l=330mm$	1	16Mn	57.8	57.8	
4		接管 $\phi57\times3.5$	2	16Mn	0.88	1.76	
3	HG/T 20592-2009	法兰 WN 50(B)-2.5 M	2	16Mn	2.68	5.36	
2		吊耳	2	Q235-AF	0.4	0.8	
1	NB/T 47023-2012	法兰 FM 700-2.5	1	16Mn	91.7	91.7	
件号	图号或标准号	名　　称	数量	材料	单重 总重 质量(kg)		备注

技术要求

法兰螺栓孔应跨中装配。

（材料标记）

（单位名称）

左管箱

标记	处数	分区	更改文件号	签名	年月日
设计			标准化			阶段标记	重量	比例	
制图							232.9kg	1:5	
审核									（图样代号）
工艺			批准			共 张 第 张

图 6-22　管箱部件装配图

1. 一组视图

用来表达装配体的工作原理、零件间的装配关系、连接方式及主要零件的结构形状等。

图 6-22 所示管箱是由封头、短筒节、容器法兰(件号1)、接管、管法兰(件号3)、分程隔板、吊耳共计7种零件组成的部件,其立体图如图 6-23所示。根据结构特点,该管箱主要采用主视图和左视图两个视图表达,主视图采用全剖视图(其中接管采用局部剖),表达各零件间的装配连接关系,各零件均采用焊接方式连接;左视图表达各零件结构在圆周方向的位置关系。另外,还用两个局部放大图表达法兰与短筒节的对接接头和接管与短筒节的角接接头的结构。

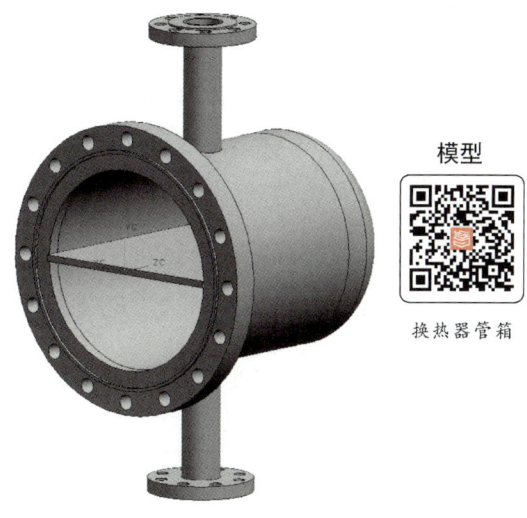

模型

换热器管箱

图 6-23　管箱立体图

2. 必要的尺寸

装配图与零件图的用途不同,在图样上标注尺寸的要求也不同。装配图上不需要标注每个零件的尺寸,只需注出下列几种尺寸。

(1) 规格(性能)尺寸　表示装配体规格、性能和特征的尺寸,是设计和选用部件的主要依据。如图 6-22 中管箱的内径 ϕ700,壁厚 10。

(2) 装配尺寸　表示零件之间装配关系的尺寸。如图 6-22 所示下方接管与法兰端面之间的定位尺寸 285,接管的外伸长度 180。

(3) 安装尺寸　表示将部件安装到机器上或将整机安装到基座上所需的尺寸。如图 6-22 中法兰上螺栓孔的排布定位圆 ϕ815。

(4) 外形尺寸　表示装配体外形轮廓的大小,即总长、总宽和总高尺寸,为包装、运输、安装所需的空间大小提供依据。如图 6-22 所示管箱的总长 660,总宽为最大直径 ϕ860,总高 1 080($700+2\times10+2\times180$)可不标注。

除上述尺寸外,有时还要标注其他尺寸,如主要零件的重要结构尺寸(接管尺寸 ϕ57×3.5,封头总深度 200 和直边长度 25)、放大图中焊缝的结构尺寸等。

3. 技术要求

用符号、代号或文字说明装配体在装配、安装、调试等方面应达到的技术指标称为技术要求。由于装配体的性能、用途各不相同,其技术要求也不同。装配图中的技术要求一般是从装配要求考虑,如图 6-22 所示。

4. 零部件序号、明细栏及标题栏

为了便于识图和生产管理,对装配图中所有零部件均需编号。同时,在标题栏上方的明细栏中将图中序号对应的零部件信息全部列出。

(1) 零部件序号及其编排方法　在装配图中,必须对每个零部件编号,并在明细栏中依次列出零部件序号、代号、名称、数量、材料、质量等,以便统计零部件数量,安排生产的准备工作。同时,在看装配图时,也是根据零部件序号查阅明细栏,了解零部件的名称、材料和数量。

零部件序号由点、指引线、横线和序号组成,指引线和横线用细实线绘制,如图 6-24 所示。

相同的零部件只对其中一个进行编号,其数量填写在明细栏内,如图 6-22 中序号 2、3、4。一组紧固件或装配关系清楚的零件组,可采用公共的指引线编号,如图 6-24 中序号 6、7、8 的形式。

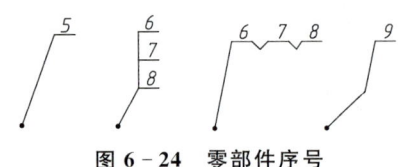

图 6-24　零部件序号

各指引线不能相交,当引线通过剖面线区域时,不应与剖面线平行。指引线可以画成折线,但只可曲折一次,如图 6-24 中序号 9。

零部件序号应按顺时针(或逆时针)方向顺序编号,并沿水平和垂直方向排列整齐。

(2) 明细栏　明细栏是机器或部件中全部零件的详细目录,画在装配图右下角的标题栏上方。明细栏应按零部件序号由下而上顺序填写,栏中的编号与装配图中的零部件序号必须一致。填写时若标题栏上方位置不够,可在标题栏左侧续编。明细栏具体填写内容如

126

图 6 - 22 所示。

（3）标题栏　装配图的标题栏格式与零件图相同,应符合国标的规定。

二、装配图的表达方法

1. 装配图的规定画法

（1）两相邻零件的接触面或配合面,只画一条共有的轮廓线;非接触面和非配合面分别画出两条各自的轮廓线。

（2）在剖视图中,两个零件邻接时,不同零件的剖面线方向要相反,或方向一致且间隔不等;但同一零件在各视图中的剖面线方向和间隔应保持一致。

（3）在装配图中,对于紧固件以及轴、键、销等实心零件,若按纵向剖切,且剖切平面通过其对称平面或轴线时,这些零件均按不剖绘制。

2. 装配结构的合理性

在设计和绘制装配图的过程中,必须要考虑装配结构的合理性,以保证机器、设备和部件的性能,并使零件连接可靠,加工、装拆方便。常见装配结构的合理性设计如下。

（1）当两个零件接触时,在同一方向上只能有一个接触面或配合面,如图 6 - 25 所示。

（2）当孔和轴配合时,为保证轴肩端面与孔端面接触,应在孔的接触端面加工倒角,或在轴肩处加工退刀槽,如图 6 - 26 所示。

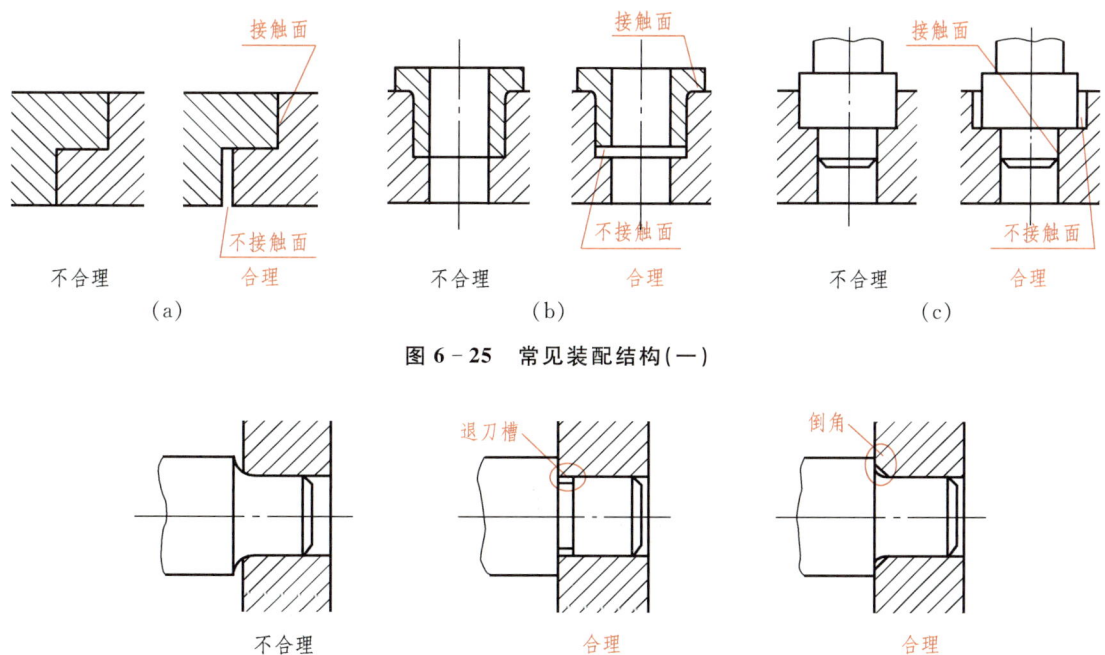

图 6 - 25 常见装配结构（一）

图 6 - 26 常见装配结构（二）

模块二

化工设备图样

工程制图基础知识的学习,为图样表达和绘制奠定了一定的基础。但是,作为从事化工生产与技术工作的专业人员,具备化工专业图样(简称化工图样)的绘制和识读能力才是学习本课程的目的。不论是化工厂或化工车间,甚至一套装置,在其设计的过程中,都是利用工程制图的方法,以图纸、表格及必要的文字说明来表达工艺流程、技术装备等各种信息的。并且,在化工厂的建设施工、设备的制造安装及后续的生产过程中,更是离不开化工图样的指导。

化工图样可分为化工机器图、化工设备图和化工工艺图。化工机器是指压缩机、鼓风机、泵和离心机等定型设备,化工机器图除部分在防腐方面有特殊要求外,基本上属于机械图样的表达范畴,本书不做介绍。

由于化工设备的结构特点,其图样表达时,除了采用与一般机械图样相同的内容与表达方法外,还有其特有的一些规定内容和表达方法。化工图样的绘制既要参考GB(国家标准),还要参照 HG(化工行业标准)、JB(机械行业标准)及 NB(能源行业标准)等标准。

第七章 化工设备通用零部件

化工设备是指在化工产品生产过程中,完成分离、合成、干燥、结晶、过滤、吸收、萃取、澄清等生产单元的装置。一般来说,根据设备的结构和功能特点,将其分成四大类典型设备:贮罐、换热器、反应器(釜)、塔器等。不同类别的设备,其图样表达有各自的特点和方法。

化工设备为适应各种复杂条件下的安全运行,大多采用焊接方式构成,其零部件的种类和规格很多,一类是通用零部件,另一类是各种典型设备的常用零部件。各种零部件连接构成设备,基本结构如图7-1所示。

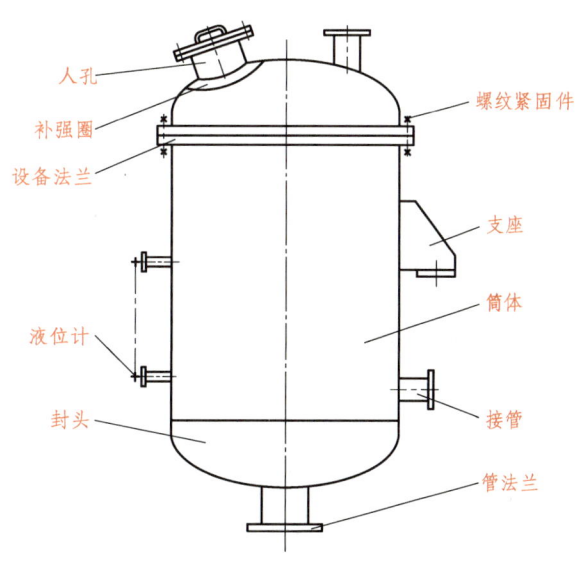

图7-1 化工设备基本结构简图

第一节 概 述

一、化工设备的分类

化工设备的种类很多,可以按照不同的分类方式进行分类。鉴于结构特点上的一些共性,对其图样表达按照四类典型设备分别加以介绍。

1. 贮罐

贮罐是用于储存原料、中间产品和成品等的容器,包括计量罐、缓冲罐、混合罐、包装罐等。贮罐的形状有圆柱形、球形等,其中圆柱形容器应用最广。

2. 反应器

反应器为物料进行化学反应,或使物料进行搅拌、沉降、换热等操作提供场所。反应器的形式很多,这里主要介绍带有搅拌装置的反应釜。

3. 换热器

换热器用丁对两种不同温度的介质进行热量交换,从而使物料被加热或被冷却。目前,管壳式换热器应用最为广泛。

4. 塔器

塔器是指用于吸收、精馏、萃取等化工单元操作的高大、细长形立式设备。

四类典型化工设备如图 7-2 所示。

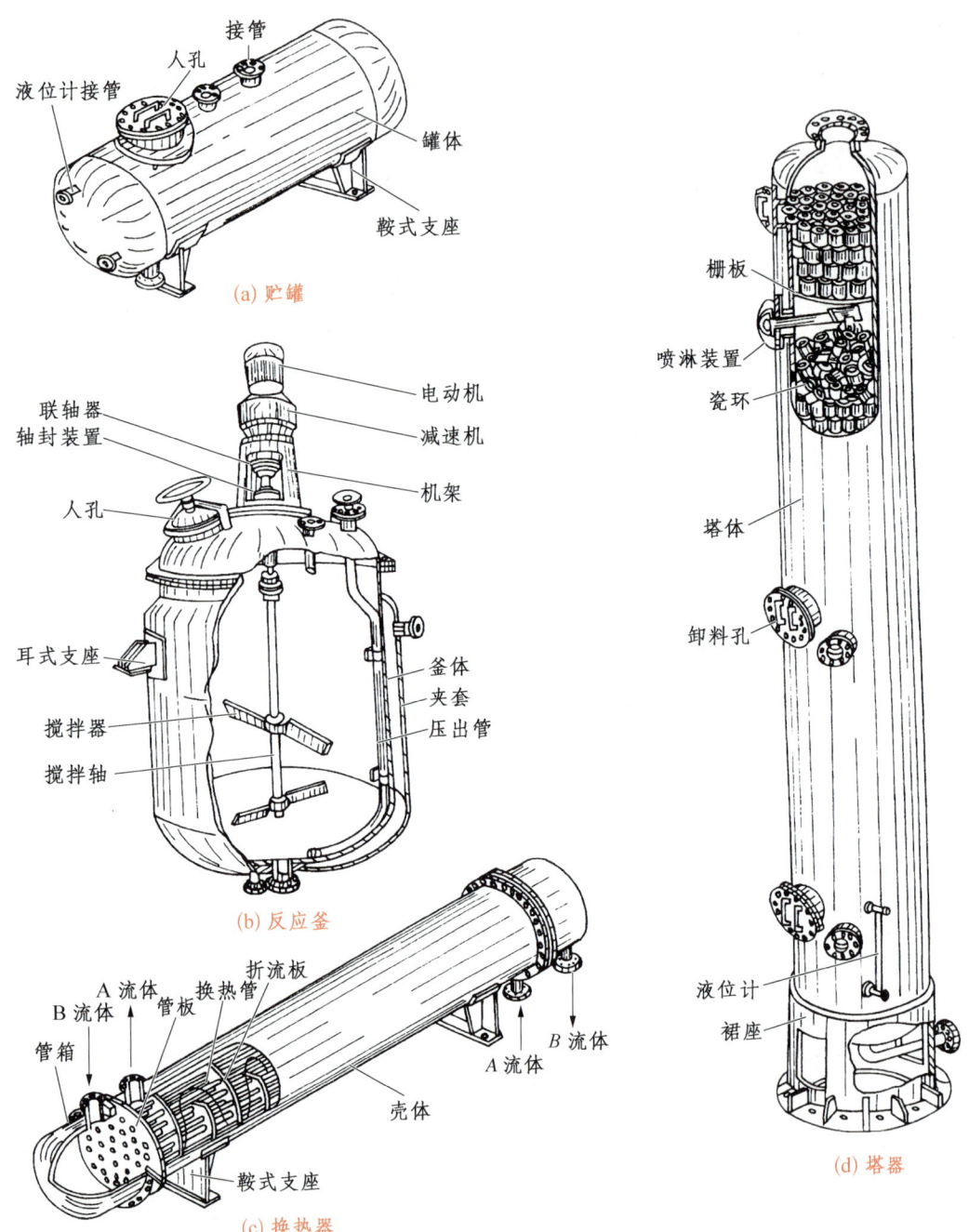

(a) 贮罐

(b) 反应釜

(c) 换热器

(d) 塔器

图 7-2　四类典型化工设备的直观图

二、化工设备的结构特点

贮罐、反应器、换热器和塔器四类典型化工设备虽然内件结构、尺寸大小、安装方式和功能各不相同,但设备的基本形状、结构特征及所采用的标准化通用零部件都有着共同的特点。

1. 基本形体以回转体为主

化工设备的容器外壳,要求承压性能好,加工制造方便、省料。因此,设备的主体结构(如筒体、封头)以及一些零部件(如人孔、手孔、接管等)多采用圆柱、圆锥、圆球和椭球等回转型曲面。

2. 结构尺寸大小相差悬殊

设备的高(或长)径比大。设备的总体尺寸(如长、高、直径)与壳体壁厚或其他细部结构尺寸大小相差悬殊。大尺寸可大至几米,甚至几十米,而小尺寸可能只有几毫米。

3. 壳体上开孔和接管多

为了满足化工工艺的需要,在设备壳体(筒体和封头)上,有众多的开孔和接管口,如进(出)料口、放空口、排液口、观察孔、人(手)孔,及温度、压力、液位、取样等检测口,用以连接管道或安装仪表等。

4. 广泛采用标准化零部件

化工设备中许多通用的零部件都已标准化、系列化,如封头、支座、管法兰、设备法兰、人(手)孔、视镜、液位计、补强圈等。另外,典型化工设备中的一些常用零部件也有相应的标准,如搅拌器、填料箱、波形膨胀节、浮阀、泡罩等。零件的标准化可增加零件的互换性,便于设备的设计、制造和维修。

5. 大量采用焊接结构

化工产品的生产条件相对比较苛刻,设备一般都是在具有一定温度、压力、防腐、防泄漏等要求的条件下工作,故设备主体结构及零部件的安装大都采用焊接结构。焊接结构多是化工设备一个突出的特点。

6. 防泄漏安全结构要求高

对于处理有毒、易燃、易爆介质的设备,密封结构要好,安全装置要可靠,以免发生"跑、冒、滴、漏"及爆炸等危险性事故。因此,化工设备不仅要对焊接结构中的焊缝进行严格的检验,还对各连接面的密封结构提出较高要求。

第二节 化工设备通用零部件

图 7-1 所示化工设备的外壳,其基本结构主要由筒体、封头、接管及管法兰、人孔、支座、液位计等零部件所构成,这些零部件在各种化工设备上几乎都有,并且大多已经标准化、系列化。化工通用零部件的选型参数主要为公称直径(DN)和公称压力(PN)。

一、筒体

筒体是化工设备的主体结构。一般来说,当直径≥300 mm 时可由钢板卷焊而成;当直径<500 mm 时,可以直接使用无缝钢管作为筒体。筒体较长时,可由多个筒节焊接组成。筒体的主要尺寸是直径、壁厚和高度,壁厚由强度计算决定,直径和高度由工艺计算决定,但筒体直径应由计算值圆整后,符合 GB/T 9019—2015《压力容器公称直径》标准中所规定的尺寸系列,见表 7-1。当筒体由钢板卷焊而成时,其公称直径以筒体内径为基准;当采用无缝钢管作筒体时,公称直径以筒体外径为基准,见表 7-2。

表 7-1 压力容器公称直径(内径为基准)   mm

公称直径									
300	350	400	450	500	550	600	650	700	750
800	850	900	950	1 000	1 100	1 200	1 300	1 400	1 500
1 600	1 700	1 800	1 900	2 000	2 100	2 200	2 300	2 400	2 500
2 600	2 700	2 800	2 900	3 000	3 100	3 200	3 300	3 400	3 500
3 600	3 700	3 800	3 900	4 000	4 100	4 200	4 300	4 400	4 500
4 600	4 700	4 800	4 900	5 000	5 100	5 200	5 300	5 400	5 500
5 600	5 700	5 800	5 900	6 000	6 100	6 200	6 300	6 400	6 500
6 600	6 700	6 800	6 900	7 000	7 100	7 200	7 300	7 400	7 500
7 600	7 700	7 800	7 900	8 000	8 100	8 200	8 300	8 400	8 500
8 600	8 700	8 800	8 900	9 000	9 100	9 200	9 300	9 400	9 500
9 600	9 700	9 800	9 900	10 000	10 100	10 200	10 300	10 400	10 500
10 600	10 700	10 800	10 900	11 000	11 100	11 200	11 300	11 400	11 500
11 600	11 700	11 800	11 900	12 000	12 100	12 200	12 300	12 400	12 500
12 600	12 700	12 800	12 900	13 000	13 100	13 200			

注:本标准并不限制在本标准直径系列外其他直径圆筒的使用。

表 7-2 压力容器公称直径(外径为基准)　　　mm

公称直径	150	200	250	300	350	400
外　　径	168	219	273	325	356	406

筒体的标记示例:

[例 7-1] 公称直径 DN2800 GB/T 9019—2015

表示圆筒内径为 2 800 mm。

二、封头

封头是设备的重要组成部分,它与筒体一起构成设备的壳体。封头与筒体有两种连接方式:一种是直接焊接,形成不可拆卸连接,如贮罐的筒体与封头;一种是用法兰连接,形成可拆卸连接,如换热器筒体与封头的连接方式。

常见的封头有半球形、椭圆形、球冠形、碟形、锥形及平板封头等型式,如图 7-3 所示,GB/T 25198—2023《压力容器封头》规定了上述封头的基本参数。一般应用最为广泛的是长轴为短轴 2 倍的标准椭圆形封头,以内径为基准的标准椭圆形封头代号为 EHA,以外径为基准的标准椭圆形封头代号为 EHB,直边段高度(h)有 25 mm(DN≤2 000 mm)和 40 mm(DN>2 000 mm)两种。

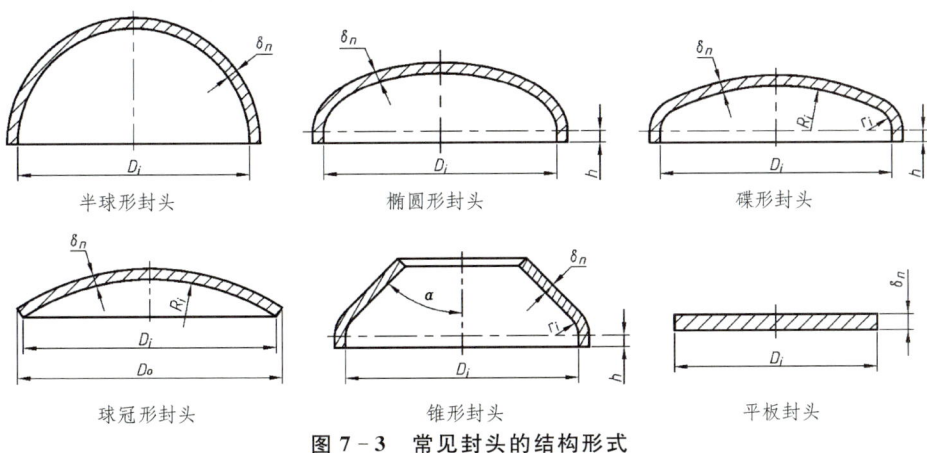

半球形封头　　　椭圆形封头　　　碟形封头

球冠形封头　　　锥形封头　　　平板封头

图 7-3 常见封头的结构形式

封头的标记示例:

[例 7-2] EHA 1 000×12(10.4)—Q345R GB/T 25198—2023

表示公称直径为 1 000 mm,封头名义厚度 12 mm、成形厚度 10.4 mm、材质为 Q345R 的以内径为基准的标准椭圆形封头。

三、人孔与手孔

人孔与手孔是为了安装、拆卸、清洗和检修设备内部的构件,其基本结构如图 7-4 所示。手孔应使戴着手套并握有工具的手能方便地通过,标准化手孔的公称直径有 $DN150$、$DN250$ 两种。当设备的直径≥800 mm 时,应开设人孔。人孔的形状有圆形和椭圆形两种:圆形人孔制造方便,应用较为广泛;椭圆形人孔制造较困难,但对壳体强度削弱较小。人孔的大小及位置以工作人员进出设备方便为原则,但考虑到开孔对壳体强度的削弱,人孔尺寸应尽量小。直径较大、压力较高的设备,一般选用 $DN450$ 的人孔;严寒地区的室外设备或有较大内件进出人孔的设备,可选用 $DN500$ 或 $DN600$ 的人孔。在设备使用过程中需要经常开启的人孔,可选用快开式人孔。

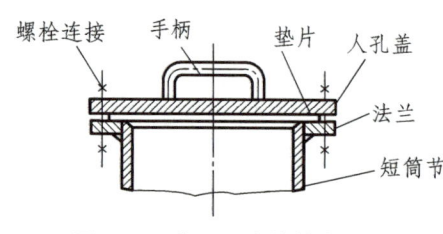

图 7-4　人(手)孔的基本结构

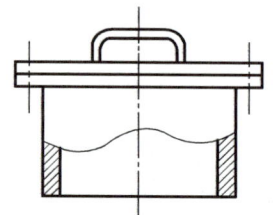

图 7-5　人(手)孔的简化画法

我国现行的人、手孔标准有两个:一个是 HG/T 21514~21535—2014《钢制人孔和手孔》;另一个是 HG/T 21594~21604—2014《衬不锈钢人孔、手孔》。人、手孔在选型时根据公称直径(DN)和公称压力(PN)两个参数来进行选择,按公称压力有常压、$PN2.5$、$PN6$、$PN10$、$PN16$、$PN25$、$PN40$、$PN63$ 八种,其中 $PN2.5$ 代表的压力等级为 0.25 MPa,其他依此类推。人孔与手孔可以采用简单画法,如图 7-5 所示。

人孔的标记示例:

[例 7-3]　人孔　Ⅰ　b(A-XB350)　450　HG/T 21515

表示公称直径 450 mm,筒节高度 $H_1 = 160$ mm(标准高度,一般省略不标),Ⅰ 类材料,采用石棉橡胶板垫片的常压人孔[b 表示紧固螺栓(柱)代号]。

四、法兰

法兰连接是由一对法兰、密封垫片、螺栓、螺母、垫圈等零件组成的一种可拆式连接,如图 7-6 所示。法兰连接具有较好的连接强度和密封性,其密封是通过法兰密封面的设计和密封垫片来实现。法兰分为两种:管法兰和压力容器法兰。标准法兰选型的主要参数也是公称直径(DN)和公称压力(PN)。管法兰的公称直径为所连接管子的公称直径,压力容器法兰的公称直径为所连接筒体(或封头)的内径。公称压力是指一定材料制造的法兰在一定温度下的最大工作压力,通常是以 Q345R 材质的法兰在 200℃时的最大工作压力作为公称压力的基础,当工作温度和材质不同时,选型中要适当调整压力等级。

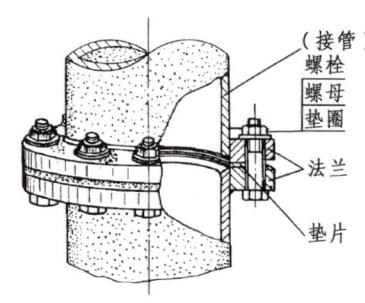

图 7-6　管法兰连接

1. 管法兰

管法兰用于设备上接管与外部管道或管道与管道的连接。现行的管法兰标准有两个：一个是国家标准 GB／T 9112～9124—2019《钢制管法兰》，另一个是化工行业标准 HG／T 20592～20635—2009《钢制管法兰、垫片、紧固件》。我国化工行业优先选用 HG／T 20592～20635—2009，该标准包括了国际通用的两大管法兰、垫片和紧固件标准系列：PN 系列(欧洲体系)和 Class 系列(美洲体系)，其中 HG／T 20592～20614—2009 属 PN 系列标准，HG／T 20615～20635—2009 属 Class 系列标准。HG 标准 PN 系列管法兰共规定了八种不同类型的管法兰和两种法兰盖，如图 7－7 所示。

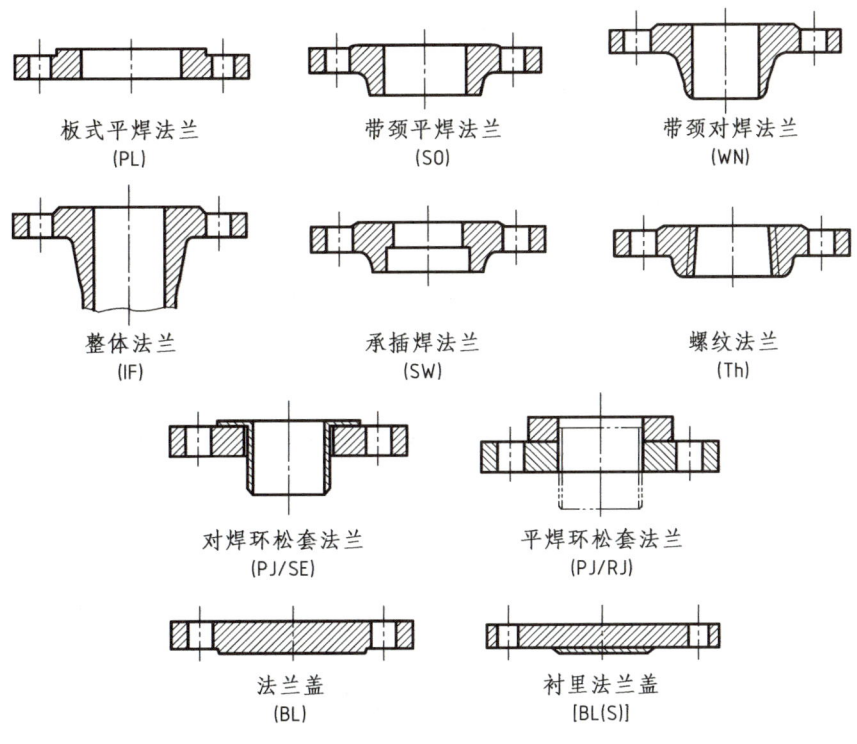

图 7－7　管法兰的类型及其代号

HG 标准 PN 系列管法兰的密封面形式主要有突面(RF)、凹凸面(MFM)、榫槽面(TG)、环连接面(RJ)和全平面(FF)五种，如图 7－8 所示。通常突面和全平面密封的密封面为平面，常用于压力较低的场合；凹凸面密封的密封效果比平面密封好；榫槽面密封的密封效果比凹凸面密封好，但加工和更换较困难；环连接面的密封面常用于高压设备上。此标准中共规定了 $PN2.5$、$PN6$、$PN10$、$PN16$、$PN25$、$PN40$、$PN63$、$PN100$、$PN160$ 九个压力等级的管法兰。

管法兰的标记示例：

[**例 7－4**]　HG／T 20592 法兰 PL 300(B)-6　RF　Q235A

表示公称通径 300 mm，公称压力 0.6 MPa，配用公制管的突面板式平焊钢制管法兰，法

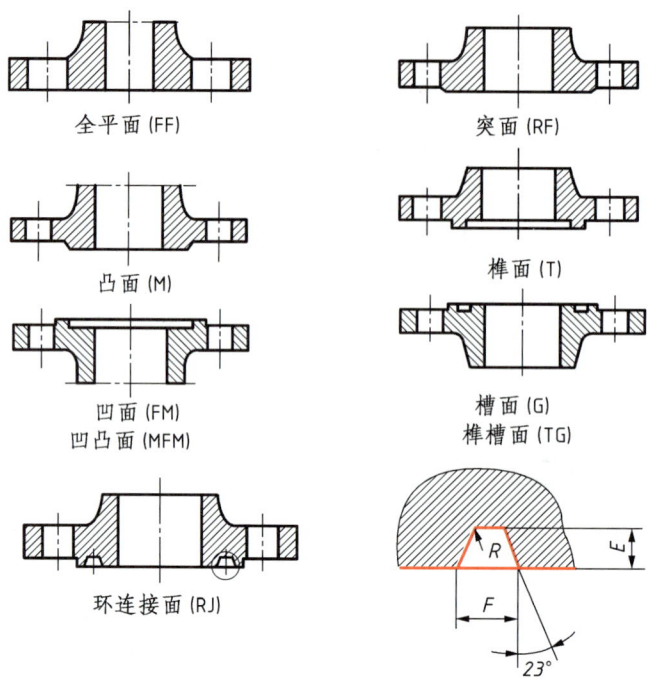

全平面 (FF)

突面 (RF)

凸面 (M)

榫面 (T)

凹面 (FM)
凹凸面 (MFM)

槽面 (G)
榫槽面 (TG)

环连接面 (RJ)

图 7 – 8　管法兰的密封面形式

兰的材料为 Q235A。(注：B 系列表示公制管尺寸，A 系列表示英制管尺寸，英制可省略 A)

[例 7 – 5]　HG／T 20592 法兰 WN 40 – 63　G　316

表示公称通径 40 mm，公称压力 6.3 MPa，配用英制管的槽面带颈对焊钢制管法兰，法兰的材料为 316 钢。

2. 压力容器法兰

压力容器法兰又称设备法兰，用于以内径为公称直径的筒体与封头或筒体与筒体的连接。压力容器法兰根据承载能力的不同，分为甲型平焊法兰、乙型平焊法兰和长颈对焊法兰，其密封面形式有平面密封、凹凸面密封、榫槽面密封三种。其中，甲型平焊法兰只有平面型与凹凸面型，乙型与长颈法兰则三种密封面形式都有，如图 7 – 9 所示。

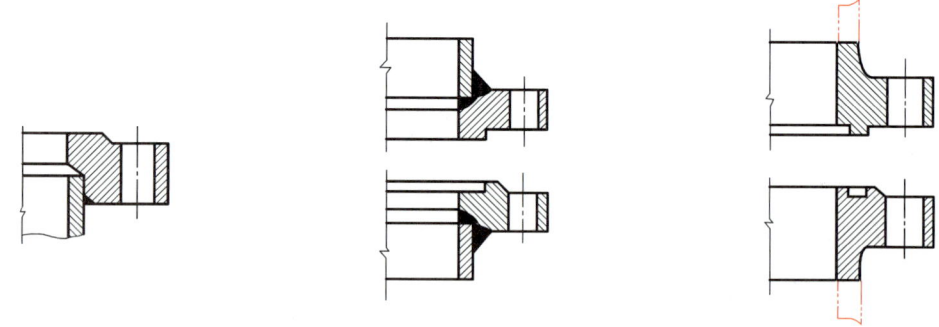

(a) 平面密封的甲型平焊法兰　　　(b) 凹凸面密封的乙型平焊法兰　　　(c) 榫槽面密封的长颈对焊法兰

图 7 – 9　压力容器法兰的结构与密封面形式

压力容器法兰的主要性能参数有公称直径、公称压力、密封面形式、材料和法兰结构型式等。NB/T 47020～47027—2012《压力容器法兰、垫片、紧固件》标准中规定了法兰的分类及代号等。压力容器法兰的公称压力是在规定的设计条件下，在确定法兰结构尺寸时所采用的设计压力，共分成 7 个等级，即 0.25 MPa、0.6 MPa、1.0 MPa、1.6 MPa、2.5 MPa、4.0 MPa、6.4 MPa，表 7-3 中列出了各种不同类型压力容器法兰的适用条件。

压力容器法兰标记示例：

[例 7-6]　法兰 C—FM　600-1.6　NB/T 47021—2012

表示公称直径 600 mm，公称压力 1.6 MPa 的衬环凹凸面密封甲型平焊法兰的凹面法兰。

表 7-3　压力容器法兰分类选型表（摘自 NB/T 47020—2012）

类型	平 焊 法 兰			对 焊 法 兰	
	甲 型	乙 型		长 颈	
简图					

公称直径 DN/mm	公称压力 PN/MPa														
	0.25	0.60	1.00	1.60	0.25	0.60	1.00	1.60	2.50	4.00	0.60	1.00	1.60	2.50	4.00	6.40
300	按PN=1.00															
350																
400																
450	按PN=1.00															
500																
550																
600																
650																
700																
800																
900																
1 000																
1 100																
1 200																
1 300																
1 400																
1 500																
1 600																
1 700																
1 800																
1 900																
2 000																
2 200				按PN=0.6												
2 400																
2 600																
2 800																
3 000											—	—	—	—		

[**例7-7**] 法兰 T 1200-2.5/94-195 NB/T 47023—2012

表示公称直径1 200 mm,公称压力2.5 MPa的榫槽面密封长颈对焊法兰的榫面法兰,其中法兰厚度改为94 mm(标准厚度为84 mm),法兰总高度保持不变,仍然是195 mm。

五、支座

设备支座的作用是支承设备的重量和固定设备的位置,一般分为立式设备支座、卧式设备支座和球形容器支座三大类。在化工设备中常用的标准化支座有耳式支座、鞍式支座、支承式支座和腿式支座等,其结构如图7-10所示。

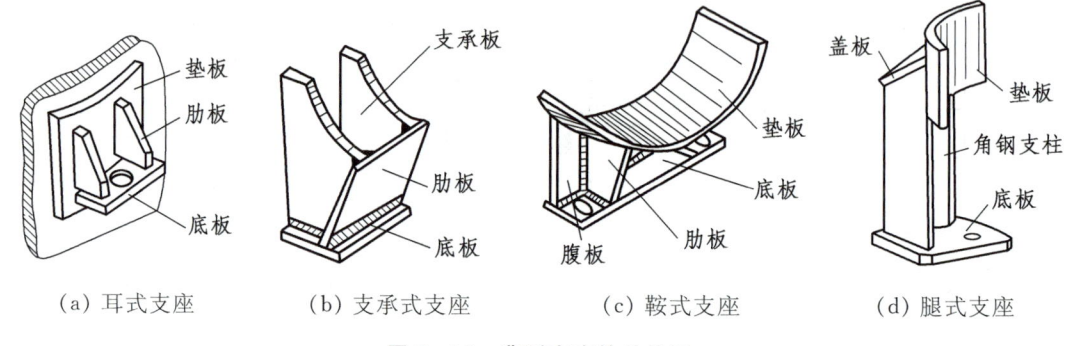

（a）耳式支座　　（b）支承式支座　　（c）鞍式支座　　（d）腿式支座

图7-10　典型支座的结构图

1. 耳式支座(NB/T 47065.3—2018)

耳式支座适用于公称直径不大于4 000 mm的立式圆筒形容器,有A型(短臂)、B型(长臂)和C型(加长臂)三种类型,A型用于不带保温层的设备,B型和C型用于带保温层的设备,其型式特征见表7-4。耳式支座由两块肋板、一块底板、一块垫板和一块盖板(有些类型无盖板)焊接而成,如图7-11所示。肋板与筒体之间加垫板是为了改善支承的局部应力情况;底板上有螺栓孔,以便用螺栓固定设备。耳式支座被焊接在设备周围,支撑面约设置在立式容器总高的下1/3处,一般均匀布置四个,安装后使设备保持悬挂,小型设备也可安装两个或三个支座。

表7-4　耳式支座的型式特征(摘自NB/T 47065.3—2018)

型	式	支座号	垫板	盖板	适用公称直径 DN/mm	说 明
短 臂	A	1~5	有	无	300~2 600	垫板材料一般与容器材料相同;支座的肋板和底板材料有3种:Q235B(代号Ⅰ);S30408(代号Ⅱ);15CrMoR(代号Ⅲ)
		6~8		有	1 500~4 000	
长 臂	B	1~5	有	无	300~2 600	
		6~8		有	1 500~4 000	
加长臂	C	1~3	有	有	300~1 400	
		4~8		有	1 000~4 000	

耳式支座标记示例:

[**例 7 - 8**]　NB／T 47065.3—2018,耳式支座 A3－Ⅰ
　　　　　　材料:Q235B／Q245R

表示 A 型,3 号耳式支座,支座材料为 Q235B,垫板材料为 Q245R。

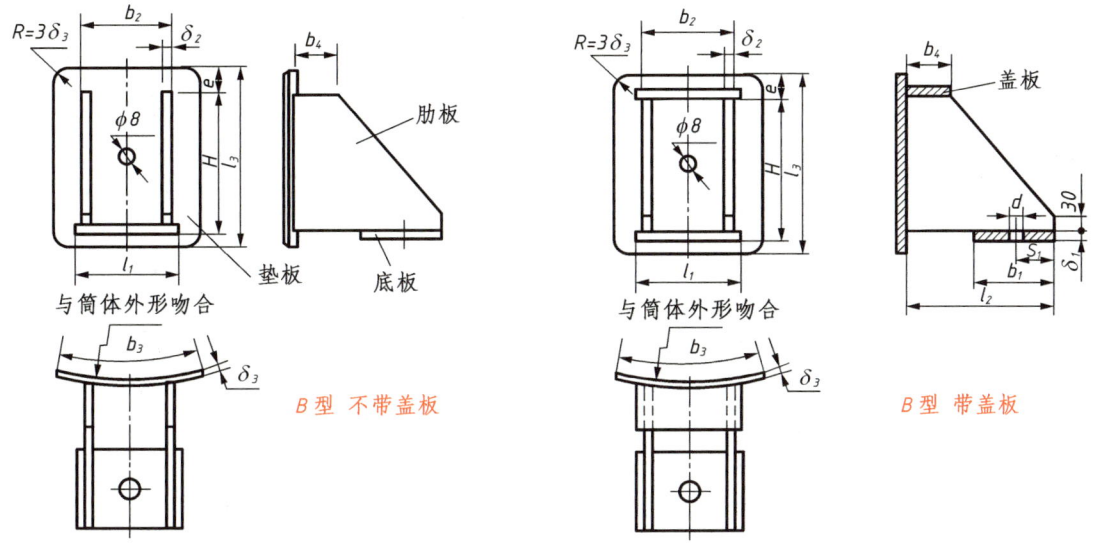

图 7 - 11　B 型耳式支座示意图

[**例 7 - 9**]　NB／T 47065.3—2018,耳式支座 B3－Ⅰ , $\delta_3 = 12$
　　　　　　材料:Q245R／S30408

表示 B 型,3 号耳式支座,支座材料为 Q245R,垫板材料为 S30408,垫板厚 12 mm。

2. 鞍式支座(NB／T 47065.1—2018)

鞍式支座是卧式设备中应用最广的一种支座,常用于换热器和贮罐。卧式设备一般用两个鞍座支承,当设备过长,超过两个支座允许的支承范围时,应增加支座数目。

鞍式支座有 A 型(轻型)和 B 型(重型)两种,其型式特征见表 7 - 5。每种类型又有 F 型(固定式)和 S 型(滑动式)。F 型和 S 型的区别在于地脚螺孔的形式,F 型是圆形孔,S 型是长圆形孔,如图 7 - 12 所示。通常一对鞍座要求 F 型和 S 型配对使用,当容器因温差膨胀或收缩时,S 型(滑动式)支座可以在基础座上滑动,以调节两支座间的距离,不致使容器受附加应力的作用。

鞍座标记示例:

[**例 7 - 10**]　NB／T 47065.1—2018,鞍座 BⅡ 1600—S,$h = 400$,$\delta_4 = 12$,$l = 60$
　　　　　　　材料栏内注:Q235B／S30408

表示公称直径为 1 600 mm,支座包角为 150°,重型滑动鞍座,鞍座材料为 Q235B,垫板材料为 S30408,鞍座高度为 400 mm,垫板厚度为 12 mm,滑动长孔长度为60 mm。

表 7 - 5 鞍式支座的型式特征(摘自 NB /T 47065.1—2018)

型　式			包　角	垫　板	肋板数	适用公称直径 DN / mm
轻型	焊制	A	120°	有	4	1 000～2 000
					6	2 100～4 000
						4 100～6 000
重型	焊制	BⅠ	120°	有	1	168～406
						300～450
					2	500～950
					4	1 000～2 000
					6	2 100～4 000
						4 100～6 000
		BⅡ	150°	有	4	1 000～2 000
					6	2 100～4 000
						4 100～6 000
		BⅢ	120°	无	1	168～406
						300～450
					2	500～950
	弯制	BⅣ	120°	有	1	168～406
						300～450
					2	500～950
		BⅤ	120°	无	1	168～406
						300～450
					2	500～950

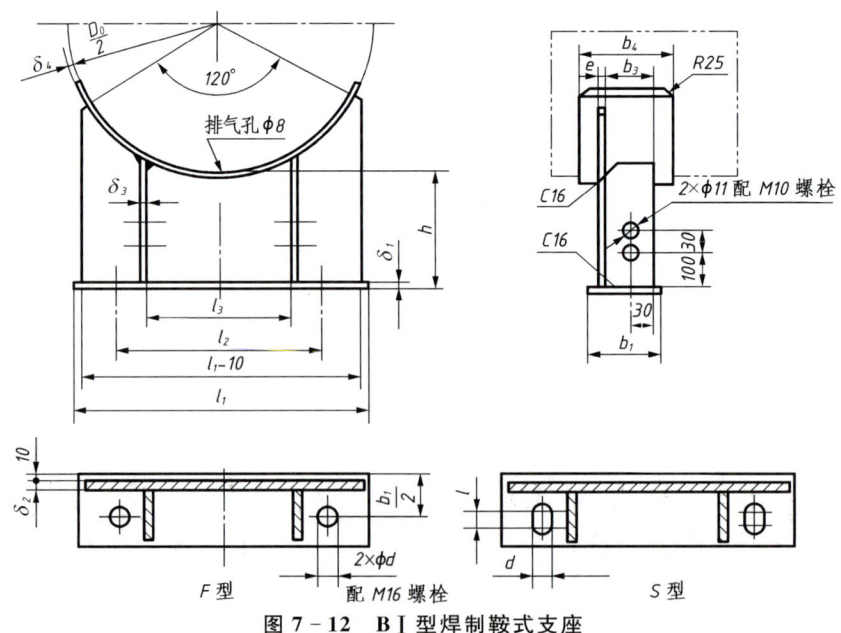

图 7 - 12 BⅠ型焊制鞍式支座

3. 支承式支座(NB/T 47065.4—2018)

支承式支座适用于公称直径 $DN800\sim4\,000$ mm,圆筒高度与公称直径之比 $H/DN\leqslant$ 5,且总高≤10 m 的立式圆筒形设备。支承式支座分为 A、B 两种类型,见表 7-6。A 型由若干块钢板焊成,如图 7-13a 所示;B 型由钢管制作而成,如图 7-13b 所示。一般安装 4 个支承式支座,小型设备可安装 3 个。

表 7-6 支承式支座的型式和特征(摘自 NB/T 47065.4—2018)

型 式		支座号	垫 板	适用公称直径 DN/mm
钢板焊制	A	1~4	有	800~2 200
		5~6		2 400~3 000
钢管制作	B	1~8	有	800~4 000

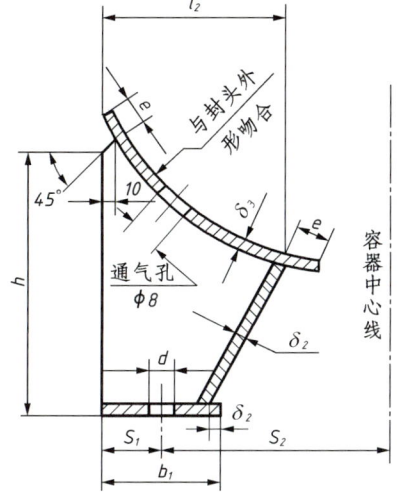
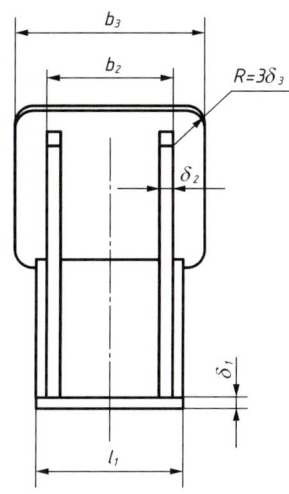

(a) 5~6 号 A 型支承式支座

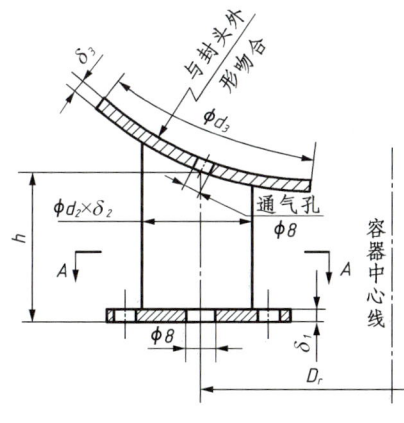
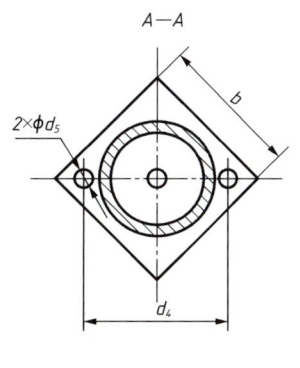

(b) 1~8 号 B 型支承式支座

图 7-13 支承式支座

支承式支座标记示例：

[例7-11]　NB/T 47065.4—2018,支座 A3

材料：Q235B/Q245R

表示钢板焊制的3号支承式支座,支座材料和垫板材料分别为 Q235B 和 Q245R。

[例7-12]　NB/T 47065.4—2018,支座 B4,$h=600$,$\delta_3=12$

材料：10,Q235B/S30408

表示钢管制作的4号支承式支座,支座高度为600 mm,垫板厚度为12 mm,钢管材料为10钢,底板材料为 Q235B,垫板材料为 S30408。

4. 腿式支座(NB/T 47065.2—2018)

腿式支座适用于公称直径 DN300～2 000 mm,高度及直径比较小的立式容器,容器总高小于或等于7 m。腿式支座分 A 型、B 型和 C 型,见表7-7。腿式支座就是将角钢、钢管或 H 型钢直接焊在容器筒体的外圆柱面上,在筒体与支柱之间可以设置加强垫板,也可以不设置加强垫板,其结构如图7-14所示。

表7-7　腿式支座的型式和特征(摘自 NB/T 47065.2—2018)

型　　式		支座号	垫　板	适用公称直径 DN/mm
角钢支柱	AN	1～6	无	300～1 300
	A		有	
钢管支柱	BN	1～6	无	600～1 600
	B		有	
H 型钢支柱	CN	1～6	无	1 000～2 000
	C		有	

腿式支座标记示例：

[例7-13]　NB/T 47065.2—2018,支腿 AN4—900

表示容器公称直径 DN800 mm,角钢支柱腿式支座,不带垫板,支承高度900 mm。

[例7-14]　NB/T 47065.2—2018,支腿 B4—1000—10

表示容器公称直径 DN1 200 mm,钢管支柱腿式支座,带垫板,垫板厚10 mm,支承高度1 000 mm。

六、液位计

液位计是用来观察设备内液面位置的装置,常用的有玻璃管液位计和玻璃板液位计。通常设备上的液位计用细点画线示意表达,并用粗实线在接管口绘制"＋"符号表示其安装位置,如图7-15所示。

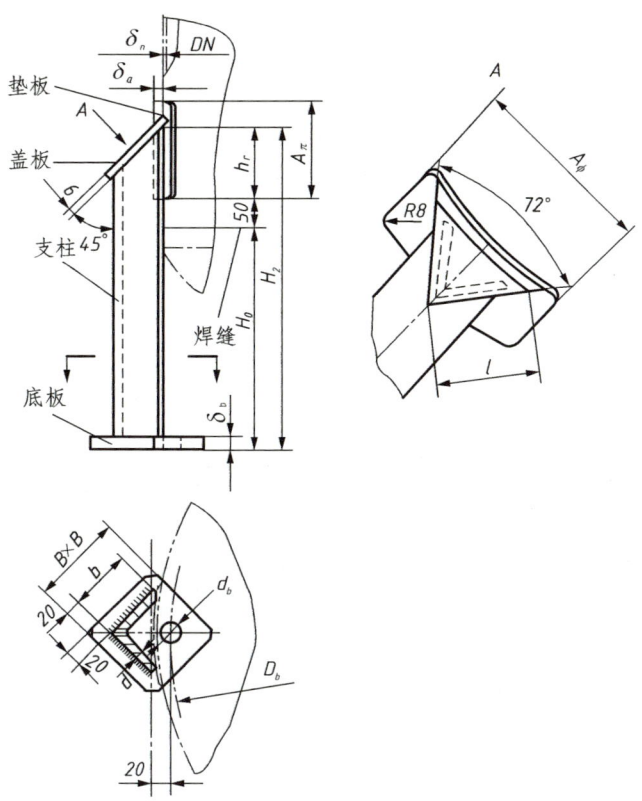

（a）A 型腿式支座　　　　　　　　　　（b）BN 型腿式支座

图 7－14　腿式支座

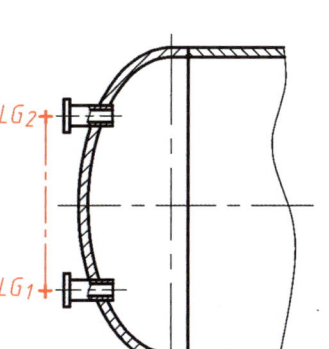
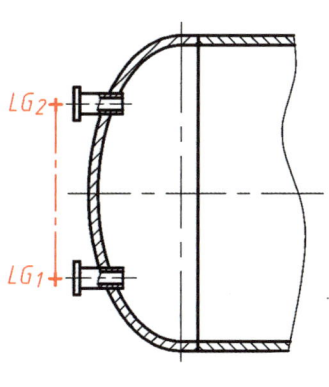

（a）立式设备上液位计　　　　　　　　（b）卧式设备上液位计

图 7－15　液位计简化画法

七、补强圈

在压力容器上开孔会对壳体的强度有所削弱,在开孔较大的情况下需要进行开孔补强计算,来判断是否要对开孔进行补强。如需补强,则按照计算所得的补强面积来选择补强圈,将其焊接在孔的周围。JB/T 4736—2002《补强圈》规定了补强圈内侧 5 种坡口形式,其基本结构如图 7-16 所示。

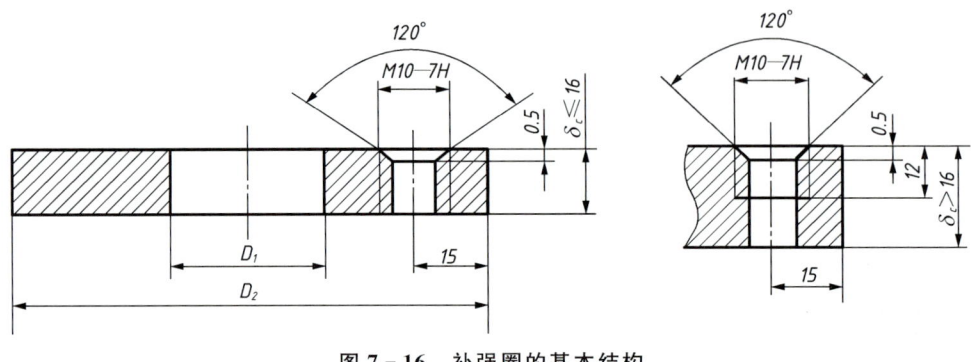

图 7-16　补强圈的基本结构

八、视镜

视镜是用来观察设备内部的物料及其反应情况。行业标准 NB/T 47017—2011《压力容器视镜》规定了压力容器视镜的型式、基本参数、技术条件等,具体规格及系列见表 7-8。该标准适用于公称压力不大于 2.5 MPa、公称直径 50～200 mm、介质最高允许温度为250℃、最大急变温差为230℃的压力容器用视镜。视镜的基本型式如图 7-17a 所示,简化画法如图 7-17b 所示。

表 7-8　压力容器视镜系列(摘自 NB/T 47017—2011)

公称直径 DN/mm	公称压力 PN/MPa				射灯组合形式	冲洗装置
	0.6	1.0	1.6	2.5		
50		√	√	√	不带射灯结构 非防爆型射灯结构	不带冲洗装置
80	—	√	√	√		
100		√	√	√	不带射灯结构	
125	√	√	√		非防爆型射灯结构 防爆型射灯结构	带冲洗装置
150	√	√	√	—		
200	√	√	—			

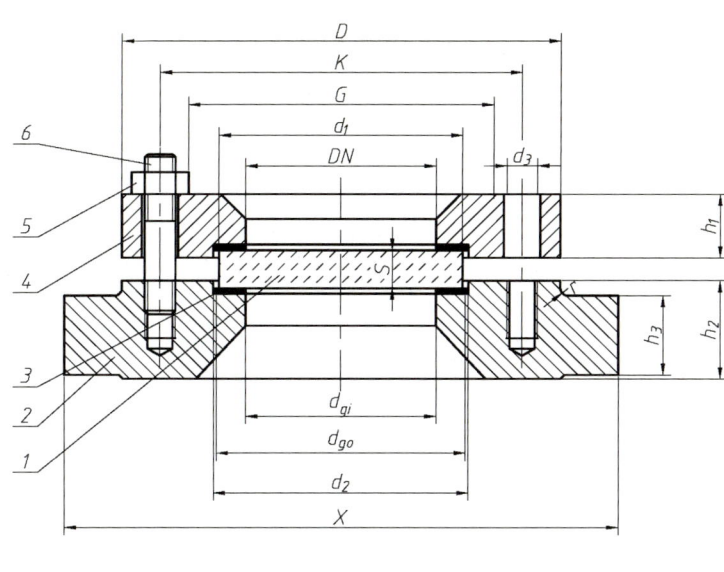

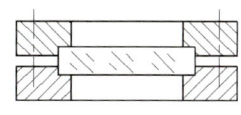

（a）基本型式 　　　　　　　　　　（b）视镜的简化画法

图 7 - 17　视镜

1—视镜玻璃；2—视镜座；3—密封垫；4—压紧环；5—螺母；6—双头螺柱

视镜的标记示例：

［例 7 - 15］　视镜 PN2.5 DN50 Ⅱ - W

表示公称压力 2.5 MPa、公称直径 50 mm、材料为不锈钢（Ⅰ 为碳钢或低合金钢，Ⅱ 为不锈钢）、不带射灯结构、带冲洗装置（W）的视镜。

第八章 化工设备图的绘制

化工设备图是表达化工设备的结构、形状、大小、性能，及制造、安装、检验等技术要求的工程图样。为了完整、清晰、正确地表达化工设备，化工设备图的绘制既要遵守《技术制图》和《机械制图》国家标准的有关规定，又要符合化工行业对于化工设备表达的相关规定和要求。

第一节 化工设备图的种类

供设备制造、安装、生产使用的化工设备图称为设备施工图。一套完整的设备施工图由图纸和技术文件构成。图纸包括装配图、部件图、零件图、零部件图、表格图、标准图（或通用图）、梯子平台图、预焊件图、特殊工具图和管口方位图等；技术文件由技术要求、计算书、说明书和图纸目录构成。化工设备图的主要图样有：

（1）装配图 表示设备的全貌、组成和特性的图样，它表达设备各主要部分的结构特征、装配和连接关系、特征尺寸、外形尺寸、安装尺寸及对外连接尺寸、技术要求等。

（2）部件图 表示可拆或不可拆部件的结构、尺寸，以及所属零部件之间的关系、技术特性和技术要求等资料的图样。

（3）零件图 表示零件的形状、尺寸，以及机械加工、热处理和检验等资料的图样。主要用来表达在装配图中没有表达清楚的非标零件。

（4）零部件图 由零件图、部件图组成的图样。

（5）表格图 用表格表示多个形状相同，尺寸不同的零件的图样。

（6）标准图（或通用图） 指国家有关部门和各设计单位编制的化工设备上常用零部件的标准图或通用图。

（7）梯子平台图 表示支承于设备外壁上的梯子、平台结构的图样。

（8）预焊件图 表示设备外壁上保温材料、梯子、平台、管线支架等安装前在设备外壁上需预先焊接的零部件的图样。

（9）特殊工具图 表示设备安装、试压和维修时使用的特殊工具的图样。

（10）管口方位图 表示设备上管口、支座、吊耳、人孔吊柱、板式塔降液板、换热器折流板缺口位置，地脚螺栓、接地板、梯子及铭牌等方位的图样。

第二节 化工设备的表达方法

一、化工设备装配图的内容

化工设备是由化工设备通用零部件和典型设备常用零部件按照其性能要求连接装配到

一起的,是化工设备设计、制造、安装、使用、维修、改造和技术交流的重要技术文件。一张完整的化工设备装配图如图 8 - 1 所示。它通常包括以下内容。

(1) 一组视图　用一组视图(包括基本视图和一定数量的其他视图)表达设备的结构形状和各零部件间的连接装配关系。

(2) 必要的尺寸　一般只标注设备的规格性能尺寸、装配尺寸、安装尺寸、总体尺寸和其他一些重要的尺寸。

(3) 零部件序号及明细栏　按照一定的格式对构成设备的各个零部件进行编号,然后将对应序号的零部件信息顺次填写在明细栏中,包括零件的序号、名称、标准号或图号、材料、数量、质量、备注等内容。

(4) 管口表　化工设备上管口较多,因此用管口表来列出设备上所有接管的规格尺寸、密封面形式、标准号和用途。

(5) 技术数据表　表示设备的设计数据和通用技术要求。

(6) 技术要求　对装配图,在设计数据表中未列出的技术要求,需以文字条款表示。当设计数据表中已表示清楚时,可不写技术要求。

(7) 标题栏　用来填写设备名称、主要规格、作图比例、图样编号等。

(8) 其他　图中还有一些其他内容,如:签署栏、质量及盖章栏(装配图用)、设备总质量、特殊材料质量、注等。

二、化工设备的表达方法

由于化工设备结构上的特点,决定了其视图表达的特点。

1. 视图配置灵活

由于化工设备的主体结构多为回转体,其基本视图常采用两个视图。立式设备一般为主、俯视图;卧式设备一般为主、左(右)视图,用以表达设备的主体结构。

当设备的长径比较大时,由于图幅有限,俯、左(右)视图难于安排在基本视图位置,可以将其安排在图面的空白处,注明其视图名称,也允许将视图画在另一张图纸上,只要在两张图纸上注明视图关系即可。

当化工设备结构比较简单,且多为标准件时,允许将零件图与装配图画在同一张图纸上。如装配图已表达清楚,也可以不画零件图。

2. 多次旋转的表达方法

设备的回转壳体周围布置有各种管口或其他零部件,为在主视图上清楚地表达它们的形状和沿轴线方向位置,主视图常采用多次旋转的画法,即假想将不在剖切面位置的周向管口及其附件旋转到与主视图所在的投影面平行的位置,然后进行投影。这样使不与设备投影面平行的周向的构件假想旋转到了与投影面平行的位置,从而方便绘图和识读。如图 8 - 2 所示,主视图中人孔 M 是假想由俯视图所示位置逆时针旋转 45°,接管 LG_{1-2} 和 LG_{3-4} 是假想由俯视图所示位置顺时针分别旋转 30° 和 60°,旋转到与正面平行的位置后投

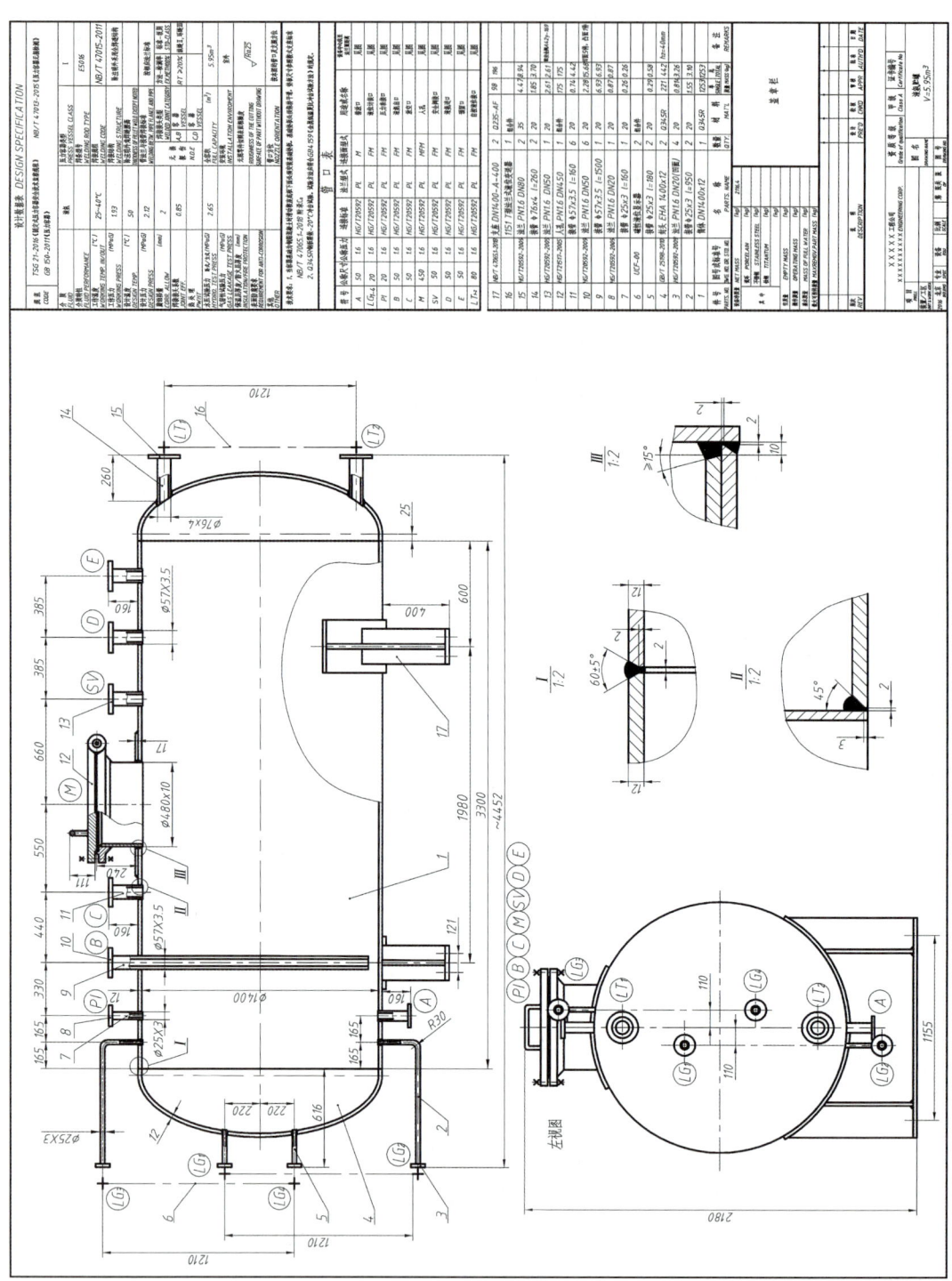

图 8 - 1　贮罐装配图

影得到的。

在化工设备图中采用多次旋转的表达方法时,允许不作任何标注,但这些结构的周向方位必须以俯(左)视图或管口方位图为准。

3. 局部放大图和夸大的表达方法

由于化工设备的各部分结构尺寸相差悬殊,按缩小比例画出的基本视图中,很难把细部结构都表达清楚。因此,化工设备图中较多地使用了局部放大图和夸大的表达方法来表达这些细部结构。

局部放大图是将设备部分结构用大于原图形所采用的比例画出的图形,可用细实线圈出被放大的部位,用罗马数字依次标明放大的部位,并在局部放大图的上方标注出相应的罗马数字和所采用的比例,如图8-1所示的Ⅰ、Ⅱ、Ⅲ三个局部放大图。局部放大图可画成局部视图、剖视图等形式,放大比例可按规定比例,也可不按比例作适当放大,但都要标注。

多数化工设备都是中低压薄壁容器,故其壳体壁厚、接管壁厚及折流板、垫片、隔板的厚度等,在按总体比例缩小后,难以表达出它的厚度,绘制时可作适当的夸大,不按比例绘制;其余细小结构或较小零部件,在基本视图中也允许作适当地夸大画出。

4. 断开或分层画法

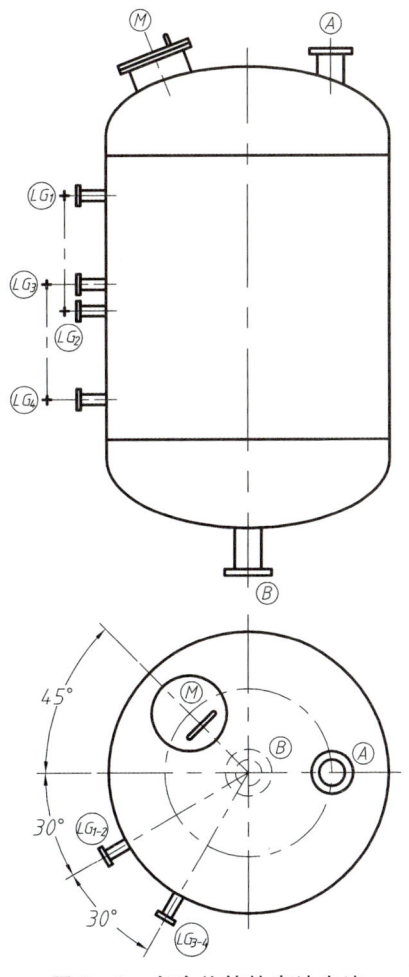

图8-2 多次旋转的表达方法

对于高(长)径比较大的设备,如果其内部构件的形状和结构沿轴线方向相同,或按规律变化时,可以采用断开画法,即用双点画线将设备中重复出现的结构或相同结构断开,缩短图形,以便选用更大的比例作图。如图8-3所示的塔中填料层段采用断开画法(用双点画线)缩短了填料层的绘图高度,但标注尺寸时仍按照填料层的实际高度尺寸进行标注。有些设备(如塔体)形体较长,且不适于用断开画法,为了合理选用比例和充分利用图纸,可把整个设备分成若干段(层)画出,如图8-4所示的塔节采用了分层画法。

5. 整体图

当设备采用断开画法和分层画法造成设备总体形象表达不完整时,可采用缩小比例、单线条画出设备的整体外形图或剖视图来表达设备完整结构,即整体图。在整体图上,应标注设备总高、各主要零部件的定位尺寸及各管口的标高。对于板式塔,塔盘应按顺序从下至上编号,且应注明塔盘间距尺寸。如图8-5所示为板式塔的整体图。

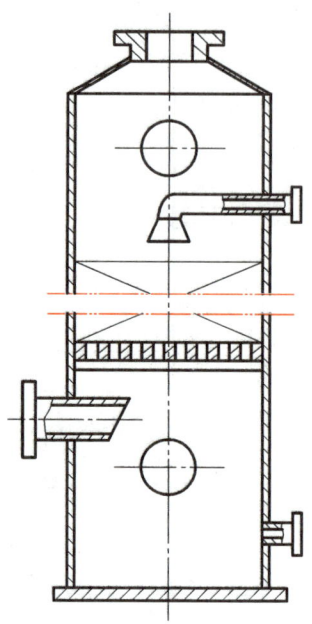

图 8 - 3　断开画法

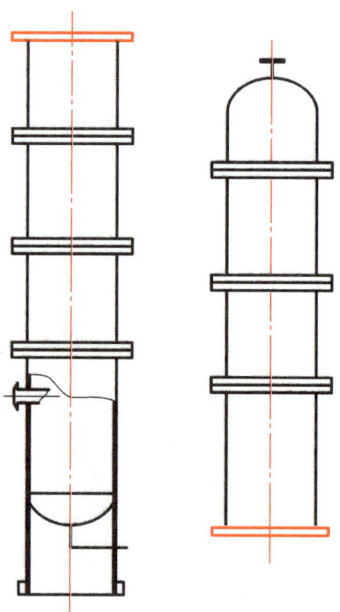

图 8 - 4　分层画法

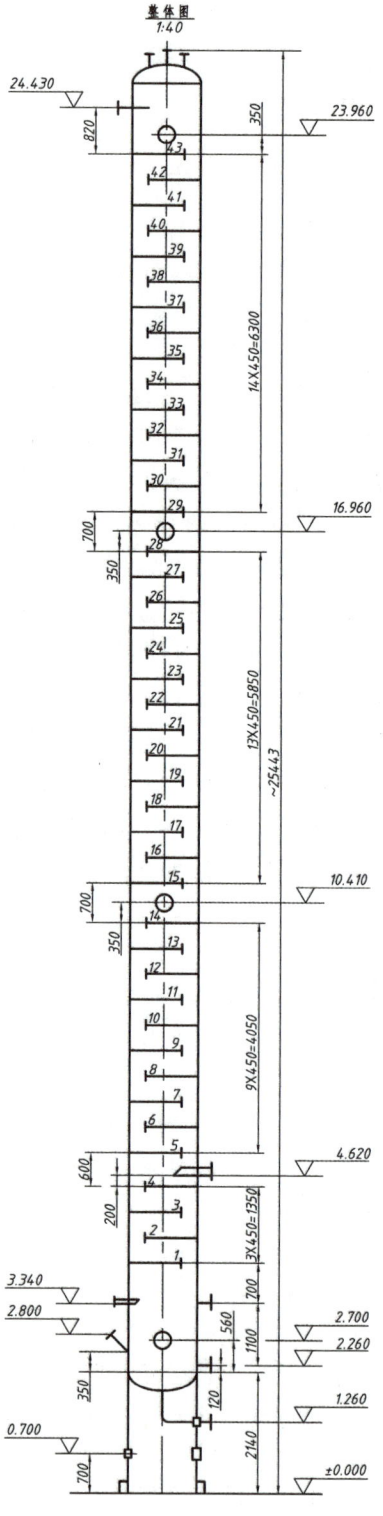

图 8 - 5　整体图

6. 管口方位的表达方法

化工设备上的管口较多,其方位布置对工艺管道安装和生产非常重要,必须在图样中表达清楚。管口的周向方位可用俯(左)视图或管口方位图来表示。管口方位图中用单线(粗实线)示意画出设备管口,以中心线表明管口的位置。同一管口在主视图和管口方位图上要标注相同的字母(示例图中采用大写字母来表示管口),如图8-6所示。当设备装配图中俯(左)视图必须画出时,管口方位在俯(左)视图中能表达清楚的,可不必画出管口方位图。

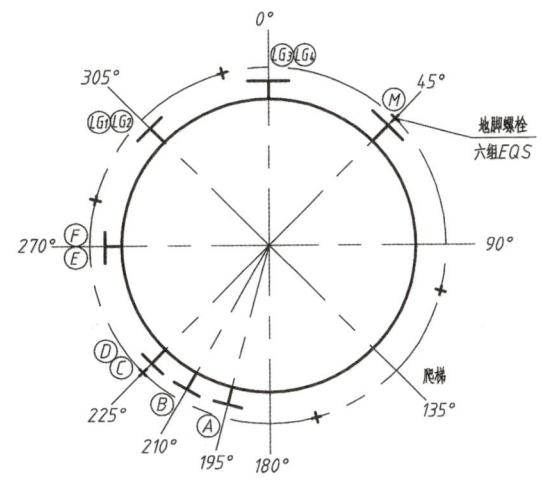

图8-6 管口方位图("EQS"表示"均布")

7. 简化画法

在绘制化工设备图时,为了减少不必要的绘图工作量,提高绘图效率,绘图过程中会大量采用通用的简化画法。除前述通用零部件,如人(手)孔、视镜、液位计的简化画法外,其他零件及结构也经常应用简化画法。

(1)接管及管法兰

设备上接管及管法兰的简化画法如图8-7所示。接管通常采用局部剖视来表达,法兰的具体密封面形式不需绘出,但需要在明细栏及管口表中注明。

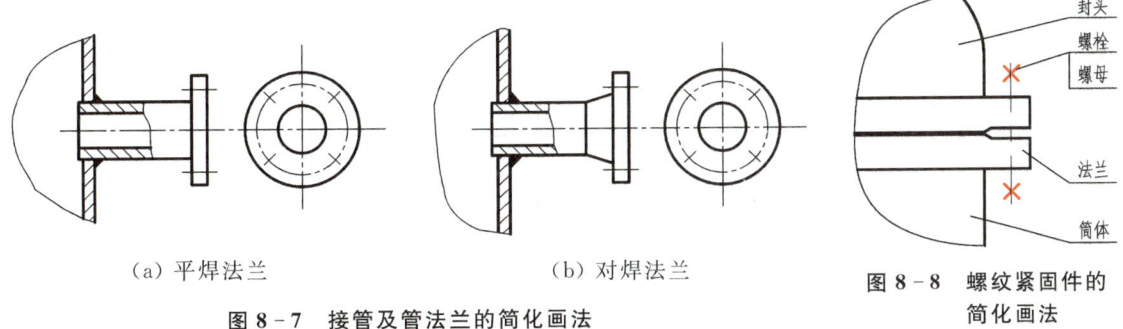

(a)平焊法兰　　　(b)对焊法兰

图8-7 接管及管法兰的简化画法

图8-8 螺纹紧固件的简化画法

(2)螺纹紧固件

当化工设备的简体与封头采用法兰连接时,一般常用双头螺柱或螺栓等螺纹紧固件进行连接,在设备装配图中螺纹紧固件可采用简化画法,如图8-8所示,即用中心线表示螺栓孔的位置,一对粗实线的"×"表示螺栓、螺母等螺纹紧固件。

(3)多孔结构

换热器的管板、折流板或塔板上按规则排列的孔眼,可采用简化画法示意地画出几个孔,表示出孔的排布规律,其他孔不需要绘出,只要表示出圆心所在位置或布孔区域,如图

8-9所示。孔眼的倒角和开槽、排列方式、间距、加工情况,可用局部放大图表示。剖视图中多孔板孔眼的轮廓线可不画出,如图8-10所示。

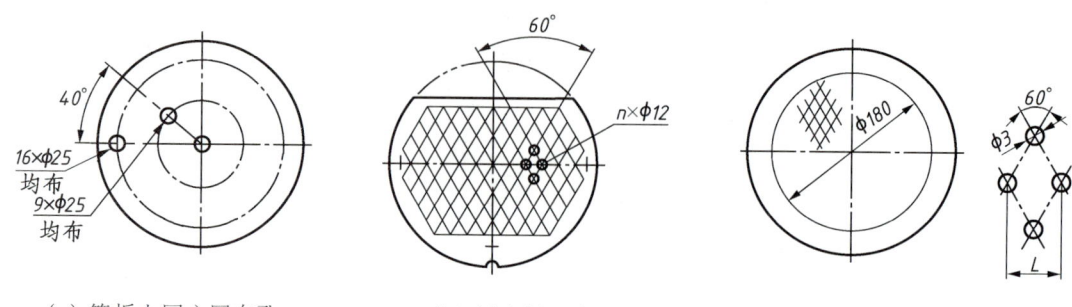

（a）管板上同心圆布孔　　　（b）折流板上布孔　　　（c）筛板塔塔盘上小孔排布

图8-9　常用设备布孔板采用的简化画法

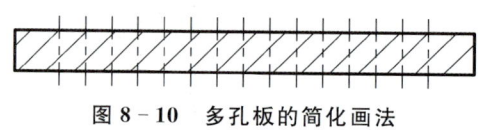

图8-10　多孔板的简化画法

（4）填充物

化工设备中有很多设备为了满足功能要求,需要装填一定规格、材料和统一堆放方法的填充物(瓷环、木格条、催化剂等),如填料塔中的填料、固定床反应器中的催化剂层等。这些填充物在表达设备结构的装配图中,通常采用交叉的细实线表示,并进行标注,如图8-11a所示。

若填充物有不同规格或规格相同但堆砌方式不同,则必须分层表示,分别注明规格和堆砌方式,如图8-11b所示。"35×35×4"等为瓷环的规格尺寸。

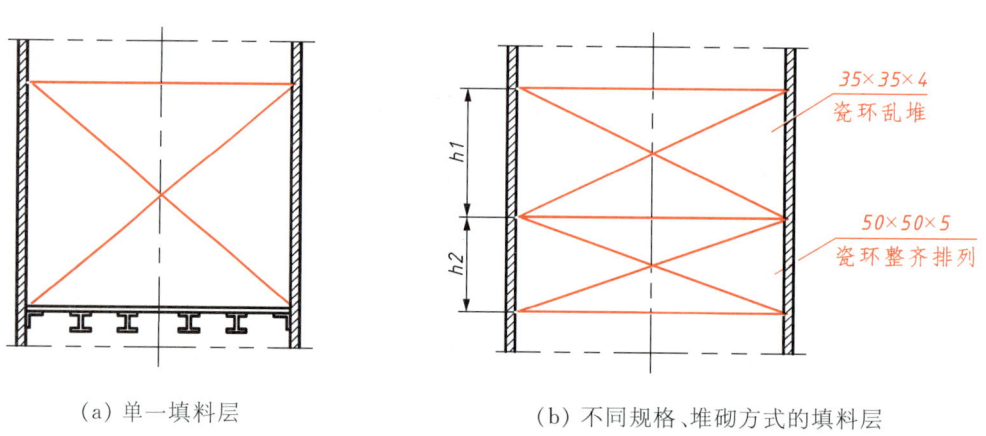

（a）单一填料层　　　　　（b）不同规格、堆砌方式的填料层

图8-11　填料的简化画法

（5）塔盘

对于已经通过零部件图、局部放大图详细表达塔盘结构时,可以将装配图中的塔盘用单线条示意画出,如图8-12所示。

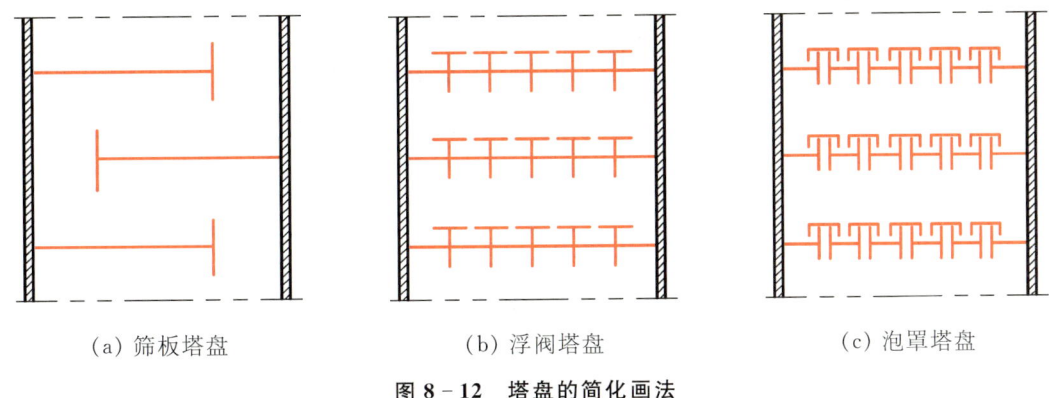

(a) 筛板塔盘　　　　　　(b) 浮阀塔盘　　　　　　(c) 泡罩塔盘

图 8-12　塔盘的简化画法

化工设备图中,外购部件只需根据主要尺寸按比例用粗实线画出外形轮廓简图,如图8-13所示,并在明细栏中注写名称、规格、主要性能参数和"外购"字样。

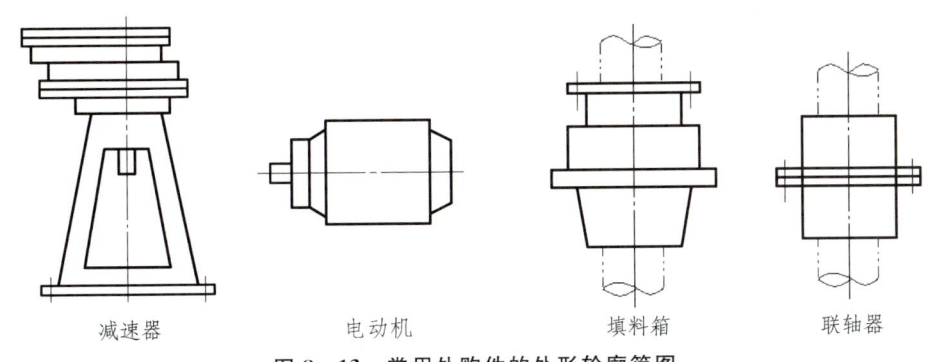

减速器　　　　　电动机　　　　　填料箱　　　　　联轴器

图 8-13　常用外购件的外形轮廓简图

三、焊接结构的表达

焊接作为一种不可拆卸的连接方式,具有工艺简单、密封性好、连接强度高、可靠、结构重量轻等优点,在化工设备的加工制造中广泛应用。

1. 焊接接头

构件结合后形成的结合部分称为焊缝。常见的焊接接头形式有对接接头、搭接接头、角接接头和 T 形接头,如图 8-14 所示。为了提高连接强度、保证焊透,经常要对焊接部位预制坡口,常见坡口形式如图 8-15 所示。

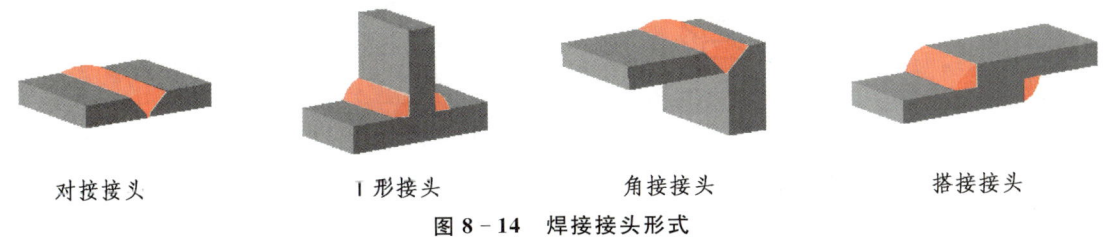

对接接头　　　　　T 形接头　　　　　角接接头　　　　　搭接接头

图 8-14　焊接接头形式

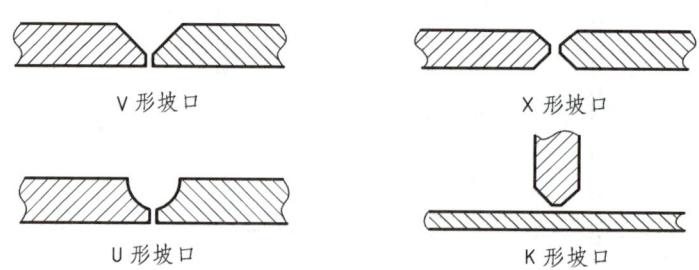

V 形坡口　　　　　　　　X 形坡口

U 形坡口　　　　　　　　K 形坡口

图 8 - 15　焊接坡口形式

2. 焊缝的规定画法

在画焊接图时,焊缝可见面用粗实线表示,不可见面用波纹线表示,焊缝的断面需涂黑(当图形较小时,可不必画出焊缝断面的形状)。图 8 - 16 所示为常见焊缝的画法。当焊接件上的焊缝比较简单时,焊缝的画法可以简化成可见焊缝用粗实线表示,不可见焊缝用虚线表示。

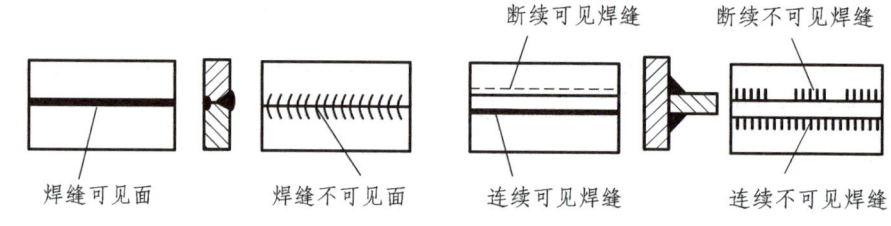

断续可见焊缝　　　断续不可见焊缝

焊缝可见面　　焊缝不可见面　　连续可见焊缝　　连续不可见焊缝

图 8 - 16　常见焊缝的画法

3. 焊缝的标注

当焊缝分布较简单时,可不必画焊缝,只要在焊缝处标注焊缝符号即可。焊缝的标注一般由基本符号和指引线组成,必要时可加上辅助符号、补充符号、焊接方法的数字代号和焊缝的尺寸符号等。

(1) 焊缝的基本符号　基本符号是表示焊缝横断面形状的符号,近似于焊缝横断面的形状。基本符号用粗实线绘制,表 8 - 1 列出了常用焊缝的基本符号。

表 8 - 1　常用焊缝的基本符号(摘自 GB /T 324—2008)

序号	名　称	示　意　图	符号	序号	名　称	示　意　图	符号
1	I 形焊缝		‖	3	V 形焊缝		∨
2	卷边焊缝		⌒	4	单边 V 形焊缝		∨

序号	名　称	示　意　图	符号	序号	名　称	示　意　图	符号
5	带钝边 V 形焊缝		Y	8	封底焊缝		⌣
6	带钝边单边 V 形焊缝		Y	9	角焊缝		△
7	带钝边 U 形焊缝		Y				

（2）补充符号　补充符号是用来补充说明有关焊缝或接头的某些特征(诸如表面形状、衬垫、焊缝分布、施焊地点等)，参见表 8－2。

表 8－2　焊缝的补充符号(摘自 GB /T 324—2008)

名　称	符　号	说　　明	名　称	符　号	说　　明
平面	—	焊缝表面通常经过加工后平整	三面焊缝	⊏	三面带有焊缝
凹面	⌣	焊缝表面凹陷	周围焊缝	○	沿着工件周围施焊的焊缝
凸面	⌢	焊缝表面凸起	现场焊缝	◥	在现场焊接的焊缝
永久衬垫	M	衬垫永久保留			
临时衬垫	MR	衬垫在焊接完成后拆除	尾部	＜	可以表示所需的信息

（3）焊缝的指引线　焊缝的指引线用细实线绘制,其结构如图 8－17a 所示,箭头指向焊缝;两条基准线,一条为实线,另一条为虚线,基准线一般应与主标题栏平行;焊接符号在主基准线的上方或下方,如有必要,可在实基准线的另一端画出尾部,如图 8－17b 所示,以注明其他附加内容(如说明焊接方法等)。

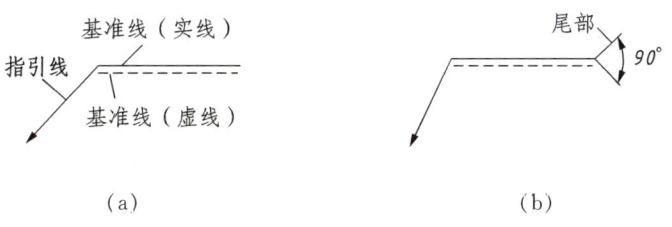

（a）　　　　　　　　　　　（b）

图 8－17　焊缝的指引线

（4）焊接及相关工艺方法代号　GB/T 5185—2005《焊接及相关工艺方法代号》规定：焊接及相关工艺方法一般采用三位数代号表示。其中，第一位代号表示工艺方法大类，第二位代号表示工艺方法分类，第三位代号表示具体焊接工艺方法，见表 8－3。

表 8－3　常见焊接工艺方法代号（摘自 GB／T 5185—2005）

大类代号		分类代号		具体焊接工艺方法代号	
代号	焊接方法	代号	焊接方法	代号	焊接方法
1	电弧焊			101	金属电弧焊
		11	无气体保护的电弧焊	111	焊条电弧焊
				112	重力焊
		12	埋弧焊	121	单丝埋弧焊
				122	带极埋弧焊
				123	多丝埋弧焊
		13	熔化极气体保护电弧焊	131	熔化极惰性气体保护电弧焊
				135	熔化极非惰性气体保护电弧焊
		15	等离子弧焊	151	等离子 MIG 焊
				152	等离子粉末堆焊
2	电阻焊	21	电焊	211	单面电焊
				212	双面电焊
		22	缝焊	221	搭接焊缝
				222	压平缝焊
3	气焊	31	氧燃气焊	311	氧乙炔焊
				312	氧丙烷焊
4	压力焊	41	超声波焊		
		42	摩擦焊		
		44	高机械能焊	441	爆炸焊

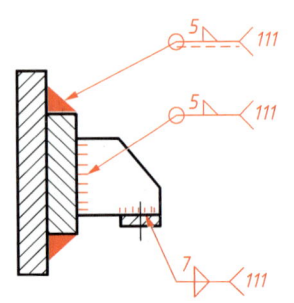

图 8－18　焊缝标注示例

（5）焊缝的完整标注　图 8－18 所示焊缝标注示例，共标注了三条焊缝，上面的标注表示沿工件四周、焊角高度为 5 mm 的单面角焊缝；中间的标注同上面一样；下面的标注表示焊角高度为 7 mm 的双面角焊缝。图中焊缝均采用焊条电弧焊。

4. 化工设备中焊缝的画法及标注

化工设备中焊缝的画法按其重要程度一般有两种：

（1）对于第一类压力容器及其他常、低压设备，一般可直接在其剖视图中的焊接处画出焊缝的横剖面形状并涂黑，图中可不标注,但需在技术要求中对焊接接头的设计标准、焊条型号、焊缝质量要求作出说明。

(2)对于第二、三类压力容器及其他中、高压设备上重要的或非标准形式的焊缝,可用局部放大的剖视图表达其结构形状并标注尺寸,其接头形式及尺寸可按 GB/T 985.1—2008《气焊、焊条电弧焊、气体保护焊和高能束焊的推荐坡口》、GB/T 985.2—2008《埋弧焊的推荐坡口》和 GB 150—2024《压力容器》中的规定选用,如图 8-19 所示。本书中贮罐、换热器、反应釜及塔设备装配图中均有焊接接头的局部放大图。

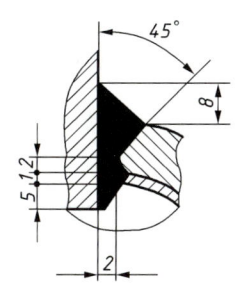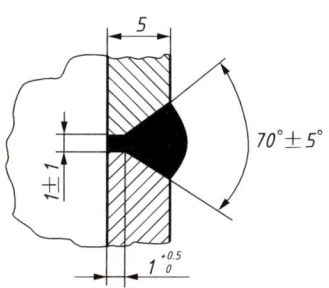

(a)带补强圈的接管和封头的焊接   (b)筒体与筒体的焊接

图 8-19 焊接接头局部放大图

第三节 化工设备图的图面布置

一、化工设备图样的基本规定

1. 图纸幅面

化工设备图的图纸幅面一般为 A1、A2、A3、A4,加长加宽幅面尽量不用。A3 幅面不允许单独竖放,A4 幅面不允许横放,A5 幅面(即 148×210 mm)不允许单独存在。

化工设备图允许在一张图上绘制多个图样,且允许装配图与零件图绘制在一张图纸上,只要其图纸按照 GB/T 14689—2008 规定的幅面尺寸进行分割即可。如图 8-20 所示,将 A1 图纸按图中方式进行分割,图 8-20a 中图纸幅面框用细实线绘制,图框用粗实线绘制;图 8-20b 所示以内边框为准,用细实线划分为接近标准幅面尺寸的图纸幅面。

2. 比例

图样的比例应符合国家标准 GB/T 14690—1993 规定,除了第一章表 1-2 中"优先选择系列"的比例外,该表中"允许选择系列"的比例,如 1:6、1:15、1:30 等均可使用。在图样中,与主视图比例相同的视图、剖视图可以不标注比例;与主视图比例不同的视图、剖视图及局部放大图,应在该图上方、符号名称下方标注比例数字。如图 8-21 所示,横线用细实线绘制,横线上方代号用 5 号字,下方比例数字用 3.5 号字。

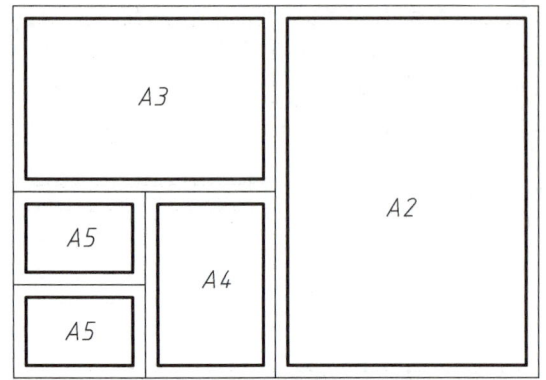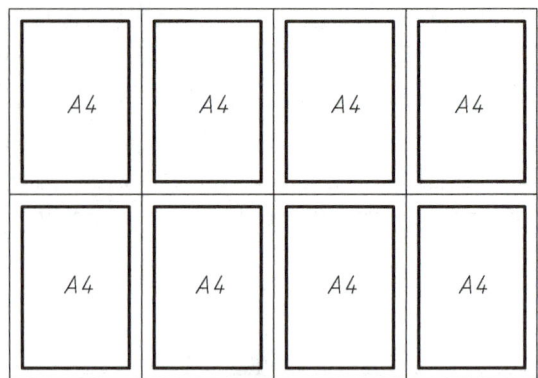

（a）分割为标准幅面图纸

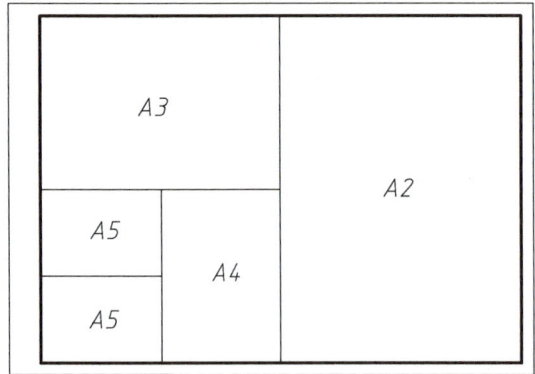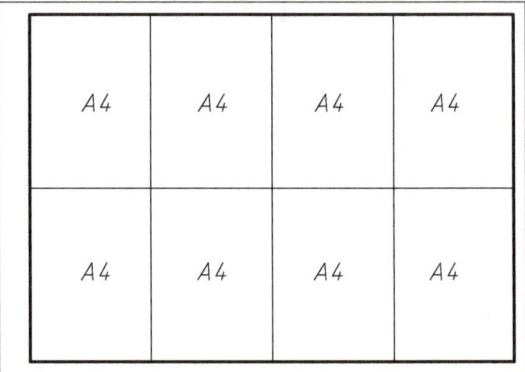

（b）分割为接近标准幅面图纸

图 8 - 20　A1 幅面图纸划分示例

$$\frac{I}{1:2.5}\qquad \frac{A}{1:6}\qquad \frac{A-A}{1:4}\qquad \frac{B-B}{不按比例}$$

图 8 - 21　图样中比例标注方法

二、化工设备图中的表格

化工设备图中除了视图和尺寸标注外，还有各种表格，化工行业标准 HG／T 20668—2000《化工设备设计文件编制规定》中规定了化工设备装配图的图面布置及图中设计数据表、明细栏、管口表、标题栏、质量及盖章栏、签署栏等表格的格式要求。

化工设备装配图中视图及表格的布置如图 8 - 22 所示。

1. 明细栏

明细栏分明细栏 1、明细栏 2、明细栏 3 三种，明细栏线型边框为粗实线，其余为细实线，如图 8 - 23 所示。明细栏 1 用于设备装配图及部件图，零件按照视图中编写的序号自下而上填

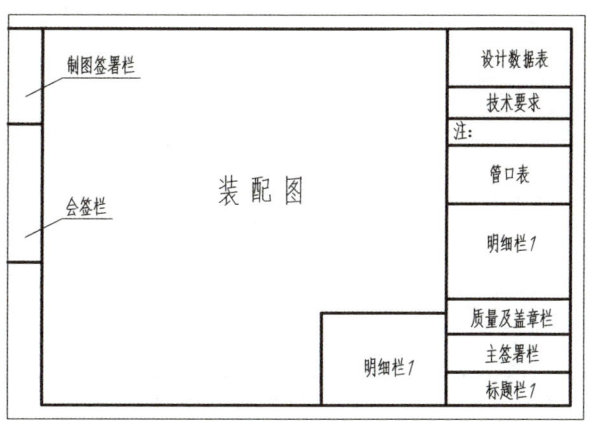

图 8-22　化工设备装配图图面布置

写;如位置不够可将明细栏 1 分段画在标题栏的左方,如图 8-22 所示。明细栏 2 用于零部件图,对于部件图,需要同时绘制明细栏 1 和明细栏 2,将明细栏 1 置于明细栏 2 的上方;对于零件图,用明细栏 2 即可。明细栏 3 是用于管口零件较多,将所有管口零件作为一个部件编入装配图中,以一个单独部件图存在时的管口零件明细栏,其具体用法参见 HG/T 20668—2000。

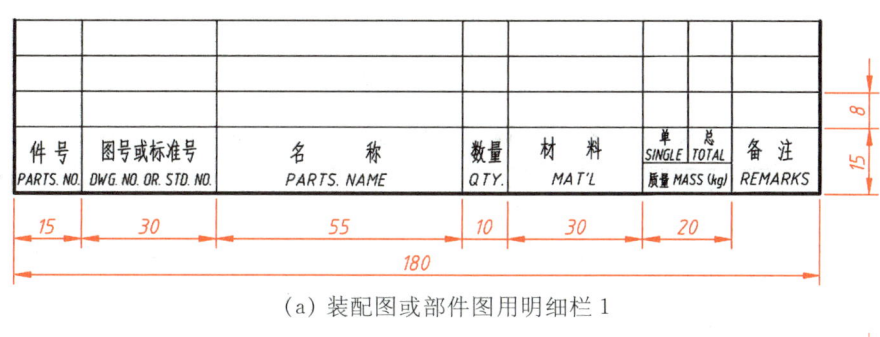

(a) 装配图或部件图用明细栏 1

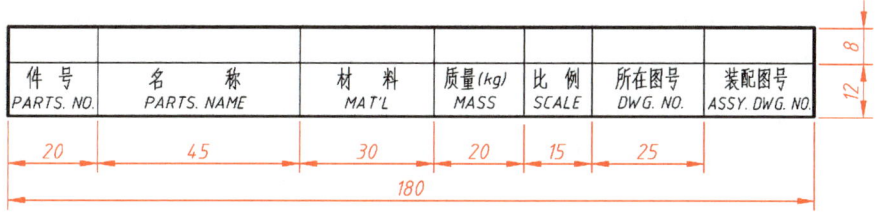

(b) 零部件图用明细栏 2

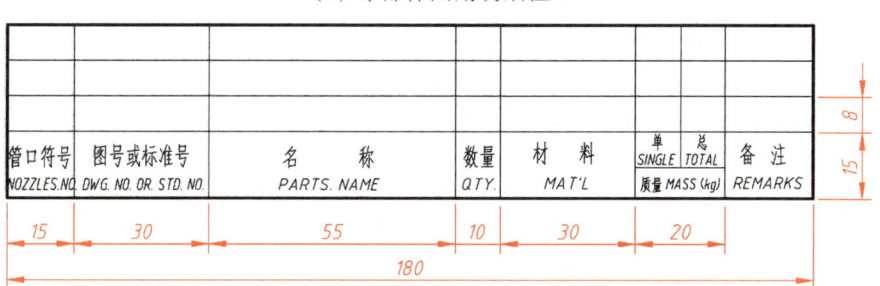

(c) 管口零件用明细栏 3

图 8-23　明细栏

2. 管口表

管口表是用以说明设备上所有管口的用途、规格、连接面型式等内容的一种表格,供配料、制作、检验、使用时参考。管口表的格式如图 8-24 所示。视图上管口编号以大写字母 A、B、C……表示,常用管口符号推荐表见表 8-4。管口符号的标注由带圈的字母组成(在装配图中圈径 $\phi 8$,5 号字体),在图中以字母顺序由主视图左下方起,按顺时针沿垂直和水平方向依次标注,推荐符号除外。管口符号标注在图中管口图样附近,或管口中心线上,以不引起管口相混淆为原则。管口符号在主、俯、左(或右)视图中均应标注,其他位置可不标注。

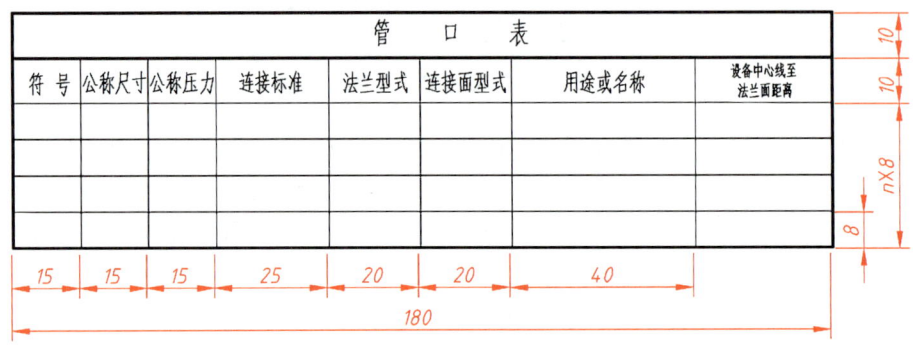

图 8-24　管口表

表 8-4　常用推荐管口符号表(摘自 HG/T 20668—2000)

管口名称或用途	管口符号	管口名称或用途	管口符号
手孔	H	在线分析口	QE
液位计口(现场)	LG	安全阀接口	SV
液位开关口	LS	温度计口	TE
液位变送器口	LT	温度计口(现场)	TI
人孔	M	裙座排气口	VS
压力计口	PI	裙座入口	W
压力变送器口	PT		

填写管口表的注意事项有以下 6 点:

(1) 管口表中的符号应和视图中管口的符号一致,按照字母顺序填写。

(2) 当几个管口的规格、标准、用途和连接面型式完全相同时,可合并成一项填写。如将 $LG_1 \sim LG_4$ 合并为 LG_{1-4},$J_1 \sim J_2$ 合并为 J_{1-2}。

(3) "公称尺寸"栏内,填写各管口及标准零部件的公称尺寸,若该管口无公称直径时,可按实际内径填写(如椭圆孔填"椭圆长轴×短轴")。

(4) "连接标准"栏内,填写对外连接管口的有关尺寸和标准,采用法兰连接的,应填写法兰标准,如果是螺纹连接的管口,应填写螺纹规格,如 M24、G3/4 等。

（5）"连接面型式"栏内，填写连接法兰的密封面型式，如"全平面""凹面""凸面""槽面""榫面"等，也可直接填写密封面代号。如果是螺纹连接，则填写"内螺纹"或"外螺纹"。不对外连接的管口，如人(手)孔、检查孔等不填写此项。

（6）"设备中心线至法兰面距离"栏内，填写接管外伸长度，如该尺寸已在图中标注清楚，可在该栏内填写"见图"。

3. 设计数据表

设计数据表是化工设备装配图的主要表格，用来表示设计数据和通用技术要求，包括设备设计、制造与检验各环节的主要技术数据、标准规范、检验要求等，具体如：工作压力、设计压力、工作温度、设计温度、焊缝系数、腐蚀裕度、容器类别、介质名称、设备的防腐、焊接、探伤、耐压试验及设计规范等。根据化工设备的类别不同，可对填写内容进行相应的调整。如图 8-25 所示为某换热器的设计数据表。

设计数据表 DESIGN SPECIFICATION				
规 范　CODE	（注写规范的标准号或代号，当规范、标准无代号时标全名。）			
	壳 程 SHELL	管 程 TUBE	压力容器类型 PRESS VESSEL CLASS	
介质 FLUID			焊条型号 WELDING ROD TYPE	按 NB/T 47015 规定
介质特性 FLUID PERFORMANCE			焊接规程 WELDING CODE	按 NB/T 47015 规定
工作温度　(℃) WORKING TEMP. IN/OUT			焊接结构 WELDING STRUCTURE	除注明外采用全焊透结构
工作压力　(MPaG) WORKING PRESS			除注明外角焊缝腰高 THICKNESS OF FILLET WELD EXCEPT NOTED	
设计温度　(℃) DESIGN TEMP.			管法兰与接管焊接标准 WELDING BETW. PIPE FLANCE AND PIPE	按相应法兰标准
设计压力　(MPaG) DESIGN PRESS			管板与筒体连接应采用 CONNECTION OF TUBESHEET AND SHELL	
金属温度　(℃) MEAN METAL TEMP.			管子与管板连接 CONNECTION OF TUBE AND TUBESHEET	
腐蚀裕量　(mm) CORR. ALLOW			焊接接头类型 WELDED JOINT CATEGORY	方法-检测率 EX.METHOD% / 标准-级别 STD-CLASS
焊接接头系数 JOINT EFF.			无损探伤 N.D.E　A,B　壳程 SHELL SIDE	
程　数 NUMBER OF PASS	20		管程 TUBE SIDE	20
热 处 理 PWHT			壳程 SHELL SIDE	
水压试验压力 卧式/立式(MPaG) HYDRO. TEST PRESS			C,D　15 / 7.5　管程 TUBE SIDE	
气密性试验压力　(MPaG) GAS LEAKAGE TEST PRESS			管板密封面与壳体轴线垂直度公差　(mm) VERTICAL TOLERANCE OF TUBESHEET SEALING SURFACE AND SHELL AXIS	
保温层厚度/防火层厚度　(mm) INSULATION/FIRE PROTECTION				
换热面积(外径)　(m²) TRANS SURFACE(O.D.)			其他（按需填写） OTHER	
表面防腐要求 REQUIREMENT FOR ANTI-CORROSION			管口方位 NOZZLE ORIENTATION	

图 8-25　某换热器的设计数据表

目前,国家对化工设备的设计、制造、检验等建立了一系列的标准,在设计数据表"规范"一栏可填写设备设计、制造、检验等遵循的相关标准。常用标准有:

TSG 21—2016《固定式压力容器安全技术监察规程》

GB 150—2024《压力容器》

GB／T 151—2014《热交换器》

NB／T 47041—2014《塔式容器》

NB／T 47042—2014《卧式容器》

JB／T 4732—1995《钢制压力容器——分析设计标准》

NB／T 47003.1—2009《钢制焊接常压容器》

HG／T 20584—2011《钢制化工容器制造技术要求》

NB／T 47015—2011《压力容器焊接规程》

NB／T 47013—2015《承压设备无损检测》

GB／T 985.1—2008《气焊、焊条电弧焊、气体保护焊和高能束焊的推荐坡口》

GB／T 985.2—2008《埋弧焊的推荐坡口》

GB／T 324—2008《焊缝符号表示法》

……

4. 技术要求

对装配图,在设计数据表中未列出的技术要求,需以文字条款表示,可在技术数据表下方添加一栏进行注写。当设计数据表中已表示清楚时,则不需注写。

5. 标题栏

目前,各工厂企业、设计单位采用的标题栏格式有多种,有的直接应用企业内部规定格式的标题栏,有的采用国标 GB／T 10609.1—2008 中规定的标题栏,如第 1 章图 1-3 所示的格式为其中之一。标准 HG／T 20668—2000 推荐化工设备装配图(施工图)采用的标题栏格式如图 8-26 所示,此种格式采用国际上大多数工程公司的做法,取消了标题栏中的签字栏,而是在图样中增加主签署栏用来签字。该标题栏可用于化工设备施工图 A0～A4 幅面的图纸,边框用粗实线,其余用细实线绘制。

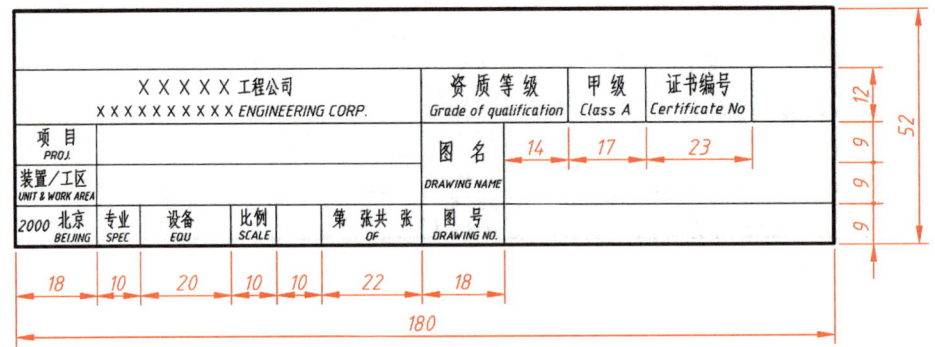

图 8-26　化工设备装配图用标题栏

6. 签署栏

签署栏包括主签署栏、会签签署栏和制图签署栏,其格式如图8－27所示。主签署栏布置在标题栏上方,"版次"栏以数字0、1、2、3……表示,"说明"栏表示此版图纸的用途,如询价用、基础设计用、制造用等。当图纸修改时,在"说明"栏填写修改内容。

会签签署栏和制图签署栏旋转90°后布置在图面左侧装订线框内。

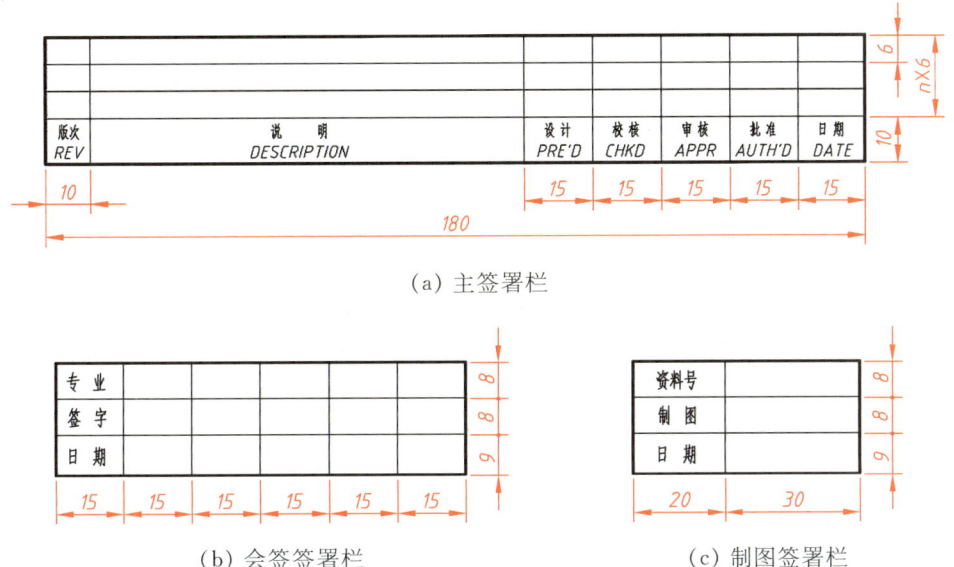

（a）主签署栏

（b）会签签署栏　　　　（c）制图签署栏

图 8－27　签署栏

7. 质量及盖章栏

质量及盖章栏用于化工设备装配图,布置在主签署栏的上方,其格式如图8－28所示。质量及盖章栏的填写内容如下。

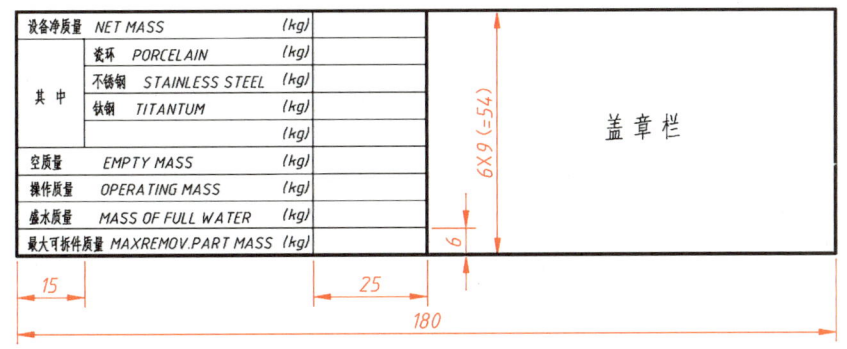

图 8－28　质量及盖章栏(装配图用)

（1）**设备净质量**　表示设备所有零部件中,金属和非金属材料质量的总和。当设备中有特殊材料,如不锈钢、贵金属、触媒、填料等,应分别列出。

（2）**设备空质量** 为设备净质量、保温材料质量、防火材料质量、预焊件质量、梯子平台质量的总和。

（3）**操作质量** 设备空质量与操作介质质量之和。

（4）**盛水质量** 设备空质量与盛水质量之和。

（5）**最大可拆件质量** 设备中的可拆件，如 U 形管管束或浮头式换热器浮头管束等的质量之和。

（6）**盖章栏** 按有关规定盖单位的压力容器设计资格印章。

三、图样安排原则

化工设备图图样安排应遵循以下原则。

1. 装配图与零部件图的安排

装配图一般不与零部件图画在一张图纸上，但对只有少数零部件的简单设备，允许将零、部件图和装配图安排在同一张图纸上，此时图纸应不超过 A1 幅面，并将装配图安排在图纸的右方。

2. 部件及其零件图的安排

部件及其所属零件的图样，应尽可能画在同一张图纸上。此时部件图应安排在图纸的右下方或右方。

3. 同一设备零部件图的安排

同一设备的零部件图样，应尽量编排成 A1 图纸。若干零部件图需安排成两张以上图纸时，应尽可能将件号相连的零件图或加工、安装、结构关系密切的零件图安排在同一张图纸上，在有主标题栏的图纸右下角不得安排 A5 幅面的零件图。

4. 一个装配图的部分视图分画在数张图纸上的安排

（1）主要视图及其所属设计数据表、技术要求、注、管口表、明细栏、主签署栏等均应安排在第一张图纸上。

（2）在每张图纸的"注"中要说明其相互关系。

例如：在主视图图纸上标注"注：左视图、A 向视图见××－××××－2 图纸"，表示左视图和 A 向视图不在主视图所在图纸上，而在"××－××××－2"图纸上。

5. 局部放大图的布置

（1）当只有一个局部放大图时，应将其布置在被放大图部位附近。

（2）当局部放大图数量大于 1 时，应按其顺序号依次整齐排列在图中的空白处，也可安排在另一张图纸上。

（3）在视图中，局部放大图的顺序号应从视图的左下、左上、右上、右下的顺时针方向依次排列。

（4）局部放大图图样必须与被放大的部位一致。

（5）局部放大图的图样必须按比例（通用放大图例外）。

（6）局部放大图图样在图中应从左到右，从上到下，依次整齐排列。

6. 剖视图、向视图的布置

（1）当只有一个剖视图、向视图时，视图应放在向视、剖视部位附近。

（2）当剖视图、向视图数量大于 1 时，应按其顺序依次整齐排列在图中空白处，也可以安排在另一张图纸上。

（3）视图中剖视图、向视图应从视图的左下、左上、右上、右下的顺时针方向依次排列。

（4）剖视图、向视图图样必须按比例。

四、绘制化工设备零部件图的原则

化工设备装配图中各要素的布置可按照图 8－22 所示进行。

如果同一设备的零、部件图要安排在一张图纸上，可将图面进行分割后再布置，一般将部件图布置到图纸的右下角，如图 8－29 所示。

如果单独绘制部件图和零件图，则其图面内容可按图 8－30 所示进行布置。

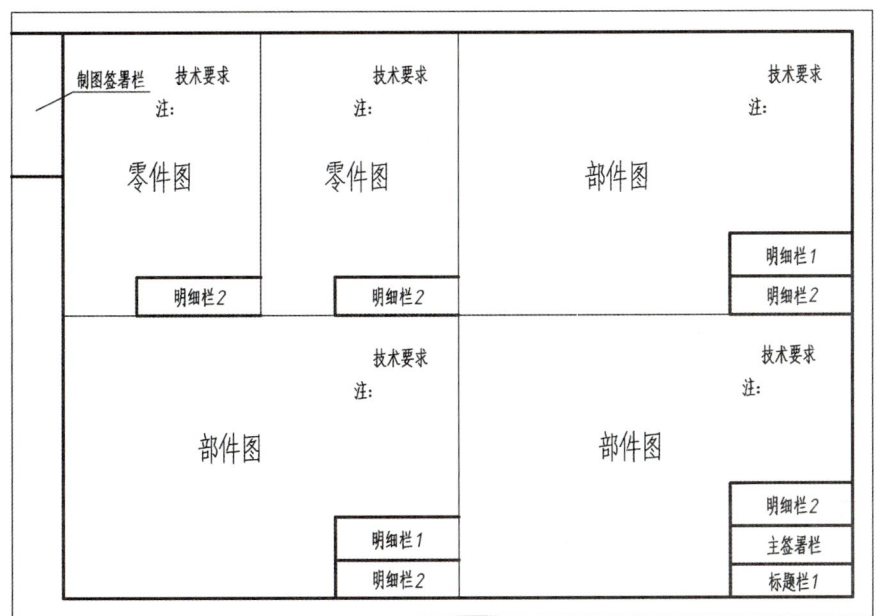

图 8－29　部件图和零件图在一张图纸上布置

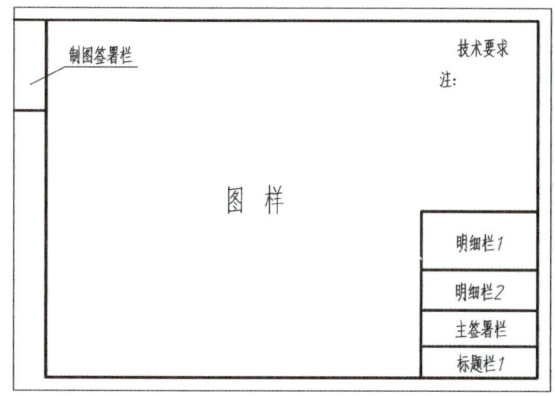

（a）部件图图面布置

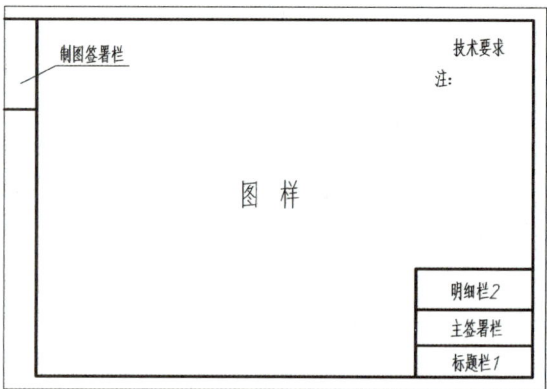

（b）零件图图面布置

图 8 - 30　单独绘制零件图和部件图的图面布置

第四节　化工设备图的绘制

化工设备图的绘制与机械制图有很多相似之处，如视图选择、常用表达方法、尺寸标注等，但由于化工设备的特殊性，化工设备图的绘制又有与机械制图不同的内容和要求，如管口多次旋转的表达方法、管口表、技术特性表等。化工设备图的绘制方法主要有两种。

一是对已有设备进行测绘，主要用于仿制已有设备或对现有设备进行技术改造，其绘制方法与一般机械的测绘步骤基本相同。

二是依据化工工艺人员提供的"设备设计条件单"进行设计和绘图。

本节主要介绍第二种方法的绘图步骤。

一、设备设计条件单

"设备设计条件单"是进行化工设备设计的主要依据，不同设备的设计条件和设计要求各不相同。如图 8 - 31 所示为一液氨常温贮罐的设计条件单，主要包括以下内容。

（1）贮罐简图　用单线条绘成的简图表示工艺设计所要求的设备结构型式、尺寸、设备上的管口及其初步方位等。

（2）技术特性指标　列表给出工艺要求，如工作压力和温度、介质名称、容积等。

（3）管口表　列表注明各管口符号、用途、公称尺寸和连接面形式等。

二、化工设备图的作图步骤

1. 选定视图表达方案

根据设备的结构特点确定视图表达方案，包括选择主视图，确定视图数量和表达方法。

条件内容修改			
修改标记	修改内容	签字	日期

简图与说明　　比例

参考图

设计参数及要求				
		容器内		容器内
操作物料	名称	液氨	腐（磨）蚀速率	0.20mm/年
	组分		设计寿命	10年
	密度		壳体材料	Q345R
	特性		内件材料	
	粘度		衬里防腐材料	
工作压力 MPa			安装检修要求	人孔
设计压力 MPa			场地类	工类
安全阀	位置/型式		密封要求	安装完毕，盛水试漏
	规格/数量	1	操作方式及要求	
	开启（爆破）压力（MPa）		静电接地	支座处
			其他要求	
工作温度		25～40℃		
设计温度		50℃		
环境温度				
壁温				
全容积		$5.9m^3$		
操作容积				

管口表									
符号	公称尺寸	公称压力	连接面型式	用途	符号	公称尺寸	公称压力	连接面型式	用途
A	50	1.6	凸面	排放口	M	450	1.6	凹凸面	人孔
LG_{1-4}	20	1.6	凹面	液位计接口	SV	50	1.6	平面	安全阀接口
PI	20	1.6	平面	压力表接口	D	50	1.6	凹面	液氨进口
B	50	1.6	凹面	液氨出口	E	50	1.6	凹面	预留口
C	50	1.6	凹面	放空口	LT_{1-2}	80	1.6	平面	自控液位接口

	设计	校核	审核	日期	位号/台数		工程名称	
工艺							设计项目	
管道							设计阶段	施工图
电控								
					设备图号			

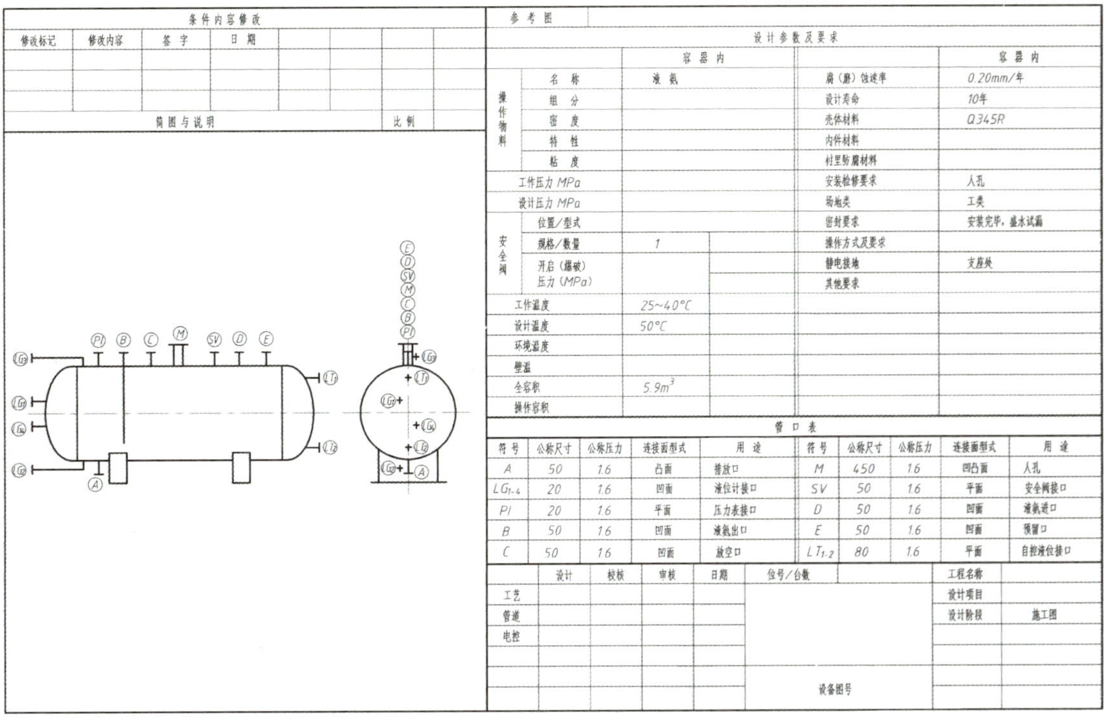

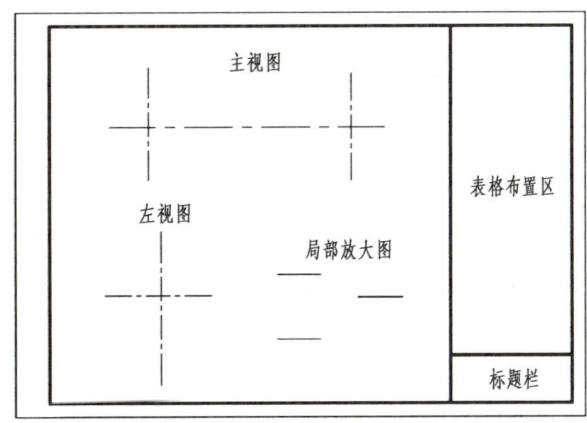

图 8－31　某液氨常温贮罐“设计条件单”

对于化工设备，一般按照其工作位置，选择最能充分表达设备工作原理、各零部件间的主要装配关系及连接方式、各主要零部件的形状特征等的视图作为主视图。

化工设备按照安装方式可以分为立式和卧式两种，立式设备一般采用主视图和俯视图两个基本视图，卧式设备通常采用主视图和左（或右）视图两个基本视图。主视图一般采用全剖视图，并用多次旋转表达管口及周向零部件；如果内部构件较少，可采用局部剖视图。另外，再配以适当的局部放大图，补充表达基本视图中尚未表达清楚的部分。

2. 确定视图的比例，进行视图的布局

表达方案选定后，要按设备的总体尺寸确定基本视图的比例并选择图纸幅面，化工设备图的绘制可参照第一章表 1－2 中的比例进行选择。进行视图布局时，除了要考虑各视图所占的幅面及其间距外，还应考虑标注尺寸、零部件编号、明细栏、管口表、技术数据表、技术要求和标题栏等所需的幅面。视图布局要力求把所要绘制的视图和各种表格等做到既能排得下，又布置得均匀，使图面美观、整齐，卧式化工设备装配图的布局如图 8－32 所示。

图 8－32　卧式化工设备装配图的布局

3. 绘制视图

视图的布局和位置确定后就可以绘制视图。画图时,根据化工设备的特点,一般按照"先画主后画辅,先外件后内件,先定位后定形,先主体后零部件"的顺序进行,最后画必要的局部放大图。

4. 标注尺寸

化工设备图的尺寸标注与一般机械装配图基本相同,需要标注一组必要的尺寸反映设备的大小规格、装配关系、主要零部件的结构形状及设备的安装定位,以满足化工设备制造、安装、检验的需要。与一般机械装配图相比,化工设备的尺寸数量较多,有的尺寸较大,尺寸精度要求较低,允许注成封闭尺寸链(加近似符号~)。

下面以图 8-33 所示的贮罐为例进行尺寸标注分析。

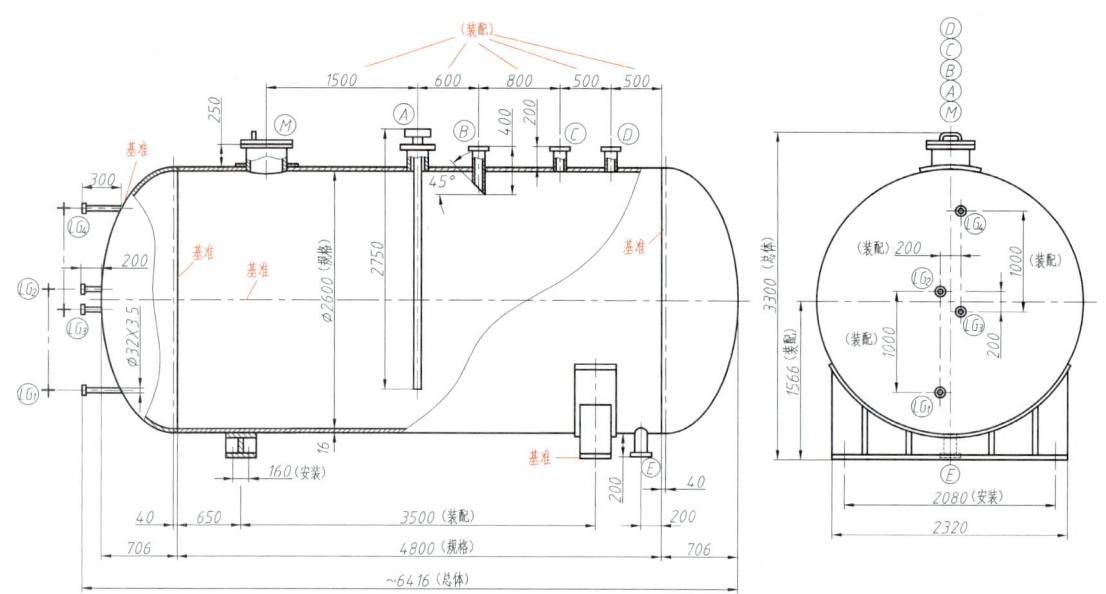

图 8-33 贮罐的尺寸标注

（1）规格性能尺寸

反映设备的规格、性能、特征的尺寸。如图 8-33 所示贮罐的筒体内径 $\phi 2\,600$、筒体长度尺寸 4 800。

（2）装配尺寸

反映零部件间的相对位置尺寸。如图 8-33 所示接管间的定位尺寸,如接管 D 与封头和筒体连接处的环焊缝之间的装配尺寸为 500,接管 D 与 C、C 与 B、B 与 A、A 与人孔 M 之间的装配尺寸分别为 500、800、600、1 500。装配尺寸还包括接管的外伸长度尺寸,如接管 C 的外伸长度 200、人孔 M 的外伸长度 250 等都是装配尺寸。

（3）外形尺寸

表达设备的总长、总高、总宽(或外径)的尺寸。这类尺寸较大,对于设备的包装、运输、安装及厂房设计而言是必要的依据。如图 8-33 中罐体的总长约 6 416 、总高 3 300 均为外形尺寸。

（4）安装尺寸

化工设备安装在基础或其他构件上所需要的尺寸,如支座的地脚螺栓的孔间定位尺寸等。如图 8-33 中罐体上鞍式支座的安装尺寸为 160、2 080。

（5）其他尺寸

① 零部件的规格尺寸,如接管尺寸注"外径×壁厚",如图 8-33 左侧液位计接管尺寸 $\phi 32 \times 3.5$。

② 由设计计算确定的尺寸,如筒体壁厚 16。

③ 焊缝的结构形式尺寸,一些重要焊缝在局部放大图中,应标注横截面的形状尺寸。

化工设备装配图在标注尺寸时也要选择尺寸基准作为标注尺寸的起点,如图 8-34 所示,一般常作为基准的有:

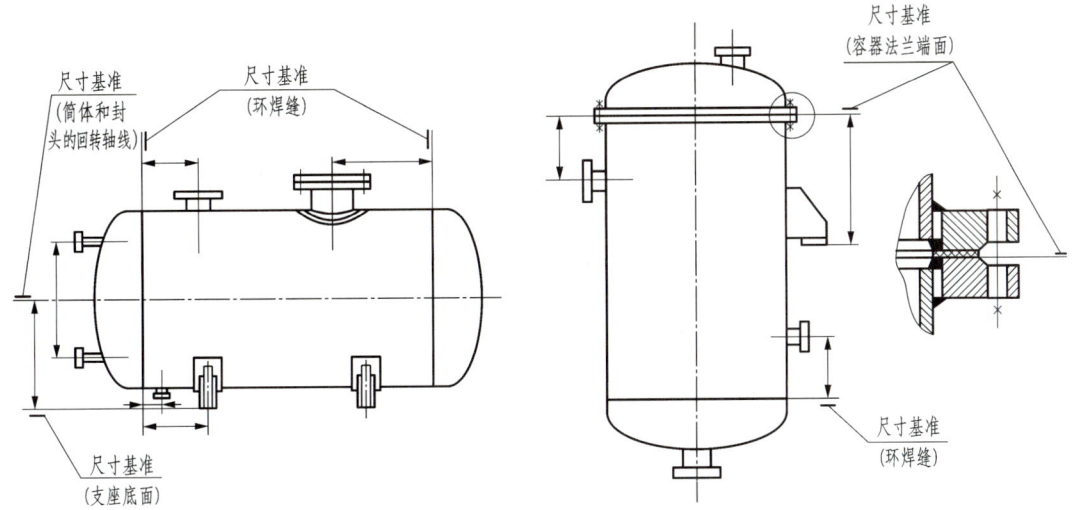

图 8-34　化工设备的尺寸基准

a. 筒体和封头的回转轴线。

b. 筒体与封头的环焊缝。

c. 法兰的连接端面（采用法兰连接时作为基准）。

d. 支座、裙座的底面。

e. 接管轴线与筒体表面的交点（如图 8-35 所示）。

5. 编写零部件序号、管口符号并填写各种表格

为便于设计和生产过程中查阅有关零件和阅读图样,化工设备装配图中必须对零部件和管口进行编号,并根据设计条件单上的要求填写明细表、管口表、技术

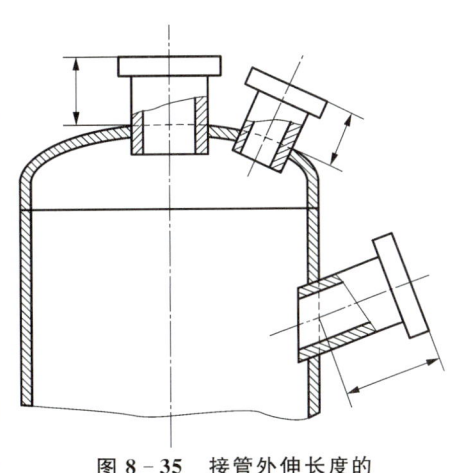

图 8-35　接管外伸长度的
标注及其基准

特性表、技术要求和标题栏等项内容。

下面,以图 8-1 贮罐为例具体分析,根据图 8-31 所示"设备设计条件单",完成该贮罐的设计并绘制其装配图,如图 8-1 所示。

（1）视图分析

该贮罐采用主、左两个基本视图进行表达,由于内部结构简单,主视图采用局部剖视,表达各接管的装配关系及罐体内的结构;由于图面位置所限,左视图布置在了主视图的下方,并对其进行了标注。采用三个局部放大图表达焊接接头。接管、管法兰、液位计采用简化画法表达,壳体壁厚和接管壁厚均采用夸大画法表达。

（2）零部件分析

该设备由 17 种零部件组成,内径为 1 400 mm,壁厚为 12 mm,容积为 5.95 m³,工作压力为 1.5 MPa,工作温度为 25～40℃,储存物料为液氨。贮罐上有 8 个接管,另有三组液位计接口,各接管的用途见管口表。

（3）装配连接关系分析

设备筒体与封头采用焊接方式连接,封头为标准椭圆形封头,直边段长 25。筒体与封头的对接焊缝接头见局部放大图 I。接管 B 为内伸式,其他接管均与筒体内平齐,局部放大图 II 表达了接管与筒体的焊接接头形式,局部放大图 III 表达了带补强圈的人孔与筒体的焊接接头形式。

该设备为卧式容器,支座采用了带垫板的鞍式支座,两支座之间的距离为 1 980 mm,支座和地基安装孔的间距为 121 mm、1 155 mm。

第九章　化工设备图的识读

化工设备图是化工生产中设备设计、制造、安装、使用、维修的重要技术文件,也是进行技术交流、设备改造的依据。从事化工生产的专业技术人员,都必须熟练掌握识读设备图样的能力。

第一节　化工设备图的识读要求及方法

一、识读化工设备图的基本要求

通过识读化工设备图,应达到以下要求。

(1) 了解设备中各零部件的形状、结构和作用,从而了解整个设备的结构特点。

(2) 了解设备各零部件之间的装配关系和装拆顺序。

(3) 了解设备的设计、制造、检验和安装方面的技术规范和技术要求。

(4) 了解设备的性能、作用和工作原理。

二、识读化工设备图的方法和步骤

识读化工设备图一般可按照"概括了解""详细分析""归纳总结"三个步骤进行。

1. 概括了解

(1) 识读标题栏,了解设备名称、规格、材料、重量、绘图比例等内容。

(2) 识读明细栏、管口表、设计数据表、技术要求等,了解设备零部件和接管的名称、数量,对照零部件序号和管口符号在设备图上查找到零部件和接管所在位置,了解设备在设计、施工方面的要求。

(3) 对视图进行分析,了解表达设备所采用的视图数量和表达方法,找出各视图、剖视图等的位置及各自的表达重点。

2. 详细分析

(1) 装配连接关系分析。从设备的主视图入手,结合其他基本视图详细了解设备的装配关系、形状、结构、各接管及零部件方位,并结合辅助视图了解相应部位的形状、结构的细节。

(2) 零部件结构形状分析。按明细表中的序号,逐一从视图中找出对应的零部件,了解其主要结构、形状、尺寸、与其他零部件的装配关系等。对于另有图样的组合件或零件应结合识读它们的零部件图,从其部件装配图和零件图中弄清其结构形状。对于标准零部件,应查阅有关标准、手册。

（3）了解设计数据与技术要求。通过对零部件的连接装配关系与结构、形状的分析,结合图中的设计数据表和技术要求,进一步了解设备的设计、制造、安装、检验等所遵循的规范、标准和要求,了解设备的工作、设计、性能参数。

3. 归纳总结

通过详细分析后,将各部分的内容加以综合归纳,从而得出设备完整的结构形象,进一步了解设备的结构特点、物料流向、工作原理等。

下面以典型的化工设备——塔设备、换热器和反应釜为例进行装配图的识读分析。

第二节 塔设备的识读

塔设备广泛用于化工、石油化工和轻工食品等生产中的精馏、吸收等传质过程。

塔设备通常分为板式塔和填料塔两大类,如图 9-1 所示。根据塔盘上传质零件的不同,

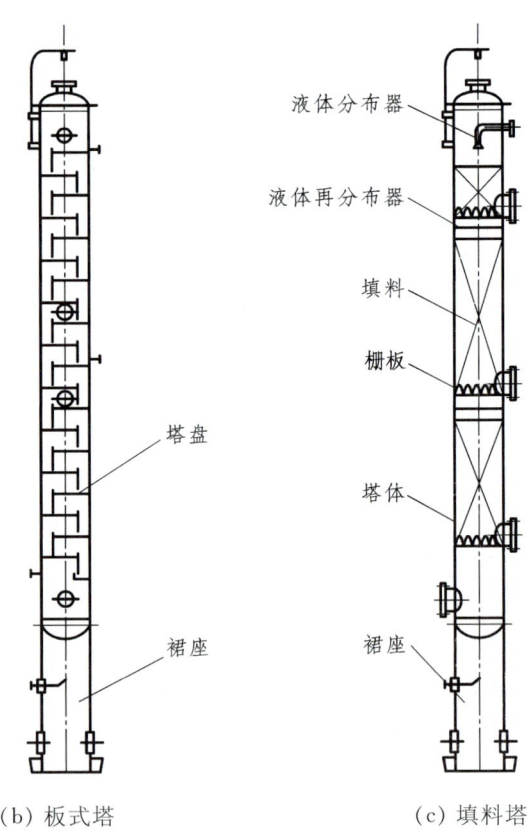

（a）塔设备外形图　　　　（b）板式塔　　　　（c）填料塔

图 9-1　塔设备示意图

可将板式塔分为泡罩塔、浮阀塔和筛板塔。填料塔可以采用不同类型的填料和填料堆砌方式。

一、塔设备的常用零部件

塔设备的零部件很多,除了通用零部件外,还有一些常用零部件。

1. 栅板

栅板是填料塔的主要零件之一,其作用是支承填料。栅板可分为整块式和分块式两种,当塔体直径小于 500 mm 时,一般使用整块式;当直径超过 500 mm 时,可将其分成多块,每块的宽度为 300～400 mm,以便拆装及进出人孔,如图 9-2 所示。

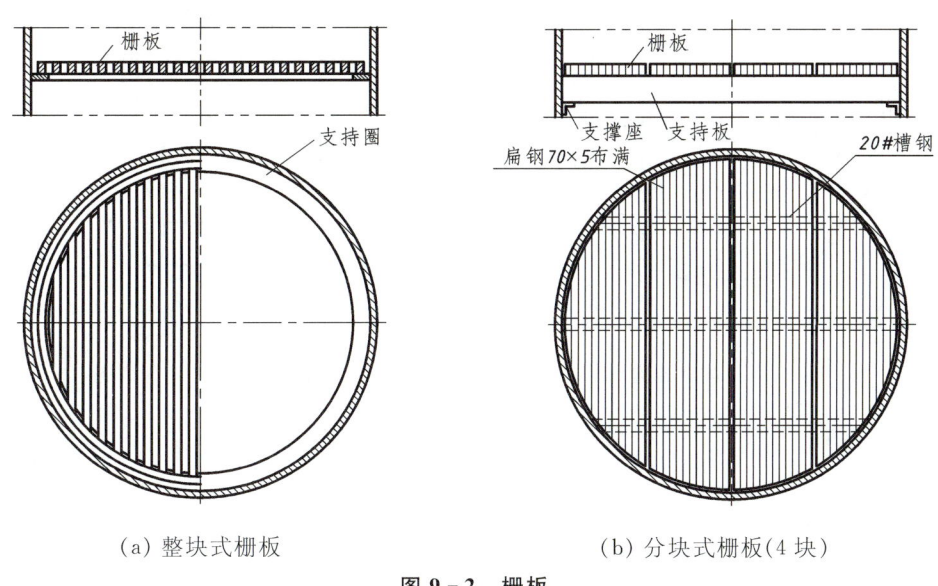

（a）整块式栅板　　　　　　　（b）分块式栅板(4 块)

图 9-2　栅板

2. 塔盘

塔盘是板式塔的主要部件之一,是实现传热传质的部件。塔盘包括塔板、降液管、受液盘、溢流堰(入口堰及出口堰)、紧固件和支撑件等。塔盘可分为整块式与分块式两种,一般塔径为 300～800 mm 时,采用整块式塔盘;当塔径大于 800 mm 时,可采用分块式塔盘。塔盘结构如图 9-3 所示。

3. 浮阀与泡帽

浮阀和泡帽是浮阀塔与泡罩塔的主要传质零件。

浮阀有圆盘形和条形两种。圆盘形浮阀已标准化,最常用的为 F1 型浮阀,如图 9-4 所示。泡帽有圆泡帽和条形泡帽两种。圆泡帽已标准化,如图 9-5 所示。

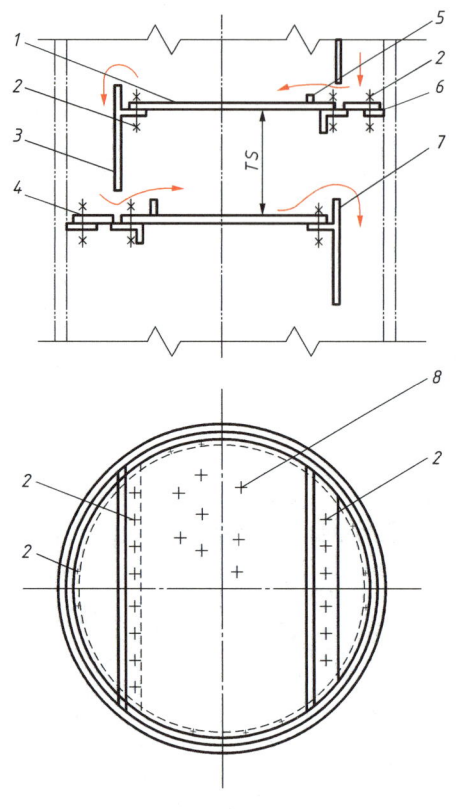

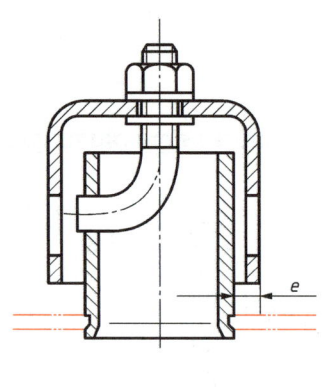

图 9-4 浮阀

图 9-3 塔盘结构

1—塔板；2—紧固件；3—降液管；4—受液盘；
5—入口堰；6—支撑件；7—出口堰；8—浮阀、泡罩或筛孔

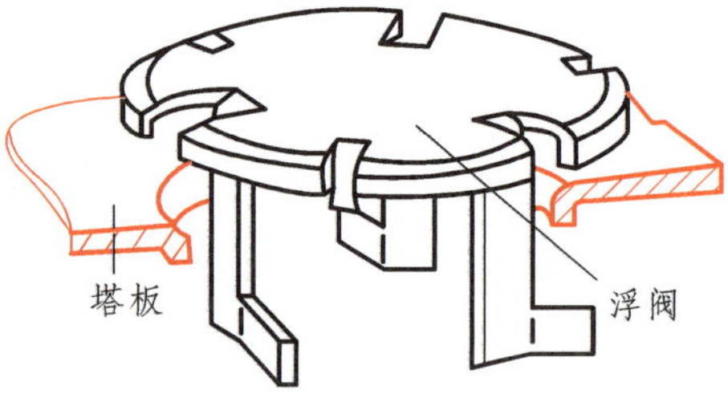

图 9-5 圆泡帽

4. 裙式支座

裙式支座简称裙座，为非标部件。对于高大的塔设备，根据工艺要求和载荷特点，常采用裙座。常见的裙座有两种型式：圆筒形和圆锥形，其结构如图 9-6 所示。圆筒形裙座制造方便，应用较为广泛；圆锥形裙座承载能力强，稳定性好，对于塔高与塔径之比较大的塔特别适用。裙座与塔体采用两种焊接方式连接，即对接和搭接，对接焊缝的承压能力更强。

5. 液体分布器

液体分布器即喷淋装置，它的作用是使进入填料塔的液体均匀分布，并喷淋在填料层表面。常见的液体喷淋装置根据使用的塔径不同，有莲蓬头式、单直管式、多孔直列排管式等，如图 9-7 所示。

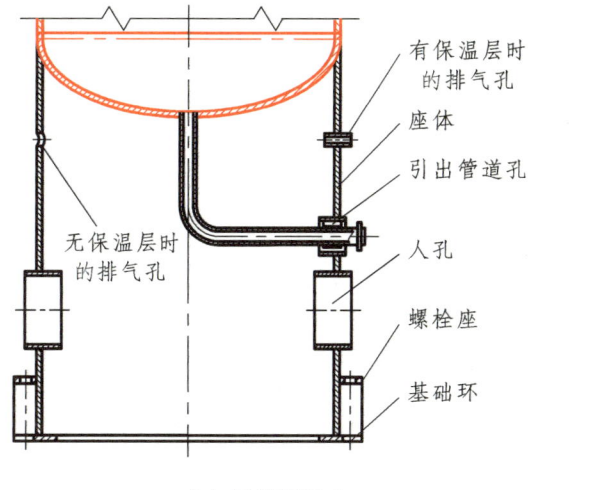

（a）圆筒形裙座

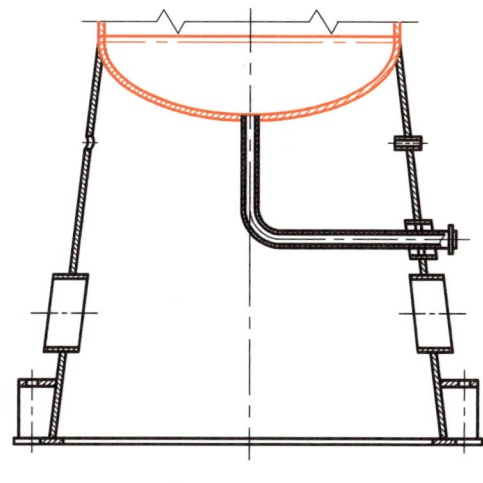

（b）圆锥形裙座

图 9-6 裙座

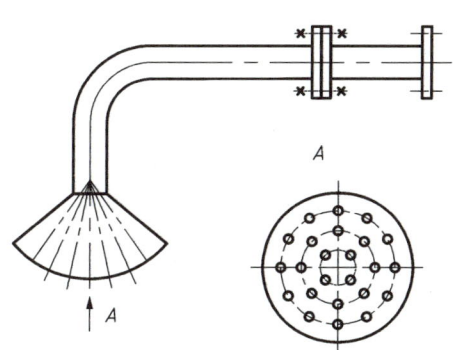

（a）莲蓬头式液体分布器

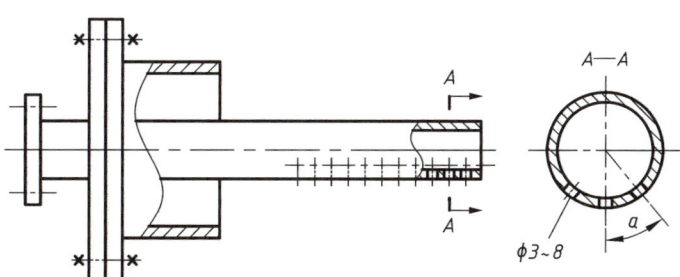

（b）多孔直列排管式液体分布器

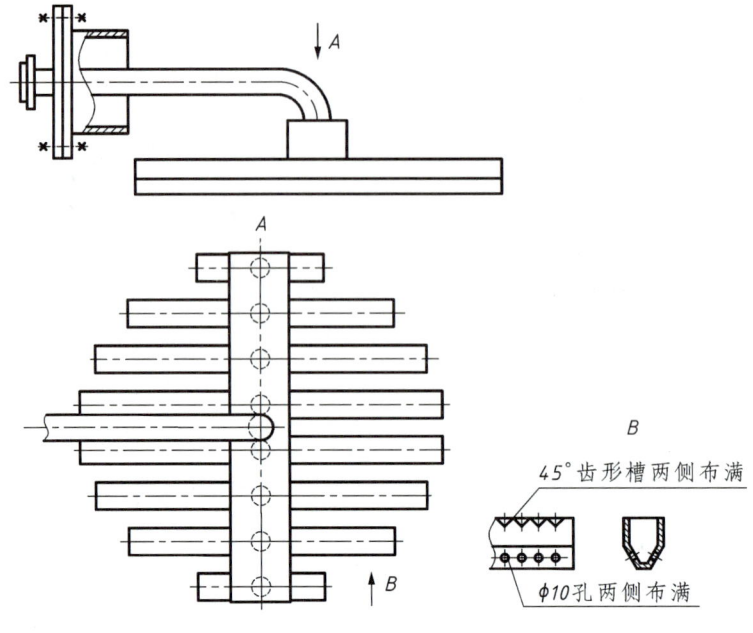

（c）多孔槽形液体分布器

图 9–7 液体分布器

二、塔设备装配图的识读与分析

塔设备一般为高大型立式设备，采用裙座支撑，安装在室外。其内部构件较多，但大多按照一定规律布置。在表达塔设备时，通常主视图采用全剖，并通过在重复结构或相同结构处采用断开画法缩短其高度。俯视图则可以作为向视图灵活布置到图面的合适位置，以表达管口方位。其他的局部视图、局部放大图、节点详图等合理布置在图中。

附图 1 所示为一饱和热水塔的装配图。饱和热水塔是合成氨厂变换系统的主要热量回收设备，图中塔由饱和塔和热水塔两个塔合并而成，中间利用球冠型封头隔开形成两个独立的空间。

1. 概括了解

（1）从标题栏中知道该图为饱和热水塔的装配图，绘图比例为 1∶20。

（2）从明细栏可知该设备由 40 种零部件组成，由"图号或标准号"一栏中可知，其中 18 种为标准件，对应各零部件在视图中的序号可了解其装配关系、结构形状等信息。

（3）由管口表和技术数据表可知设备的接管情况及有关的技术特性，塔上有 17 个接管口，各管口的尺寸、密封面型式及用途见管口表；该塔的设计压力为 1.0 MPa，设计温度为 150℃，工作介质是水、变换气和半水煤气。

（4）该设备采用了主视图、向视图（俯视图改变位置后的视图）两个基本视图、两个表达零部件的向视图、一个局部剖视图和三个局部放大图等。

2. 详细分析

(1) 视图分析。主视图用全剖视表达设备内部结构和主要零部件的装配关系,填料部分采用断开方式表达。B 向视图(即俯视图)表达各管口的周向方位和地脚螺栓孔及肋板的分布情况。D 向视图表示栅板被分为宽度 480 mm 的 4 块,C 向视图及"槽形液体分布器部件图"共同表示液体分布器的结构形式。Ⅰ、Ⅱ、Ⅲ 三个局部放大图分别表示筒体与裙座、接管与筒体和补强圈、球冠形封头与筒体的焊接接头形式。

(2) 装配连接关系分析。筒体(件 10)与上、下封头(件 23)采用焊接,中间被球冠形封头(件 29)分隔成上下两个塔,整个塔体与圆筒形裙座(件 6)采用对接方式焊接一起。各管口与筒体、封头装配时均采用焊接,各管口的安装位置可由主视图上标注的尺寸和 B 向视图确定。上下两塔内填料采用栅板支承。

(3) 零部件的结构形状分析。按明细栏中的序号逐个地将非标零部件从视图的投影中分离出来,弄清其结构形状和尺寸。对于另有图样的零部件应同时阅读它们的零部件图,进一步弄清其结构形状,如附图 1 所示的主视图中件 13 与 D 向视图均表达栅板结构与分块尺寸。

请读者对照图样自行分析零部件的结构。

3. 归纳总结

经过对饱和热水塔装配图的概括了解和详细分析,可归纳总结该塔设备的工作原理:半水煤气由进气口 F 管进入塔饱和塔(上段)内,和由 D 管进入塔内的水逆流进行传热传质,提高半水煤气的温度和湿度,然后从塔顶的 E 管出塔。半水煤气经过变换炉变换后由 J 管返回到热水塔段,此时的高温变换气与 G 管进入的水再次进行逆流传热传质,减低温度、提高湿度后从 B 管出塔。

第三节　换热器装配图的识读

换热器又称热交换器,是化学工业、石油化学及石油炼制工业以及其他一些行业中广泛使用的热量交换设备,它不仅可以单独作为加热器、冷却器等使用,而且是一些化工单元操作的重要附属设备,因此在化工生产中占有重要的地位。其主要作用是:

(1) 使热量从温度较高的流体传递给温度较低的流体,使流体温度达到工艺流程规定的指标。

(2) 回收余热、废热,提高热能总利用率。

一、管壳式换热器的基本结构

管壳式换热器是目前应用最为广泛的　种换热器,处理能力和适应性强,能承受高温、高压,易于制造,生产成本低,清洗方便。管壳式换热器有固定管板式、浮头式、U 形管式、填料函式等多种型式,各自的适用条件有所不同。它们的基本结构主要由管箱、壳体管板、管束、折流板、拉杆和定距管等零件组成。图9-8～图9-11所示为四种常见换热器的结构图。有关管壳式换热器的设计、制造、检验等可查阅标准 GB／T 151—2014《热交换器》。

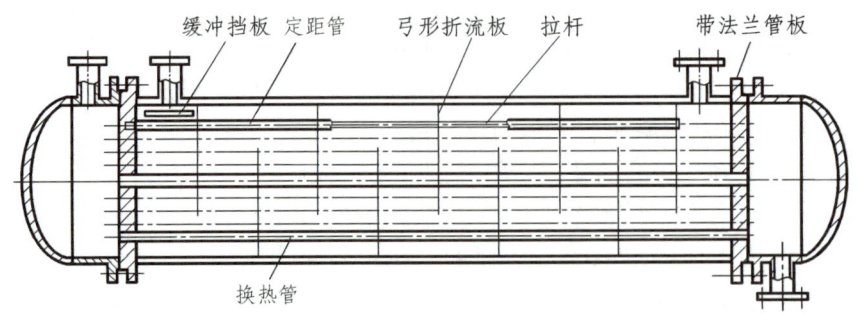

图9-8　固定管板式换热器

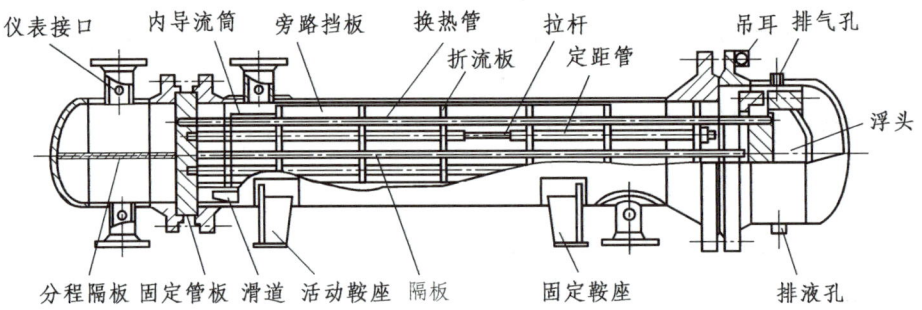

图9-9　浮头式换热器

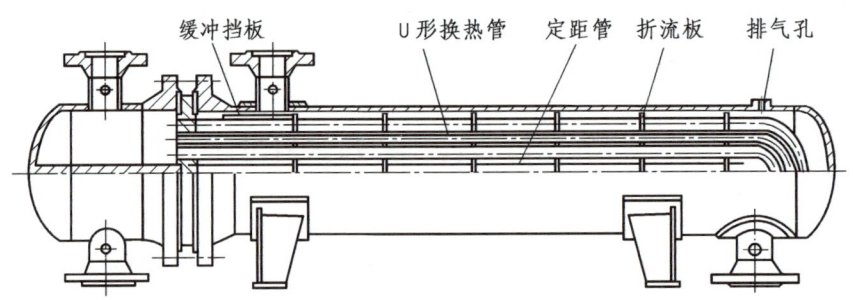

图9-10　U形管式换热器

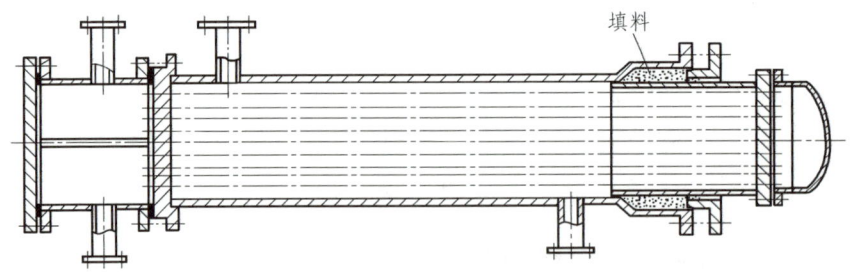

图9-11　填料函式换热器

二、换热器的常用零部件

管壳式换热器的冷、热流体通过管壁进行热量交换,流体间不相互混合,换热器的主体结构由筒体和两端的管箱构成,其他的主要零部件有管板、折流板、膨胀节、支座、容器法兰、管束等,固定管板式换热器立体图如图 9 - 12 所示。

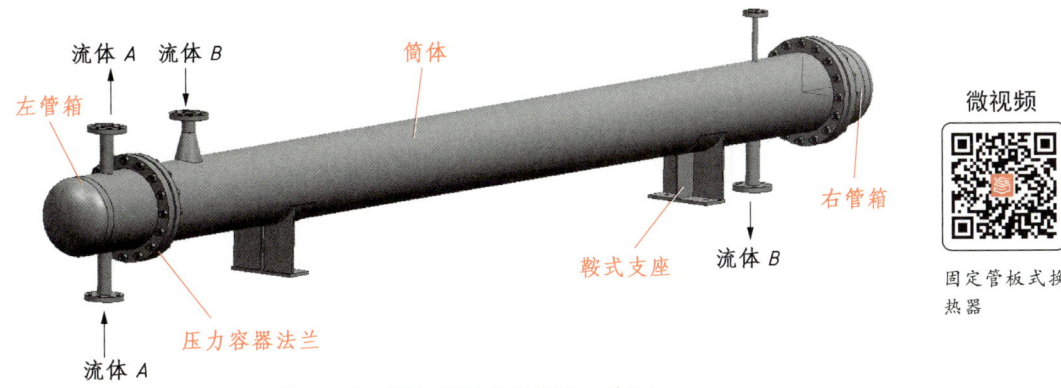

图 9 - 12　固定管板式换热器立体图

1. 管板

管板是管壳式换热器的主要零件,绝大部分管板是圆形平板,如图 9 - 13 所示,图 9 - 13a 所示为管板面向管箱一侧,带有分程隔板槽,图 9 - 13b 所示为面向壳程一侧,上面分布有四个螺纹孔,是拉杆的旋入孔,用来固定折流板。板上规则排布的管孔用来安装换热管,其排列方式常用正三角形、转角正三角形、正方形、转角正方形等,如图 9 - 14 所示。换热管与管板的连接常用胀接、焊接或胀焊并用等方法,要求保证充分的密封性能和足够的连接强度。

(1) 管板的连接方式　管板通常被固定在壳体和管箱之间,可采用可拆式和不可拆式两种连接方式,固定管板式换热器常采用管板与壳体焊接在一起的不可拆连接方式,如图 9 - 15 所示,这种方式往往会产生温差应力,故冷、热流体不能有较大温差。浮头式、填料函式、U 形管式换热器常采用可拆连接,即把固定端管板夹在壳体法兰和管箱法兰之间,如图 9 - 16 所示,管束可以从壳体中抽出来,不存在温差应力。

(a) 面向管箱一侧　　　　　　　(b) 面向壳程一侧

图 9 - 13　管板结构

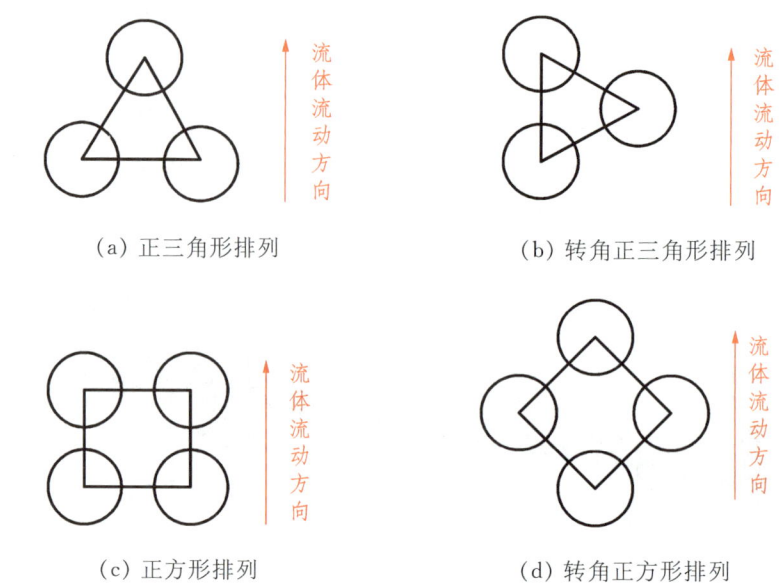

(a) 正三角形排列　　　　　　　　(b) 转角正三角形排列

(c) 正方形排列　　　　　　　　　(d) 转角正方形排列

图 9 - 14　管板上管孔的排列方式

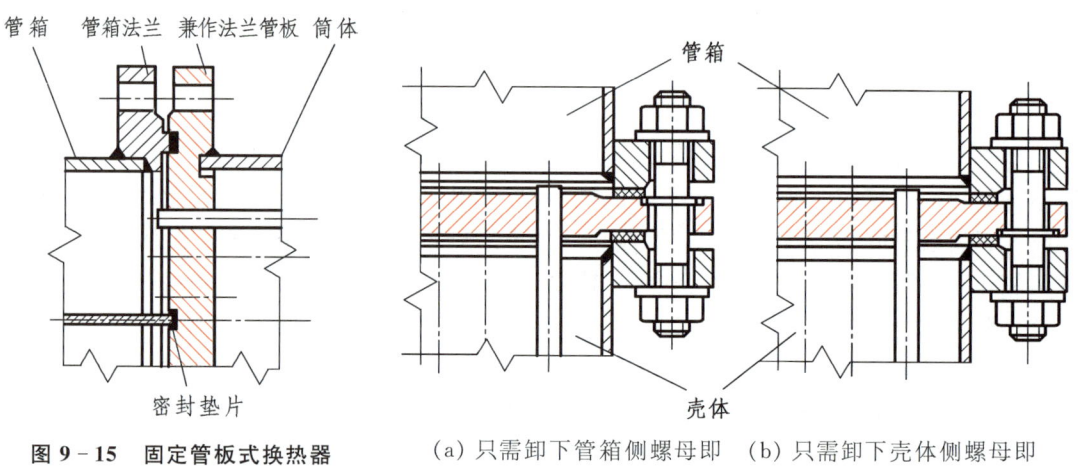

图 9 - 15　固定管板式换热器
不可拆式管板

(a) 只需卸下管箱侧螺母即　　(b) 只需卸下壳体侧螺母即
可清洗管程(上螺母)　　　　可清洗壳程(下螺母)

图 9 - 16　可拆式管板与筒体和管箱的连接

　　(2) 管板的零件图　管板作为换热器的一个重要零件,一般需要单独绘制零件图表达其结构形状及尺寸。

2. 折流板

　　折流板安装在换热器的壳程,它使管间流体沿着折流板缺口的通道流动,从而提高壳体内流体的流速和湍动程度,提高传热效率,同时还起到支撑管束的作用。折流板有弓形、圆盘-圆环形两种,弓形又分单弓形、双弓形、三弓形等,其结构形式如图 9 - 17 所示。圆盘-圆环形折流板在壳体内的排列方式如图 9 - 18 所示。目前,在管壳式换热器中应用最为广泛的是弓形折流板,弓形折流板在卧式换热器中可以采用圆缺口在上、下方向和左、右方向两种排列方式，如图 9-19 所示，其缺圆高度一般以壳体内径的 20％～25％ 最常用。

　　折流板利用拉杆和定距管固定在换热器内部，如图 9-20 所示。

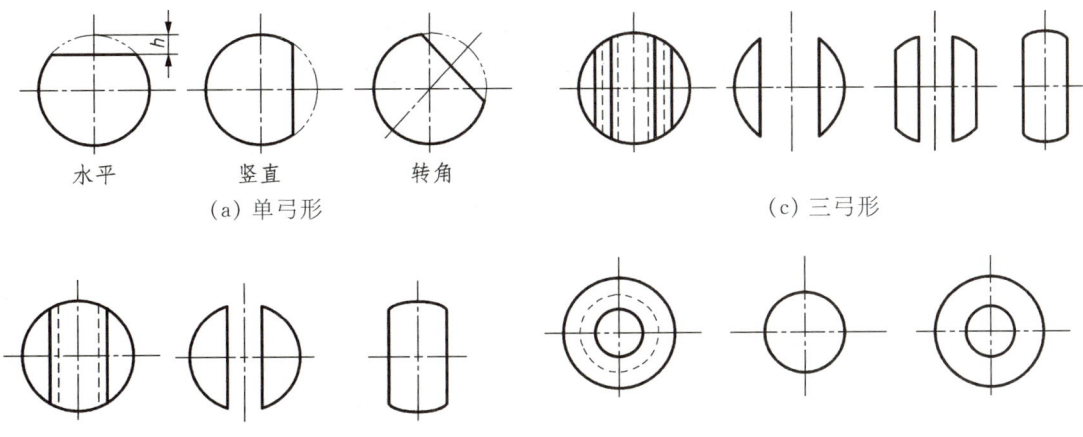

（a）单弓形　　　　　　　　　　　　　（c）三弓形

（b）双弓形　　　　　　　　　　　　　（d）圆盘-圆环形

图 9-17　折流板的结构形式

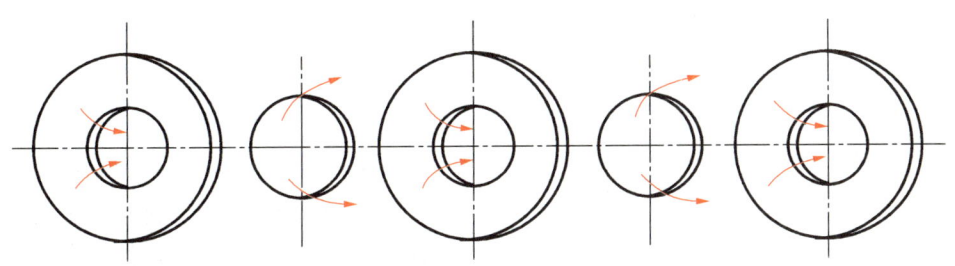

图 9-18　圆盘-圆环形折流板排列方式

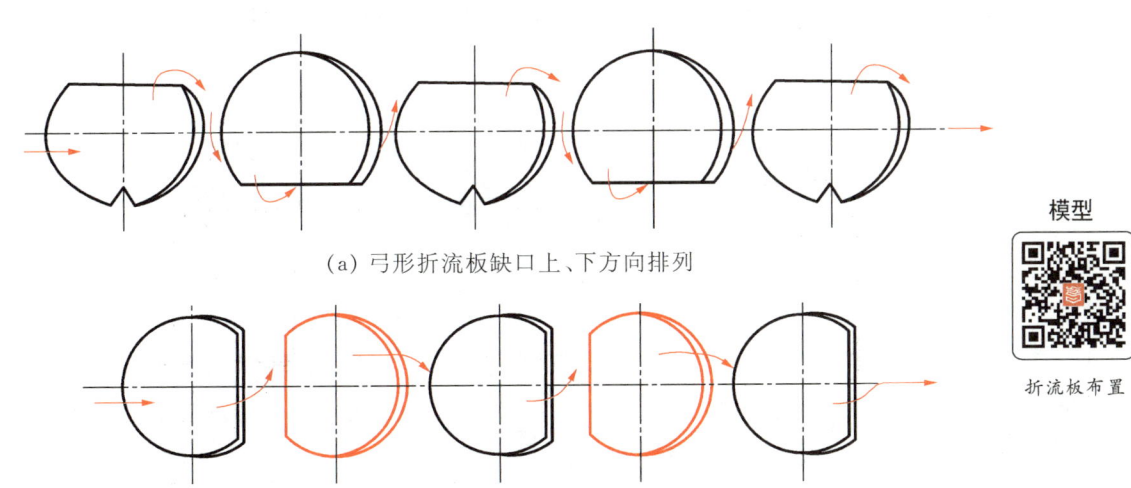

（a）弓形折流板缺口上、下方向排列

（b）弓形折流板缺口左、右方向排列

图 9-19　弓形折流板排列方式

模型

折流板布置

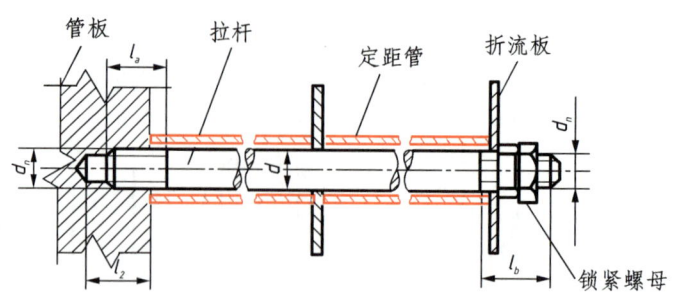

图 9 - 20　拉杆、定距管装配结构

3. 膨胀节

膨胀节是装在固定管板式换热器壳体上的挠性部件。由于固定管板式换热器的管板与壳体、管束刚性地连接在一起,管内外冷热流体的温度不同从而产生热应力,过大的应力容易导致管子拉脱,故在管程与壳程温差较大的情况下,采用波形膨胀节以补偿温差引起的变形。波形膨胀节属于标准件,国家标准 GB 16749—2018《压力容器波形膨胀节》规定波形膨胀节适用于设计压力≤12 MPa、公称直径≤4 000 mm,且设计压力(MPa)与公称直径(mm)的乘积≤2.7×10^4。波形膨胀节一般分为立式(L 型)和卧式(W 型)两种,若带衬套又有 LC型和 WC 型,根据有无丝堵又分 I 型和 II 型,如图 9 - 21 所示。

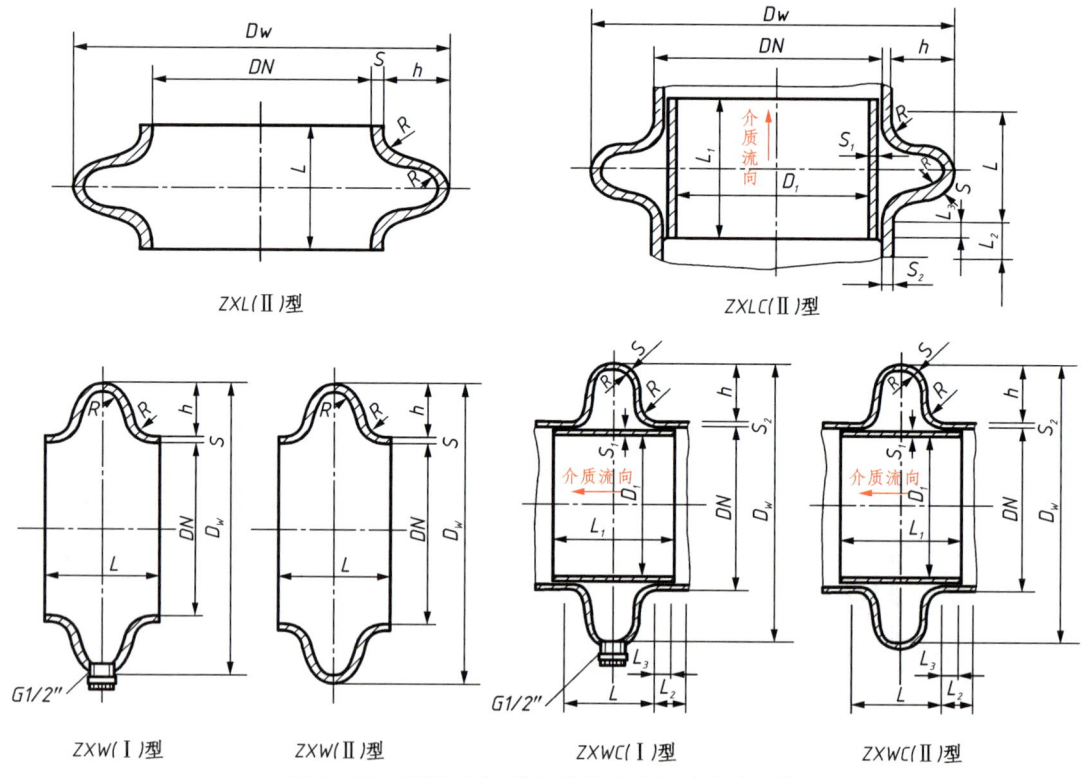

图 9 - 21　不带衬套、带衬套的立式和卧式膨胀节

4. 管箱

管箱位于换热器两端,它是由封头、短筒节、容器法兰、进(出)口接管、分程隔板(单管程没有)等零件组成的部件。其作用是把从外管路中进入管程的流体均匀地分布到各换热管中去,再把经过换热以后从换热管流出的流体汇集起来送出换热器。在多管程换热器中,管箱还起着改变管程流体流向的作用。

在换热器的装配图中,如果管箱作为一个整体组合件(即部件)来标注件号,则需要单独绘制一张部件图来详细表达组成该部件的各个零件间的相互连接装配关系。

三、换热器装配图及零部件图的识读与分析

1. 视图表达方案

附图 2 所示为一立式固定管板式换热器装配图,其表达方案主要采用:

(1)基本视图为主视图和俯视图,主视图选择全剖视图,可以清晰地表达各零部件间的相互连接关系。俯视图表达了周向管口及支座的布置情况。

(2)主视图采用多次旋转的画法表达周向不在剖切面位置的构件,如图中 4 个耳式支座,从俯视图可看出其实际位于与剖切面成 45°夹角的方向,在主视图中其位置被旋转到了与正平面平行的剖切面上进行绘制。

(3)采用三个局部放大图表达细部结构。

(4)采用夸大画法表达壳体壁厚、接管壁厚和折流板厚度。

(5)采用简化画法表达管束和法兰中螺纹连接件。换热器管束采用简化画法表达,只在图中画出一根换热管,其余的仅画出中心线。

2. 换热器装配图及零部件图的阅读与分析

(1)概括了解

附图 2 所示为一立式固定管板式换热器装配图,由标题栏可知,此换热器换热面积为 138 m²,图样采用 1：10 的缩小比例绘制;由明细栏可知此设备共有零部件 28 种;由管口表可知设备上共有 4 个接管;由技术数据表可知管程工作压力为 1.3 MPa、工作温度为 180～200 ℃、介质为氨水,壳程工作压力为 2.5 MPa,工作温度 375 ℃、介质为过热蒸汽。

(2)详细分析

① 视图分析 附图 2 所示换热器装配图采用主视图和俯视图两个基本视图表达设备,主视图采用全剖视图表达各零部件间的相互连接关系,并采用多次旋转的画法表达周向不在剖切面位置的构件,如图中 4 个耳式支座,从俯视图可看出其实际位于与剖切面成 45°夹角的方向,在主视图中其位置被旋转到了与正平面平行的剖切面上进行绘制。俯视图表达了周向管口及支座的布置情况。

附图 2 采用三个局部放大图表达细部结构,局部放大图 I 表达了拉杆与管板之间的螺纹连接,II 表达了换热管与管板之间胀焊并用的连接方式,III 表达了筒体与管板之间焊接接

头的形式。

　　附图 2 采用夸大画法表达壳体壁厚、接管壁厚和折流板厚度。

　　附图 2 采用简化画法表达管束和法兰上的螺纹紧固件。换热器管束只在图中画出一条换热管,其余的用中心线表示。

　　附图 3 所示为上述换热器的零部件图,包括上封头管箱(件 24)、管板(件 20)及折流板(件 15)。将三张零部件图布置到一张图纸上,图纸采用图 8 - 20b 所示分割方法用细实线进行了区域划分,上封头管箱部件图布置到图面的右侧,管板和折流板零件图布置到图面的左侧。上封头管箱部件图作为组合体共有 7 种零件构成,其零件序号由两部分组成,即由部件在装配图中的件号与其零件或二级部件的件号组成,如图中零件序号"24 -1"表示构成附图 2 所示装配图中 24 号部件的 1 号零件。管板和折流板的零件图详细表达了这两个零件的结构形状与尺寸。

　　② 装配连接关系分析　　此换热器上、下管箱与筒体采用法兰连接,利用四个耳式支座进行固定。换热器内共排布 505 根换热管,管长 3.5 m,管子通过胀焊并用的方式与上、下两块管板固定在一起;5 块折流板由拉杆和定距管进行固定,共计 6 根拉杆,拉杆的一端用螺纹连接固定到管板上。其他零部件均采用焊接方式连接。

　　③ 零部件的结构形状分析　　在设备结构形状分析时,换热器的一些零部件在装配图中表达了其结构形状与尺寸。另外,由附图 3 所示的零部件图详细表达了三个主要的零部件,可对应图纸进行分析。

　　(3) 归纳总结

　　通过阅读和分析可知,此换热器为固定管板式换热器,有两个管板,五块单弓形折流板。由于冷热流体温差较大,设备上装有膨胀节以减小温差应力。此换热器为单管程单壳程,管程走冷流体氨水,由设备底部的管口 A 进入管束,从顶部的管口 D 出管束;壳程走热流体过热蒸汽,由筒体左侧上部的管口 C 进入壳体,沿着折流板绕行至左侧下部的管口 B 出壳体。冷热流体在换热器内逆向流动,通过管壁进行热量交换。

第四节　搅拌反应釜装配图的识读

　　反应器是化学工业中非常重要的设备,为原料间进行化学反应提供场所。它广泛应用于化肥、医药、农药、基本有机合成、有机染料及三大合成材料(合成橡胶、合成塑料和合成纤维)等化工行业中。

　　反应器有许多种,如:气-固固定床催化反应器,气-固流化床反应器,气-液-固三相反应器、气液反应器、搅拌槽式聚合反应器等。这里主要介绍带搅拌的夹套传热式反应釜。

一、搅拌反应釜的基本结构

　　如图 9 - 22 所示为常用搅拌反应釜的基本结构。

（a）实物

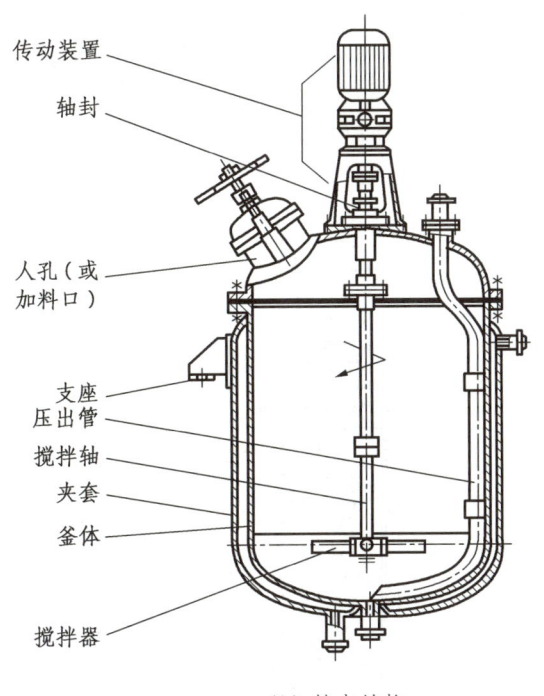

传动装置

轴封

人孔（或加料口）

支座
压出管
搅拌轴
夹套
釜体

搅拌器

（b）基本结构

图 9-22　搅拌反应釜的示意图

搅拌反应釜通常由以下几个部分组成：

（1）**釜体部分**　是物料进行化学反应的空间。它由筒体及上、下封头组成。

（2）**传热装置**　化学反应总是伴随有吸热和放热的过程，为使反应被控制在最佳条件下进行，往往需要有供热和冷却的装置，常用的有外置式夹套和内置式蛇管。如图 9-22 所示为反应釜采用最常见的外置式夹套传热装置，图 9-23 所示为内置式蛇管传热装置。

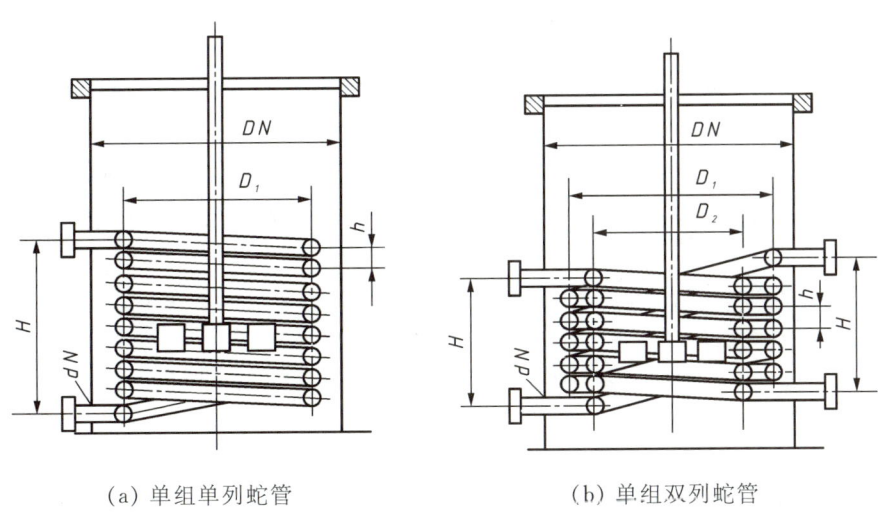

（a）单组单列蛇管　　　　　　　　　　（b）单组双列蛇管

图 9-23　内置式蛇管传热装置

（3）**搅拌装置**　为了使参与化学反应的各种物料混合均匀、接触良好，以利于化学反应的进行，大多数反应器内部都有搅拌装置。搅拌装置由搅拌轴和搅拌器组成。

（4）**传动装置**　搅拌器的运转与动力的传递需要借助传动装置，如图9-24所示为一立式传动装置，由电动机和减速器（带联轴器）等组成。如图9-25所示为皮带传动与桨式搅拌装置。

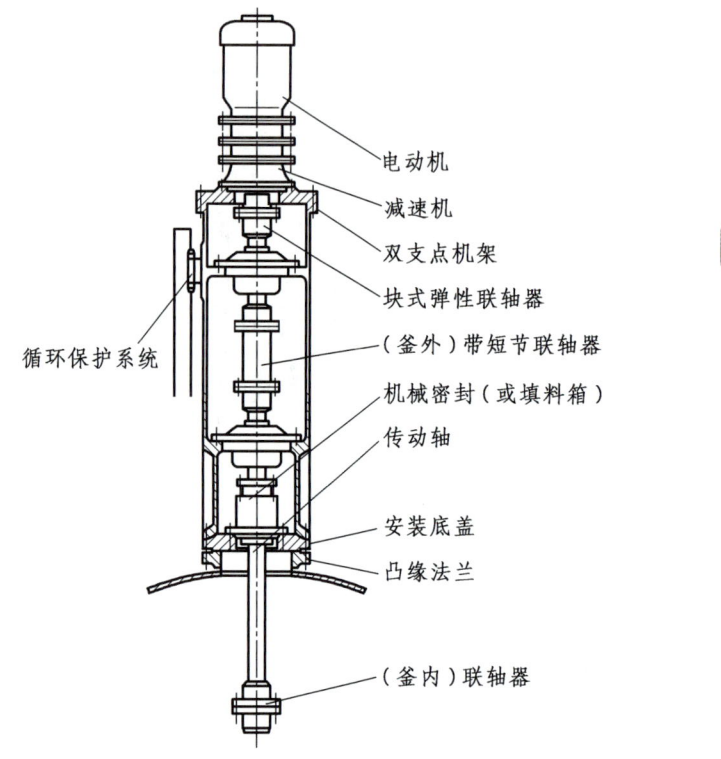

图9-24　立式传动装置组成

电动机
减速机
双支点机架
块式弹性联轴器
（釜外）带短节联轴器
机械密封（或填料箱）
传动轴
安装底盖
凸缘法兰
（釜内）联轴器
循环保护系统

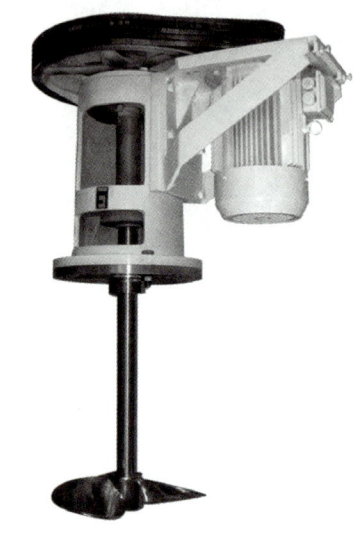

图9-25　皮带传动与桨式搅拌装置

（5）**轴封装置**　由于搅拌轴是旋转件，搅拌轴从釜体外部穿入釜体内部时必须对其进行密封，以防止釜内介质泄漏。常用的轴封装置有填料箱密封和机械密封两种。

（6）**其他结构**　除了上述几部分主要结构外，为了检修、加料、排料、监视反应的进行等需要，常要装设人（手）孔、视镜、支座、各种接管和测控仪表、安全泄放装置等附件。

二、反应釜的常用零部件

1. 釜体与夹套

大多数反应釜的釜体都带有夹套，夹套一般为整体夹套，如图9-26所示。整体夹套与釜体的连接方式有可拆卸式和不可拆卸式两种，如图9-27和图9-28所示。

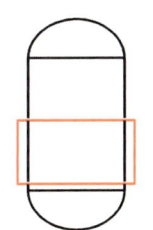 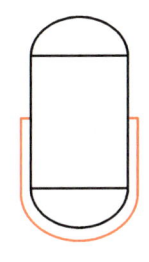 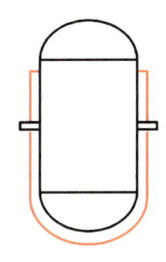 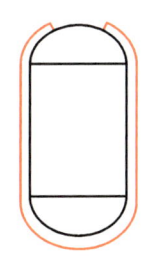 

（a）筒体夹套（用在需要传热面积不大的场合）　（b）U形夹套（最常用的典型结构）　（c）分段夹套（可分段控制温度）　（d）全包式夹套（一般不用）

图 9-26　整体夹套结构类型

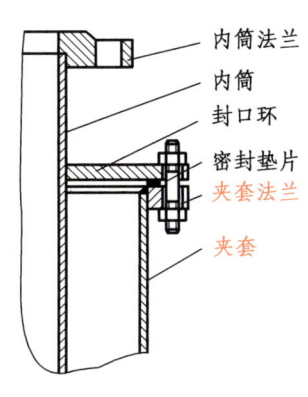 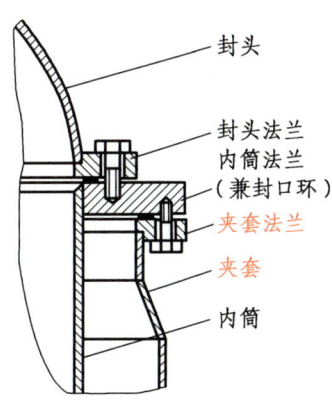

（a）筒体和夹套高度不一致　　　　　　　　（b）筒体和夹套的高度一致

图 9-27　可拆卸式整体夹套

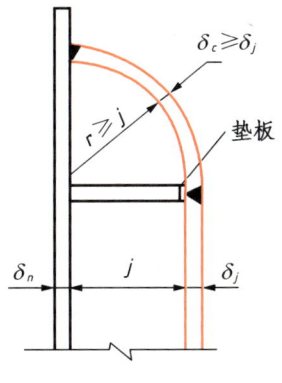 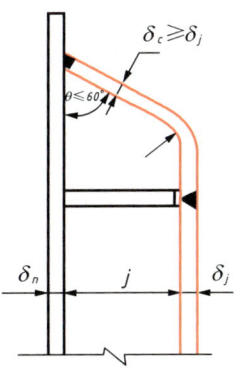 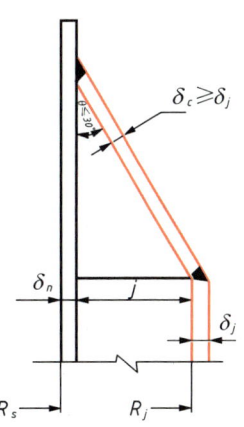

图 9-28　常见不可拆整体夹套

2. 轴封装置

反应釜的密封有两种：一种是静密封，如法兰连接的密封；另一种是动密封，如搅拌轴的轴封。反应釜中常用的轴封结构主要有两大类：填料箱密封和机械密封。其他动设备也采用这两种密封方式。

（1）填料箱密封

填料箱密封的结构如图9-29所示，制造、安装、检修均较方便，因此应用较为普遍。它是由填料箱体、填料、压盖、螺栓等基本零件组成的，置于箱体与转轴之间的填料（5～7组）

微视频

填料箱密封

在螺栓及压盖的轴向挤压下，产生径向延伸，使填料紧贴在转轴的四周，轴旋转时在填料与转轴的接触面间存在一层极薄的液（油）膜，这层液膜既可起到润滑作用，又可阻止釜内介质的外逸或釜外气体的渗入。

填料箱的种类很多，按箱体材料可分为铸铁、碳钢和不锈钢等。按结构可分为带衬套、带油杯和带冷却水套等。图9-29所示为用于碳钢釜体上带有油杯的填料箱。

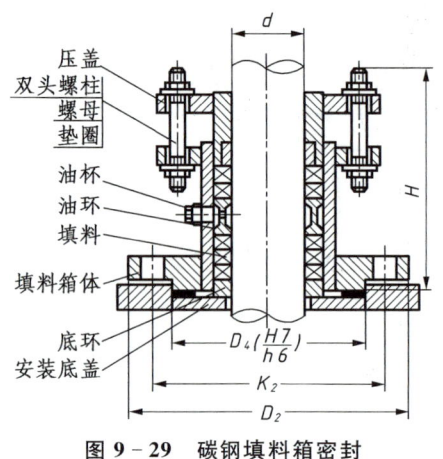

图 9-29　碳钢填料箱密封

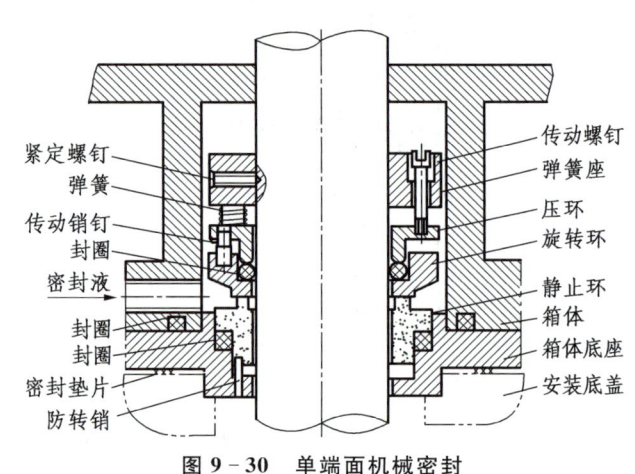

图 9-30　单端面机械密封

（2）机械密封

机械密封是一种比较新型的密封结构，用垂直于轴的两个密封元件（静止环与旋转环）的平面相互贴合（依靠介质压力或弹簧力），贴合表面相对运动，并起到密封的作用，单端面机械密封如图9-30所示。机械密封的泄漏量少，使用寿命长，摩擦功率损耗小，轴或轴套不受磨损，耐振性能好，常用于高低温、易燃易爆有毒介质的场合；但它的结构复杂，密封环加工精度要求高，安装技术要求高，装拆不方便，成本高。

图9-30所示机械密封结构，在密封箱内的传动轴上共套装有四个截面形状不同的圆环，从上向下，分别是弹簧座、压环、旋转环和静止环。矩形截面的弹簧座用紧定螺钉固定在轴上，可以随轴一起旋转，沿其圆周均匀加工出数个安放弹簧的孔座和放置传动螺钉的通孔。弹簧座下面的压环松套在轴上，其主要作用有两个，一是通过其下面的O形密封圈将轴向的弹簧力传递给旋转环，使旋转环的下端面紧贴在静止环的上端面上；二是通过传动螺钉和传动销钉将轴的旋转运动传递给旋转环，使旋转环与轴同步旋转。与旋转环紧贴的静

止环与轴之间存在间隙,并被固定在箱体的底座内,图中的防转销是用来保证静止环不会发生相对于轴的转动。

由图 9-30 可见,釜内介质的外泄通道有四条:一是箱体底座与安装底盖之间,二是静止环与箱体底座之间,三是旋转环内表面与轴外表面之间,四是旋转环与静止环的贴合端面之间。四条泄漏通道中的前三条相互连接零件都是相对静止的,故可以采用密封垫片或 O 形密封圈进行密封,即属于静密封。第四条泄漏通道是要在旋转环和静止环相对运动的状态下对其接触端面进行封堵,即进行端面密封。其密封是靠对密封端面高光洁度的研磨加工、弹簧和介质压力所施加的端面贴合力和密封液的协助来实现。

3. 搅拌器

搅拌器用于提高反应釜内的传热、传质作用,加快介质的反应速率。常用的有桨式、涡轮式、推进式、锚框式、螺带式等搅拌器,其结构形式如图 9-31 所示。HG/T 3796.1—2005《搅拌器形式及基本参数》规定了用于密度小于 2 000 kg/m³ 的液-液、气-液、固-液两相及气-液-固三相介质进行各种物理和化学过程搅拌的搅拌器。

搅拌器标记示例:

[例 9-1] PJ 600-40S₃

表示搅拌器类型为 PJ(即平直叶整体桨式搅拌器,搅拌器代号查阅标准 HG/T 3796.1—2005),直径为 600 mm,轮毂内孔直径为 40 mm,材料为 0Cr18Ni9(即 304)(S₃ 为材料代号,参见标准中规定)。

4. 搅拌轴

反应釜中的搅拌轴是搅拌装置中的主要零件之一,图 9-32 所示为附图 4 中种子罐所用搅拌轴的零件图。搅拌轴属于轴类零件,长径比较大,通常采用一个主视图和若干断面图来表达其结构和各轴段的截面特点,轴较长时可以通过断开方式来表达。

轴的两端有键槽,一端用于连接搅拌器,另一端用于连接联轴器。

三、反应釜装配图的识读

附图 4 所示为某酒厂种子罐的装配图,该设备为带搅拌的夹套式反应釜。

由图中"设计数据与技术要求表"可知,罐内设计压力为 0.35 MPa,工作温度为 130℃,物料为种子液;夹套内的设计压力为 0.63 MPa,工作温度约为 150℃,介质为蒸汽。罐体容积是 2.66 m³。

从明细栏得知,该反应釜共有 26 种零部件组成,其中标准件有法兰、封头、耳式支座、凸缘法兰、联轴器、人孔、视镜等。非标准件有消沫桨、搅拌轴、搅拌器、风帽等。

在视图表达上,装配图用了一个全剖的主视图和一个俯视图表达反应釜的结构。主视图表达了反应釜总体的结构和零部件装配关系。其传动装置是通过电动机带动皮带轮将电动机输出的转动平行地传递给皮带轮,中间用联轴器将带轮轴和搅拌轴连接在一起,电动机功率为 4 kW,搅拌转速为 180 r/min。其传热装置采用夹套,整个釜体由四个耳式支座支撑。

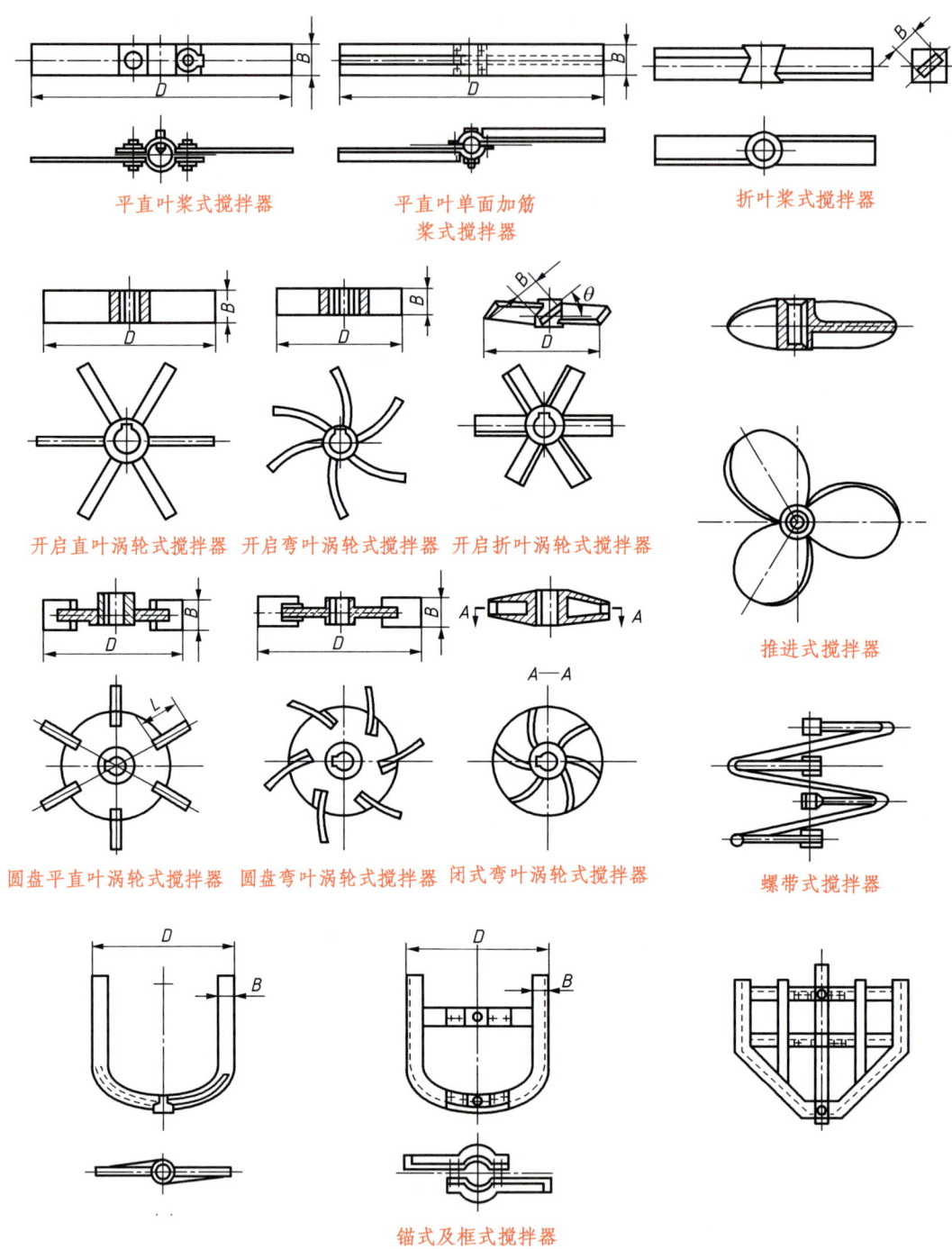

平直叶桨式搅拌器　　平直叶单面加筋桨式搅拌器　　折叶桨式搅拌器

开启直叶涡轮式搅拌器　开启弯叶涡轮式搅拌器　开启折叶涡轮式搅拌器　推进式搅拌器

圆盘平直叶涡轮式搅拌器　圆盘弯叶涡轮式搅拌器　闭式弯叶涡轮式搅拌器　螺带式搅拌器

锚式及框式搅拌器

图 9-31　各种搅拌器的结构示意图

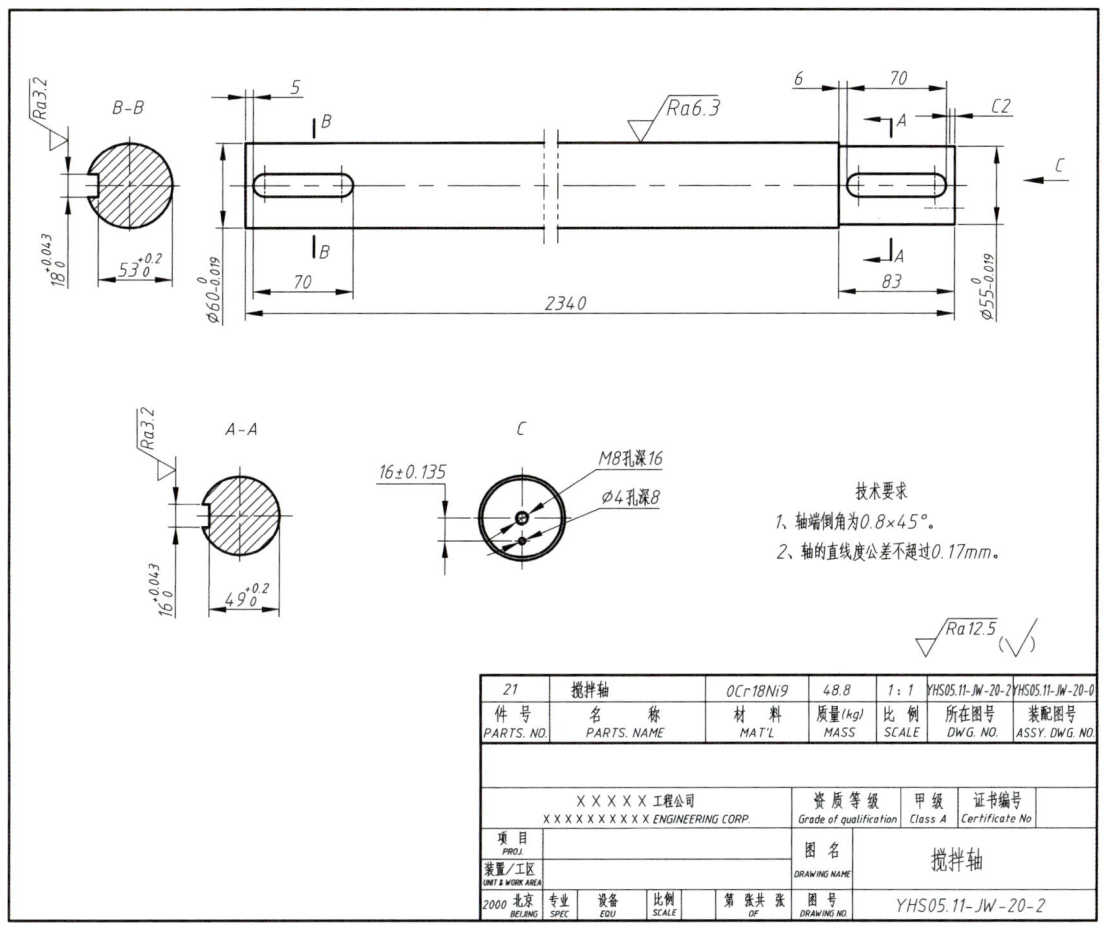

图 9-32　搅拌轴零件图

俯视图表达了各管口的方位,管口表中说明了各接管的用途、规格。

分析其物料走向:种子液从罐顶的管口 E 进入罐内,经过搅拌器的搅拌发酵,发酵过程中由夹套为其提供热量,热蒸汽从夹套的接管 G 进入夹套,冷凝水从夹套底部的接管 A 流出。罐内的物料完成发酵过程后,液体物料从罐底的接管 B 流出,大的固体物料被风帽过滤,留在罐内。反应过程中产生的泡沫通过消沫桨的旋转消除,技术人员可以随时通过罐顶的视镜对釜内反应情况进行观察。

模块三

化工工艺图样

　　任何化工新产品、新工艺和新技术的开发过程,都要经过概念设计、基础设计和工程设计等阶段。在化工设计的每个阶段,必须完成相应的设计内容,其设计成果是通过化工工艺图样来体现的。这些工艺图样是化工工艺、化工设备、土建、电气、采暖通风、给排水、自动化控制等各专业技术人员进行信息交流的工具,也是化工厂进行工艺安装和指导生产的重要技术文件。

　　化工工艺图主要包括:工艺流程图、设备布置图及管道布置图,其分类如下。

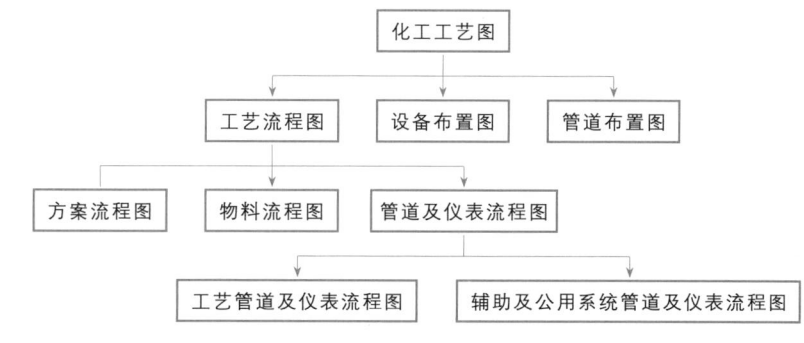

第十章 工艺流程图

化工工艺设计的核心是工艺流程设计,工艺流程是以化学反应为工艺核心,并连接反应前后对物料进行处理的工艺步骤,形成一个由原料到产品的生产工艺程序,如图 10 - 1 所示。把这个生产工艺顺序用图形描绘出来,并说明物料的流向和能量的传递情况,即形成工艺流程图。

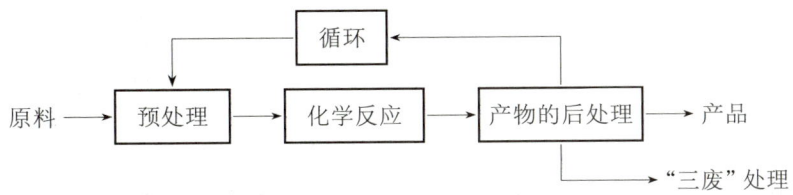

图 10 - 1 化工生产工艺顺序

一般工艺流程都可分为四个部分,即原料预处理过程、化学反应过程、产物的后处理过程和"三废"处理过程。流程设计的主要任务:一是确定生产流程中各个生产过程的具体内容、顺序和组合方式;二是绘制工艺流程图。

工艺流程图是采用展开画法,用图例、符号及代号等把化工工艺流程和所需的全部设备、机器、管道、阀门、管件和仪表等表示出来的图样。根据设计所处的阶段,工艺流程图包括方案流程图、物料流程图和管道及仪表流程图。

第一节 方案流程图

一、流程示例

方案流程图又称流程示意图或流程简图,是用来表达整个工厂或车间生产流程的图样。它是在初步设计阶段提供的图样,是为物料衡算和能量衡算服务的,也是管道及仪表流程图设计的主要依据。方案流程图的图幅一般不作规定,且可以省略图框和标题栏。

图 10 - 2 所示为合成氨厂的氨回收工段方案流程图。

氨回收工艺流程简介如下。

在合成氨厂,为了达到节能减排、增产增效的目的,通常采取一定的措施对氨合成尾气进行回收。这部分尾气主要由两部分气体组成,即合成吹出气(简称吹出气)和液氨贮罐弛放气(简称贮罐气)。

利用化学软水吸收的方法,在氨吸收塔(T0801)中将吹出气及贮罐气中的氨气回收,制成浓氨水(不同的温度压力条件下,浓度约为 12%～18%)。从氨吸收塔底部出来的浓氨水

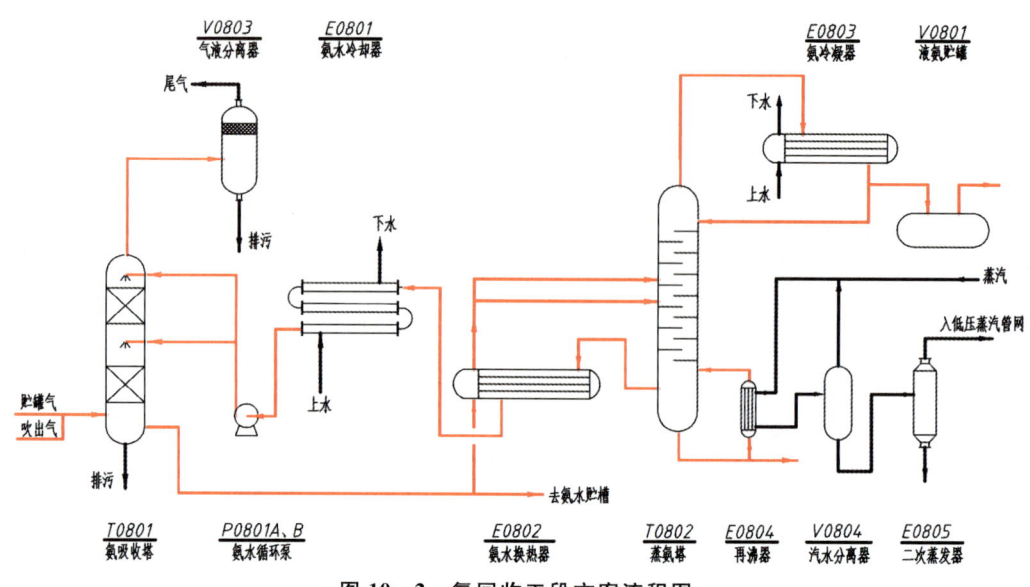

图 10-2　氨回收工段方案流程图

与蒸氨塔(T0802)底部出来的稀氨水经过氨水换热器(E0802)进行热量交换后进入蒸氨塔，用蒸馏的方法将浓氨水中的氨蒸馏出来，塔顶出来的气体进入氨冷凝器(E0803)冷凝成浓度大于 98.5％的液氨进入液氨贮罐(V0801)。而蒸氨塔底的稀氨水经氨水换热器、氨水冷凝器降温后由氨水循环泵(P0801A、B)打入氨吸收塔作为吸收液。经过吸收后从氨吸收塔顶出来的气体进一步进行气液分离后排空。

此工段通过吸收、解析的循环过程完成氨的回收利用，不仅能增加氨产量，而且能有效降低有害气体的排放量。

二、方案流程图的内容

由图 10-2 可见，方案流程图包括的内容主要有：

(1) 工艺生产过程中所采用的各种机器、设备。

(2) 物料由原料转变为半成品或成品的运行路线，即工艺流程线。

三、方案流程图的画法

1. 设备的画法

绘制流程图时，用细实线按流程顺序依次将生产过程中所采用的设备展开画到图面上。设备一般不按比例绘制，只要画出设备的大致轮廓或示意图即可，但应保持设备的相对大小，且设备间相对高低位置和设备上的重要接管口位置应大致符合实际情况。设备之间要留出足够的距离以绘制流程线，对于相同的设备可只画出一套。流程图中常见设备示意图例见表 10-1。

表 10 – 1　流程图中常见设备图例(摘自 HG /T 20519—2009)

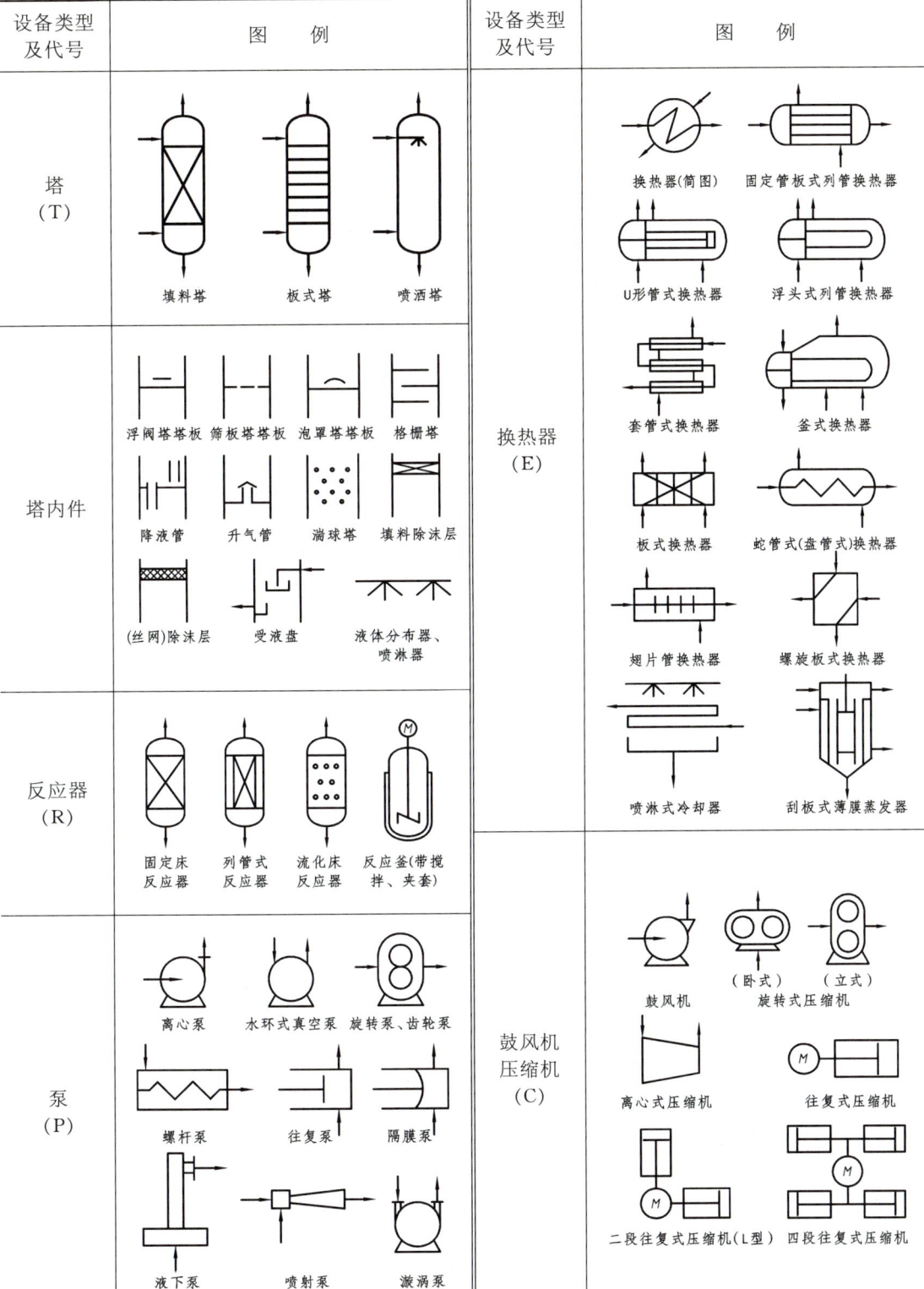

设备类型及代号	图　例	设备类型及代号	图　例
塔（T）	填料塔　板式塔　喷洒塔	换热器（E）	换热器(简图)　固定管板式列管换热器 U形管式换热器　浮头式列管换热器 套管式换热器　釜式换热器 板式换热器　蛇管式(盘管式)换热器 翅片管换热器　螺旋板式换热器 喷淋式冷却器　刮板式薄膜蒸发器
塔内件	浮阀塔塔板　筛板塔塔板　泡罩塔塔板　格栅塔 降液管　升气管　湍球塔　填料除沫层 (丝网)除沫层　受液盘　液体分布器、喷淋器		
反应器（R）	固定床反应器　列管式反应器　流化床反应器　反应釜(带搅拌、夹套)	鼓风机压缩机（C）	鼓风机　旋转式压缩机（卧式）（立式） 离心式压缩机　往复式压缩机 二段往复式压缩机(L型)　四段往复式压缩机
泵（P）	离心泵　水环式真空泵　旋转泵、齿轮泵 螺杆泵　往复泵　隔膜泵 液下泵　喷射泵　漩涡泵		

设备类型及代号	图　例	设备类型及代号	图　例
容器 （V）	锥顶罐　　（地下/半地下） 池、槽、坑　　浮顶罐 圆顶锥底容器　蝶形封头容器　平顶容器 干式气柜　　湿式气柜　　球罐 卧式容器　　　卧式容器 填料除沫 分离器　　丝网除沫 　　　　　分离器　　旋风分离器 干式电除尘器　　湿式电除尘器 固定床过滤器　带滤筒的过滤器	起重运 输机械 （L）	旋转式起重机　　单梁起重机(手动) 手推车　　　单梁起重机(电动) 吊钩桥式起重机　　斗式提升机 带式输送机　　刮板输送机
		动力机 （M、E、 S、D）	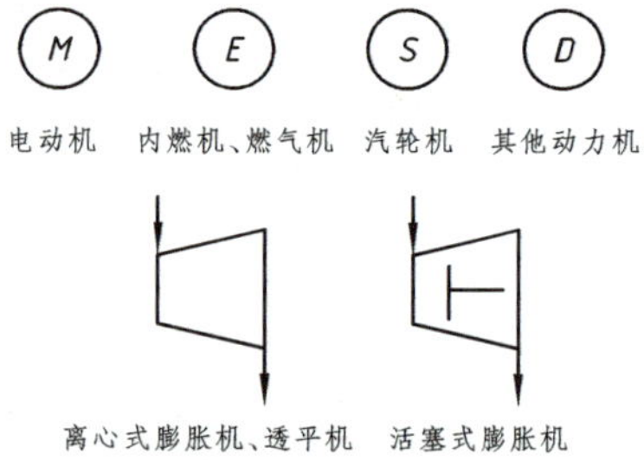 Ⓜ　Ⓔ　Ⓢ　Ⓓ 电动机　内燃机、燃气机　汽轮机　其他动力机 离心式膨胀机、透平机　活塞式膨胀机
		火炬、烟囱 （S）	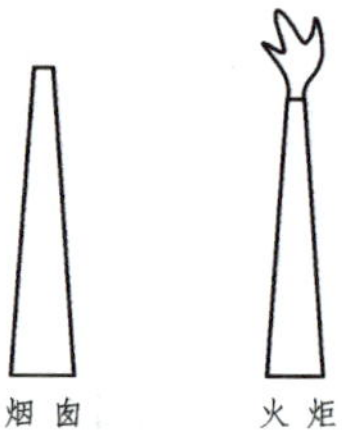 烟囱　　　火炬
工业炉 （F）	箱式炉　　圆筒炉　　圆筒炉	其他机械 （M）	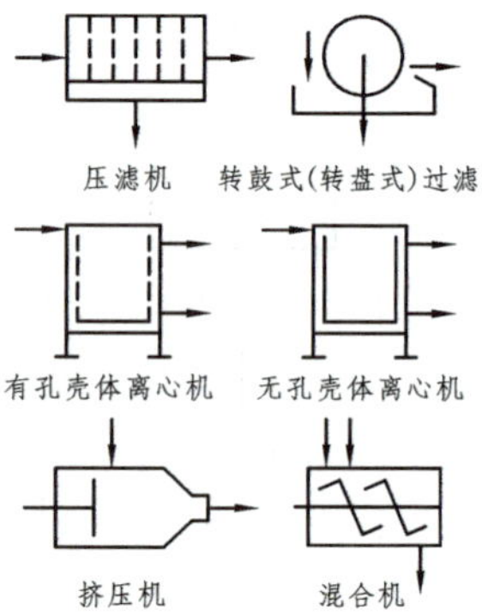 压滤机　转鼓式(转盘式)过滤机 有孔壳体离心机　无孔壳体离心机 挤压机　　　混合机

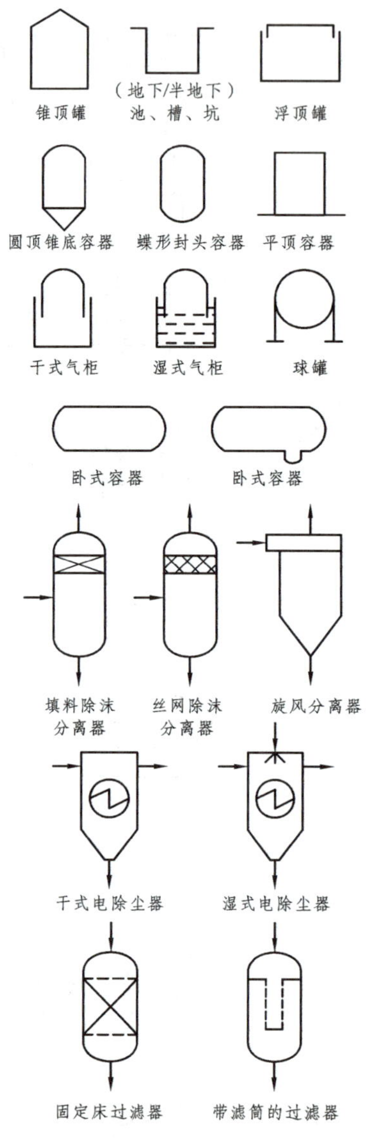

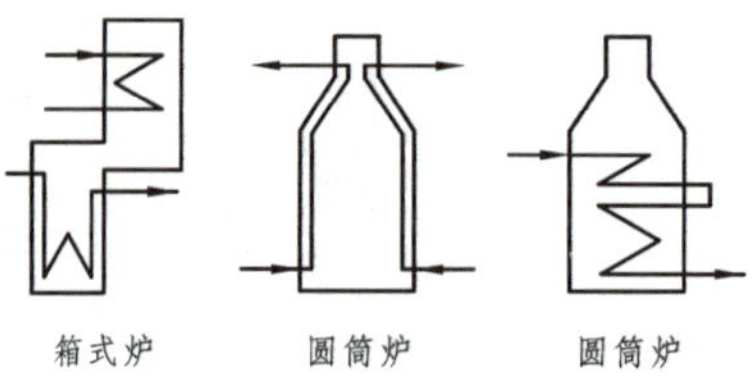

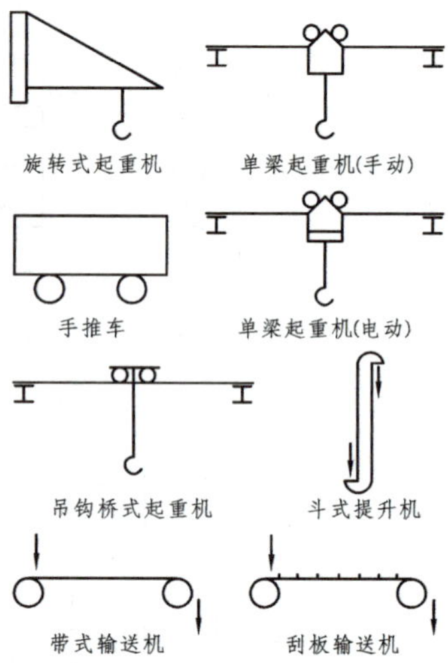

2. 工艺流程线的画法

用粗实线绘出主要物料的工艺流程线,在工艺流程线上用箭头标明物料流向。工艺流程线一般画成水平或垂直,当发生交叉时应断开其中一条,如图 10-3 所示。方案流程图中一般只画出主要工艺流程线,其他辅助物料流程线则不必一一画出。

图 10-3　工艺流程线交叉时画法

四、标注

1. 设备位号的标注

在流程图中,将设备的位号及名称标注在设备的正上方或正下方,并排成一行;或者标注在靠近设备图形的显著位置。当设备较少时,可以不对设备编号,将名称直接标注在设备图形上。设备位号及名称的标注方法如图 10-4 所示。设备位号由四部分组成,首字母为设备类别代号(表 10-2);主项编号即工段或车间编号,由 01~99 之间两位数字构成;同类设备顺序号由 01~99 之间两位数字构成;相同设备数量尾号则由大写字母 A、B、C……表示。设备位号与设备名称上下布置,中间用设备位号线分隔,设备位号线用粗实线绘制。

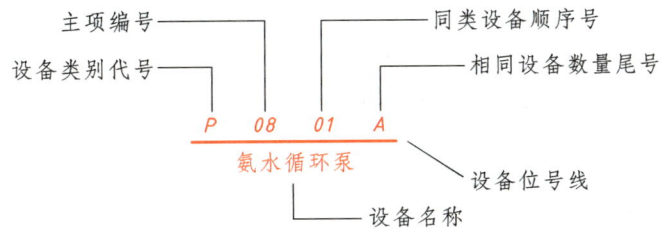

图 10-4　设备位号及名称标注

2. 流程标注

除了在图中要用带有箭头的工艺流程线表明物料的流向外,还要在流程线的起始和终了位置注明物料的名称、来源或去向。

表 10 - 2 设备类别代号表(摘自 HG /T 20519—2009)

设备类别	代 号	设备类别	代 号
塔	T	工业炉	F
换热器	E	火炬、烟囱	S
反应器	R	起重运输机械	L
容器(槽、罐)	V	计量设备	W
泵	P	其他机械	M
压缩机、鼓风机	C	其他设备	X

五、阅读方案流程图

阅读图 10 - 2 所示的氨回收工段方案流程图,可获得以下信息,见表 10 - 3。

表 10 - 3 方案流程图阅读信息表

序号	信息种类	具 体 信 息 内 容					
1	设备	设备名称	氨吸收塔	氨水冷却器	氨水换热器	蒸氨塔	氨冷凝器	再沸器
		台数	1	1	1	1	1	1
		位号	T0801	E0801	E0802	T0802	E0803	E0804
		设备名称	液氨贮罐	气液分离器	氨水循环泵	汽水分离器	二次蒸发器	
		台数	1	1	2	1	1	
		位号	V0801	V0803	P0801A、B	V0804	E0805	
2	物料	吹出气储罐气	流程:吹出气及贮罐气→氨吸收塔(塔底吸收液)→氨水换热器(管程)→蒸氨塔(塔顶氨气)→氨冷凝器→液氨贮罐→液氨(产品)					
		循环利用的氨水	蒸氨塔(塔底稀氨水)→氨水换热器(壳程)→氨水冷却器→氨水循环泵→氨吸收塔(作为吸收液)					
		废气处理	吹出气及贮罐气→氨吸收塔(塔顶尾气)→气液分离器→尾气回收(作为燃料气)					
		公用工程	冷却水、蒸汽					

第二节 物 料 流 程 图

物料流程图是在初步设计阶段完成物料衡算和热量衡算后,在方案流程图的基础上所绘制的图样。它采用图形与表格相结合的形式,反映出设计计算的结果。通常在流程线的起始部位、物料产生变化的设备之后及流程线的终端,列表标出物料的组分名称、含量比例,并且给出一些关键设备的规格特性参数。氨回收工段物料流程图如图 10-5 所示。

如果工艺流程复杂,物料组分较多,图中不便配置物料组分变化表时,可以对物料流股进行编号,然后将物料信息单独列表配置。

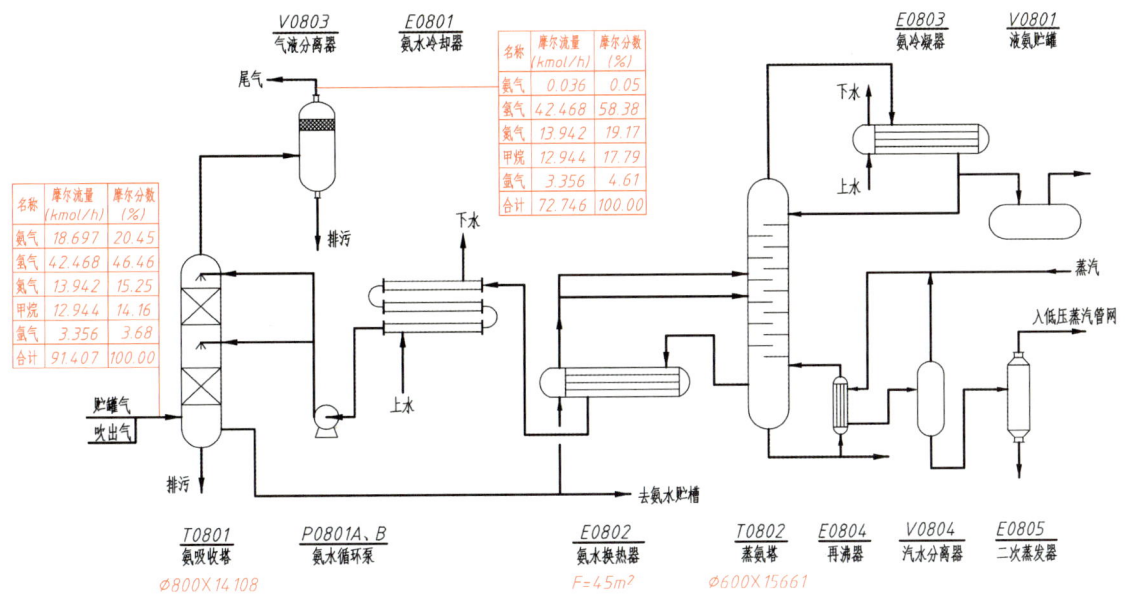

图 10-5　氨回收工段物料流程图

第三节　管道及仪表流程图

化工工艺设计施工图是化工工艺设计的最终成品,它由文字说明、表格和图纸三部分组成,其中图纸包括首页图、管道及仪表流程图、分区索引图、设备布置图、管道布置图、伴热系统图、设备管口方位图、特殊管架图及特殊管件图等。

管道及仪表流程图是在工程设计阶段绘制的一种内容较为详尽的施工流程图,在管道及仪表流程图中需画出所有的生产设备、管道、阀门、仪表和管件等。管道及仪表流程图是设备布置图和管道布置图的设计依据,也是施工安装和生产操作的依据。

一、首页图

在化工工艺设计施工图中,为了更好地阅读工艺流程图、设备布置图及管道布置图,一般将设计中所采用的部分规定以图表形式绘制成首页图,以便更好地了解和使用各设计文件,如图 10-6 所示。

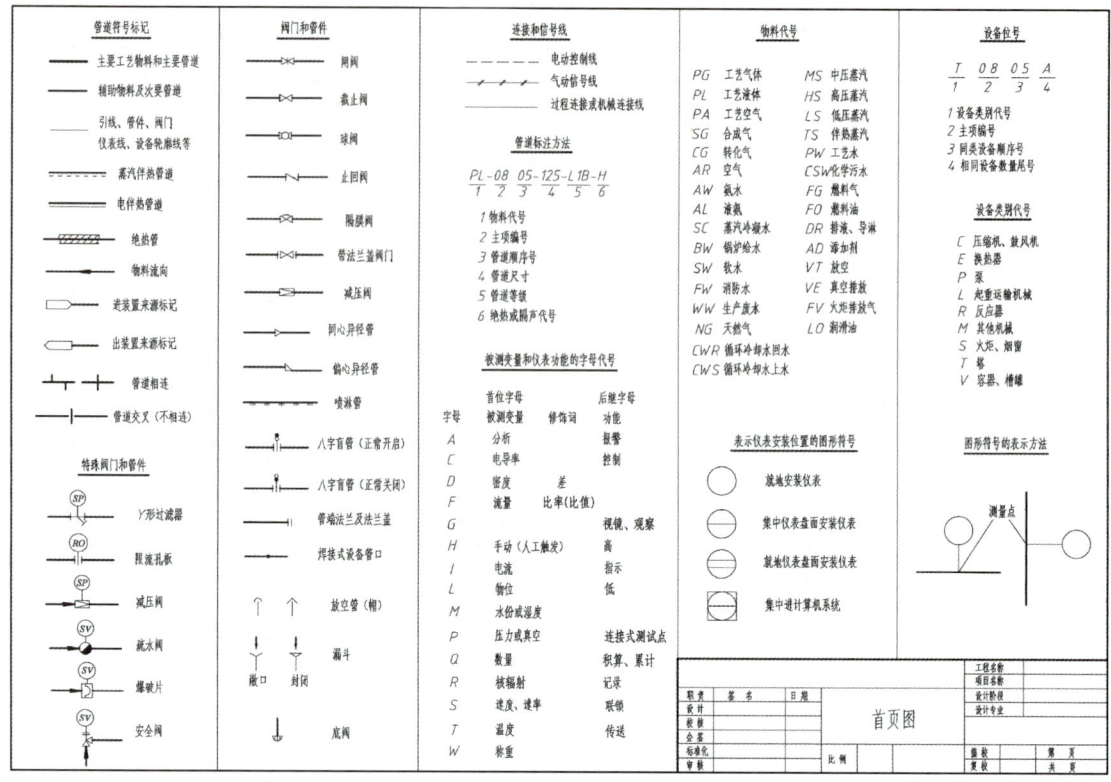

图 10-6　首页图

首页图包括的内容如下。

(1) 管道及仪表流程图中所采用的管道、阀门及管件符号标记、设备位号、物料代号和管道标注方法等。

(2) 自控(仪表)专业在工艺过程中所采取的检测和控制系统的图例、符号、代号等。

首页图的图幅大小可根据内容而定,一般为 A1,特殊情况可采用 A0 图幅。

二、管道及仪表流程图的画法与标注

管道及仪表流程图分为"工艺管道及仪表流程图"和"辅助及公用系统管道及仪表流程图"。工艺管道及仪表流程图是以工艺管道及仪表为主体的流程图;辅助系统包括正常生产和开、停车过程中所需的仪表空气、工厂空气、加热用的燃料(气或油)、制冷剂、脱吸及置换用的稀有气体、泵的润滑油及密封油、废气、放空系统等;公用系统包括自来水、循环水、软水、冷冻水、低温水、蒸汽、废水系统等。绘图时一般按介质类型分别绘制。

对流程简单、设备不多的工程项目,其辅助及公用系统管道及仪表流程图的内容并入工艺管道及仪表流程图,不再另行出图。如附图 5 所示氨回收工段的工艺管道及仪表流程图,其中包括辅助及公用系统管道及仪表流程图的内容,是在图 10-2 方案流程图基础上绘制的。

1. 一般规定

(1) 图幅

管道及仪表流程图一般采用 A1 图纸,流程简单的可用 A2 图纸。当流程较长时,允许选用加长幅面的图纸,其尺寸由基本幅面短边整数倍增加后得到,如 A1×3,尺寸 $B \times L = 841\ mm \times 1\ 783\ mm$。

(2) 比例

管道及仪表流程图不按比例绘制,一般设备(机器)图例大小取相对比例,各设备的高低位置要大致符合实际。

(3) 文字

图纸中标注的数字及字母字高为 2～3 mm,表格中的文字(格高小于 6 mm 时)为 3 mm。

(4) 标题栏

管道及仪表流程图要有标题栏,可按规定选择标题栏格式。

2. 管道及仪表流程图的绘制

管道及仪表流程图中设备的画法、标注与方案流程图中规定一样。另外,还要绘出并标注全部工艺管道以及与工艺有关的一段辅助管道;绘出并标注上述管道上的阀门、管件和管道附件(不包括管道之间的连接件,如弯头、三通、法兰等);绘出并标注全部与工艺有关的检测仪表、调节控制系统、分析取样点和取样阀(组)。

(1) 设备的画法与标注

设备、机器的图形参照表 10 - 1 中图例绘制,未规定的设备、机器的图形可根据其实际外形和内部结构特征绘制,设备、机器的位置安排应便于管道连接和标注,相互间物流关系密切者(如高位槽液体自流入贮罐,液体由泵送入塔顶等)的高低相对位置应与设备实际布置相吻合。设备、机器的支承和底(裙)座可不表示。

同一设备在施工图设计和初步设计中的名称与位号是相同的。

(2) 管道的画法与标注

在管道及仪表流程图中,不同类型的管道采用不同宽度和类型的图线来表示。图线用法的一般规定见表 10 - 4。

管道应水平或垂直画出,转弯处画成直角,尽量避免交叉,当交叉不可避免时,应断开其中一根。管道及仪表流程图中的每根管道都必须标注管道号,水平管道标注在管道上方,垂直管道标注在管道的左方;由于位置所限也可标注在管道的上下(左右)方或引出标注。管道标注包括管段号(由物料代号、主项编号和管道顺序号组成)、管径、管道等级,以及绝热或隔声代号。

表 10-4 图线用法的一般规定(摘自 HG/T 20519—2009)

类 别		图线宽度／mm			备 注
		粗线 0.6～0.9	中粗线 0.3～0.5	细线 0.15～0.25	
工艺管道及仪表流程图		主物料管道	其他物料管道	其他	设备、机器轮廓线用 0.25 mm
辅助管道及仪表流程图、公用系统管道及仪表流程图		辅助管道总管,公用系统管道总管	支 管	其他	
设备布置图		设备轮廓	设备支架、设备基础	其他	动设备(机泵等)如只绘出设备基础,图线宽度用 0.6～0.9 mm
设备管口方位图		管口	设备轮廓、设备支架、设备基础	其他	
管道布置图	单线(实线或虚线)	管 道		法兰、阀门及其他	
	双线(实线或虚线)		管 道		
管道轴测图		管 道	法兰、阀门、承插焊螺纹连接的管件的表示线	其他	
设备支架图及管道支架图		设备支架及管架	虚线部分	其他	
特殊管件图		管 件	虚线部分	其他	

注: 凡界区线、区域分界线、图形连续分界线的图线采用双点画线,宽度均用 0.5 mm。

管道标注方法如图 10-7 所示。

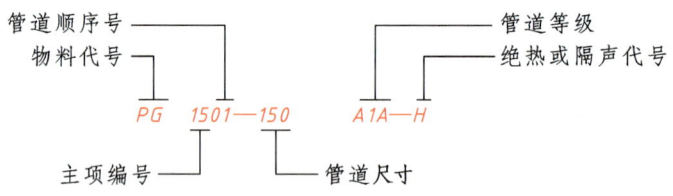

图 10-7 管道标注方法

① 物料代号 物料代号由物料名称和状态的英文名词首字母组成,一般采用 2～3 个大写英文字母来表示,管道及仪表流程图中的物料代号见表 10-5。

② 主项编号 主项编号与设备位号中的主项编号相同。

③ **管道顺序号**　管道顺序号将相同类别的物料在同一主项内以流向先后为序,顺序编号。它采用两位数字,从 01～99 依次编写。

④ **管道尺寸**　管道尺寸一般标注管道公称通径,以 mm 为单位,也可直接标注成"外径×壁厚"。

⑤ **管道等级**　管道等级包括压力等级代号、管道材料等级顺序号、管道材质类别。压力等级代号用大写英文字母表示,A～G 用于 ASME 标准压力等级代号,H～Z 用于国内标准压力等级代号(其中 I、J、O、X 不用),管道公称压力等级见表 10-6 和表 10-7;管道材料等级顺序号用阿拉伯数字表示,由 1～9 组成;管道材质类别用大写英文字母表示,见表 10-8。

⑥ **绝热或隔声代号**　绝热及隔声代号见表 10-9。当流程简单,管道不多时,一般可省略管道等级和绝热隔声代号。

表 10-5　管道及仪表流程图中的物料代号(摘自 HG/T 20519—2009)

分类	物料代号	物料名称	分类	物料代号	物料名称
工艺物料	PA	工艺空气	制冷剂	RWS	冷冻盐水上水
	PG	工艺气体		FRG	氟利昂气体
	PGL	气液两相流工艺物料		ERG	气体乙烯或乙烷
	PGS	气固两相流工艺物料		ERL	液体乙烯或乙烷
	PL	工艺液体		PRG	气体丙烯或丙烷
	PLS	液固两相流工艺物料		PRL	液体丙烯或丙烷
	PS	工艺固体	油	DO	污油
	PW	工艺水		FO	燃料油
空气	AR	空气		GO	填料油
	CA	压缩空气		RO	原油
	IA	仪表空气		SO	密封油
蒸汽、冷凝水	HS	高压蒸汽		HO	导热油
	HUS	高压过热蒸汽		LO	润滑油
	LS	低压蒸汽	水	BW	锅炉给水
	LUS	低压过热蒸汽		CSW	化学污水
	MS	中压蒸汽		CWR	循环冷却水回水
	MUS	中压过热蒸汽		CWS	循环冷却水上水
	SC	蒸汽冷凝水		DNW	脱盐水
	TS	伴热蒸汽		DW	自来水、生活用水
制冷剂	AG	气氨		FW	消防水
	AL	液氨		HWR	热水回水
	RWR	冷冻盐水回水		HWS	热水上水

分类	物料代号	物料名称	分类	物料代号	物料名称
水	RW	原水、新鲜水	其他	FSL	熔盐
	SW	软水		FV	火炬排放气
	WW	生产废水		IG	稀有气体
燃料	FG	燃料气		SL	泥浆
	FL	液体燃料		VE	真空排放气
	FS	固体燃料		VT	放空
	NG	天然气		WG	废气
	LPG	液化石油气		WS	废渣
	LNG	液化天然气		WO	废油
其他	H	氢		FLG	烟道气
	O	氧		CAT	催化剂
	N	氮		AD	添加剂
	DR	排液、导淋			

表 10-6　管道公称压力等级(用于 ASME 标准,摘自 HG/T 20519—2009)

压力等级(用于 ASME 标准)					
代号	公称压力/lb	公称压力/MPa	代号	公称压力/lb	公称压力/MPa
A	150	2	E	900	15
B	300	5	F	1 500	26
C	400	7	G	2 500	42
D	600	11			

注: lb 为英制单位磅,1 lb≈0.453 6 kg。

表 10-7　管道公称压力等级(用于国内标准,摘自 HG/T 20519—2009)

压力等级(用于国内标准)			
代　号	公称压力/MPa	代　号	公称压力/MPa
H	0.25	R	10.0
K	0.6	S	16.0
L	1.0	T	20.0
M	1.6	U	22.0
N	2.5	V	25.0
P	4.0	W	32.0
Q	6.4		

表 10 - 8　管道材质类别(摘自 HG /T 20519—2009)

代号	管道材料	代号	管道材料	代号	管道材料	代号	管道材料
A	铸铁	C	普通低合金钢	E	不锈钢	G	非金属
B	碳钢	D	合金钢	F	有色金属	H	衬里及内防腐

表 10 - 9　绝热及隔声代号(摘自 HG /T 20519—2009)

代号	功能类型	备　　注	代号	功能类型	备　　注
S	蒸汽伴热	采用蒸汽伴管和保温材料	H	保温	采用保温材料
W	热水伴热	采用热水伴管和保温材料	C	保冷	采用保冷材料
O	热油伴热	采用热油伴管和保温材料	P	人身保护	采用保温材料
J	夹套伴热	采用夹套管和保温材料	D	防结露	采用保冷材料
E	电伴热	采用电热带和保温材料	N	隔声	采用隔声材料

（3）阀门及管件等的画法与标注

阀门在管道中用来调节流量,切断或切换管道,对管道起安全、控制作用。管道中的阀门及管件等用细实线绘制,常用的阀门、管件及管道附件图例见表 10 - 10。

表 10 - 10　常用阀门、管件及管道附件图例(摘自 HG /T 20519—2009)

名　　称	符　　号	名　　称	符　　号
蒸汽伴热管道		角式节流阀	
电伴热管道			
闸　阀		角式球阀	
截止阀			
节流阀		三通截止阀	
球　阀			
旋塞阀		三通球阀	
隔膜阀			
止回阀		三通旋塞阀	
柱塞阀			
角式截止阀		四通截止阀	

续　表

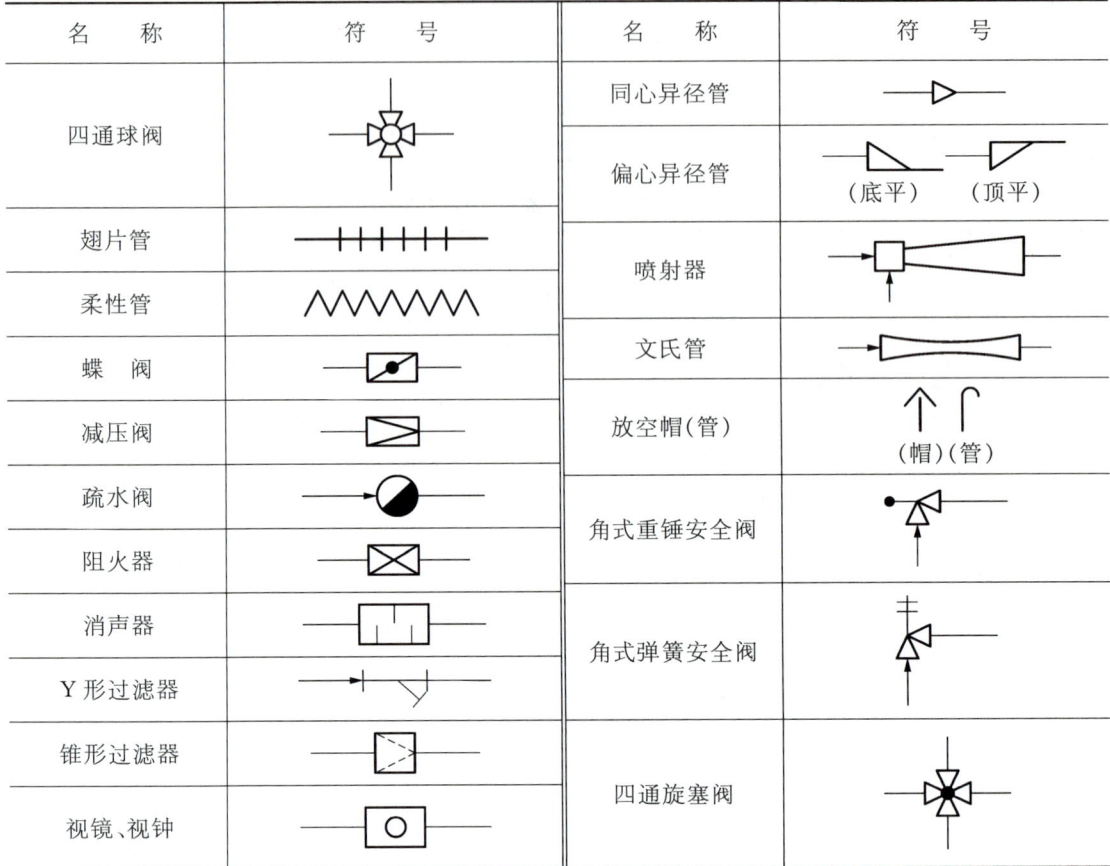

注：阀门图例尺寸一般为长 4 mm、宽 2 mm，或长 6 mm、宽 3 mm。

（4）仪表控制点的画法与标注

在管道及仪表流程图中，仪表控制点的符号包括图形符号和仪表位号。仪表设备与功能的图形符号见表 10-11，圆的直径约为 10mm；仪表位号由仪表功能标志与仪表回路编号两部分组成，仪表位号中的功能标志填写在图形符号的上半部分，回路编号填写在下半部分。

表 10-11　仪表设备与功能的图形符号（摘自 HG/T 20505—2014）

序号	共享显示、共享控制		C	D	安装位置与可接近性
	A	B	计算机系统及软件	单台（单台仪表设备或功能）	
	首选或基本工程控制系统	备选或安全仪表系统			
1	⊡	◈	⬡	◯	位于现场； 非仪表盘、柜、控制台安装； 现场可视； 可接近性——通常允许

序号	共享显示、共享控制		C	D	安装位置与可接近性
	A	B			
	首选或基本工程控制系统	备选或安全仪表系统	计算机系统及软件	单台(单台仪表设备或功能)	
2					位于控制室；控制盘/台正面；在盘的正面或视频显示器上可视；可接近性——通常允许
3					位于控制室；控制盘背面；位于盘后的机柜内；在盘的正面或视频显示器上不可视；可接近性——通常不允许
4					位于现场控制盘/台正面；在盘的正面或视频显示器上可视；可接近性——通常允许
5					位于现场控制盘背面；位于现场机柜内；在盘的正面或视频显示器上不可视；可接近性——通常不允许

仪表位号应是唯一的,它通过在仪表回路号的标志字母后加变量修饰字母(如果需要)和增加后缀字母形成,后缀和间隔符根据需要选择使用。

仪表功能标志由首位字母(回路标志字母)和后继字母(功能字母、功能修饰字母)构成。标志字母的选用应符合表 10-12 的规定,可以仅为一个被测变量或引发变量字母,如:分析(A)、流量(F)、物位(L)、压力(P)、温度(T)等;也可以是一个被测变量或引发变量字母附带修饰词,如:累计流量(FQ)、压差(PD)、温差(TD)、流量比率(FF)等。现场安装的仪表,如流量视镜、液位计、压力表、温度计宜用 FG、LG、PG、TG 表示。就地流量指示仪表可用 FI 辅助以相应的测量元件图形符号表示。仪表功能标志中的字母代号见表 10-12。安装在管路测量点上仪的表示方法如图 10-8 所示。

目前,自动化控制越来越多地被工厂所采用,现代化的工厂、企业都采用 DCS (Distributed Control System)来实现对整个工艺过程的监视、控制和管理。在 DCS 控制下,各种执行机构代替了人工操作,执行机构使用液体、气体、电力或其他能源并通过电动机、气缸或其他装置将信号转化成驱动作用,以完成驱动阀门至全开或全关的位置,或精确调节阀门至一定的开度等过程控制要求。部分最终控制元件执行机构图形符号见表 10-13。

表 10 - 12　仪表功能标志中的字母代号(摘自 HG /T 20505—2014)

字母	首 位 字 母		后 继 字 母		
	被测变量或引发变量	修饰词	读出功能	输出功能	修饰词
A	分析		报警		
B	喷嘴、火焰		供选用	供选用	供选用
C	电导率			控制	关位
D	密度	差			偏差
E	电压(电动势)		检测元件、一次元件		
F	流量	比率(比值)			
G	毒性气体或可燃气体		视镜、观察		
H	手动				高
I	电流		指示		
J	功率		扫描		
K	时间、时间程序	变化速率		操作器	
L	物位		灯		低
M	水份或湿度				中、中间
N	供选用		供选用	供选用	供选用
O	供选用		孔板、限制		开位
P	压力		连接或测试点		
Q	数量	积算、累计	积算、累计		
R	核辐射		记录		运行
S	速度、频率	安全		开关	停止
T	温度			传送(变送)	
U	多变量		多功能	多功能	
V	振动、机械监视			阀、风门、百叶窗	
W	重量、力		套管、取样器		
X	未分类	X 轴	附属设备,未分类	未分类	未分类
Y	事件、状态	Y 轴		辅助设备	
Z	位置、尺寸	Z 轴		驱动器、执行元件、未分类的最终控制元件	

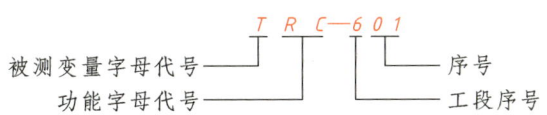

（a）仪表位号的构成

（b）变送器带控制功能的图形符号　　　　（c）就地安装压力表图形符号

图 10‑8　安装在管路测量点上仪表的表示方法

表 10‑13　部分最终控制元件执行机构图形符号（摘自 HG/T 20505—2014）

序号	符号	描　述	序号	符号	描　述
1		通用型执行机构 弹簧‑薄膜执行机构	7		手动执行机构
2		压力平衡式薄膜执行机构	8		带侧装手轮的执行机构
3	M	电动操作机执行机构；电动、气动或液动；直行程或角行程动作	9		带定位器的弹簧‑薄膜执行机构
4	S	可调节的电磁执行机构；用于工艺过程的开关阀的电磁执行机构	10	S	带远程部分行程测试设备的执行机构
5		直行程活塞执行机构；单作用；双作用	11	S R	手动或远程复位开关型电磁执行机构
6		带定位器的直行活塞执行机构	12		弹簧、重力泄压或安全阀执行机构

（5）物料来源与去向的标注

　　当工艺流程图分多张图纸绘制时，在管道的来源和去向处要绘制接续标志，进出装置或主项的管道或仪表信号线的图纸接续标志如图 10‑9a 所示，同一装置或主项内的管道或仪表信号线的图纸接续标志如图 10-9b 所示,相应的图纸编号填写在空心箭头内,在空心箭头上方注明来或去的设备位号、管道号或仪表位号。

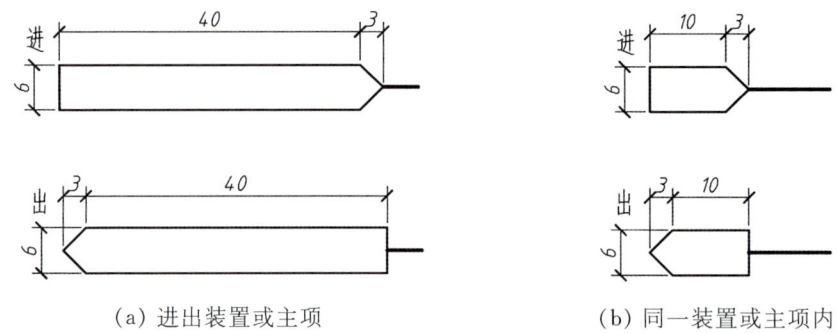

（a）进出装置或主项　　　　　　　（b）同一装置或主项内

图 10-9　图纸接续标志

三、管道及仪表流程图的阅读

作为内容比较详尽的工艺流程图,管道及仪表流程图为后续的设备布置设计和管道布置设计提供了设计依据,也为管道安装和生产操作提供技术指导。

下面以附图 5 所示氨回收工段的管道及仪表流程图为例,介绍阅读管道及仪表流程图的方法和步骤。

1. 了解图样基本信息

通过阅读标题栏了解图样名称,阅读首页图了解图中各种图形符号、代号的意义,以便深入了解工艺流程图的内容。附图 5 中所有符号均采用标准规定。

2. 了解工艺流程中所有设备种类、数量、名称、位号

由附图 5 所示可知,此工段主项编号为 08,共有 13 个设备、机器。共有 2 个塔设备,分别是氨吸收塔和蒸氨塔,这是该工艺中的两个核心设备;2 个动设备为氨水循环泵(一开一备);另外还有 1 个液氨贮罐、1 个液氨压出罐、1 个氨水冷却器、1 个氨水换热器、1 个氨冷凝器、1 个再沸器、2 个气液分离器和 1 个蒸发器。

3. 分析主要物料的工艺流程,了解物料由原料变为成品或半成品的基本过程

由附图 5 可知,原料气为吹出气(来自合成工段的驰放气)和贮罐气(来自液氨贮罐),经管道 PG0801-$\phi89\times4$ 由氨吸收塔(T0801)下部进入,从管道 PL0806-$\phi57\times3.5$ 来的稀氨水由塔顶部喷淋而下,原料气中的氨气被吸收后,尾气从塔顶经管道 PG0802-$\phi159\times4.5$ 进入气液分离器(V0803),分离出水等液体后经管道 VT0802-$\phi45\times3$ 排空。稀氨水吸收氨气变成浓氨水后,从氨吸收塔底经管道 PL0801-$\phi57\times3.5$ 进入氨水换热器(E0802),吸收热量升温后从管道 PL0802-$\phi57\times3.5$-E2 进入蒸氨塔(T0802),经过蒸馏,液相中的氨气挥发出来,从塔顶经管道 PG0804-$\phi89\times4$ 进入氨冷凝器(E0803),被冷却水冷凝后,一部分作

为液氨产品经管道 PL0810 - $\phi25\times3$ 进入液氨贮罐(V0801),一部分从冷凝器经 PL0811 - $\phi57\times3.5$ 回流到蒸氨塔。而蒸氨塔塔底的稀氨水则经管道 PL0803 - $\phi57\times3.5$ - E2 进入氨水换热器(E0802),与从吸收塔来的浓氨水进行热量交换,稀氨水被冷却后从管道 PL0804 - $\phi57\times3.5$ 进入氨水冷却器(E0801)进一步冷却,出冷却器后从管道 PL0805 - $\phi57\times3.5$ 进入氨水循环泵(P0801),然后由泵输送到吸收塔作为吸收剂使用,通过吸收和解吸的过程使氨水循环利用。

4. 了解辅助及公用系统的工艺流程

此氨回收工段的公用系统主要包括循环冷却水和蒸汽。如氨水冷却器(E0801)和氨冷凝器(E0803),它们的冷却介质都是循环水。从 2♯管线 FW0801 - $\phi108\times4$ - E2 来的新鲜水一部分进入氨水冷却器,将稀氨水冷却后沿管道 RW0801 - $\phi108\times4$ - H 出来;另一部分由管道 FW0802 - $\phi89\times4$ 进入氨冷凝器,将氨冷凝成液氨后沿管道 RW0802 - $\phi89\times4$ - E2 出来,然后两股循环下水汇合后从 6♯管线 RW0801 - $\phi108\times4$ - E2 排走。

蒸汽及其他工艺物料的流程请读者自行分析。

5. 了解工艺流程的控制方案

通过阅读图中仪表、阀门及仪表管线的连接情况可了解各个设备的控制调节方法及工艺过程的控制。如氨吸收塔底部仪表 LICA - 801,被测变量是液位,该仪表有指示、控制及报警功能,根据液位可以控制塔底浓氨水出口管路中的程控阀开度,从而调节其流量。蒸氨塔顶部仪表 TIC - 802,被测变量是温度,有指示和控制的功能,可根据塔顶温度对从冷凝器出来的液氨产品的采出量进行控制。整个工艺流程中共有 11 个分析测样点(图中仪表符号中标注"AP"处),以监控生产过程。

第十一章　设备布置图

　　按照化工过程设计的步骤,完成工艺流程设计后要进行车间布置设计,包括设备布置设计和管道布置设计。设备布置设计就是根据生产工艺的要求和具体情况,将工艺流程设计所确定的全部设备合理布置在厂房建筑内外。

　　了解房屋建筑图的表达方法,并掌握识读房屋建筑图的能力是化工技术人员进行设备布置设计、绘制设备布置图的基本要求。

第一节　房屋建筑图简介

一、房屋的结构

　　房屋主要由以下建、构筑物构成,如图 11-1 所示:

　　(1) 地基,即基础下面经过加固的土层。

　　(2) 基础,即介于地基和墙(或柱)之间的构件。

　　(3) 墙、窗、门、楼梯、栏杆等。

　　(4) 柱、梁、楼板、安装设备用的孔洞(圆形和方形的)和屋盖等。

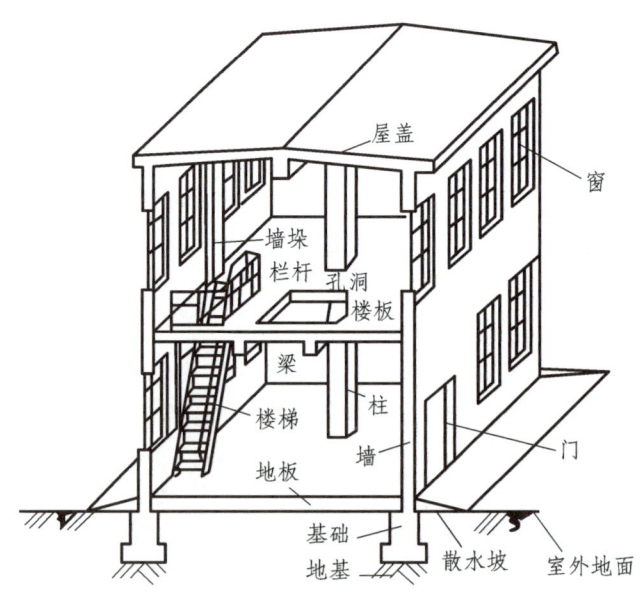

图 11-1　房屋结构示意图

二、房屋建筑的视图

房屋建筑图也是采用正投影法绘制,包括:平面图、立面图、剖面图、详图等,如图 11 - 2 所示。

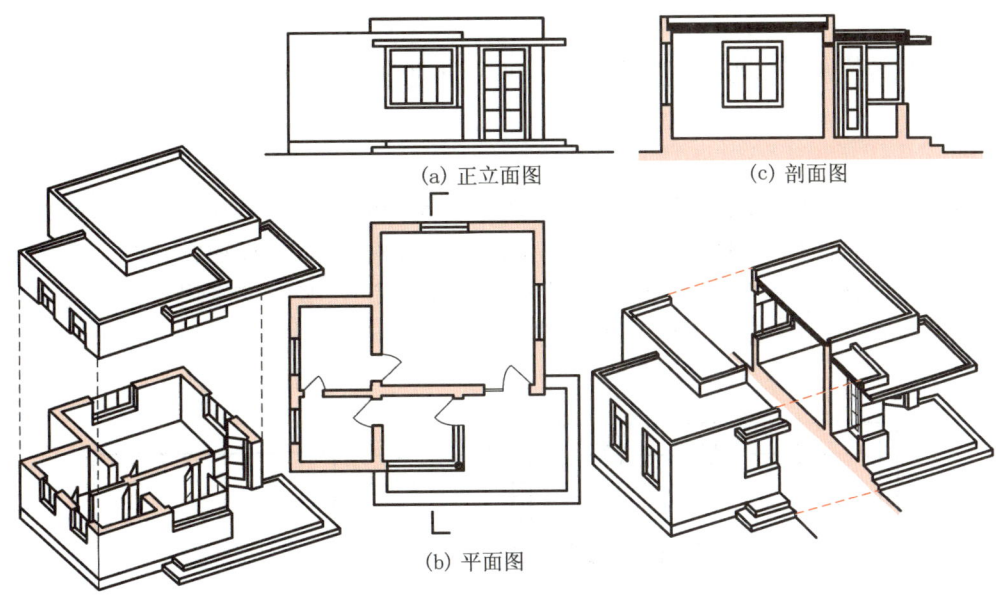

(a) 正立面图　　　　　　　(c) 剖面图

(b) 平面图

图 11 - 2　房屋的平、立、剖面图

1. 平面图

假想用一水平面将建筑物沿其门窗洞口处水平剖切,将剖切面下面的部分向水平面投射所得的俯视图称为平面图,如图 11 - 2 所示的“平面图”。若为多层建筑且每层布置不同,则要画出每层的平面图。

2. 立面图

是建筑物的正立投影图和侧立投影图,主要表达建筑物的外形,如图 11 - 2 所示的“正立面图”。

3. 剖面图

假想用一平面沿垂直方向剖切建筑物投射后画出的立面剖视图称为剖面图,用以表达建筑物内部在高度方向的结构形状,如图 11 - 2 所示的“1—1 剖面图”。

三、房屋建筑图的规定

在《房屋建筑制图统一标准》中对图幅、图线、字体、比例等基本规格、常用建筑材料图例、符号都作了统一规定。

1. 图幅

与机械制图规定的图幅一致。

2. 比例

建筑工程图样常用比例为：1：50、1：100、1：200。

3. 定位轴线

定位轴线用细点画线绘制，端部用细实线绘制 $\phi 8$ mm 的圆，在圆圈内编号，圆心在定位轴线的延长线上或延长线的折线上；平面图上定位轴线的编号，宜标在图样的下方与左侧，如图 11-3 所示，横向编号用阿拉伯数字从左至右顺序编号，竖向编号用大写英文字母，从下至上顺序编号，其中字母 I、O、Z 不能用作轴线编号。

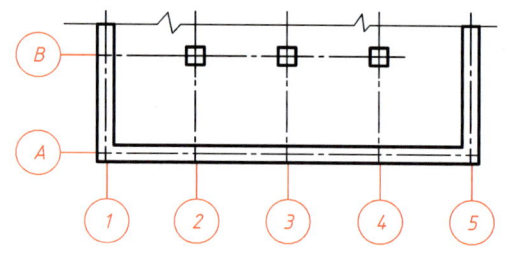

图 11-3 定位轴线及其编号顺序

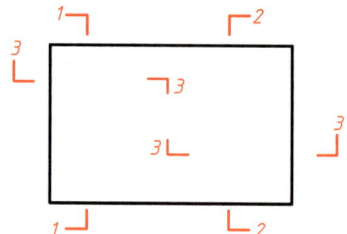

图 11-4 剖面的剖切符号

4. 剖切符号

剖面的剖切符号，由粗实线绘制的剖切位置线与投射方向线组成。编号采用阿拉伯数字按顺序由左至右、由上至下连续编排，并注写在剖视方向线的端部，如图 11-4 所示。

5. 标高

标高是指建筑物各层楼面、地面、构筑物、设备及其重要管口等相对于某一基准面的高度。标高符号采用细实线绘制，如图 11-5 所示。标高数值以"米"为单位，精确到小数点后第三位。

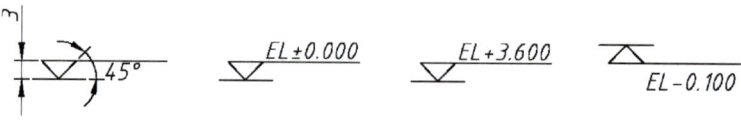

图 11-5 标高符号

四、建筑图的画法与标注简介

1. 视图数量及绘制

一般建筑物每层取一个平面图,剖面图以反映清楚建筑构件的立面构造为原则。建筑图的轮廓线用粗实线绘制,建筑构件按规定画出,常用建筑材料、建筑物构造及配件图例见表 11 – 1。

表 11 – 1　常用建筑材料、建筑物构造及配件图例
（摘自 GB /T 50001—2017 及 GB /T 50104—2010）

名　　称	图　　例	名　　称	图　　例
自然土壤		混凝土	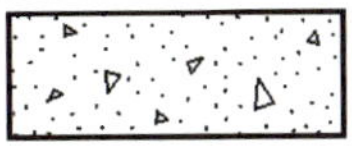
夯实土壤	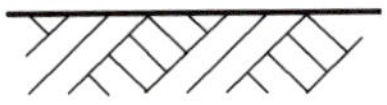	钢筋混凝土	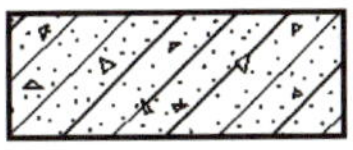
玻　璃		砂、灰土	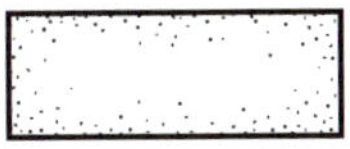
墙　体		单扇门	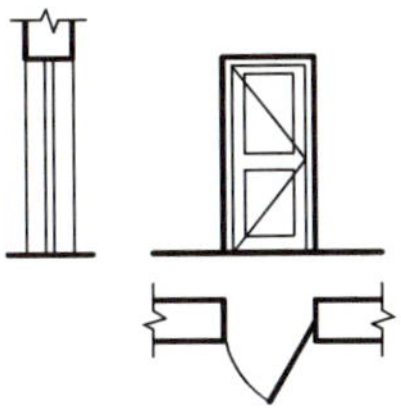
孔　洞 			
坑　槽	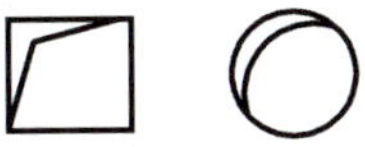	双扇门	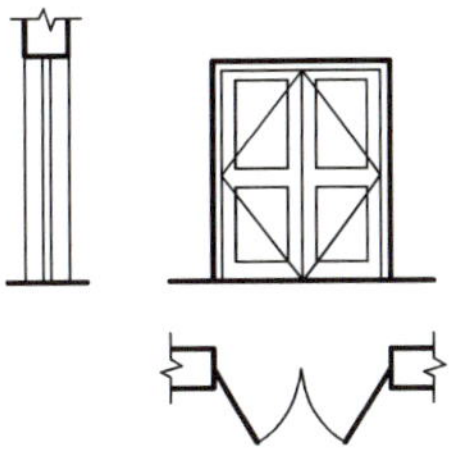
空门洞 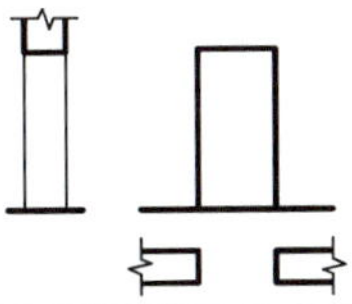			
楼梯 底　层	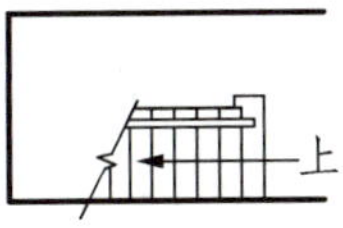	单层固定窗	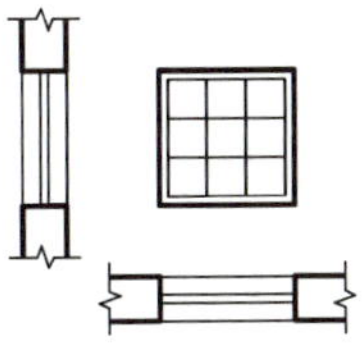
楼梯 中间层	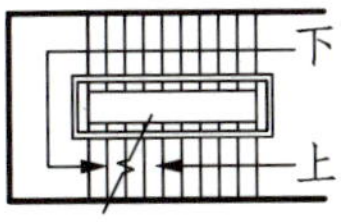	单层外开平开窗	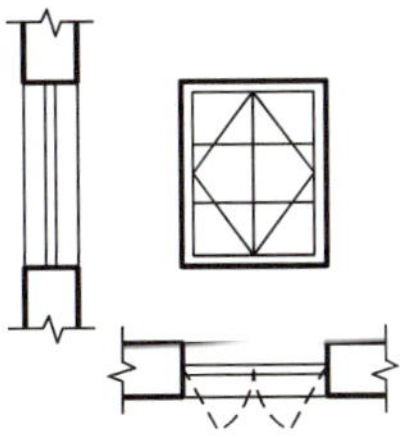
楼梯 顶　层			

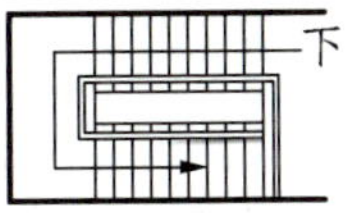

2. 标注定位轴线编号

首先在平面图中对建筑物的墙柱进行编号,然后将对应编号标注在其他图中。

3. 标注尺寸

尺寸端部采用45°粗斜线表示。平面图中尺寸以"毫米"为单位标注。立面图和剖面图中水平方向尺寸以"毫米"为单位标注,高度方向以"米"为单位标注标高尺寸,其他尺寸以"毫米"为单位标注。

4. 注写视图名称

在视图下方写出视图名称,如"一层平面图""①—③立面图""1—1 剖面图"等,如图 11 - 6 所示。

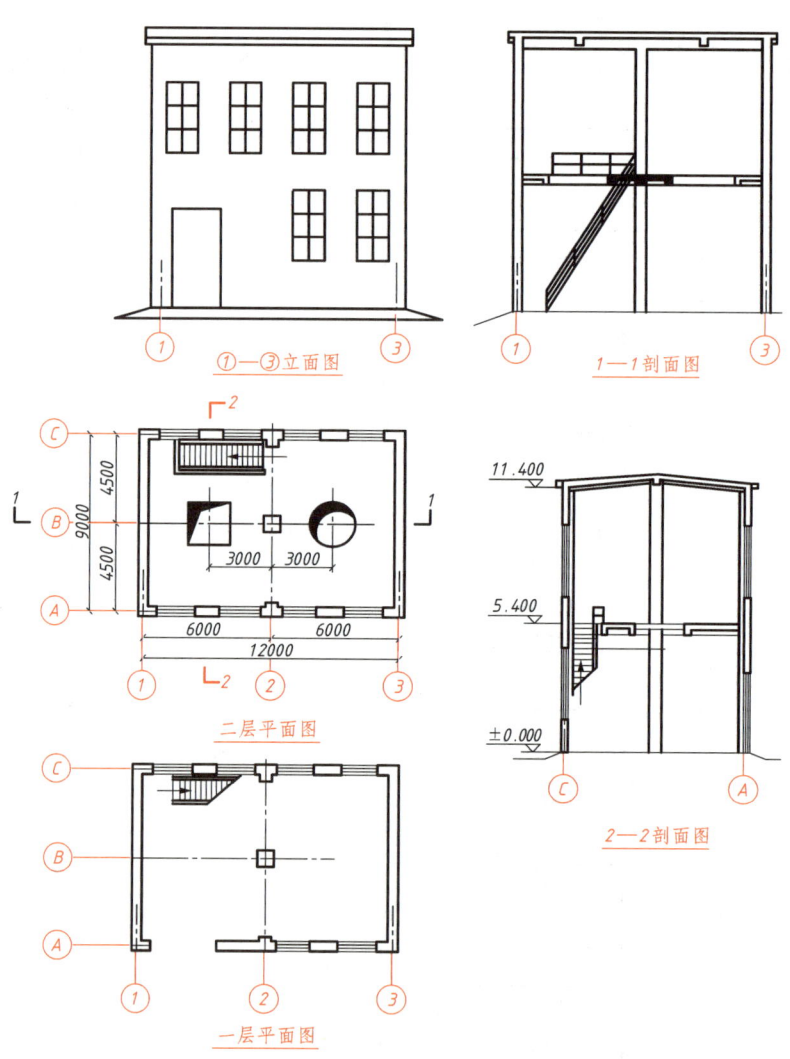

图 11 - 6　建筑平面图、立面图、剖面图

第二节 设备布置图

设备布置要综合考虑各种设计因素,如:地质条件、排水、铁路、道路和辅助通道、原材料接收、废料运出、气候对室内外操作和结构形式的影响、放空的主导风向,以及大气湿度、腐蚀、公用设施利用等。要使设备布置合理,既要满足生产工艺和安全方面的要求,符合经济原则,还要便于安装、检修。

设备布置图是在简化了的厂房建筑图上,增加设备布置的内容。它用来表示设备与建筑物、设备与设备之间的相对位置,并指导设备安装的图样;也是进行管道布置设计、绘制管道布置图的依据。

一、设备布置图的内容和规定

1. 内容

(1) 一组视图 表示厂房建筑的基本结构和设备在厂房内外的布置情况,包括一组平面图和立面剖视图。

(2) 尺寸及标注 注写与设备有关的尺寸和建筑轴线的编号、设备位号及名称等。

(3) 安装方位标 表示安装方位基准的图标。

(4) 标题栏 填写图名、图号、比例、设计者等。

2. 规定

(1) 分区 对于设备装置界区范围较大且布置设备较多时,可对设备布置图分区绘制,分区界限用粗双点划线(线宽 0.6~0.9 mm)表示,小区用两位数字表示。

对大型装置(有分区),在设备布置图 EL±0.000 平面图的标题栏上方,绘制缩小的分区索引图,并用阴影线表示出该设备布置图在整个装置中的位置。

(2) 图幅 一般采用 A1 幅面图纸,不宜加长或加宽,特殊情况也可采用其他图幅。

图纸内框的长边和短边的外侧,以 3 mm 长的粗线划分等分,在短边等分区自标题栏侧起依次标注 A、B、C……;在长边等分区自标题栏侧起依次标注 1、2、3……。A1 图纸长边分 8 等分,短边分 6 等分;A2 图纸长边分 6 等分,短边分 4 等分,如图 11-7 所示。

(3) 比例 常用 1:100,也可采用 1:50 或 1:200,视装置的设备布置疏密情况而定。

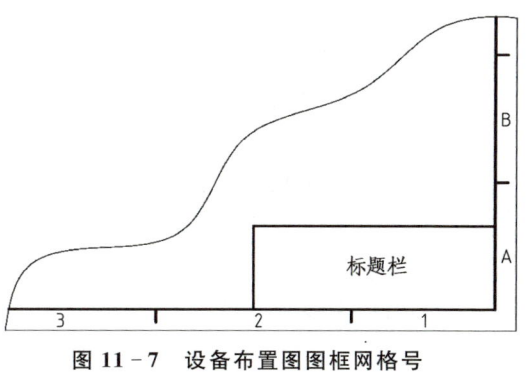

图 11-7 设备布置图图框网格号

但对于大的装置(或主项),分区绘制设备布置图时,必须采用同一比例。

（4）**尺寸单位**　设备布置图中标注的标高、坐标以"米"为单位，其余的尺寸一律以"毫米"为单位，只注数字，不注单位。

（5）**图名**　标题栏中的图名一般分为两行，上行写"×××设备布置图"，下行写"EL±0.000平面""EL−××.×××平面""EL+××.×××平面"或"×−×剖视"等。

二、设备布置图的画法

绘制设备布置图时，应以管道及仪表流程图、厂房建筑图、设备设计条件清单等原始资料为依据。一般设备布置图只绘平面图，必要时绘制剖视图。其绘图方法和步骤如下：

1. 平面图

多层建筑物或构筑物，应依次分层绘制各层的设备布置平面图。一般情况下，每一层只画一个平面图，当一个设备穿越多层建、构筑物时，在每层平面上均需画出设备的平面位置，并标注设备位号。

当有局部操作台时，在该平面图上可以只画操作台下的设备，局部操作台及其上面的设备另画局部平面图。如不影响图面清晰，也可重叠绘制，操作台下的设备画虚线，如图11-8所示。

平面图绘图步骤如下：

（1）用细点画线画出建筑物的定位轴线，再用细实线画出房屋建筑（厂房）的平面图，以及表示厂房基本结构的墙、柱、门、窗、楼梯等。

（2）用细点画线画出设备的中心线，用粗实线画出设备、支架、基础、操作平台等基本轮廓。若有多台规格相同的设备，可只画出一台，其余则用粗实线简化画出其基础的轮廓投影。

（3）标注厂房定位轴线编号和定位轴线间的尺寸，标注设备基础的定形和定位尺寸，注出设备位号和名称（应与工艺流程图一致）。

2. 剖视图

设备布置图一般只绘平面图。对于较复杂的装置或有多层建、构筑物的装置，当平面图表示不清楚时，可绘制立面剖视图或局部剖视图。剖视图应完全、清楚地反映出设备与厂房高度方向的位置关系，在充分表达的前提下，剖视图的数量应尽可能少。剖视符号规定用大写字母 A—A、B—B……表示。

剖视图绘图步骤如下：

（1）用细实线画出厂房剖面图。与设备安装定位关系不大的门窗等构件，以及表示墙体材料的图例，在剖视图上一概不予表示。

（2）用粗实线画出设备的立面图（被遮挡的设备轮廓一般不画）。

（3）标注厂房定位轴线和定位轴线间的尺寸；标注厂房室内外地面标高（一般以底层室内地面为基准，标注为 EL±0.000，单位为 m，取小数点后三位）；标注厂房各层标高；标注设备基础标高；必要时标注各主要管口中心线、设备最高点等标高；最后注写设备位号和名称。

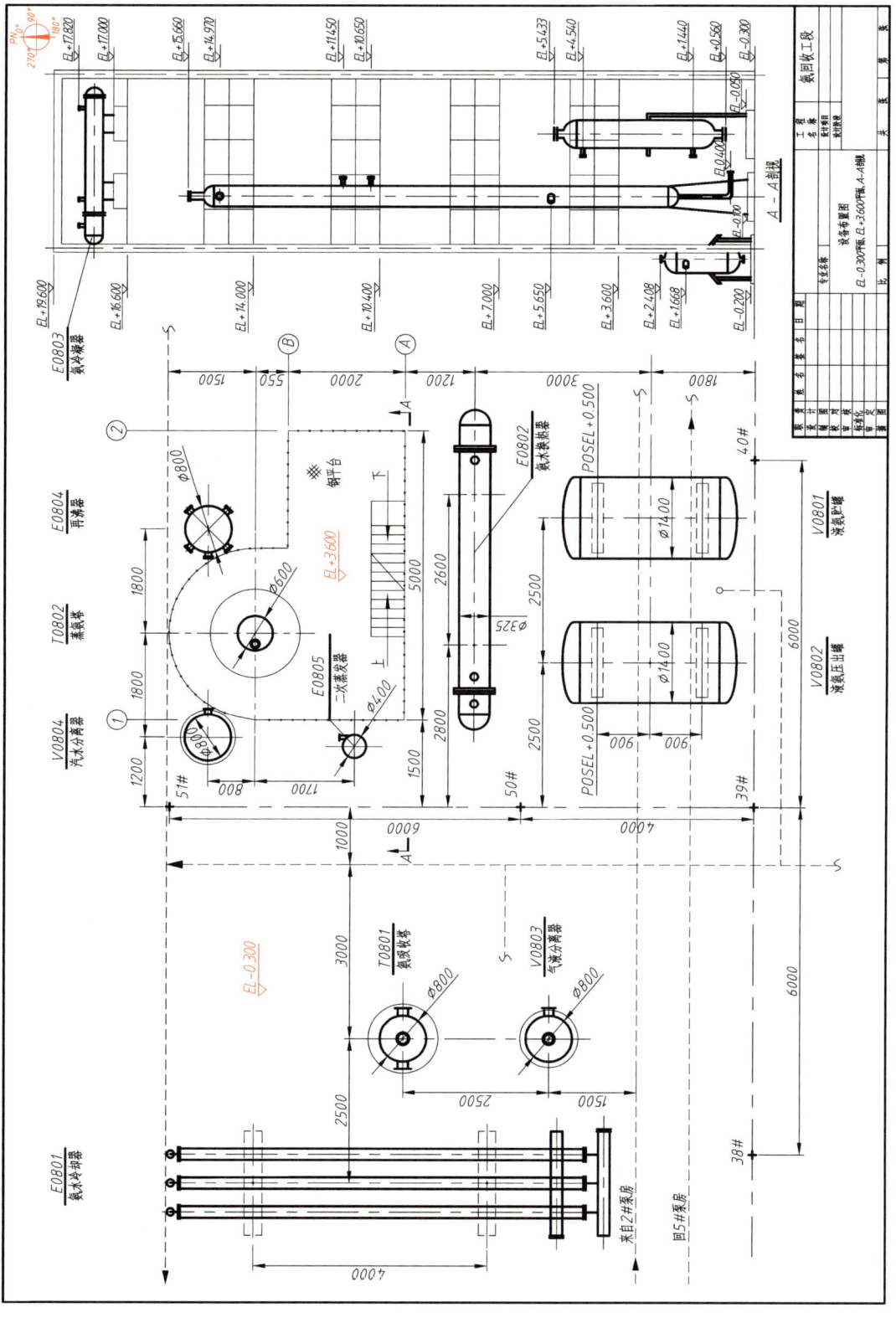

图 11-8 氨回收工段设备布置图

3. 安装方位标

在绘有平面图的设备布置图图纸的右上角应画一个与总图的设计北向一致的方向标,如图 11 - 9 所示,圆直径为 20 mm。有些设备在建筑图中已确定了方位,在设备布置图中也可不标注。

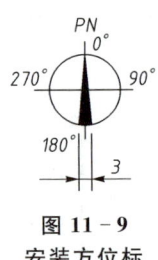

图 11 - 9
安装方位标

三、设备布置图的标注

设备布置图中必须标注建筑物或构筑物定位轴线间的尺寸,并标注室内外的地坪标高。一般不标注设备定形尺寸,只标注设备与设备之间、设备与建筑物之间的定位尺寸。标注设备定位尺寸通常选用建筑定位轴线作为尺寸基准,确定设备中心线或设备支座孔中心线的位置,如图 11 - 10 所示。

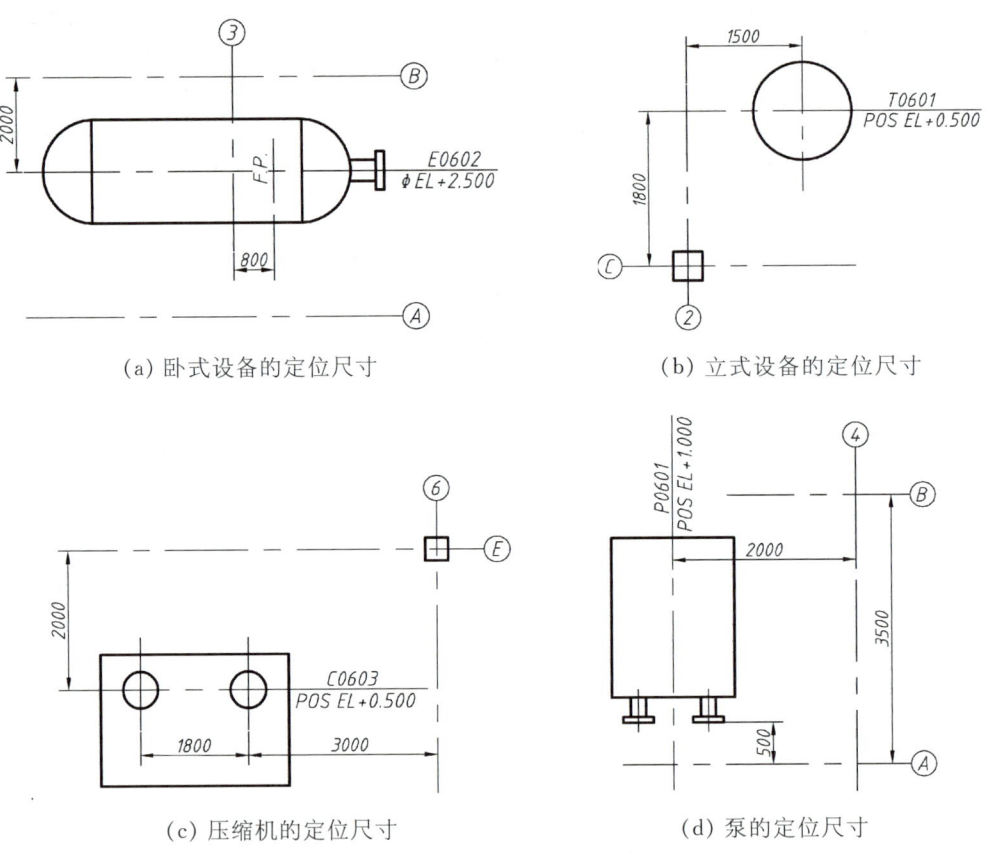

(a) 卧式设备的定位尺寸　　　　(b) 立式设备的定位尺寸

(c) 压缩机的定位尺寸　　　　(d) 泵的定位尺寸

图 11 - 10　设备平面定位尺寸的标注方法

1. 设备平面定位尺寸的标注

(1) 卧式容器和换热器以设备中心线和靠近建筑定位轴线一端的支座为基准,如图 11 - 10a 所示。

（2）立式反应器、塔、槽、罐和换热器以设备中心线为基准，如图 11 - 10b 所示。

（3）往复泵、活塞式压缩机以缸中心线和曲轴（或电动机轴）中心线为基准，如图 11 - 10c 所示。

（4）离心泵、压缩机、鼓风机、蒸汽透平机以中心线和出口管中心线为基准，如图 11 - 10d 所示。

2. 设备标高的标注

一般需标注厂房室内外地面标高（地面设计标高为 $EL\pm0.000$），厂房各层标高以及设备基础标高；必要时还应标注各主要管口中心线、设备最高点等标高。设备的标高以主要设备的中心线为基准予以标注。

（1）卧式换热器、槽、罐以中心线标高表示，按如图 11 - 10a 所示标注：$\phi EL+2.500$。

（2）立式反应器、塔、槽、罐、换热器以支承点标高表示，按如图 11 - 10b 所示标注：POS $EL+0.500$。

（3）泵、压缩机以主轴中心线标高或以底盘底面标高表示，如图 11 - 10c、11 - 10d 所示。

（4）对管廊、管架，以标注架顶的标高表示，可标注成：$TOS\ EL\ +\times\times.\times\times\times$。

3. 设备位号及名称的标注

设备布置图中也要注写设备位号和名称，它应与工艺流程图位号和名称一致。

四、设备布置图的识读

识读设备布置图是为了了解设备在厂房内外的具体布置情况，确定设备与建筑物及其他设备间的定位关系，指导设备的安装施工以及开工后的操作、维修或改造，并作为管道布置的依据。

现以图 11 - 8 所示氨回收工段设备布置图为例，介绍识读的方法和步骤。

1. 了解概况

由图 11 - 8 可知，该设备布置图有两个视图，一个平面图，另一个是 A—A 剖视图。该工段设备全部布置在室外，有钢架平台，平面图将 -0.300 平面与 +3.600 钢架平台区重叠绘制。

该工段共有 11 台设备，其中蒸氨塔（T0802）布置在钢架中间，氨冷凝器（E0803）布置在标高为 $EL+16.600$ m 的钢架平台上。

图中右上角的安装方位标，指明了有关厂房和设备的安装方位基准。

2. 看懂建筑物结构

图中没有厂房建筑，只有一个钢架结构，钢架定位轴线为 1、2 和 A、B。其东西方向轴线间距为 5 m，即钢架东西向长度；南北方向轴线间距为 2 m，南北向钢架总长为 4.05 m。钢架共有 5 层，地面标高为 -0.3 m，顶部标高为 19.6 m。

3. 掌握设备布置情况

从图中可知各设备的布置情况。蒸氨塔(T0802)是立式设备,位于钢架中间,其定位尺寸为:距轴线 *1* 为 1 800 mm,距轴线 *B* 为 550 mm,塔基础面标高为 -0.100 m,塔顶标高为 15.660 m,沿塔高共有四个操作平台。两个浓氨水入口标高分别为 10.650 m 和 11.450 m。

氨水换热器(E0802)为卧式布置的设备,其平面定位尺寸东西方向以换热器左边的支座为基准,与靠近的 50#-51# 定位线距离为 2 800 mm;其南北方向以换热器的中心线为基准,与靠近的定位轴线 *A* 距离为 1 200 mm。两个支座之间的距离为 2 600 mm。

氨冷凝器(E0803)位于钢架上标高为 EL+16.600 m 的平台上,其安装基础座高 0.4 m。

两个氨水贮罐(V0801 和 V0802)并排卧式布置在氨水换热器的正南方。其定位尺寸东西方向以 V0802 的中心轴线为基准,与靠近的 39#-50# 定位线距离为 2 500 mm,V0801 与 V0802 中心轴线间距为 2 500 mm。南北方向以两支座间的中间面为基准,与 39#-40# 定位线距离为 1 800 mm,两个支座与中间面的距离分别为 900 mm,支座支承面标高为 POS+0.500 m。

氨吸收塔(T0801)立式布置在钢架的西边,其东西方向距 50#-51# 定位线 4 000 mm,南北方向与气液分离器(V0803)轴线间距为 2 500 mm。

其他设备位置请读者自行分析。

第十二章 管道布置图

大型化工装置通常有设备数百台,管道成千上万条,管子和管件等更是达到几万甚至几十万件。因此,管道设计占整个工厂设计过程 30%~40% 的工作量。传统设计中多采用比例模型设计方法,即将硬纸板、木头或塑料块按照一定的缩小比例切割成型,并放到一个标有纵、横比例坐标的平板上,以利于对间距、方向等的直观观察。

随着计算机技术的迅速发展,利用计算机进行配管辅助设计已经广泛应用于国内外的石油化工行业。目前的管道三维模型设计软件主要有美国 Intergraph 公司的 PDS,英国 AVEVA 公司的 PDMS,美国 Bentley 公司开发的 AutoPLANT;国内有北京中科辅龙公司的 PDSOFT,长沙思为公司的 Pdmax 等。与传统设计方法相比,三维配管 CAD 技术实现了智能化、自动化和数字化,更加高效快捷,对提高设计的质量和效率具有明显的优势。

第一节 管道布置图

管道布置图又称管道安装图或配管图,是以图解的方式表示出厂房内外设备、管道、管件、阀门及仪表等的安装、布置情况。它是根据管道及仪表流程图(PID)、设备布置图绘制的,用于指导管路的安装施工,如附图 6 所示。

一、管道布置图的一般规定

1. 分区原则

由于车间(装置)范围比较大,为了清楚表达各工段管道布置情况,需要分区绘制管道布置图时,常常以各工段或工序为单位划分区段,每个区段以该区在车间内所占的墙或柱的定位轴线为分区界线。

2. 图幅

管道布置图图幅应尽量采用 A1,比较简单的也可采用 A2。同区的图应采用同一种图幅。图幅不宜加长或加宽。

3. 比例

常用比例为 1:50,也可采用 1:25 或 1:30,但同区的或各分层的平面图,应采用同一比例。

4. 尺寸单位

管道布置图中尺寸线始末应标绘箭头(打箭头或打斜杠)。标注的标高、坐标以米为单位,小数点后取三位;其余的尺寸一律以毫米为单位,只注数字,不注单位。基准地平面的设计标高表示为 EL±0.000。管子的公称通径一律用毫米表示。

二、管道布置图的内容

1. 一组视图

管道布置图一般只绘平面图。当平面图中局部表达不够清楚时,可绘制剖视图或轴测图,以表达整个车间的设备、建筑物的简单轮廓及管道、管件、阀门、仪表控制点等布置安装情况。

2. 尺寸

注出管道及管件、阀门、控制点等的平面位置和标高尺寸,对建筑物轴线编号,对设备位号、管段序号、控制点代号等进行标注。

3. 方向标

在绘有平面图的图纸右上角,应画一个与设备布置图的设计北向一致的表示管道安装方位基准的方向标。见图 12-1 右上角方向标。

4. 标题栏

注写图名、图号、比例及签字等。

三、管道布置图的画法与标注

1. 管道的图示方法

下列表示方法参照 HG/T 20519—2009《化工工艺设计施工图内容和深度统一规定》和 HG/T 20549—1998《化工装置管道布置设计内容和深度规定》。

(1) 管道的表示法　在管道布置图中,公称通径(DN)大于和等于 400 或 16 in[①] 的管道用双线表示,小于和等于 350 mm 或 14 in 的管道用单线表示。如果在管道布置图中,大口径的管道不多时,则公称通径(DN)大于和等于 250 mm 或 10 in 的管道用双线表示,小于和等于 200 mm 或 8 in 的管道用单线表示,见表 12-1。

(2) 管道弯折的表示法　管道弯折的画法见表 12-2。

(3) 管道交叉和重叠的表示法　当管道交叉或投影重叠时,可按照表 12-3 所示的画法表示。

---

① in 为英制单位英寸,1 in＝25.4 mm

表 12-1　管道的画法

名　　称	单　线　图	双　线　图
直　　管		
管道折向纸外		
管道折向纸内		

表 12-2　管道弯折的画法

名　称	单　线	双　线	名　称	单　线	双　线
管道向上弯折90°		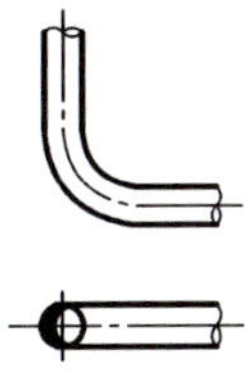	左右二次弯折	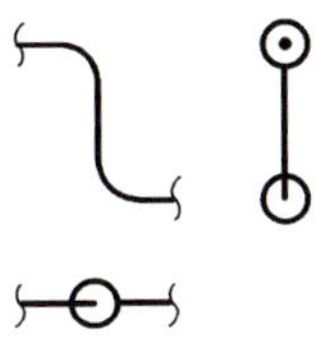	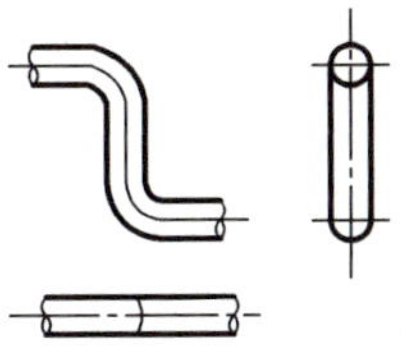
管道向下弯折90°		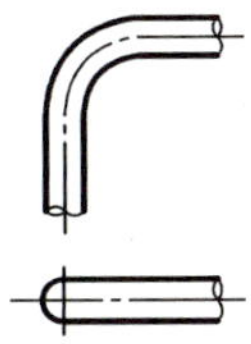		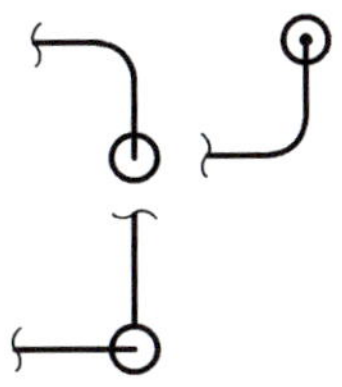	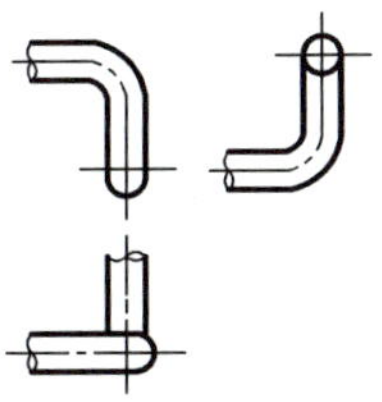
管道大于90°弯折	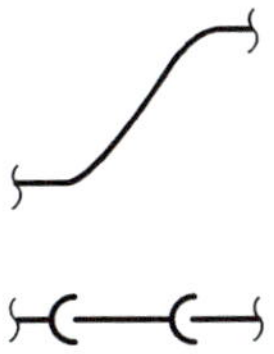	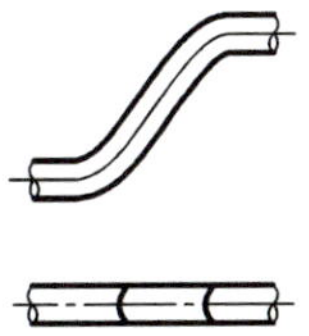	左右前后二次弯折		

表 12-3　管道交叉和重叠的画法

名　称		图　示　方　法	
管道交叉	图例	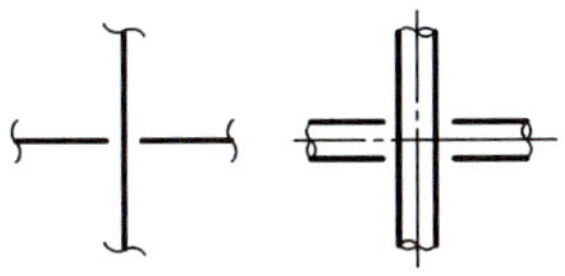	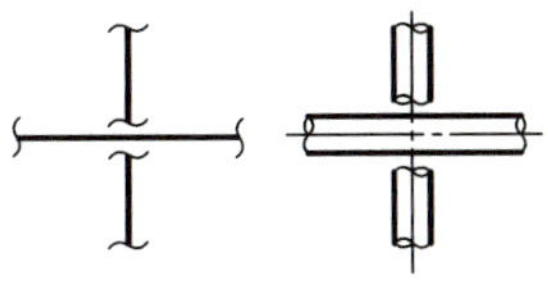
	说明	采用遮挡画法,将被遮挡管子断开	采用断开画法,将可见管子断开使被遮挡管子可见

续　表

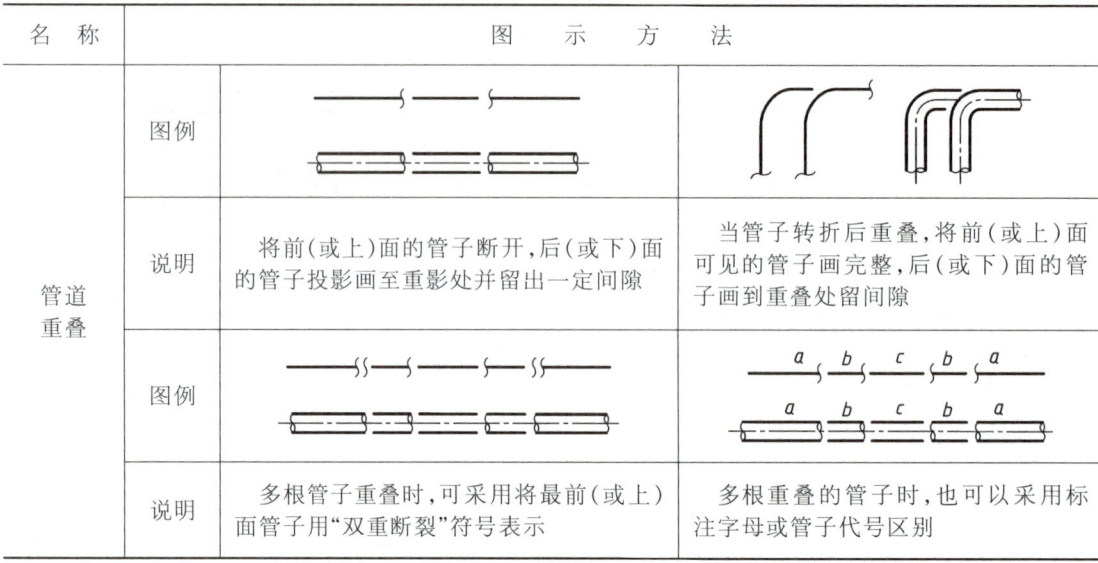

名　称	图　示　方　法		
管道重叠	图例	将前（或上）面的管子断开，后（或下）面的管子投影画至重影处并留出一定间隙	当管子转折后重叠，将前（或上）面可见的管子画完整，后（或下）面的管子画到重叠处留间隙
	说明	将前（或上）面的管子断开，后（或下）面的管子投影画至重影处并留出一定间隙	当管子转折后重叠，将前（或上）面可见的管子画完整，后（或下）面的管子画到重叠处留间隙
	图例		
	说明	多根管子重叠时，可采用将最前（或上）面管子用"双重断裂"符号表示	多根重叠的管子时，也可以采用标注字母或管子代号区别

（4）**管道连接的表示法**　当两段直管相连时，根据连接的形式不同，其画法也不同。常见的管道、管件连接的画法见表 12-4。

表 12-4　管道、管件连接的画法

名　称		管道布置图	
		单　线	双　线
管道连接方式	法兰连接		
	承插连接		
	螺纹连接		
	焊　接		
法兰盖	螺纹或承插焊连接		
	与对焊法兰连接		
90°弯头	螺纹或承插焊连接		

名　称		管道布置图	
		单　线	双　线
90°弯头	对焊连接		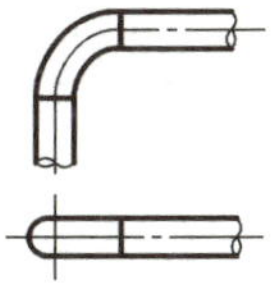
	法兰连接		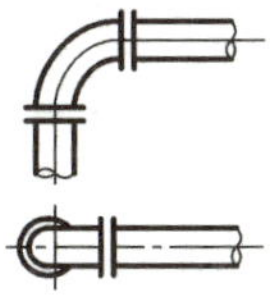
同心异径管	螺纹或承插焊连接		
	对焊连接		
	法兰连接		
三通	螺纹或承插焊连接	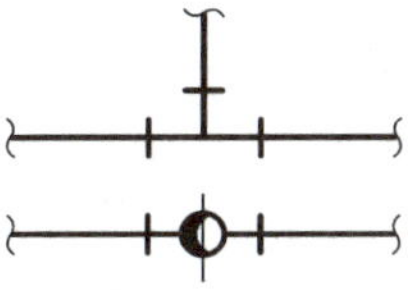	
	对焊连接	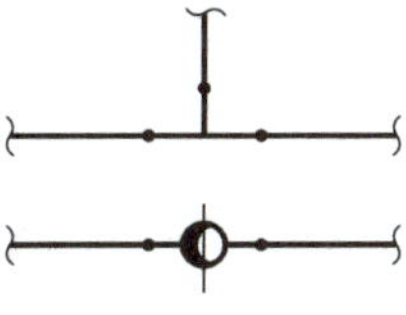	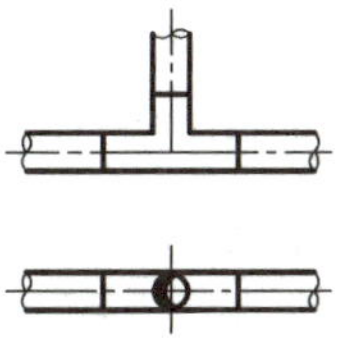
	法兰连接	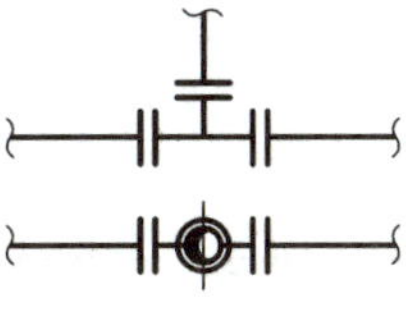	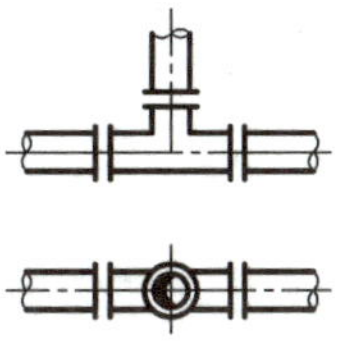

（5）**管架的表示法**　管道是利用各种形式的管架安装并固定在建筑或基础之上的，管架的形式和位置在管道平面图上用符号表示，并在其旁边标注管架的编号，管架的画法见表12-5，管架号的标注方法如图12-1所示，其中管架类别和管架生根部位结构代号见表12-6。一般非标准的管架（称特殊管架）应绘制管架图，标准管架可参照 HG／T 21629—2021《管架标准图》。

表 12‑5　管架的画法(摘自 HG/T 20519—2009)

序号	图　例	说明	序号	图　例	说　明
1	GS-1601	表示无管托固定在钢结构上的导向架	3	RF1901	表示弯头支架或侧向支架
2	AC-1013	表示有管托固定在混凝土结构上的固定架	4	RS1804	表示一个管架编号包括多根管道支架

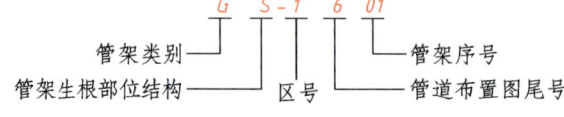

图 12‑1　管架号的标注方法

表 12‑6　管架类别和管架生根部分结构代号(摘自 HG/T 20519—2009)

管架类别				管架生根部位的结构			
代号	类别	代号	类别	代号	结构	代号	结构
A	固定架	S	弹性吊架	C	混凝土结构	W	墙
G	导向架	P	弹簧支架	F	地面基础		
R	滑动架	E	特殊架	S	钢结构		
H	吊架	T	轴向限位架	V	设备		

(6)**阀门的表示法**　阀门在管道布置图中的绘制方法与连接方式见表 12‑7,其传动机构表示方法如图 12‑3 所示。

表 12‑7　阀门在管道布置图中的绘制方法与连接方式(摘自 HG/T 20519—2009)

	螺纹或承插焊连接	对焊连接	法兰连接(三视图)
截止阀			
闸阀			

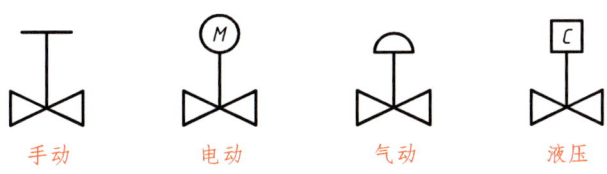

手动   电动   气动   液压

图 12－2　阀门常见传动机构表示方法

2. 管道布置图的画法和标注

（1）确定表达方案。管道布置图一般只绘制平面布置图。当平面布置图中局部表达不清楚时，可绘制剖视图或轴测图，该剖视图或轴测图可画在管道平面布置图边界线以外的空白处，或画在单独的图纸上。

对于多层建、构筑物的管道平面布置图，应按层绘制。一般从底层起，在图纸上由下至上或由左至右依次排列，并在平面图下方注明"EL×.×××平面"等。

（2）确定比例、选择图幅、合理布局。

（3）绘制视图。管道布置图中管道、设备、仪表、阀门所用图线宽度参照表 10－4。

① 用细实线画厂房平面图。

② 用细实线按照比例及设备布置图所确定的位置画出设备的简单外形和基础等的设备平面布置图。

③ 按流程顺序和管道布置原则，用规定的管道线型画出管道平面布置图。

④ 画出管道上的阀门、仪表控制点、管件、管道附件等。

（4）管道布置图的标注。标准规定基准地面的设计标高为 EL±0.000(m)，高于基准地面往上加，低于基准地面往下减。

① 建筑物：标注定位轴线号和轴线间的尺寸，地面、楼板、平台面的标高。

② 设备：标注与工艺流程图和设备布置图中一致的设备位号，并标注设备的定位尺寸和设备支承点的标高。标注支承点的标高时，采用"POS EL×.×××"的形式；主轴中心线的标高采用"φEL×.×××"的形式。剖视图上的设备位号，注写在设备的近侧或设备内。

③ 管道：用单线表示的管道在上方标注与管道及仪表流程图中一致的管道代号，在下方标注管道标高。当标高以管道中心线为基准时，只需标注"EL×.×××"。当标高以管底为基准时，加注管底代号，如"BOP EL×.×××"。

四、管道布置图的识读

以附图 6 所示氨回收工段管道布置图为例，识读管道布置图的大致步骤如下：

（1）概括了解，明确视图关系；了解图中平面图、剖视图的数量、配置等。

（2）了解厂房建筑的尺寸及设备布置情况。

（3）分析管道走向。

（4）详细了解管道编号和安装尺寸。

（5）了解管道上阀门、管件、管架的安装情况。

（6）了解仪表、取样口、分析点的安装情况。

（7）归纳总结，即将所有管道分析完毕后，再结合管口表、综合材料表，明确各管道、管件、阀门仪表的安装布置情况，检查有无错漏等问题。

第二节　管 道 轴 测 图

管道轴测图又称为管段图或管道空视图，是按正等轴测投影法绘制的。它是用来表达一个设备至另一设备或某区间一段管道的空间走向，以及管道上所附管件、阀门、仪表控制点等安装布置情况的立体图样。轴测图立体感强，图面清晰，便于阅读，有利于管道的预制与施工。

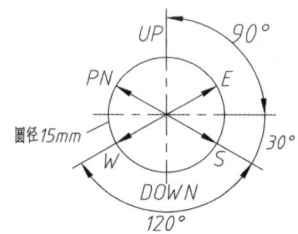

轴测图中管道的走向应符合图 12-3 所示方位标的规定，其北向应与管道布置图中的方位标的北向一致，其中 UP 代表"上"，$DOWN$ 代表"下"，PN 代表"北"，S 代表"南"，W 代表"西"，E 代表"东"。

图 12-3　管道轴测图
的方位标

一、管道轴测图的内容

管道轴测图一般采用 A3 图幅，宜使用带材料表的专用图纸绘制，如图 12-4 所示。管道轴测图中包括的内容如下：

（1）**图形**　按正等测投影绘制管道轴测图及其附属的管件、阀门等的符号和图形，参照 HG/T 20519—2009 和 HG/T 20549.2—1998 标准中的图例绘制。

（2）**尺寸及标注**　标注管道编号、管道所接设备的位号及其管口序号和安装尺寸等。

（3）**方位标**　安装方位的基准。

（4）**材料表**　列表说明管道所需要的材料名称、尺寸、规格、数量等。

（5）**标题栏**　填写图名、图号、比例等。

二、管道轴测图的表示方法

（1）管道轴测图反映的是个别局部管道，原则上一个管段号画一张管道轴测图。

（2）绘制管道轴测图不必按比例绘制，但各种阀门、管件之间比例要协调，它们在管段中位置的相对比例也要协调。

（3）管道一律用粗实线单线绘制，管件（弯头、三通除外）、阀门、控制点则用细实线按规定的图形符号绘制，相接的设备可用细双点画线绘制，弯头可以不画成圆弧。

（4）阀门的手轮用一条短线表示，短线与管道平行。阀杆中心线按所设计的方向画出，如图 12-5 所示。

管段号	起止点		管道等级	设计压力 MPa	设计温度 ℃	管 子			法 兰						垫片（PN、DN同法兰）				螺柱、螺母	
	起点	终点				名称及规格	材料	数量	PN	DN	密封形式	材料	数量	标准号或图号	代号	厚度	密封代号	数量	连接套数	特殊长度
1280						Ø100	10	8	0.6	100	RF板式	Q235A	4	HGJ/T45	1Ad	3	MF	4	16	

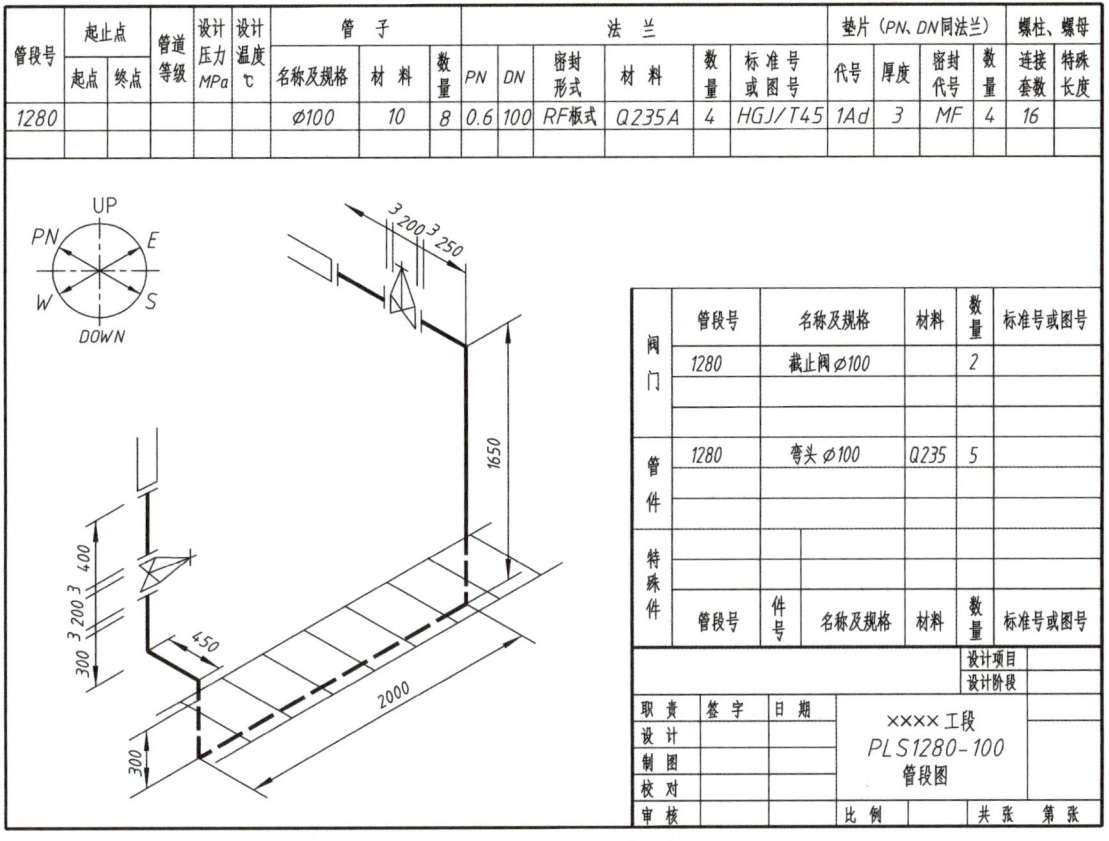

图 12-4 管道轴测图

阀门	管段号	名称及规格	材料	数量	标准号或图号
	1280	截止阀 Ø100		2	
管件	1280	弯头 Ø100	Q235	5	
特殊件	管段号	件号 名称及规格	材料	数量	标准号或图号

xxxx工段
PLS1280-100
管段图

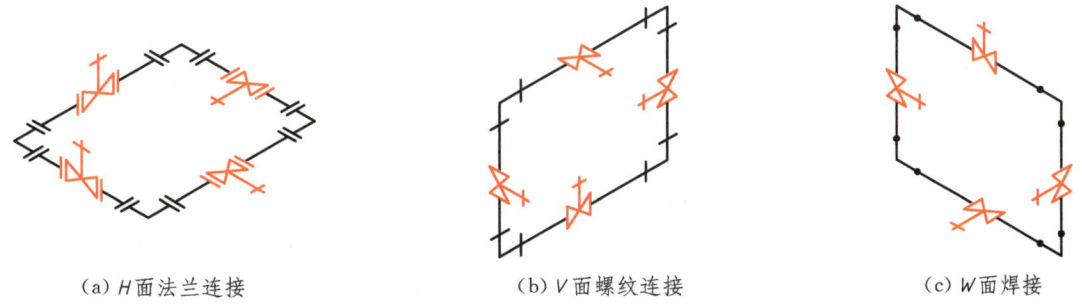

（a）H面法兰连接　　　　　　（b）V面螺纹连接　　　　　　（c）W面焊接

图 12-5 空间管道及阀门连接在不同投影面上的表示法

（5）管道与管件、阀门连接时，注意保持线向的一致，如图 12-5 所示。

（6）为便于安装维修、操作管理及整齐美观，管道布置力求平直，使管道走向与三个轴测方向一致，但也可将管道偏置，如图 12-6 所示。

（7）必要时，可画出阀门卜控制元件图示符号，传动结构、形式应适合于各种类型的阀门，如图 12-7 所示。

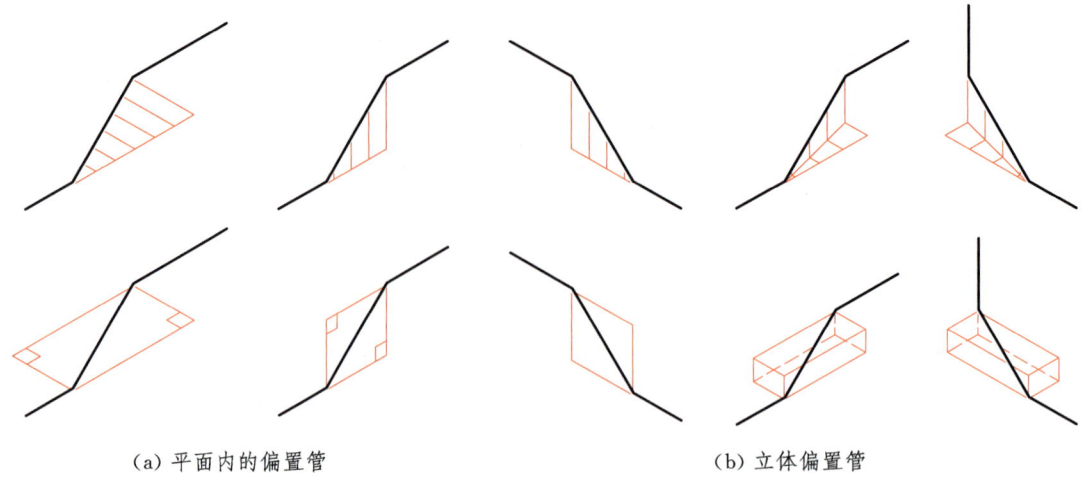

（a）平面内的偏置管　　　　　　　　　（b）立体偏置管

图 12-6　管道偏置的轴测图表示法

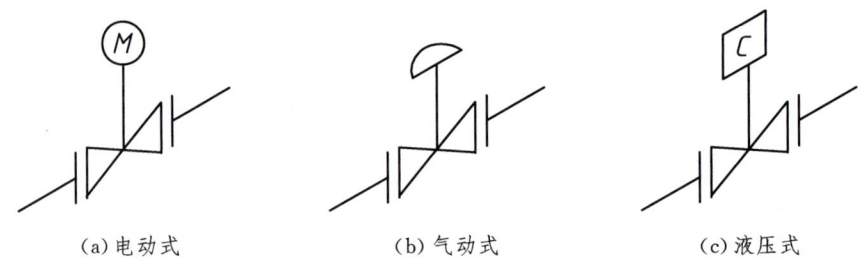

（a）电动式　　　　　　（b）气动式　　　　　　（c）液压式

图 12-7　阀门上传动控制机构的轴测图表示法

三、管道轴测图的识读

[**例 12-1**]　识读图 12-8 所示管道轴测图。

图中表达了管道走向和管道中两个角阀、两个同心异径管、两个仪表控制点、一个限流孔板的连接安装位置。管道内输送的是工艺气体，气体由右上角虚线所示公称直径为 200 mm 管道向下进入公称直径 100 mm 管段，通过右下角入口安装标高为 EL+1.221 的角阀，经安装标高 EL+0.400 异径管，管道公称直径由 100 mm 变为 125 mm。然后，气体经过出口安装标高为 EL+1.227 的角阀后向上经过异径管，管道直径由 125 mm 变为 100 mm，最后向上通过安装标高为 EL+5.000 的限流孔板。此管段中的两个角阀采用法兰连接到管道中。

四、根据管道平面图绘制轴测图

[**例 12-2**]　根据图 12-9a 所示的某设备管道平面图，绘出其轴测图。

设备管道轴测图如图 12-9b 所示。

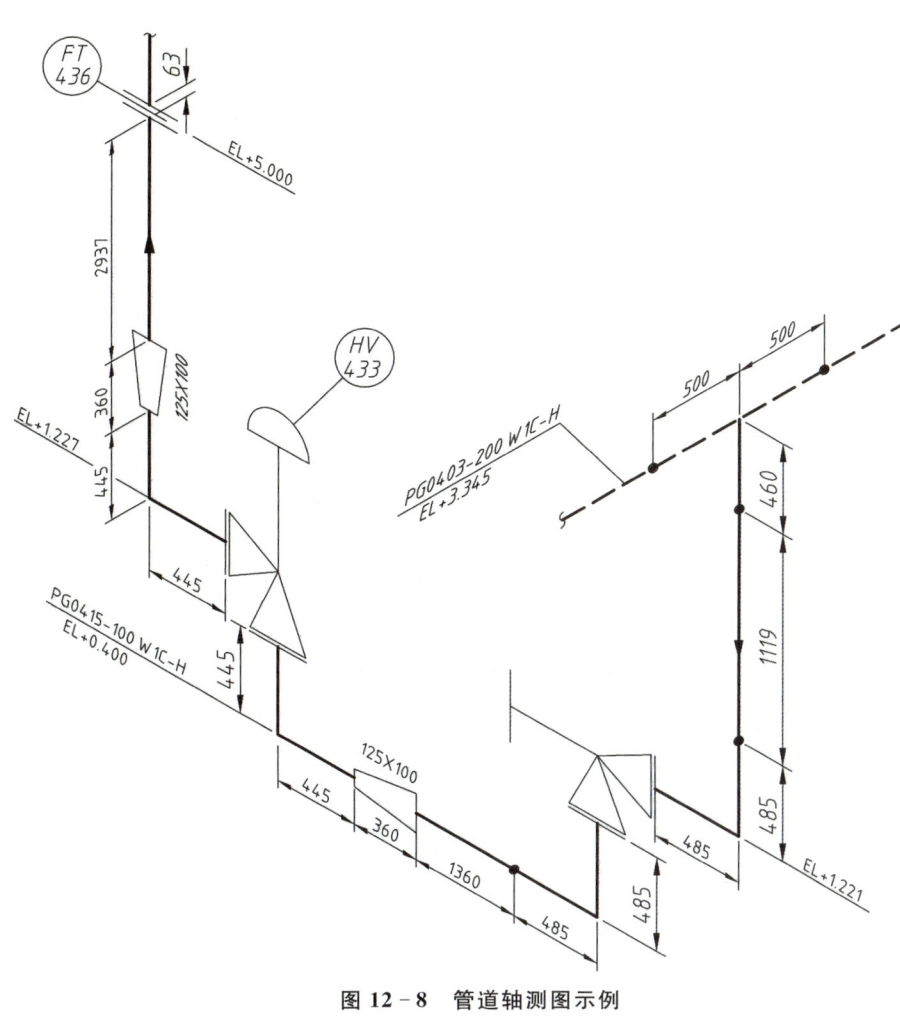

模型动画

三维配管示例

图 12-8 管道轴测图示例

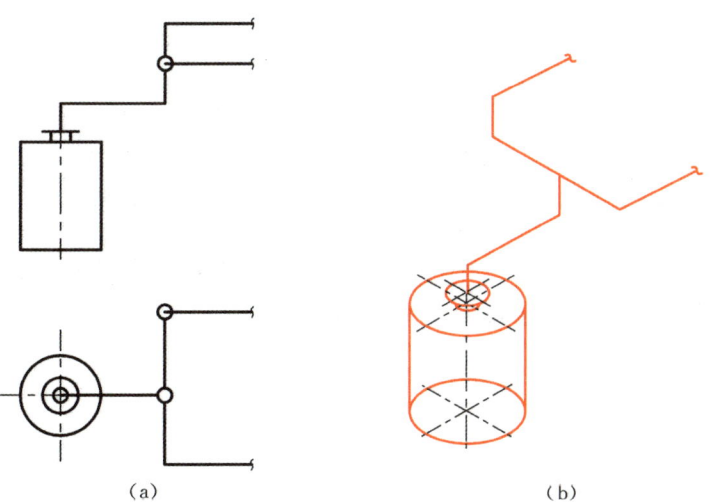

（a）　　　　　　　　（b）

图 12-9 根据管道平面图绘制轴测图

第三节　管口方位图

　　管口方位图是制造设备时确定设备的管口、支座、接地板、塔裙座底部加强筋及裙座上的人孔等方位、地脚螺栓孔的位置及数量的图样,也是安装设备时确定安装方位的依据。

　　管口方位图采用 A4 图幅,只需简化画出一个能反映设备管口方位的视图,每一个位号的设备绘制一张,如图 12 - 10 所示。

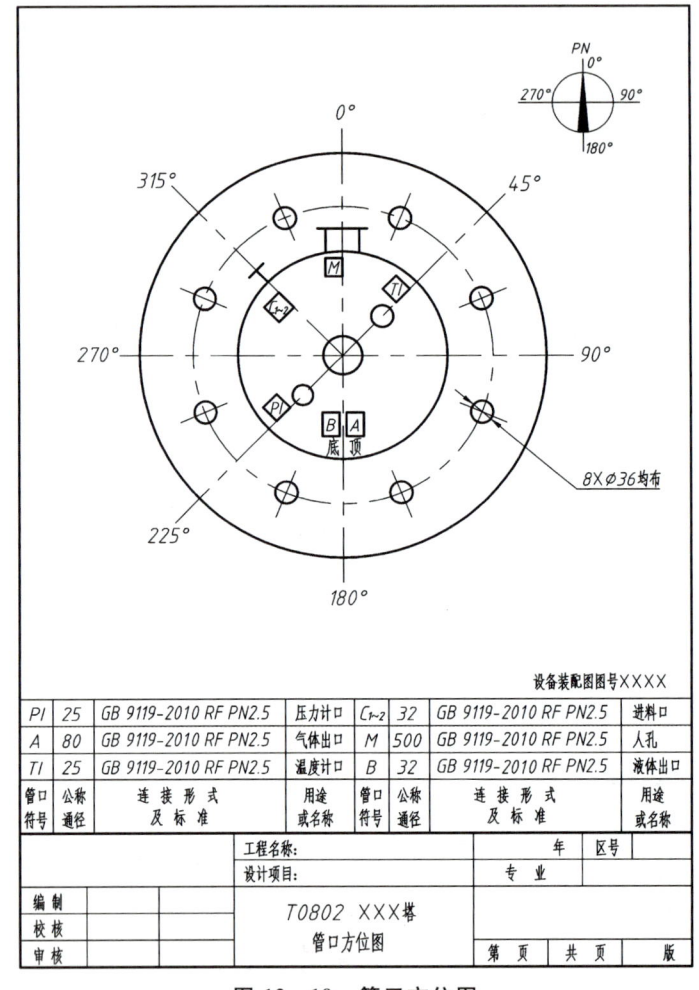

管口符号	公称通径	连 接 形 式 及 标 准	用途或名称	管口符号	公称通径	连 接 形 式 及 标 准	用途或名称
PI	25	GB 9119-2010 RF PN2.5	压力计口	C₁~₂	32	GB 9119-2010 RF PN2.5	进料口
A	80	GB 9119-2010 RF PN2.5	气体出口	M	500	GB 9119-2010 RF PN2.5	人孔
TI	25	GB 9119-2010 RF PN2.5	温度计口	B	32	GB 9119-2010 RF PN2.5	液体出口

设备装配图图号××××

工程名称:		年	区号
设计项目:		专 业	

编制			
校核		T0802 ×××塔	第 页	共 页	版
审核		管口方位图			

图 12 - 10　管口方位图

附　　录

附表1　六角头螺栓

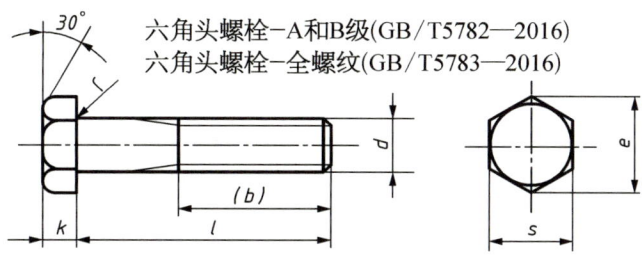

六角头螺栓－A和B级(GB/T5782—2016)
六角头螺栓－全螺纹(GB/T5783—2016)

标记示例

螺纹规格 $d=$ M12、公称长度 $l=80$ mm、性能等级为8.8级、表面氧化、A级的六角螺栓,其标记为:

螺栓 GB/T 5782 M12×80　　　　　mm

螺纹规格 d			M3	M4	M5	M6	M8	M10	M12	M16	M20	M24	M30	M36
s			5.5	7	8	10	13	16	18	24	30	36	46	55
k			2	2.8	3.5	4	5.3	6.4	7.5	10	12.5	15	18.7	22.5
r			0.1	0.2	0.2	0.25	0.4	0.4	0.6	0.6	0.6	0.8	1	1
e		A	6.01	7.66	8.79	11.05	14.38	17.77	20.03	26.75	33.53	39.98	—	—
		B	5.88	7.50	8.63	10.89	14.20	17.59	19.85	26.17	32.95	39.55	50.85	51.11
(b) GB/T 5782	$l\leqslant125$		12	14	16	18	22	26	30	38	46	54	66	—
	$125<l\leqslant200$		18	20	22	24	28	32	36	44	52	60	72	84
	$l>200$		31	33	35	37	41	45	49	57	65	73	85	97
l 范围 (GB/T 5782)			20~30	25~40	25~50	30~60	40~80	45~100	50~120	65~160	80~200	90~240	110~300	140~360
l 范围 (GB/T 5783)			6~30	8~40	10~50	12~60	16~80	20~100	25~120	30~150	40~150	50~150	60~200	70~200
l 系列			6, 8, 10, 12, 16, 20, 25, 30, 35, 40, 45, 50, 55, 60, 65, 70, 80, 90, 100, 110, 120, 130, 140, 150, 160, 180, 200, 220, 240, 260, 280, 300, 320, 340, 360, 380, 400, 420, 440, 460, 480, 500												

附表2　双头螺柱

GB/T 897—1988 ($b_m=1d$)
GB/T 898—1988 ($b_m=1.25d$)
GB/T 899—1988 ($b_m=1.5d$)
GB/T 900—1988 ($b_m=2d$)

A型

B型(辗制)

约等于螺纹中径

标记示例

两端均为粗牙普通螺纹, $d=10$ mm、 $l=50$ mm、性能等级为4.8级、不经表面处理、B型、 $b_m=1d$ 的双头螺柱,其标记为:　　　螺柱　GB/T 897　M10×50

若为 A 型,则标记为:　　　　　　　螺柱　GB/T 897　AM10×50

续　表

双头螺柱各部分尺寸　　　　　　　　　　　　　mm

螺纹规格 d		M3	M4	M5	M6	M8
b_m 公称	GB/T 897—1988			5	6	8
	GB/T 898—1988				8	10
	GB/T 899—1988	4.5	6	8	10	12
	GB/T 900—1988	6	8	10	12	16
$\dfrac{l}{b}$		$\dfrac{16\sim 20}{6}$ $\dfrac{(22)\sim 40}{12}$	$\dfrac{16\sim (22)}{8}$ $\dfrac{25\sim 40}{14}$	$\dfrac{16\sim (22)}{10}$ $\dfrac{25\sim 50}{16}$	$\dfrac{20\sim (22)}{10}$ $\dfrac{25\sim 30}{14}$ $\dfrac{(32)\sim (75)}{18}$	$\dfrac{20\sim (22)}{12}$ $\dfrac{25\sim 30}{16}$ $\dfrac{(32)\sim 90}{22}$

螺纹规格 d		M10	M12	M16	M20	M24
b_m 公称	GB/T 897—1988	10	12	16	20	24
	GB/T 898—1988	12	15	20	25	30
	GB/T 899—1988	15	18	24	30	36
	GB/T 900—1988	20	24	32	40	48
$\dfrac{l}{b}$		$\dfrac{23\sim (28)}{14}$ $\dfrac{30\sim (38)}{16}$ $\dfrac{40\sim 120}{26}$ $\dfrac{130}{32}$	$\dfrac{25\sim 30}{16}$ $\dfrac{(32)\sim 40}{20}$ $\dfrac{45\sim 120}{30}$ $\dfrac{130\sim 180}{36}$	$\dfrac{30\sim (38)}{20}$ $\dfrac{40\sim (55)}{30}$ $\dfrac{60\sim 120}{38}$ $\dfrac{130\sim 200}{44}$	$\dfrac{35\sim 40}{25}$ $\dfrac{(45)\sim (65)}{35}$ $\dfrac{70\sim 120}{46}$ $\dfrac{130\sim 200}{52}$	$\dfrac{45\sim 50}{30}$ $\dfrac{(55)\sim (75)}{45}$ $\dfrac{80\sim 120}{54}$ $\dfrac{130\sim 200}{60}$

注：1. GB/T 897—1988 和 GB/T 898—1988 规定螺柱的螺纹规格 $d = $ M5～M48，公称长度 $l = 16\sim$ 300 mm；GB/T 899—1988 和 GB/T 900—1988 规定螺柱的螺纹规格 $d = $ M2～M48，公称长度 $l = 12\sim 300$ mm。

2. 螺柱公称长度 l（系列）：12,（14），16,（18），20,（22），25,（28），30,（32），35,（38），40, 45, 50,（55），60,（65），70,（75），80,（85），90,（95），100～260(10 进位)，280, 300 mm，尽可能不采用括号内的数值。

3. 材料为钢的螺柱性能等级有 4.8、5.8、6.8、8.8、10.9、12.9 级，其中 4.8 级为常用。

附表 3　1 型六角螺母 (GB/T 6170—2015)

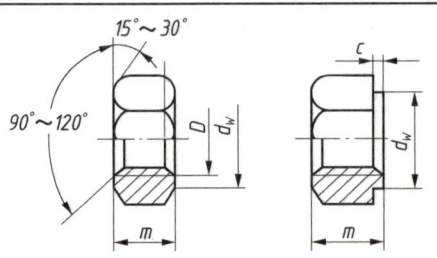 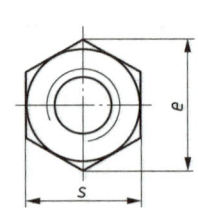

标记示例

螺纹规格 $D = $ M12、性能等级为 8 级、不经表面处理、产品等级为 A 级的 1 型六角螺母，其标记为：

螺母 GB/T 6170 M12

mm

螺纹规格 d		M3	M4	M5	M6	M8	M10	M12	M16	M20	M24	M30	M36
e	(min)	6.01	7.66	8.79	11.05	14.38	17.77	20.03	26.75	32.95	39.55	50.85	60.79
s	(max)	5.5	7	8	10	13	16	18	24	30	36	46	55
	(min)	5.32	6.78	7.78	9.78	12.73	15.73	17.73	23.67	29.16	35	45	53.8
c	(max)	0.4	0.4	0.5	0.5	0.6	0.6	0.6	0.8	0.8	0.8	0.8	0.8
d_w	(max)	4.6	5.9	6.9	8.9	11.6	14.6	16.6	22.5	27.7	33.2	42.7	51.1
	(min)	3.45	4.6	5.75	6.75	8.75	10.8	13	17.3	21.6	25.9	32.4	38.9
m	(max)	2.4	3.2	4.7	5.2	6.8	8.4	10.8	14.8	18	21.5	25.6	31
	(min)	2.15	2.9	4.4	4.9	6.44	8.04	10.37	14.1	16.9	20.2	24.3	29.4

附表 4　平垫圈—A 级(GB /T 97.1—2002)、平垫圈倒角型—A 级(GB /T 97.2—2002)

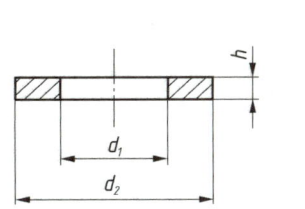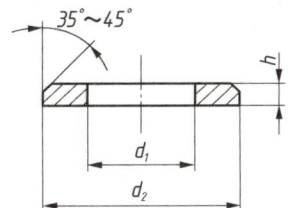

标记示例

标准系列,公称规格 8 mm,由钢制造的硬度等级为 200 HV 级、不经表面处理、产品等级为 A 级的平垫圈,
其标记为:垫圈 GB/T 97.1 8

mm

公称规格(螺纹大径 d)	2	2.5	3	4	5	6	8	10	12	14	16	20	24	30
内径 d_1	2.2	2.7	3.2	4.3	5.3	6.4	8.4	10.5	13	15	17	21	25	31
外径 d_2	5	6	7	9	10	12	16	20	24	28	30	37	44	56
厚度 h	0.3	0.5	0.5	0.8	1	1.6	1.6	2	2.5	2.5	3	3	4	4

附表 5　标准型弹簧垫圈(GB /T 93—1987)轻型弹簧垫圈(GB /T 859—1987)

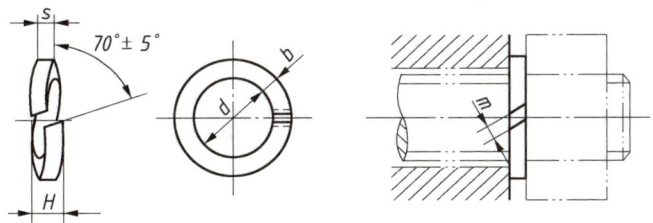

标记示例

公称直径 16 mm、材料为 65Mn、表面氧化的标准型弹簧垫圈,其标记为:
垫圈 GB/T 93 16

规格（螺纹大径）		2	2.5	3	4	5	6	8	10	12	16	20	24	30	36	42	48
d		2.1	2.6	3.1	4.1	5.1	6.2	8.2	10.2	12.3	16.3	20.5	24.5	30.5	36.6	42.6	49
H	GB/T 93—1987	1.2	1.6	2	2.4	3.2	4	5	6	7	8	10	12	13	14	16	18
	GB/T 859—1987	1	1.2	1.6	1.6	2	2.4	3.2	4	5	6.4	8	9.6	12			
$S(b)$	GB/T 93—1987	0.6	0.8	1	1.2	1.6	2	2.5	3	3.5	4	5	6	6.5	7	8	9
S	GB/T 859—1987	0.5	0.6	0.8	0.8	1	1.2	1.6	2	2.5	3.2	4	4.8	6			
$m\leqslant$	GB/T 93—1987	0.4	0.4	0.5	0.6	0.8	1	1.2	1.5	1.7	2	2.5	3	3.2	3.5	4	4.5
	GB/T 859—1987	0.3	0.3	0.4	0.4	0.5	0.6	0.8	1	1.2	1.6	2	2.4	3			
b	GB/T 859—1987	0.8	0.8	1	1.2	1.2	1.6	2	2.5	3.5	4.5	5.5	6.5	8			

附表 6　优先配合中轴的极限偏差（摘自 GB/T 1800.2—2020）

基本尺寸/mm		公　差　带/μm												
		c	d	f	g	h				k	n	p	s	u
大于	至	11	9	7	6	6	7	9	11	6	6	6	6	6
—	3	−60 / −120	−20 / −45	−6 / −16	−2 / −8	0 / −6	0 / −10	0 / −25	0 / −60	+6 / 0	+10 / +4	+12 / +6	+20 / +14	+24 / +18
3	6	−70 / −145	−30 / −60	−10 / −22	−4 / −12	0 / −8	0 / −12	0 / −30	0 / −75	+9 / +1	+16 / +8	+20 / +12	+27 / +19	+31 / +23
6	10	−80 / −170	−40 / −76	−13 / −28	−5 / −14	0 / −9	0 / −15	0 / −36	0 / −90	+10 / +1	+19 / +10	+24 / +15	+32 / +23	+37 / +28
10	14	−95 / −205	−50 / −93	−16 / −34	−6 / −17	0 / −11	0 / −18	0 / −43	0 / −110	+12 / +1	+23 / +12	+29 / +18	+39 / +28	+44 / +33
14	18	−95 / −205	−50 / −93	−16 / −34	−6 / −17	0 / −11	0 / −18	0 / −43	0 / −110	+12 / +1	+23 / +12	+29 / +18	+39 / +28	+44 / +33
18	24	−110 / −240	−65 / −117	−20 / −41	−7 / −20	0 / −13	0 / −21	0 / −52	0 / −130	+15 / +2	+28 / +15	+35 / +22	+48 / +35	+54 / +41
24	30	−110 / −240	−65 / −117	−20 / −41	−7 / −20	0 / −13	0 / −21	0 / −52	0 / −130	+15 / +2	+28 / +15	+35 / +22	+48 / +35	+61 / +48
30	40	−120 / −280	−80 / −142	−25 / −50	−9 / −25	0 / −16	0 / −25	0 / −62	0 / −160	+18 / +2	+33 / +17	+42 / +26	+59 / +43	+76 / +60
40	50	−130 / −290	−80 / −142	−25 / −50	−9 / −25	0 / −16	0 / −25	0 / −62	0 / −160	+18 / +2	+33 / +17	+42 / +26	+59 / +43	+86 / +70
50	65	−140 / −330	−100 / −174	−30 / −60	−10 / −29	0 / −19	0 / −30	0 / −74	0 / −190	+21 / +2	+39 / +20	+51 / +32	+72 / +53	+106 / +87
65	80	−150 / −340	−100 / −174	−30 / −60	−10 / −29	0 / −19	0 / −30	0 / −74	0 / −190	+21 / +2	+39 / +20	+51 / +32	+78 / +59	+121 / +102

基本尺寸/mm		公差带/μm												
		c	d	f	g	h				k	n	p	s	u
大于	至	11	9	7	6	6	7	9	11	6	6	6	6	6
80	100	−170 −390	−120 −207	−36 −71	−12 −34	0 −22	0 −35	0 −87	0 −220	+25 +3	+45 +23	+59 +37	+93 +71	+146 +124
100	120	−180 −400											+101 +79	+166 +144
120	140	−200 −450	−145 −245	−43 −83	−14 −39	0 −25	0 −40	0 −100	0 −250	+28 +3	+52 +27	+68 +43	+117 +92	+195 +170
140	160	−210 −460											+125 +100	+215 +190
160	180	−230 −480											+133 +108	+235 +210
180	200	−240 −530	−170 −285	−50 −96	−15 −44	0 −29	0 −46	0 −115	0 −290	+33 +4	+60 +31	+79 +50	+151 +122	+265 +236
200	225	−260 −550											+159 +130	+287 +258
225	250	−280 −570											+169 +140	+313 +284
250	280	−300 −620	−190 −320	−56 −108	−17 −49	0 −32	0 −52	0 −130	0 −320	+36 +4	+66 +34	+88 +56	+190 +158	+347 +315
280	315	−330 −650											+202 +170	+382 +350
315	355	−360 −720	−210 −350	−62 −119	−18 −54	0 −36	0 −57	0 −140	0 −360	+40 +4	+73 +37	+98 +62	+226 +190	+426 +390
355	400	−400 −760											+244 +208	+471 +435
400	450	−440 −840	−230 −385	−68 −131	−20 −60	0 −40	0 −63	0 −155	0 −400	+45 +5	+80 +40	+108 +68	+272 +232	+530 +490
450	500	−480 −880											+292 +252	+580 +540

附表7 优先配合中孔的极限偏差(摘自 GB/T 1800.2—2020)

基本尺寸/mm		公差带/μm												
		C	D	F	G	H				K	N	P	S	U
大于	至	11	9	8	7	7	8	9	11	7	7	7	7	7
—	3	+120 +60	+45 +20	+20 +6	+12 +2	+10 0	+14 0	+25 0	+60 0	0 -10	-4 -14	-6 -16	-14 -24	-18 -28
3	6	+145 +70	+60 +30	+28 +10	+16 +4	+12 0	+18 0	+30 0	+75 0	+3 -9	-4 -16	-8 -20	-15 -27	-19 -31
6	10	+170 +80	+76 +40	+35 +13	+20 +5	+15 0	+22 0	+36 0	+90 0	+5 -10	-4 -19	-9 -24	-17 -32	-22 -37
10	14	+205 +95	+93 +50	+43 +16	+24 +6	+18 0	+27 0	+43 0	+110 0	+6 -12	-5 -23	-11 -29	-21 -39	-26 -44
14	18													
18	24	+240 +110	+117 +65	+53 +20	+28 +7	+21 0	+33 0	+52 0	+130 0	+6 -15	-7 -28	-14 -35	-27 -48	-33 -54
24	30													-40 -61
30	40	+280 +120	+142 +80	+64 +25	+34 +9	+25 0	+39 0	+62 0	+160 0	+7 -18	-8 -33	-17 -42	-34 -59	-51 -76
40	50	+290 +130												-61 -86
50	65	+330 +140	+174 +100	+76 +30	+40 +10	+30 0	+46 0	+74 0	+190 0	+9 -21	-9 -39	-21 -51	-42 -72	-76 -106
65	80	+340 +150											-48 -78	-91 -121
80	100	+390 +170	+207 +120	+90 +36	+47 +12	+35 0	+54 0	+87 0	+220 0	+10 -25	-10 -45	-24 -59	-58 -93	-111 -146
100	120	+400 +180											-66 -101	-131 -166
120	140	+450 +200											-77 -117	-155 -195
140	160	+460 +210	+245 +145	+106 +43	+54 +14	+40 0	+63 0	+100 0	+250 0	+12 -28	-12 -52	-28 -68	-85 -125	-175 -215
160	180	+480 +230											-93 -133	-195 -235
180	200	+530 +240											-105 -151	-219 -265
200	225	+550 +260	+285 +170	+122 +50	+61 +15	+46 0	+72 0	+115 0	+290 0	+13 -33	-14 -60	-33 -79	-113 -159	-241 -287
225	250	+570 +280											-123 -169	-267 -313

续　表

基本尺寸/mm		公差带/μm												
		C	D	F	G	H				K	N	P	S	U
大于	至	11	9	8	7	7	8	9	11	7	7	7	7	7
250	280	+620/+300	+320/+190	+137/+56	+69/+17	+52/0	+81/0	+130/0	+320/0	+16/−36	−14/−66	−36/−88	−138/−190	−295/−347
280	315	+650/+330	+320/+190	+137/+56	+69/+17	+52/0	+81/0	+130/0	+320/0	+16/−36	−14/−66	−36/−88	−150/−202	−330/−382
315	355	+720/+360	+350/+210	+151/+62	+75/+18	+57/0	+89/0	+140/0	+360/0	+17/−40	−16/−73	−41/−98	−169/−226	−369/−426
355	400	+760/+400	+350/+210	+151/+62	+75/+18	+57/0	+89/0	+140/0	+360/0	+17/−40	−16/−73	−41/−98	−187/−244	−414/−471
400	450	+840/+440	+385/+230	+165/+68	+83/+20	+63/0	+97/0	+155/0	+400/0	+18/−45	−17/−80	−45/−108	−209/−272	−467/−530
450	500	+880/+480	+385/+230	+165/+68	+83/+20	+63/0	+97/0	+155/0	+400/0	+18/−45	−17/−80	−45/−108	−229/−292	−517/−580

附表 8　EHA 椭圆形封头型式参数(摘自 GB/T 25198—2023)

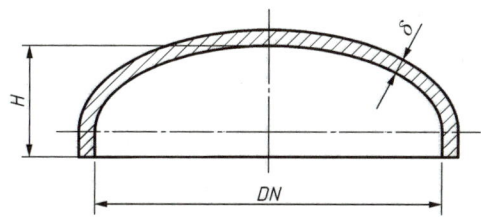

序号	公称直径 DN/mm	总深度 H/mm	内表面积 A/m²	容积 V/m³	序号	公称直径 DN/mm	总深度 H/mm	内表面积 A/m²	容积 V/m³
1	300	100	0.121 1	0.005 3	14	950	263	1.052 9	0.130 0
2	350	113	0.160 3	0.008 0	15	1 000	275	1.162 5	0.150 5
3	400	125	0.204 9	0.011 5	16	1 100	300	1.398 0	0.198 0
4	450	138	0.254 8	0.015 9	17	1 200	325	1.655 2	0.254 5
5	500	150	0.310 3	0.021 3	18	1 300	350	1.934 0	0.320 8
6	550	163	0.371 1	0.027 7	19	1 400	375	2.234 6	0.397 7
7	600	175	0.437 4	0.035 3	20	1 500	400	2.556 8	0.486 0
8	650	188	0.509 0	0.044 2	21	1 600	425	2.900 7	0.586 4
9	700	200	0.586 1	0.054 5	22	1 700	450	3.266 2	0.699 9
10	750	213	0.668 6	0.066 3	23	1 800	475	3.653 5	0.827 0
11	800	225	0.756 6	0.079 6	24	1 900	500	4.062 4	0.968 7
12	850	238	0.849 9	0.094 6	25	2 000	525	4.493 0	1.125 7
13	900	250	0.948 7	0.111 3	26	2 100	565	5.044 3	1.350 8

序号	公称直径 DN/mm	总深度 H/mm	内表面积 A/m²	容积 V/m³	序号	公称直径 DN/mm	总深度 H/mm	内表面积 A/m²	容积 V/m³
27	2 200	590	5.522 9	1.545 9	47	4 200	1 090	19.649 3	10.252 3
28	2 300	615	6.023 3	1.758 8	48	4 300	1 115	20.583 2	10.988 3
29	2 400	640	6.545 3	1.990 5	49	4 400	1 140	21.538 9	11.758 8
30	2 500	665	7.089 1	2.241 7	50	4 500	1 165	22.516 2	12.564 4
31	2 600	690	7.654 5	2.513 1	51	4 600	1 190	23.515 2	13.406 0
32	2 700	715	8.241 5	2.805 5	52	4 700	1 215	24.535 9	14.284 4
33	2 800	740	8.850 3	3.119 8	53	4 800	1 240	25.578	15.200 3
34	2 900	765	9.480 7	3.456 7	54	4 900	1 265	26.642 2	16.154 5
35	3 000	790	10.132 9	3.817 0	55	5 000	1 290	27.728 0	17.147 9
36	3 100	815	10.806 7	4.201 5	56	5 100	1 315	28.835 3	18.181 1
37	3 200	840	11.502 1	4.611 0	57	5 200	1 340	29.964 4	19.255 0
38	3 300	865	12.219 3	5.046 3	58	5 300	1 365	31.115 2	20.370 4
39	3 400	890	12.958 1	5.508 0	59	5 400	1 390	32.287 6	21.528 1
40	3 500	915	13.718 6	5.997 2	60	5 500	1 415	33.481 7	22.728 8
41	3 600	940	14.500 8	6.514 4	61	5 600	1 440	34.697 5	23.973 3
42	3 700	965	15.304 7	7.060 5	62	5 700	1 465	35.935 0	25.262 4
43	3 800	990	16.130 3	7.636 4	63	5 800	1 490	37.194 1	26.596 9
44	3 900	1 015	16.977 5	8.242 7	64	5 900	1 515	38.474 9	27.977 6
45	4 000	1 040	17.846 4	8.880 2	65	6 000	1 540	39.777 5	29.405 3
46	4 100	1 065	18.737 0	9.549 8	—	—	—	—	—

附表 9　常压人孔（摘自 HG/T 21515—2014《常压人孔》）

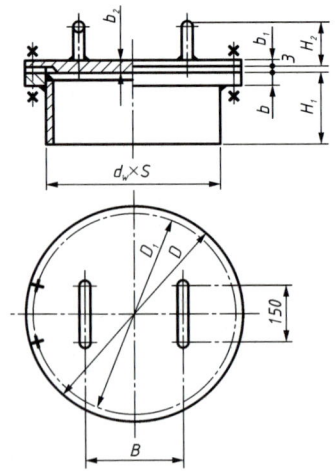

mm

密封面型式	公称直径 DN	$d_w \times s$	D	D_1	B	b	b_1	b_2	H_1	H_2	螺栓螺母 数量	螺栓 直径×长度	总质量/kg
全平面（FF型）	(400)	426×6	515	480	250	14	10	12	150	90	16	M16×50	37.0
	450	480×6	570	535	250	14	10	12	160	90	20	M16×50	44.4
	500	530×6	620	585	300	14	10	12	160	90	20	M16×50	50.5
	600	630×6	720	685	300	16	12	14	180	92	24	M16×55	74.0

附表 10　甲型平焊法兰(摘自 NB/T 47021—2012《甲型平焊法兰》)

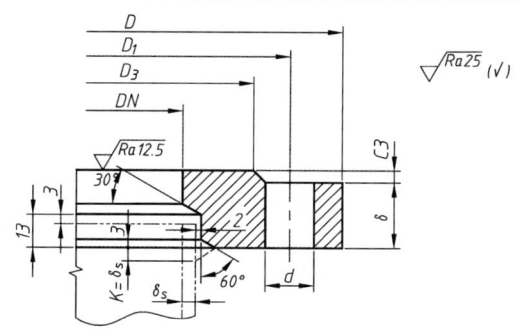

公称直径 DN/mm	法　兰/mm					螺　柱	
	D	D_1	D_3	δ	d	规格	数量
			$PN = 0.25$ MPa				
700	815	780	740	36	18	M16	28
800	915	880	840	36	18	M16	32
900	1 015	980	940	40	18	M16	36
1 000	1 130	1 090	1 045	40	23	M20	32
1 100	1 230	1 190	1 141	40	23	M20	32
1 200	1 330	1 290	1 241	44	23	M20	36
1 300	1 430	1 390	1 341	46	23	M20	40
1 400	1 530	1 490	1 441	46	23	M20	40
1 500	1 630	1 590	1 541	48	23	M20	44
1 600	1 730	1 690	1 641	50	23	M20	48
1 700	1 830	1 790	1 741	52	23	M20	52
1 800	1 930	1 890	1 841	56	23	M20	52
1 900	2 030	1 990	1 941	56	23	M20	56

公称直径	法 兰/mm					螺 柱	
DN/mm	D	D_1	D_3	δ	d	规格	数量
2 000	2 130	2 090	2 041	60	23	M20	60

$PN = 0.60$ MPa

450	565	530	490	30	18	M16	20
500	615	580	540	30	18	M16	20
550	665	630	590	32	18	M16	24
600	715	680	640	32	18	M16	24
650	765	730	690	36	18	M16	28
700	830	790	745	36	23	M20	24
800	930	890	845	40	23	M20	24
900	1 030	990	945	44	23	M20	32
1 000	1 130	1 090	1 045	48	23	M20	36
1 100	1 230	1 190	1 141	55	23	M20	44
1 200	1 300	1 290	1 241	60	23	M20	52

$PN = 1.0$ MPa

300	415	380	340	26	18	M16	16
350	465	430	390	26	18	M16	16
400	515	480	440	30	18	M16	20
450	565	530	490	34	18	M16	24
500	630	590	545	34	23	M20	20
550	680	640	595	38	23	M20	24
600	730	690	645	40	23	M20	24
650	780	740	695	44	23	M20	28
700	830	790	745	46	23	M20	32
800	930	890	845	54	23	M20	40
900	1 030	990	945	60	23	M20	48

$PN = 1.6$ MPa

300	430	390	345	30	23	M20	16
350	480	440	395	32	23	M20	16
400	530	490	445	36	23	M20	20
450	580	540	495	40	23	M20	24

公称直径 DN／mm	法　兰／mm					螺　柱	
	D	D_1	D_3	δ	d	规格	数量
500	630	590	545	44	23	M20	28
550	680	640	595	50	23	M20	36
600	730	690	645	54	23	M20	40
650	780	740	695	58	23	M20	44

注：各类密封面的甲型平焊法兰的系列尺寸均符合此表数据。

附表 11　鞍式支座（摘自 NB／T 47065.1—2018《容器支座第 1 部分：鞍式支座》）

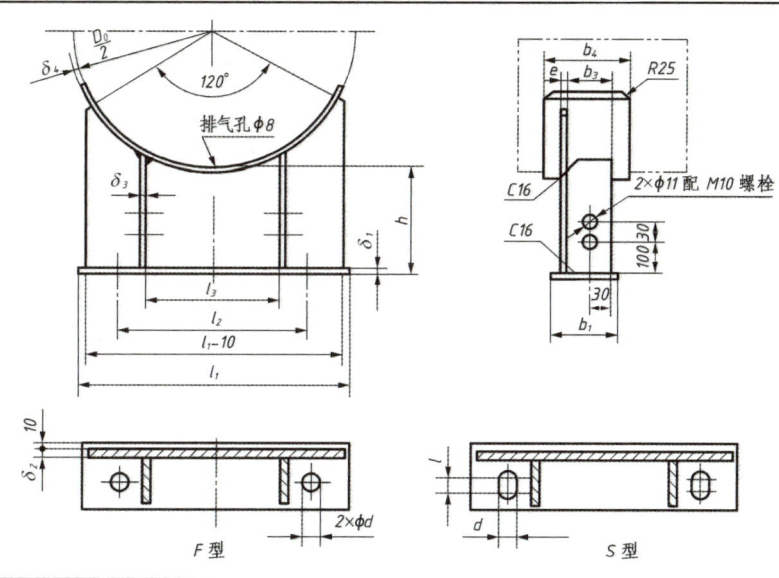

公称直径 DN ／mm	允许载荷 Q／kN	鞍座高度 h／mm	底板／mm			腹板／mm	肋板／mm			垫板／mm				螺栓间距／mm	鞍座质量／kg		增加100 mm 高度、增加的质量／kg
			l_1	b_1	δ_1	δ_2	l_3	b_3	δ_3	弧长	b_4	δ_4	e	l_2	带垫板	不带垫板	
500	123		460				250			580				330	23	17	4.7
550	126		510				280			650				360	26	19	5.0
600	127		550	170	8		300	150	8	700	240		56	400	28	20	5.3
650	129	200	590			10	330			750		6		430	30	21	5.5
700	131		640				350			810				460	33	23	5.8
800	207		720				400			930	260			530	44	32	8.2
900	212		810	200	10		450	170	10	1 040			65	590	51	36	8.9
950	213		850				470			1 100				630	54	38	9.3

参 考 文 献

[1] 李平,周洁.化工制图[M].2版.北京:高等教育出版社,2018.

[2] 钱可强,丁一.机械制图[M].6版.北京:高等教育出版社,2022.

[3] 李平,蒋丹.化工工程制图[M].3版.北京:清华大学出版社,2024.

[4] 国家石油和化学工业局.HG/T 20668—2000 化工设备设计文件编制规定[S].北京,2001.

[5] 中华人民共和国工业和信息化部.HG/T 20519—2009 化工工艺设计施工图内容和深度统一规定[S].北京:中国计划出版社,2010.

[6] 中华人民共和国工业和信息化部.HG/T 20505—2014 过程测量与控制仪表的功能标志及图形符号:[S].北京,2014.

[7] 中华人民共和国国家质量监督检验检疫总局.TS/G 21—2016 固定式压力容器安全技术监察规程[S].北京:新华出版社,2016.

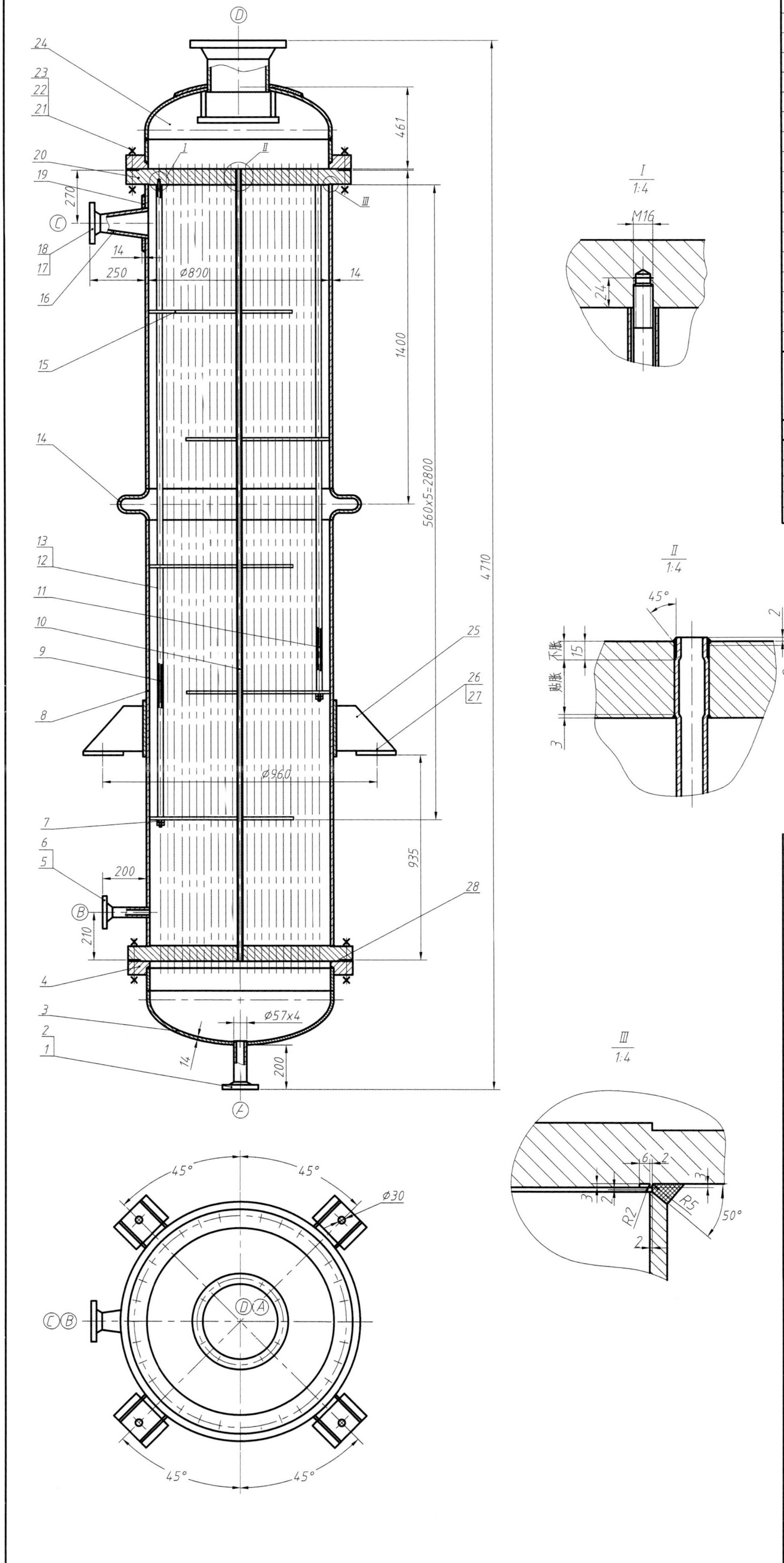

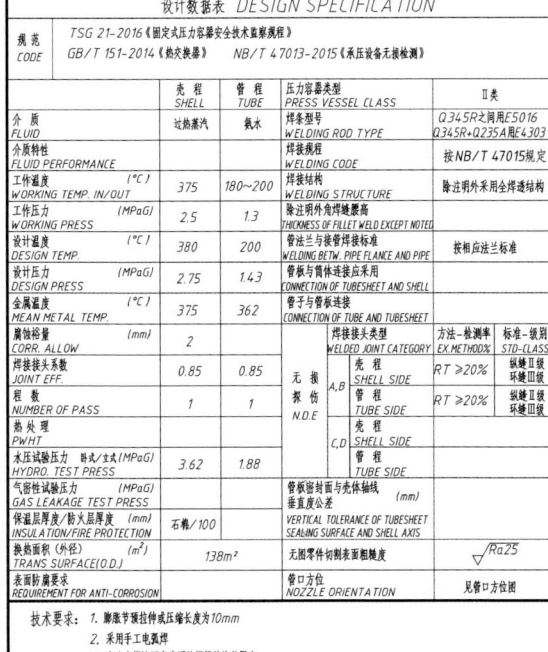

附图 2 换热器装配图

设计数据表 DESIGN SPECIFICATION

规范 CODE	TSG 21-2016《固定式压力容器安全技术监察规程》 GB/T 151-2014《热交换器》 NB/T 47013-2015《承压设备无损检测》		

		壳 程 SHELL	管 程 TUBE	压力容器类型 PRESS VESSEL CLASS	Ⅱ类
介 质 FLUID		垃圾蒸汽	氨水	焊条型号 WELDING ROD TYPE	Q345R之间用E5016 Q345R+Q235A用E4303
介质特性 FLUID PERFORMANCE				焊接规范 WELDING CODE	按NB/T 47015规定
工作温度 (°C) WORKING TEMP. IN/OUT		375	180~200	焊接结构 WELDING STRUCTURE	除说明书角焊缝都采用全焊透结构
工作压力 (MPaG) WORKING PRESS		2.5	1.3	角焊缝厚度 THICKNESS OF FILLET WELD EXCEPT NOTED	
设计温度 (°C) DESIGN TEMP		380	200	管法兰与接管焊接标准 WELDING BETW. PIPE FLANGE AND PIPE	按相应法兰标准
设计压力 (MPaG) DESIGN PRESS		2.75	1.43	管板与壳体连接应采用 CONNECTION OF TUBESHEET AND SHELL	
金属温度 (°C) MEAN METAL TEMP.		375	362	管子与管板连接 CONNECTION OF TUBE AND TUBESHEET	
腐蚀裕量 (mm) CORR. ALLOW		2		焊接接头类型 WELDED JOINT CATEGORY	方法-检测比例 EX.METHOD% / 标准-级别 STD-CLASS
焊接接头系数 JOINT EFF.		0.85	0.85	A,B 壳 程 SHELL SIDE	RT ≥20% 纵缝Ⅲ级 环缝Ⅲ级
程 数 NUMBER OF PASS		1	1	无损 报告 N.D.E A,B 管 程 TUBE SIDE	RT ≥20% 纵缝Ⅲ级 环缝Ⅲ级
热处理 PWHT				C,D 壳 程 SHELL SIDE	
水压试验压力 卧放/立放(MPaG) HYDRO. TEST PRESS		3.62	1.88	C,D 管 程 TUBE SIDE	
气密性试验压力 (MPaG) GAS LEAKAGE TEST PRESS				管板密封面与夹体轴线 垂直度公差 (mm) VERTICAL TOLERANCE OF TUBESHEET SEALING SURFACE AND SHELL AXIS	
保温层厚度/防火层厚度 (mm) INSULATION/FIRE PROTECTION		石棉/100		无图零件切割断面粗糙度 REQUIREMENT FOR ANTI-CORROSION	√Ra25
换热面积(外径) (m²) TRANS SURFACE(O.D.)		138m²			
表面防腐要求 REQUIREMENT FOR ANTI-CORROSION				管口方位 NOZZLE ORIENTATION	见管口方位图

技术要求: 1. 膨胀节预拉伸或压缩长度为10mm
2. 采用手工电弧焊
3. 未注角焊缝高为两施焊焊件较薄厚度
4. 地脚螺栓材料为16Mn
5. 补强圈及接管焊接参考GB150-2011

管 口 表

符号 SYMBOL	公称尺寸	公称压力	连接标准	法兰型式	连接面型式	用途或名称	设备中心线至法兰面距离
A	50	PN2.5	HG/T20592	WN	FM	氨水入口	见图
B	40	PN2.5	HG/T20592	WN	FM	冷凝水出口	见图
C	65	PN2.5	HG/T20592	WN	FM	蒸汽进口	见图
D	250	PN2.5	HG/T20592	WN	FM	气液出口	见图

件号 PARTS NO.	图号或标准号 DWG.NO.OR STD.NO.	名称 PARTS.NAME	数量 QTY	材料 MAT'L	单件 SINGLE 质量	总计 TOTAL MASS(kg)	备注 REMARKS
28		垫片887/837×3	2	橡胶石棉			
27	GB/T6170-2015	螺母 M24	4	35	0.06	0.24	
26	GB/T5782-2016	螺栓 M24×60	4	35	0.16	0.64	
25	NB/T47065.3-2018	B型耳式支座	4	Q235A	9	36	
24	SJS77-J-02-01	上封头管箱	1	组合件		316.3	
23	GB/T97.1-2002	垫圈 24	128	35	0.032	4.14	
22	GB/T6170-2015	螺母 M24	128	35	0.11	14.08	
21	GB/T897-1988	双头螺柱 M24×270	64	35	0.81	51.84	
20	SJS77-J-02-02	管板 δ=77	2	16Mn	248.6	497.2	
19	JB/T4736-2002	补强圈 DN125×14	1	Q345R		3.77	
18	GB8163-2008	接管Φ76×4.5	1	20	0.47		l=60
17	HG/T20592	法兰FM65-4.0	1	15CrMo		5.34	
16	SJS77-J-02-04	锥管	1	20		1.45	
15	SJS77-J-02-03	折流板	5	Q235A	19.7	98.5	
14	GB16749-1997	波形膨胀节 ZDL800-1×8×1(Mn)	1	Q345R	65.5	65.5	外购
13	GB8163-2008	定距管Φ25×2.5	21	20	0.77	16	l=556
12		定距管Φ25×2.5	4	20	1.54	6.18	l=1116
11	SJS77-J-02-05	拉杆Φ16×2314	1	20		3.6	
10	SJS77-J-02-05	换热管Φ25×2.5	505	20	4.87	2459	l=3500
9	SJS77-J-02-05	拉杆Φ16×2874	5	20	4.5	22.5	
8		筒体Φ800×3356×14	1	Q345R		942	
7	GB/T6170-2015	螺母 M16	12	35	0.034	0.41	
6	GB8163-2008	接管Φ45×4	1	20	0.85		l=210
5	HG/T20592	法兰FM40-4.0	1	15CrMo		2.02	
4	NB/T47022-2012	法兰-FM 800-2.5	1	16Mn		173.8	
3		下封头管箱 DN800	1	Q345R		90	h1=40
2	GB8163-2008	接管Φ57×4 l=215	1	20		1.09	
1	HG/T20592	法兰FM50-2.5	1	15CrMo		2.68	

件号 PARTS.NO.	图号或标准号 DWG.NO.OR STD.NO.	名 称 PARTS.NAME	数量 QTY	材料 MAT'L	单件质量 SINGLE 总计 TOTAL MASS(kg)		备注 REMARKS

设备净重量 NET MASS (kg)			4793.3	
其中	瓷制 PORCELAIN (kg)			
	不锈钢 STAINLESS STEEL (kg)			
	钛制 TITANTUM (kg)			
空重量 EMPTY MASS (kg)				
操作重量 OPERATING MASS (kg)				
满水重量 MASS OF FULL WATER (kg)				
最大可拆件重量 MAX REMOV.PART MASS (kg)				

盖章栏

版次 REV	说 明 DESCRIPTION	设 计 PRE'D	校 核 CHKD	审 核 APPR	批 准 AUTH'D	日 期 DATE

××××× 工程公司 X X X X X X X X X X ENGINEERING CORP.		资质等级 甲级 Grade of qualification Class A		证书编号 Certificate No		
工程号 PROJ.		图名 DRAWING NAME	换热器 F=138M²			
装置/工区 UNIT & WORK AREA						
2000 北京 BEIJING	专业 SPEC 设备 EQU	比例 SCALE 1:10	第 张共 张 OF	图号 DRAWING NO.	SJS77-J-02-00	

I 1:4

M16

II 1:4

45°

III 1:4

R2 R5 50°

Φ30

45° 45° 45° 45°

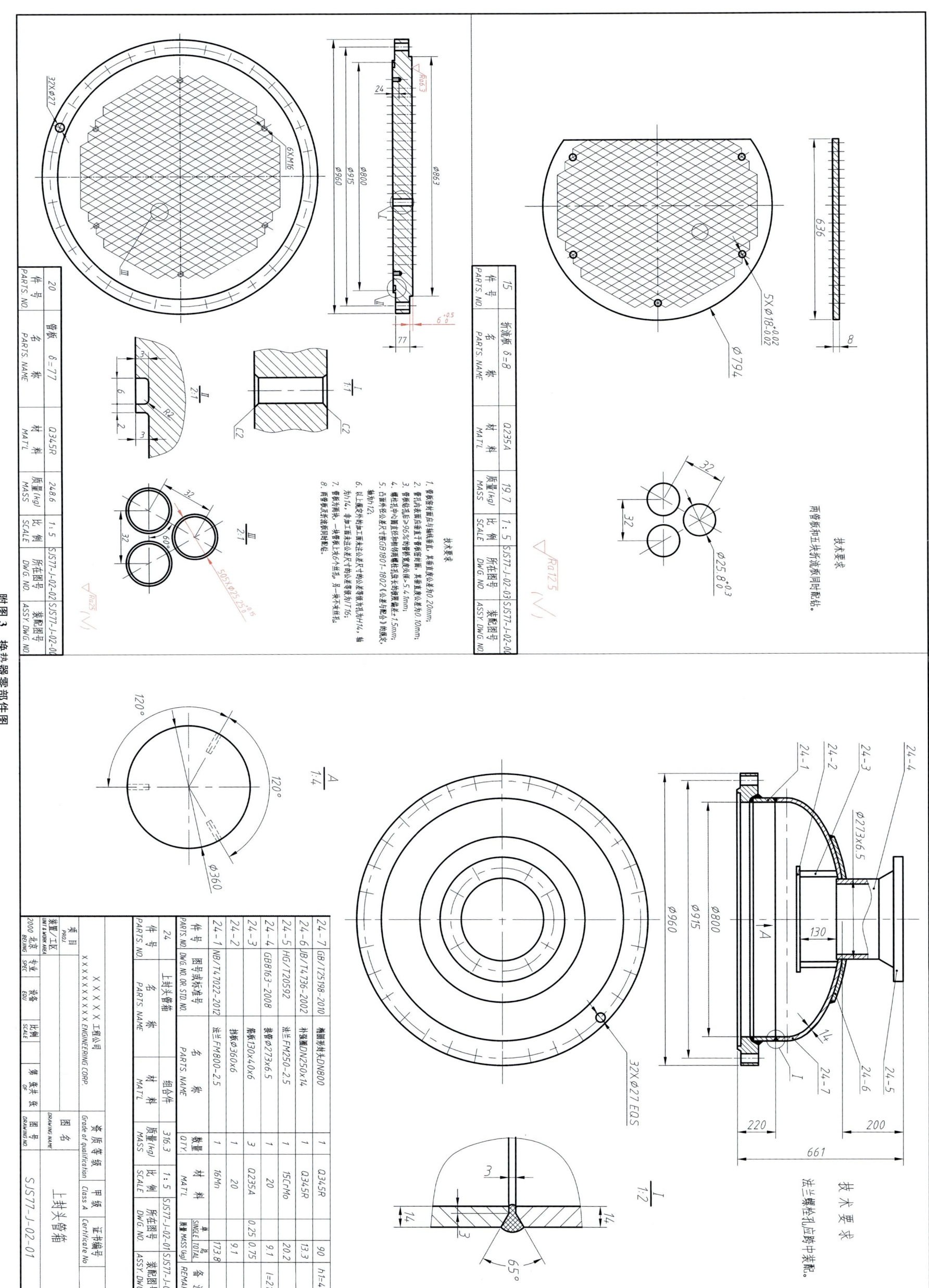

附图 3 换热器零部件图

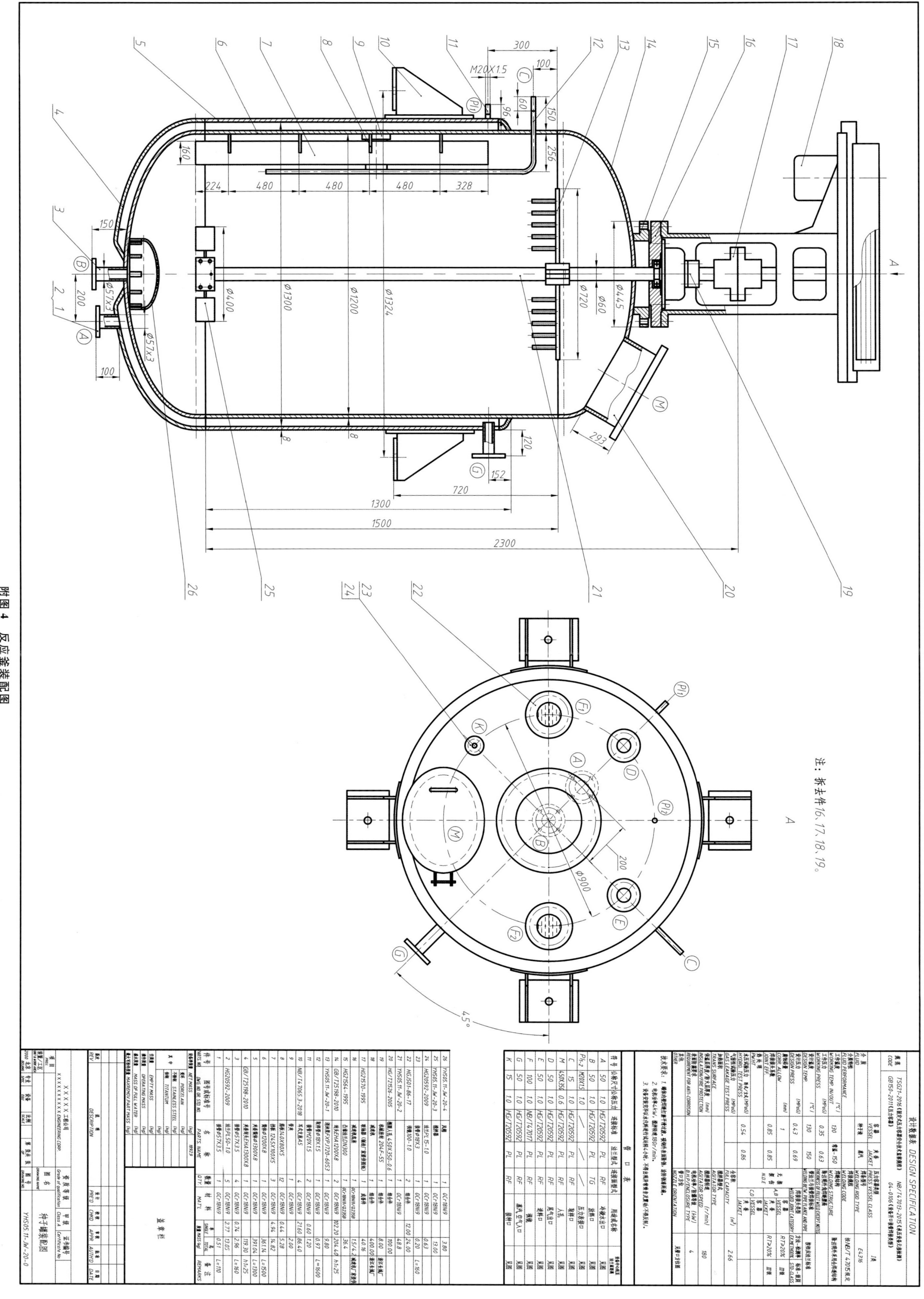

附图 4 反应釜装配图

注：拆去件16、17、18、19。

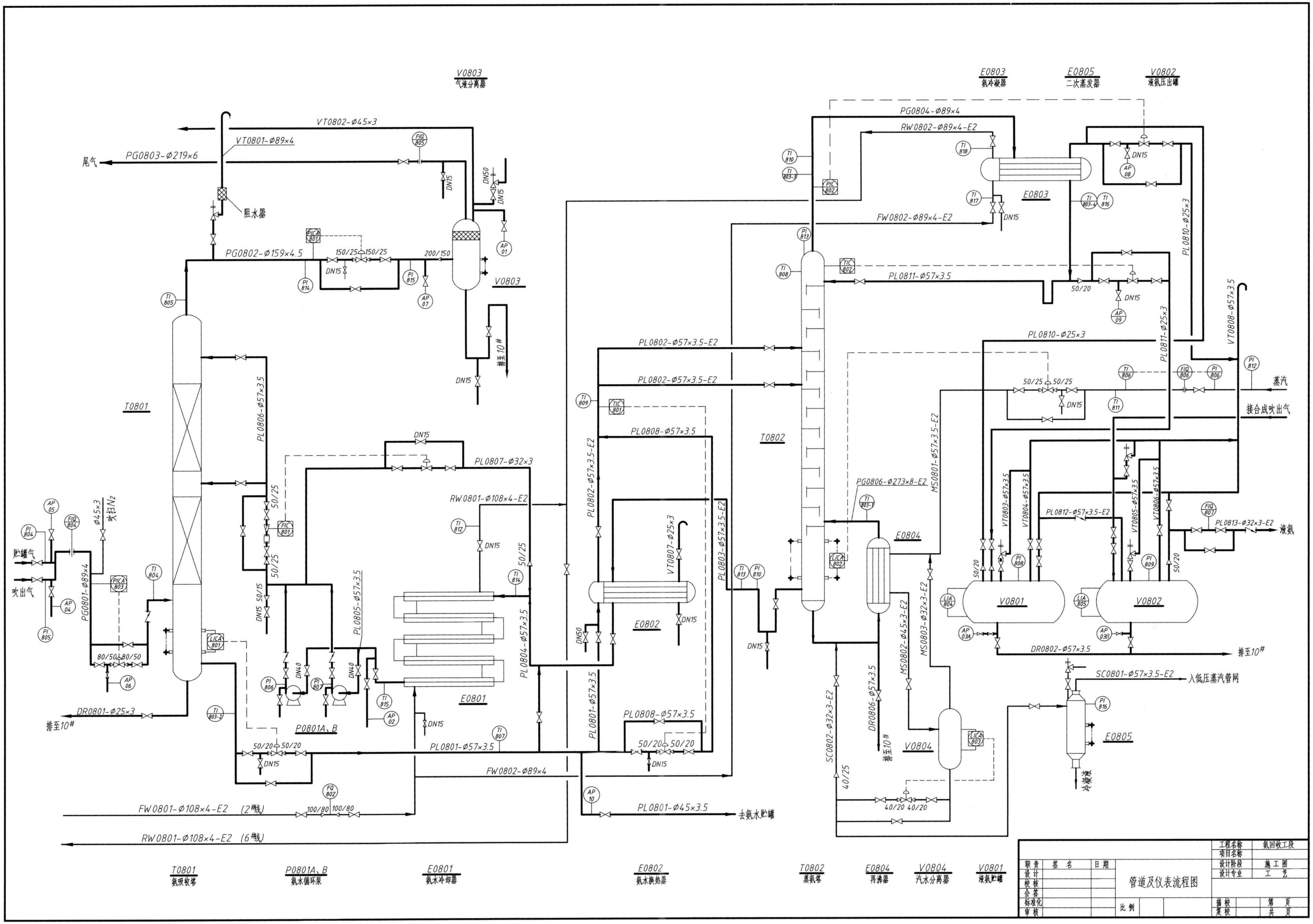

附图 5 管道及仪表流程图

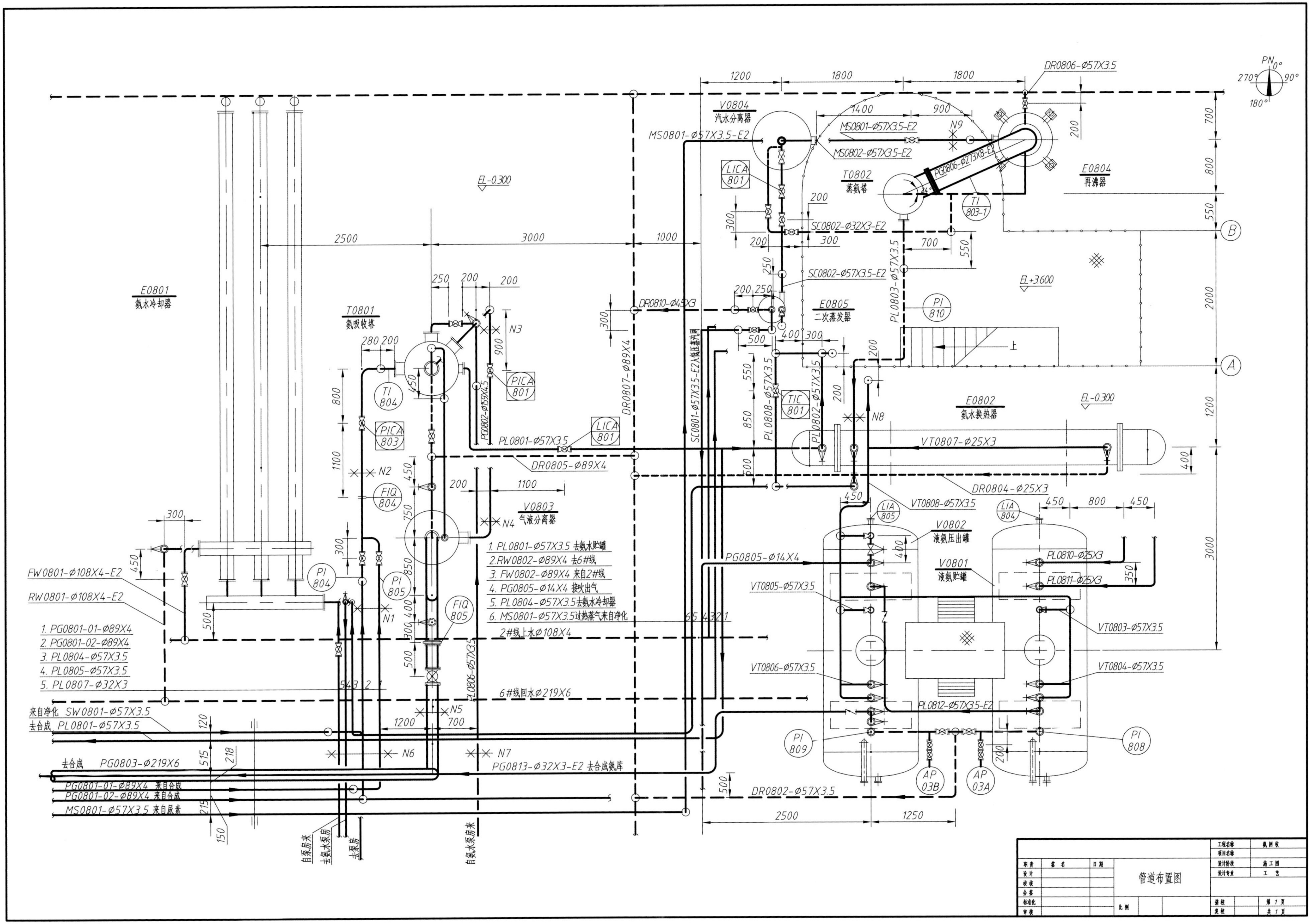

附图 6 管道布置图

氨水冷却器 E0801
氨气收集塔 T0801
气液分离器 V0803
气液分离器 V0804
冷凝液罐 V0801
冷凝压出罐 V0802
氨水换热器 E0802
一次蒸冷器 E0805
蒸氨塔 T0802
冷凝器 E0804

FW0801-Ø108X4-E2
RW0801-Ø108X4-E2
1. PG0801-01-Ø89X4
2. PG0801-02-Ø89X4
3. PL0804-Ø57X3.5
4. PL0805-Ø57X3.5
5. PL0807-Ø32X3
来自净化 SW0801-Ø57X3.5
主合成 PL0807-Ø57X3.5
去合成 PG0803-Ø219X6
PG0801-Ø108X4 来自净化
PG0801-01-Ø89X4 来合成
PG0801-02-Ø89X4 来合成
MS0801-Ø57X3.5 来自净化

自泵房来
去氨水泵房
去泵房
自氨水泵房来

PL0806-Ø57X3.5
DR0805-Ø89X4
PG0802-Ø159X4.5
PL0801-Ø57X3.5
DR0807-Ø89X4
DR0801-Ø43X3
SC0801-Ø57X3.5-E2入低压蒸汽网
MS0801-Ø57X3.5-E2
V0804 冷水分离器
PL0808-Ø57X3.5
SC0802-Ø57X3.5-E2
MS0802-Ø32X3-E2
PL0802-Ø57X3.5
PL0803-Ø57X3.5
DR0804-Ø25X3
VT0807-Ø25X3
VT0808-Ø57X3.5
VT0803-Ø57X3.5
VT0804-Ø57X3.5
VT0806-Ø57X3.5
VT0805-Ø57X3.5
DR0802-Ø57X3.5
PG0805-Ø14X4
PG0813-Ø32X3-E2 去合成氨装车
DR0806-Ø19X3-E2
DR0806-Ø57X3.5

PG0805-Ø14X4
1. PL0801-Ø57X3.5 主氨水网
2. RW0802-Ø89X4 去6#线
3. FW0802-Ø89X4 来自2#线
4. PG0805-Ø14X4 来自氨冷却器
5. MS0801-Ø57X3.5过热蒸气来自净化

6#线回水Ø219X6
2#线上来Ø108X4

EL-0.300
EL-3600
EL-0.300

PI 804
PI 805
PI 801
PI 808
PI 809
PI 810
PICA 803
PICA 801
FIQ 804
FIQ 805
TI 804
TIC 801
LICA 801
LIA 801
LIA 805
LIA 804
AP 03A
AP 03B
TT 803-1
TT 803-7

N1 N2 N3 N4 N5 N6 N7 N8 N9

A B

PN 0°
90°
180°
270°

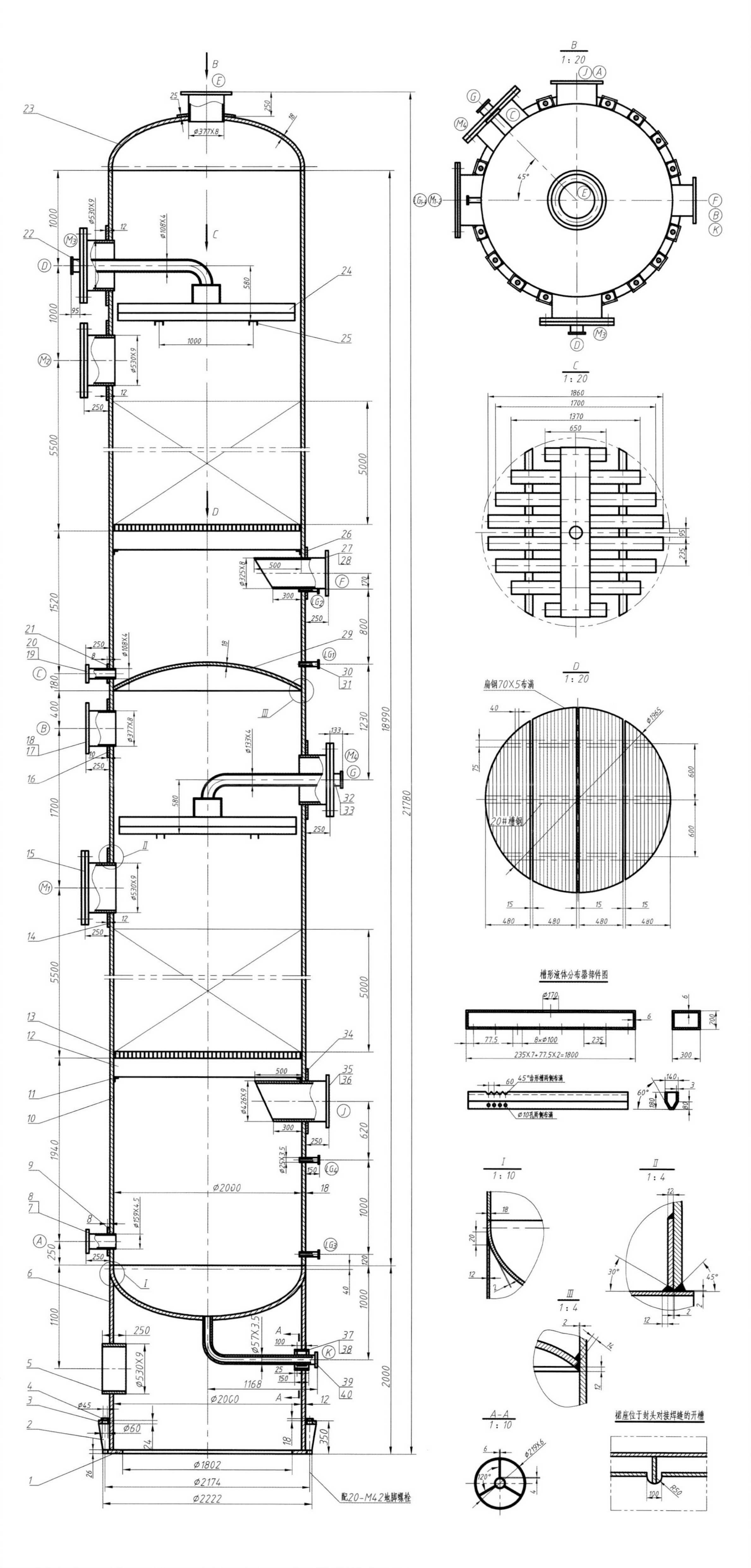

设计数据表 DESIGN SPECIFICATION

规范 CODE	TSG 21-2016《固定式压力容器安全技术监察规程》			
	GB150-2011《压力容器》			
介质 FLUID	热水塔(水、变换气)	压力容器类型 PRESS VESSEL CLASS		I
	饱和塔(水、半水煤气)			
介质特性 FLUID PERFORMANCE		焊条型号 WELDING ROD TYPE		按NB/T47015规定
工作温度(℃) WORKING TEMP. IN/OUT	135	焊接规程 WELDING CODE		按NB/T47015规定
工作压力(MPaG) WORKING PRESS	0.8	焊接结构 WELDING STRUCTURE		除注明外采用全焊透结构
设计温度(℃) DESIGN TEMP.	150	角焊缝厚度 THICKNESS OF FILLET WELD EXCEPT NOTED		
设计压力(MPaG) DESIGN PRESS	1.0	管法兰与接管焊接标准 WELDING BETW. PIPE FLANGE AND PIPE		按相应法兰标准
腐蚀裕量(mm) CORR. ALLOW	2	焊接接头类型 WELDED JOINT CATEGORY	方法-检测率 EX METHOD%	标准-级别 STD-CLASS
焊接接头系数 JOINT EFF.	0.85	无损探伤 N.D.E	A,B 容器 VESSEL	局部≥20% 100%	III
热处理 PWHT			C,D 容器 VESSEL	局部≥20% 100%	III
水压试验压力(卧/立)(MPaG) HYDRO. TEST PRESS	1.25	全容积(m³) FULL CAPACITY		62
气密性试验压力(MPaG) GAS LEAKAGE TEST PRESS		基本风压(N/m²) WIND PRESSURE		650
保温层厚度/防火层厚度(mm) INSULATION/FIRE PROTECTION		地震烈度 EARTHQUAKE		8级
表面防腐要求(mm) REQUIREMENT FOR ANTI-CORROSION		场地土类别/地震影响 SITE CLASS/EARTHQUAKE INFLUENCE		
其他(安装环境) OTHER	室外	管口方位 NOZZLE ORIENTATION		按本图A向确定

技术要求: 1. 塔体直线度公差不大于25mm,安装垂直度公差不大于15mm。
2. 筒体表面刷防锈漆涂二遍,面漆涂一遍。

管口表

符号	公称尺寸	公称压力	连接标准	法兰型式	连接面型式	用途或名称	设备中心线至法兰面距离
A	150	1.6	HG/T20592	PL	RF	水出口	见图
M 1-4	500	1.6	HG/T20592	PL	RF	人孔	见图
B	350	1.6	HG/T20592	PL	RF	变换气出口	见图
C	100	1.6	HG/T20592	PL	RF	水出口	见图
D	100	1.6	HG/T20592	PL	RF	水进口	见图
E	350	1.6	HG/T20592	PL	RF	半水煤气出口	见图
F	300	1.6	HG/T20592	PL	RF	半水煤气进口	见图
LG 1-4	20	1.6	HG/T20592	PL	RF	液位计接口	见图
G	120	1.6	HG/T20592	PL	RF	水进口	见图
J	400	1.6	HG/T20592	PL	RF	变换气进口	见图
K	50	1.6	HG/T20592	PL	RF	排污口	见图

零件表

件号 PARTS NO.	图号或标准号 DWG. NO. OR STD. NO.	名称 PARTS NAME	数量 QTY.	材料 MAT'L	单件质量 MASS SINGLE	总质量 MASS TOTAL	备注 REMARKS
40	HG/T20592-2009	法兰PL50-1.6 RF	1	20	2.77	2.77	
39		接管∅57X3.5	1	20	7.2	7.2	L=1550
38		隔板100X71X6	3	Q235A	0.34	1.02	
37		引出口∅219X6	1	20	4.7	4.7	L=150
36	HG/T20592-2009	法兰PL400-1.6 RF	1	20	32.1	32.1	
35		接管∅426X9	1	20	68.5	68.5	L=740
34	JB/T4736-2002	补强圈DN400 δ=10	1	Q345R	17.1	17.1	
33	HG/T20592-2009	法兰PL125-1.6 RF	1	20	7.01	7.01	
32		接管∅133X4	1	20	17.8	17.8	L=1400
31	HG/T20592-2009	法兰PL20-1.6 RF	4	20	0.94	3.76	
30		接管∅25X3.5	4	20	0.41	1.64	L=220
29	GB/T25198-2010	椭圆形封头DN2000 δ=18	1	Q345R	472	472	
28	HG/T20592-2009	法兰PL300-1.6 RF	1	20	18.9	18.9	
27		接管∅325X8	1	20	46.3	46.3	L=740
26	JB/T4736-2002	补强圈DN300 δ=10	1	Q345R	13.9	55.6	L=1730
25		槽钢 8#	4	Q235A	13.9	55.6	L=1730
24		液体分布器	2	组合件	278	556	
23	GB/T25198-2010	封头DN2000 δ=18	2	Q345R	641	1282	
22		接管∅108X4	1	20	14.4	14.4	L=1400
21	JB/T4736-2002	补强圈DN100 δ=8	1	Q345R	1.35	1.35	
20	HG/T20592-2009	法兰PL100-1.6 RF	2	20	4.57	9.14	
19		接管∅108X4	1	20	2.77	2.77	L=270
18	HG/T20592-2009	法兰PL350-1.6 RF	2	20	24.7	49.4	
17		接管∅377X9	2	20	22.1	44.2	L=270
16	JB/T4736-2002	补强圈DN350 δ=10	2	Q345R	14.8	29.6	
15	HG/T21517-2014	人孔DN500PN16 RF	4	组合件	235	940	
14	JB/T4736-2002	补强圈DN500 δ=12	4	Q345R	31.1	124.4	
13		挡板	2	组合件	404	808	
12		槽钢 20#	4	Q235A	41.2 / 50.2	164.8 / 100.4	
11		支撑座	12	组合件	5.4	64.8	用原件
10		筒体 ∅2000X18	1	Q345R	16860	16860	L=18990
9	JB/T4736-2002	补强圈DN150 δ=8	1	Q345R	3.13	3.13	
8	HG/T20592-2009	法兰PL150-1.6 RF	1	20	7.61	7.61	
7		接管∅159X4.5	1	20	4.5	4.5	L=270
6		裙座筒体∅2000X12	1	Q235A	1115	1115	L=1861
5	GB/T8163-2008	排气孔∅530X9	1	20	28.9	28.9	L=250
4		垫板 δ=18	20	Q235A	1.8	36	
3		盖板 δ=24	20	Q235A	4.0	80	
2		筋板 δ=18	40	Q235A	5.1	204	
1		基础环板 δ=26	1	Q235A	271	271	∅2222/∅1802

设备净质量 NET MASS (kg)	23568.8	
瓷环 PORCELAIN (kg)		
不锈钢 STAINLESS STEEL (kg)		
钛钢 TITANIUM (kg)		
空重 EMPTY MASS (kg)		
操作质量 OPERATING MASS (kg)		
基本质量 MASS OF FULL WATER (kg)		
最大可拆卸质量 MAX REMOV.PART MASS (kg)		

盖章栏

版次 REV	说明 DESCRIPTION	设计 PRE'D	校核 CHKD	审核 APPR	批准 AUTH'D	日期 DATE

(单位名称)

制 图		设计阶段	施工图
设 计		专 业	化工机械
校 核			
审 核			

饱和热水塔装配图
∅2000×18 H=21780
YHS2002.8-JW-00

年 月 日 | 比例 1:20 | 第1页 | 共3页

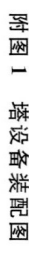